"十二五"职业教育国家规划教材
经全国职业教育教材审定委员会审定

塑料成型模具

第二版

冉新成　主编

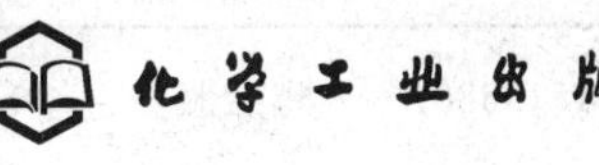

·北京·

本教材由纸质书和随书光盘组成，按照行动导向的编写体例，以生产案例为学习任务，介绍了注射成型模具设计、挤出模具设计、塑料制品工艺性分析、塑料材料选用、塑料模具模架选用等内容。教材内容与《模具设计师国家职业标准》等标准衔接，注射成型模具设计模块中，介绍了企业使用的最新模具结构，介绍了CAD/CAE/CAM有关软件在注射模具设计中的应用，如2D+3D模具设计、Pro/E全3D结构设计、Moldflow（MPI）分析等。介绍了Moldflow（MPI）在制品结构工艺性分析中的应用。纸质书与光盘既可配套使用，也可独立使用。

本教材为高职高专高分子材料加工技术专业教材，内容丰富、可读性强。本教材也可作为高分子材料应用技术专业、模具设计与制造专业教材，也可作塑料制品生产、模具设计与制造培训用书，还可供工程技术人员参考。

图书在版编目（CIP）数据

塑料成型模具/冉新成主编. —2版. —北京：化学工业出版社，2014.6
“十二五”职业教育国家规划教材
ISBN 978-7-122-20417-2

Ⅰ.①塑… Ⅱ.①冉… Ⅲ.①塑料模具-塑料成型-高等学校-教材 Ⅳ.①TQ320.66

中国版本图书馆CIP数据核字（2014）第076217号

责任编辑：于 卉　　文字编辑：张绪瑞
责任校对：吴 静　　装帧设计：韩 飞

出版发行：化学工业出版社（北京市东城区青年湖南街13号 邮政编码100011）
印 装：三河市延风印装有限公司
787mm×1092mm 1/16 印张14¾ 彩插4 字数389千字 2015年8月北京第2版第1次印刷

购书咨询：010-64518888（传真：010-64519686） 售后服务：010-64518899
网 址：http://www.cip.com.cn
凡购买本书，如有缺损质量问题，本社销售中心负责调换。

定 价：34.00元

第二版前言

高职高专的人才培养目标是培养学生的综合职业能力。按照高技能人才的培养要求，高分子材料加工技术专业的培养目标是培养学生在高分子材料加工的复杂工作环境中解决生产实际问题的能力。要培养学生具有与高分子材料加工工作过程直接相关的综合职业能力，需要进行基于高分子材料加工工作过程的、整体化职业资格分析，将高分子材料加工行业分析、工作任务分析相结合，兼顾高分子材料加工工作过程分析、学生职业生涯发展与专业教学设计，确定高分子材料加工技术专业的课程体系与课程内容。以真实工作任务及其工作过程为依据，整合、序化教学内容，科学设计学习性工作任务；遵循认知的基本规律，根据课程教学目标及内容的需要，灵活选用行动导向的教学方法，实现“做中学、做中教”；采用适合工学结合的评价方法，从教与学两方面进行有效的评价。

一、高分子材料加工技术专业课程体系开发

高分子材料加工技术专业课程体系开发遵循职业行动领域和工作过程分析与教育基本规律相结合的原则。在培养目标方面体现促进学生在高分子材料加工技术职业领域内人的职业生涯的发展；在教学内容方面体现高分子材料加工技术综合职业能力与职业素质的要求；在学生学习方面体现参与高分子材料加工技术工作过程；在课程开发方面体现高分子材料加工技术工作过程系统化的任务分析。在职业分析层面上具体确定高分子材料加工技术职业行动领域与工作过程；在课程内容方面确定对高分子材料加工技术职业工作有重大意义的职业行动领域及其与工作过程的关系；在课程转化方面，按照教育学与心理学的规律，组织系统化的学习内容结构，使高分子材料加工技术职业能力要求能够迁移到高分子材料加工技术课程中。

塑料制品成型制作工包含塑料注塑工、塑料挤出工、塑料压延工、塑料发泡工等职业小类。对塑料挤出工与塑料注塑工这两个塑料制品生产中最典型的职业小类进行分析，这两类工种包含如下职业行动领域：塑料材料配方设计、塑料材料制备、塑料原材料测试、塑料制品性能检测、塑料挤出工艺设计与调试、塑料注射工艺设计与调试、塑料设备安装调试与维护、制品开发、塑料模具设计、塑料模具制造、制品营销、塑料制品生产管理等行动（工作）领域。

以塑料注射成型、塑料挤出成型所包含的职业行动领域为线索，选择能够促进高分子材料加工技术专业学生职业能力发展的部分职业行动领域，将其转化为高分子材料加工技术专业学习领域。这些学习领域所对应的课程皆为该专业的专业核心课程。除这些专业核心课程外，从通识能力培养、拓展能力培养及专业支撑能力培养等方面综合考虑，构建高分子材料加工技术专业的课程体系。

塑料成型模具设计学习领域在这一课程体系中处于专业核心课程的地位。应在开设机械制图与 AutoCAD、高分子物理、塑料材料及其配方设计、机械工程基础、Pro/E 等课程后开设；与塑料注射成型、塑料挤出成型、Moldflow（MPI）等课程同步开设。其功能是直接培养学生的制品设计、模具设计能力；培养学生制订工作计划的能力、对制品及模具设计实践的反思能力、沟通协调能力、诚实守信意识与团队意识、安全生产意识。并对塑料注射成型工艺设计与调试、塑料挤出成型工艺设计与调试、塑料制品模流分析起促进作用。

二、塑料成型模具设计课程改革及课程标准的制定

长期以来，塑料成型模具设计课程，一直沿用的是学科体系的课程模式。在教学实践中

发现，这种学科体系的课程套用本科高分子材料工程专业的课程模式，在高职教学中存在以下问题：

① 强调塑料制品及模具设计的理论体系与理论深度，难以调动高职学生的学习积极性；

② 重塑料制品及模具设计理论，轻塑料制品及模具设计实践；学生学完塑料制品及模具设计理论内容后，不知如何应用这些理论；学生学完塑料制品及模具设计课程后，缺乏塑料制品及模具设计的实际工作能力及基本的工作经验，不经过企业再次培训难以胜任实际的塑料模具设计及塑料制品结构分析任务；

③ 难以在课程学习中培养学生的职业态度情感。

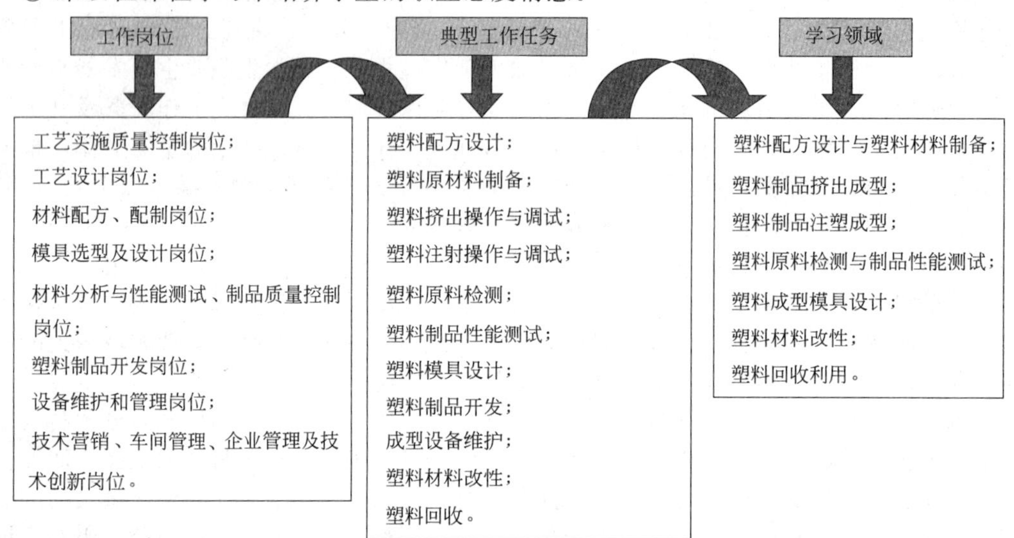

为解决塑料成型模具设计学科体系课程的弊端，按照以下思路进行塑料成型模具课程的整体改革：一是进行典型工作任务分析，解决以下问题，即工作与学习内容、流程、方法、要求、工作部门及人员间的关系、难点及其如何解决、国家标准与企业标准、工具与装备；二是以学生未来职业生涯发展为目标确定课程目标与学习内容；三是对学生学习该课程的前期知识与能力水平进行分析，合理安排学习进程，综合运用各种教学方法、遵循认知基本规律，实现“做中学、做中教”；四是在教学条件方面，建设专兼结合的教师团队，充分利用校内校外的设施设备，充分利用网络共享平台，实现理论、实践一体化教学；五是采用发展性评价方法，多层面对学生职业能力的形成及其对企业的作用进行评价。

按照上述思路制定塑料成型模具课程标准。课程标准包括以下方面。

1. 课程性质与任务，主要培养学生注射模具、挤出模具的工程图样的识读、分析能力及设计能力，塑料制品的工艺性分析能力。同时注重培养学生的社会能力和方法能力。

2. 职业行动领域（典型工作任务）描述。

3. 课程目标：①能分析制品的结构工艺性，对不合理的结构与选材方案提出改进措施，并编制制品改进分析报告；②能做模具报价图；③能识读模具工程图，编制模具零件表单与订料单，测绘模具零件图；④能利用计算机辅助设计软件设计模具二维与三维结构文档；⑤能选择成型设备。

4. 课程内容和要求。课程由六个模块构成。模块一：注射机的选择与校核；模块二：注射模标准模架及标准零件的选用；模块三：注射模设计；模块四：挤出模具设计；模块五：塑料制品的结构工艺性分析；模块六：模具材料选择。

5. 课程实施的说明。

6. 教学评价。

三、本教材的特点

本教材在总结多年以来塑料成型模具课程改革的基础上，按照塑料成型模具工学结合的课程标准，由学校教师和具有丰富企业工作经验的工程技术人员共同开发编写。本教材有如下特点。

① 教材内容与《塑料制品成型制作工》《模具设计师国家职业标准》内容相衔接，同时又选用了最新的生产技术内容。符合高分子材料加工技术（塑料模具方向）、高分子材料应用技术专业设置标准。

② 内容编排符合高技能人才的成长规律，内容由浅入深，既有生产案例，又有相应的行业企业标准；既培养学生的专业知识与专业技能，又关注学生的职业情感培养。

③ 教材表现形式灵活，为立体化教材，由纸质教材和多媒体光盘组成。多媒体光盘中包括典型生产案例、行业标准、典型企业设计标准、二维及三维设计文档、视频、动画。光盘中的这些资料均来自生产实际，内容丰富，可读性强，既可作为行动导向教学的素材，又可作为教学资源库的内容。光盘与纸质教材配套使用，形象直观，学生可根据自己的兴趣在课外阅读中选取相应的阅读内容，能调动学生的学习积极性。

④ 将塑料模具设计的最新技术成果如 Moldflow 分析技术、急冷急热高光无痕模具技术等内容吸收到教材中。

⑤ 按行动导向的编写体例进行修订。体现“学习的内容是工作的内容，通过工作进行学习”。学生在完成塑料成型模具设计任务的过程中进行学习。

本教材由武汉职业技术学院冉新成任主编，湖北三金电子公司高级工程师陈关平审阅了书稿。冉新成编写模块一、模块二、模块三、模块五、模块六。安徽职业技术学院郑家房编写模块四；比亚迪（深圳）公司工程师刘锦文编写模块三中设计实例；随书光盘由冉新成、刘锦文制作。

在本书编写过程中，宏光精密电子（苏州）公司黄栋伟、罗永高等企业工程师提供了生产案例资料，刘玉强参与了光盘网页制作。在此表示衷心感谢！

因笔者水平有限，书中不妥之处在所难免，敬请读者批评指正。

编者

2015. 5

目　录

绪　论

一、塑料成型模具在工业生产中的地位

模具是利用其特定形状成型具有一定形状和尺寸制品的工具，是工业生产中极其重要而又不可或缺的特殊基础工艺装备。

模具工业是重要的基础工业。工业要发展，模具需先行。没有高水平的模具就没有高水平的工业产品。现在，模具工业水平已经成为衡量一个国家制造业水平高低的重要标志，也是一个国家的工业产品保持国际竞争力的重要保证之一。模具生产过程集精密制造、计算机技术、智能控制和绿色制造为一体，既是高新技术载体，又是高新技术产品。由于使用模具批量生产制件具有的高生产效率、高一致性、低耗能耗材，以及有较高的精度和复杂程度，因此已越来越被国民经济各工业生产部门所重视，被广泛应用于机械、电子、汽车、信息、航空、航天、轻工、军工、交通、建材、医疗、生物、能源等制造领域，在为我国经济发展、国防现代化和高端技术服务中起到了十分重要的支撑作用，也为我国经济运行中的节能降耗，做出了重要贡献。

模具工业是高新技术产业的一个组成部分，许多高精度模具本身就是高新技术产业的一部分。模具工业又是高新技术产业化的重要领域，CAD/CAE/CAM 技术在模具工业中的应用，就是一个最好的例证。模具的开发和制造水平的提高，有赖于采用数控精密高效加工设备及逆向工程、并行工程、敏捷制造、虚拟技术等先进制造技术，也要与电子信息等高新技术嫁接，实现高新技术产业化。

用于塑料制品成型的一类模具统称为塑料成型模具。在模具行业，塑料模具得到了快速发展。近年来的国际模展表明，塑料模已成为模展的主角，这从一个侧面反应了塑料模在模具行业中的份量。目前模具总销售额中塑料模具占比最大，约占 45%；冲压模具约占 37%；铸造模具约占 9%；其他各类模具共计约 9%。随着塑料制品在机械、电子、国防、交通、通信、建筑、农业、轻工等行业的广泛应用，塑料成型模具需求量将日益增加。

在塑料材料、制品设计及加工工艺确定后，塑料模质量对制品的质量与产量具有决定性的作用，模具成本对制品的成本也有很大的影响。在现代塑料制品生产中，合理的加工工艺、高效的设备和先进的模具，被称为塑料制品成型技术的“三大支柱”。尤其是模具对实现塑料制品加工工艺要求、塑料使用要求及塑件外观造型要求，起着无可替代的作用。就塑料工业而言，可以说没有塑料模具就没有塑料制品。

二、塑料模具发展现状与发展趋势

（一）塑料模具发展现状

自 20 世纪 90 年代以来，我国塑料模技术的发展进入了一个新的阶段。以汽车保险杠、双杠洗衣机连体桶、64cm（25in）以上彩电机壳和仪表用小模数齿轮、表面微小信号深度 0.11μm 的 PC 数码光盘等产品为代表的大型、精密、复杂和高寿命塑料模，我国已能自行设计、制造，已部分替代进口模具；电加工、数控加工和快速经济制模、特种制模技术已进入许多模具生产厂以代替通用机床加工；引进了 P20、718、S45C、S50C 和 S55C 等新牌号钢种并在国内许多钢厂生产，宝钢集团的模具钢生产和销售已逐步建立了自己的品牌和塑料模具钢系列，如 B20、B30、B40 等，并有几十种尺寸规格、多种硬度（从 150HB 到 40HRC）供用户选用，打破了长期以来用 45 钢制作模具型腔的局面，使模具型腔的抛光性能和寿命有了很大提高；标准模架及模具标准件已有很多工厂定点生产，越来越多的单位采

用标准件以改变过去完全由本企业包干生产的生产方式，标准件质量也有明显提高，注塑模架除向东南亚地区出口外，现已有达到国际水平的高质量注射模架出口美国；我国自行研制的高技术塑料模CAD/CAE/CAM集成系统软件已取得很大进展，该项技术的推广及应用水平日益提高。第八届模展及第九届模展表明，我国的塑料模有些已达到国际先进水平。这些都反映出我国在塑料模设计与制造方面取得的显著进步。

但我国模具工业与国际先进水平相比，由于在理念、设计、工艺、技术、经验等方面存在差距，因此在企业的综合水平上特别是产品水平方面就必然会有差距。差距虽然正在不断缩小，但从总体来看，目前我们还处于以向先进国家跟踪学习为主的阶段，创新不够，尚未到达信息化生产管理和创新发展阶段，只处于世界中等水平，仍有大约10年以上的差距，其中模具加工在线测量和计算机辅助测量及企业管理的差距在15年以上。管理水平、设计理念、模具结构需要不断创新，设计制造方法、工艺方案、协作条件等需要不断更新、提高和努力创造，经验需要不断积累和沉淀，现代制造服务业需要不断发展，模具制造产业链上各个环节需要环环相扣并互相匹配。与国外先进水平的差距主要表现为：模具使用寿命低30%～50%，生产周期长30%～50%，质量可靠性与稳定性较差，制造精度和标准化程度较低等。与此同时，我国在研发能力、人员素质、对模具设计制造的基础理论与技术的研究等方面也存在较大差距，因此造成在模具新领域的开拓和新产品的开发速度较慢，高技术含量模具的比例比国外低（国外约为60%左右，国内不足40%），劳动生产率也较低。此外，专用塑料模具钢品种少，规格不全，质量尚不稳定。在CAD/CAE/CAM应用普及程度和计算机在管理中的应用方面，我国与日本、欧洲、美国等工业发达国家相比，仍有较大差距。

（二）塑料模具发展趋势

为满足国民经济对模具的需求，中国模具工业协会提出了“十二五”模具产业技术发展指南及重点项目建议，该建议中与塑料模具有关的内容，一是模具数字化设计制造及企业信息化管理技术，该技术是国际上公认的提高模具行业整体水平的有效技术手段，能够极大地提高模具生产效率和产品质量，并提升企业的综合水平和效益。该项技术所包含的主要关键技术有：模具优化设计与CAD/CAM/CAE一体化技术，尤其是三维设计和计算机仿真模拟分析技术、模具模块化、集成化、协同化设计技术；模具企业ERP、PDM、PLM、MES等信息化管理技术；快速成型与快速制模技术；虚拟网络技术及公共服务平台的建立等。通过这些关键技术的突破，可极大地提高模具企业自主创新能力和市场竞争力，有效提高高技术含量模具的国内市场满足率，并能大量出口，从而提高我国模具行业的整体水平及企业效益。这项技术目前在国内虽已有不同程度应用，但高端软件主要依靠进口，国内开发能力弱，应用水平低。

二是大型及精密塑料模具设计制造技术，该项技术包含的主要关键技术有：热流道技术及其在精密注塑模具上的合理应用；多注射头塑料封装模具生产技术；为1000t锁模力以上注塑机和200t以上热压压力机配套的大型塑料模具以及精度达到0.01mm以上的精密注塑模具生产技术；多色多材质模具生产技术；金属与塑料零件组合模生产技术；不同塑料零件叠层模具生产技术；高光无痕不需再进行塑料件表面加工的注塑模具生产技术；塑料模模内装配及装饰技术和热压快速无痕成形技术；新型塑料和多层复合材料的成形技术及模具技术；气液等辅助注塑技术及模具技术；塑料异型材共挤及高速挤出模具生产技术等。

三是高档模具标准件生产技术。温控能达到±1℃的热流道及系统、无油润滑推杆推管属于应予大力发展的高档模具标准件。该项关键技术主要有：热流道喷嘴精密加工技术；塑料在模腔内流动的三维计算机模拟分析技术；无油润滑耐磨材料的研发与加工技术等。

塑料模在设计与制造方面的发展趋势如下。

1. 理论研究向纵深方向发展

塑料模 CAD/CAE/CAM 技术的实用性，取决于数学模型的准确及数值算法的精确性。随着相关领域的技术进步，数学模型对成型过程的描述更准确、真实。如三维模具设计和制造软件与模拟软件的集成，即新一代注塑模软件，是利用计算机集成制造技术（CIM）建立的注塑模集成制造系统（CIMS)，这种高度集成的系统应能支持模具设计与制造的全过程，因此，三维几何建模和三维模具设计与制造的应用至关重要。例如：聚合物在三维复杂区域中的流动，传热过程的数值分析，涉及入口收敛效应时，模头内三维流动和出模胀大，所用的本构关系更加复杂，考虑了黏弹性及非等温性。数值算法也由二维走向三维，计算结果更为准确。

聚合物成型是属于多相介质、多物理场耦合的情况，属强非线性；从材料的组成与构造特征看，存在从微观、细观到宏观的多尺寸现象，由于不同的尺寸服从于不同的物理、力学模型，宏观的物理力学模型逐步细分不能产生微观、细观模型，而微观、细观模型的无限叠加同样无法得到宏观模型，存在多尺度模型的耦合问题。该问题的研究成果纳入塑料模 CAE 技术，以支持产品设计、模具设计、成型工艺的创新。多相态、多介质、多物理场、多尺寸耦合分析是理论研究的发展趋势之一。

2. 塑料模软件集成化与网络化发展

由于塑料模 CAD/CAE/CAM 技术对生产的巨大作用，许多国家的政府部门和研究机构投入大量的人力、物力进行研究，相继推出了一些商品化软件，一些著名的软件公司也独立开发或购买相应软件，配置接口，将已有的通用机械 CAD/CAM 系统改造为适用于塑料模的 CAD/CAE/CAM 集成系统。目前，美国、澳大利亚、日本、德国、意大利、法国等国已有商品化的软件。我国自 20 世纪 90 年代以来，自行开发了一些塑料模 CAD/CAE/CAM 系统，如华正海尔有限公司（北京航空航天大学）的 CAD/CAE/CAM 系统 CAXA，该系统以 CAM 为基础，有用于数控系统的 CAXA-MILL，用于线切割的 CAXA-WEDM，以及设计制造系统的计算机“制造工程师”CAXA-ME，随后又推出用于注塑模具设计的 CAXA-IMD，用于注塑工艺分析的 CAXA-IPD 和电子图版。华中科技大学研制的 HSC 系统，软件包括注塑流动分析、保压分析、冷却分析（HSCAE)、模具强度/刚度校核、模具结构设计等功能（HSCAD)，现已商品化出售。郑州大学工学院开发了注塑模 CAE 软件 Z-MOLD 系统。浙江大学开发了精密注塑模 CAD/CAM 系统。中国科技大学研制了注塑模 CAD/CAM 系统。上海交通大学研制了注塑模 CAD 系统。国内自行开发的 CAD/CAE/CAM 软件特点是：绝大多数基于微机环境，以 AutoCAD 为图形支承。软件系统多数商品化程度偏低，开发时对软件的产业化要求低，距离普及型的实用软件尚有一段距离。但国内软件常用汉化界面，其中注塑模 CAE 技术在流动、保压、冷却等方面基本上实现了国外同类软件的功能。

塑料模 CAD/CAM 集成化主要包含以下几层意义：第一是将 CAD 与 CAM 集成，使计算机辅助设计与制造实现集成化；第二是将 CAD、CAM 与 CAE 集成；第三是将 CAD、CAM、CAPP、GT、FMS、机器人等技术集成化，通过网络通信，标准化与统一的工程数据库将其连接起来，构成计算机集成制造系统（CIMS)。随着现代设计理论如并行工程等的应用，用户将需要无缝连接的集成化软件，具有专业特色的 CAD/CAE/CAM/CAPP/PDM/ERP 产品将应运而生，逐步完成模具及成型加工全过程的模拟及控制，形成“过程工程与技术”的关键技术。该技术基于网络环境，实时设计与制造系统的全过程结合，建立整个制造过程的研究、开发、规划、设计、实施与控制及管理的新体系。

为适应电子商务的发展要求，塑料模具软件技术，将立足于全社会的公开网络环境，实现异地的“协同设计”及“虚拟制造”，建立专业化的虚拟网络服务环境，并开发相关产品，实施网上经销、培训与服务。

3. 塑料模制造技术发展趋势

① 模具零件加工高精度、高速度化。数字控制（NC）和计算机数控（CNC）的机床在模具制造中得到日益广泛的应用。镶嵌件加工主要采用成形磨削。加工设备的不断更新和NC或CNC化，使塑料模具零件加工进入微米级精度，促进精密零件的塑料化和通过塑料化达到零件复合化的进程。

② 测量技术的系统化。三坐标测量仪的引入和有效使用，使模具检测技术得到重大改进，缩短产品试制过程和模具制造过程。

③ 发展经济模具和特殊快速制模方法。为适应多品种、小批量生产用模具的需要，从模具材料到模具制造都进行改进，如采用透气性陶瓷、ZAPREC锌基合金作注塑模型腔，采用电铸、压力铸造、精密铸造工艺加工型腔。

④ 研磨、抛光加工的自动化。

4. 塑料模专用钢材系列化

随着塑料应用范围的扩大及种类的增加，塑料制品的多样化和模具加工技术的快速发展，对塑料模具的质量也要求更高，塑料模具钢的品种也在扩大，质量水平也在不断的提高，用量占模具钢总量的50%以上，2004年我国塑料模具钢的产量已达到31.4万吨。因此，在模具钢中占有十分重要的地位。日本的塑料模具钢，无论在产量还是质量水平，占有领先地位。日本的主要模具钢生产企业都有本企业的塑料模具钢的钢种系列。如日立金属公司的塑料模具钢包括16个钢号，大同特殊钢公司有14个钢号，日本高周波钢业公司有14个钢号。奥地利BOHLER公司有12个钢号。UDDEHLM有10个钢号。美国ASTM-A681-87中规定的典型的塑料模具钢（P系列）的钢号为7个，但主要生产模具钢的企业Crucible公司和Carpenter Technology公司远不止这些钢号。我国的GB/T 1299—2000中钢号较少。高性能模具材料，如大型预硬化塑料模具钢模块、新型耐蚀塑料模具钢、低成本高寿命热作模具钢为十二五期间重点发展的产品。

5. 塑料模标准化

随着我国塑料业的快速发展，虽然国内的塑料模具成为模具行业中发展最快的品种，但国内塑料模具的标准化率仍有待提高。制约我国模具出口、导致模具国产化率低的一个重要因素是模具标准化率不足。标准化率低，导致交货期延长，同时造成用户更换零部件的困难。目前，塑料模标准模架、标准推杆和弹簧等在中国越来越广泛地得到应用，并且出现了一些国产商品化的热流道系统元件。但模具标准件的使用覆盖率仍较低。我国塑料模具标准化工作：一是要加快国家标准和行业标准的制定和修订，尤其要研究制定精密模具和精密模具零件标准；二是大力发展模具标准件生产，提高标准件使用覆盖率，模具标准件生产企业要努力增加品种提高质量；三是重视企业标准的建立，推广标准化流程生产方式，并在此基础上推进信息化、自动化生产。

三、塑料成型模具分类

按塑料成型加工方法，可将塑料成型模具分为以下几类。

① 注射模　用于塑料制件注射成型的模具，称注射模。在塑料模中，注射模是一类用途广、比重大、技术较成熟的模具。这类模具主要用于热塑性塑料制品成型，近年来也越来越多地用于热固性塑料制品成型。

② 压缩模　用于塑料制品压缩成型的模具，称压缩模。塑料压缩模主要用于热固性塑料制品的成型，也可用于热塑性塑料制品的成型。

③ 传递模　用于塑料制品传递成型的模具，称传递模。塑料传递模多用于热固性塑料制品成型。

④ 挤出机头　用于挤出成型塑料制品的模具，称挤出机头。用此类模具生产的塑料制

品有棒材、管材、板材、片材、薄膜、电线电缆包覆，网材、单丝、复合型材等。这种模具也可用于塑料中空制品的型坯成型。

此外，还有中空吹塑模具及热成型模具、泡沫塑料成型模具等。本书主要介绍注射模、挤出模。

四、怎样学习塑料成型模具课程

1. 课程性质和任务

塑料成型模具是高分子材料加工技术专业的一门专业核心课程。学习者在学完高分子材料化学基础、高分子物理、机械制图与 AutoCAD、机械基础、Pro/E 等课程的基础上，学习本课程；与 CAD/CAE（Moldflow）同步开设。为学习者学习塑料挤出成型、塑料注射成型等课程，为顶岗实习及将来的工作奠定基础。本学习领域主要培养学习者注射模具、挤出模具的工程图样的识读、分析能力及设计能力，塑料制品的工艺性分析能力。同时注重培养学习者的社会能力和方法能力。

2. 职业行动领域（典型工作任务）描述

塑料制品的设计除考虑使用性能、经济成本外，还需考虑塑料制品成型的工艺要求。接受客户订单后，设计部模具设计人员与工程部产品开发人员一道，对制品进行工艺性分析、做制品模流分析，制作模流分析 ppt 文档，绘制模具报价图（其中应包括模具的基本结构，如模具分型面、模仁结构、模具的标准模架规格、浇注系统的结构、制品脱出结构、温度调节系统结构等，并进行模具估价）。并与用户达成设计意见。

根据与用户讨论达成的设计意见，设计部模具设计人员设计模具 2D 结构总装图。进行 3D 分析并分模。送客户确认。绘制零件明细表单。订购标准件与小钢料。绘制模具零件图。整理 2D 与 3D 文档，刻碟存档。打印 2D 装配图与零件图。

模具制造部根据设计部提供的二维与三维设计文档制造模具。在成型部试模。试模中出现制品质量问题时，设计部模具设计人员应与成型部调试人员、工程部产品开发人员一道提出改进方案。在塑料材料、工艺条件调整均不能达到制品生产要求时，可修改模具结构。提修模方案时，应尽量使模具整体结构不受影响。制定修模方案后，在制造部进行修模。再试模，直到成型出客户认可的产品为止。成型部制定成型工艺规程，批量生产制品。

3. 课程目标

学习者在教师引导及同学的协助下，明确任务实施的要求，借助网上资源或其他技术资料，分析制品结构工艺性，校核成型设备参数，选择模具标准零件，选择制模材料，分析注射模具浇注系统、排气系统、脱出系统、侧抽芯机构、安全控制机构、定位系统、温度调节系统，做流动分析，进行模具二维与三维设计。分析挤出机头机构。在规定时间内完成上述计划，进行检查反馈。在任务完成过程中，正确使用设计标准，使用的设计软件应与企业一致。对已完成的任务进行记录、存档及评价反馈。

学习完本课程后，学习者应能以单独或合作的方式，做制品分析报告，能识读模具工程图、能设计模具。具体包括：①能分析制品的结构工艺性，对不合理的结构与选材方案提出改进措施，并编制制品改进分析报告；②能做模具报价图；③能识读模具工程图，编制模具零件表单与订料单，测绘模具零件图；④能利用计算机辅助设计软件设计模具二维与三维结构文档；⑤能选择成型设备。

4. 课程实施的说明

本着教育的人本性原则和职业教育以职业能力为本位，更加注重方法能力与社会能力的关键能力培养的新型教学理念，在课程工学结合的教学实施时应特别关注以下学习内容，以更好地实现个人与职场社会的融合。

（1）健康和安全

① 国家安全法规、企业或学校相关规章制度、安全操作规程。包括劳动保护规定用品、工具设备的使用、职场环境安全、材料搬运、灭火器材使用、急救、风险控制、危险材料的使用和储存。

② 个人保护用品包括国家法规、企业或学校技术标准、安全操作规程中所规定的保护用品。

③ 安全操作步骤包括（但不限于）涉及车辆移动、危险物质、电气安全、手工搬运、相邻工人和现场参观者的操作过程及风险控制。

④ 紧急事件处理包括（但不限于）发生火灾时，紧急关闭设备和隔离设备的程序、灭火程序、现场撤离程序及企业或学校的急救要求。

（2）环境保护　环境保护包括（但不限于）废物处理、噪声和灰尘的控制、5S管理。

（3）降低成本提高效益　在实施过程中，要注意避免浪费，凡能节约或降低成本的举措及建议应予以鼓励。

（4）法律、法规、规章依据　包括依据的行业及国家标准、企业或学校的ISO 9000等标准。

（5）工具、设备和材料　本课程工作学习过程中需用到：①安装有AutoCAD2004、Pro/E2.0、Moldflow（MPI5.0）或以上版本软件的计算机；②多媒体投影；③注射模具、挤出模具；④拆模工具，如扳手、铜棒、橡胶锤、游标卡尺；⑤1号图纸打印机。

（6）劳动组织　班级学习者5～8人一个小组。每个小组设组长一人。学习者在机房中的机位固定。在模具拆装室拆装模具，两人一组，每组一套拆装工具，教师先做示范，学习者在演示教学后进行拆装操作。每一任务完成后，按要求打印设计纸质图纸。使用计算机、拆装工具、打印机后，进行交接班，做好记录。在规定的时间内完成任务。

（7）信息交流

① 信息资源包括（但不限于）口头、书面、图形、标志、工作进程计划、工艺规程、说明、工作记录、合同、图样与草图。

② 交流包括（但不限于）口头或视觉指示、故障报告，还包括现场具体指示、书面指示、计划或与工作任务有关的电话、留言等的指令。

5. 教学评价

本课程实行理论实践一体化教学，对应于塑料注射工、塑料挤出工中级、高级工及模具设计师职业岗位能力和知识的要求，突出职业岗位考核要求，突出职业岗位考核特色，通过结果考核与过程考核相结合的方式实现课程的考核。

突出以学习者为主体的过程实施的考核。激发学习者学习兴趣，培养学习者勤于思考、勇于创新、乐于思考的精神。过程考核中融入创新能力的考核，培养学习者自主学习的能力。

（1）结果考核

专业知识考核：主要通过与塑料注射工、塑料挤出工或模具设计师中、高级理论测试相对应的考核的形式，课程结束时对学习者塑料模具设计基本知识及灵活运用程度进行考核。

技能操作考核：与职业技能考证相结合。侧重考核操作技能、操作规范。要求达到中级或高级工标准。

方法能力考核：主要通过报告书质量，对学习者制订计划、书写报告书的能力进行考核。

（2）过程考核

考核学习态度、学习主动性、对知识点的获取能力、动手能力、分析思考能力、创新能力。

模块一　注射机的选择与校核

【模块描述】

注射成型过程是在注射成型机上完成的。无论是从事模具设计、还是从事模具调试及注射成型操作，都需要熟悉注射成型机的结构、参数与操作。模具设计者要充分了解注射机的技术参数，保证所设计的模具与注射机的参数相匹配。模具调试者也应充分了解注射机的技术参数，确保模具安装与调试的顺利进行。

学习目标

知识目标

1. 熟悉注射机的结构，能描述注射成型机塑化系统、开合模系统、液压电气系统的作用；能描述注射装置、开合模装置的工作过程；
2. 熟悉注射机的技术规范，能对照实物解释注射成型机的主要技术参数的含义。

能力目标

1. 已有注射成型模具，能对注射成型机进行校核；
2. 能根据制品及其模具结构图，计算对应注射机所需的注射量、锁模力、开模行程；
3. 能校核模具与注射机的有关结构参数。

素质目标

1. 具有团队合作与沟通能力；
2. 具备自主学习、分析问题的能力；
3. 具有安全生产意识、质量与成本意识、规范的操作习惯；
4. 环境保护意识；
5. 具有创新意识。

设备及材料准备：①一组学生使用一台注射机；②每一台注射机上配备一副模具；③与模具配套使用的塑料原料若干；④切除浇注系统凝料用刀片。

1.0.1　工作任务：注射机的选择与操作

一、注射机操作

① 现场观察你所使用的注射机的结构组成，并阅读注射机的说明书，对照注射机实物理解注射机的基本参数；

② 分别以手动、半自动的操作方式操作注射成型机；

③ 将注射机的主要参数及安全操作要领填写在表 1-0-1 中。

表 1-0-1　注射机的主要参数及安全操作要领

注射机型号			
结构形式(立式、卧式、角式)		理论注射容量/cm^3	
注射压力/MPa		锁模力/kN	
拉杆内间距/mm		移模行程/mm	
最大模具厚度/mm		最小模具厚度/mm	
模具定位孔直径/mm		喷嘴球半径/mm	
喷嘴口孔径/mm		注射速率/(g/s)	
操作描述(用文字描述)	手动、半自动的操作区别		
	固定加料、前加料、后加料的操作区别		
安全操作要领(用文字描述)			

【安全提示】

① 进入车间，请戴安全帽、请穿工作服与劳保鞋。

② 整理机台周边的杂物，避免影响操作。

③ 检查安全门是否正常。打开前后安全门中的任一块，成型机应不能合模。

④ 模具安装注意事项：

用吊车吊装模具时，模具水平运行高度不应超过人膝部的高度。

上模时压板的螺钉旋入成型机台模板螺纹孔的深度至少是螺钉直径的1.5倍。

调模前需设定合理的锁紧力，其值不可过大，否则会导致PL面上的压力过大，使模具寿命缩短。设定的锁紧力一般不超过成型机锁模力的70%～75%。

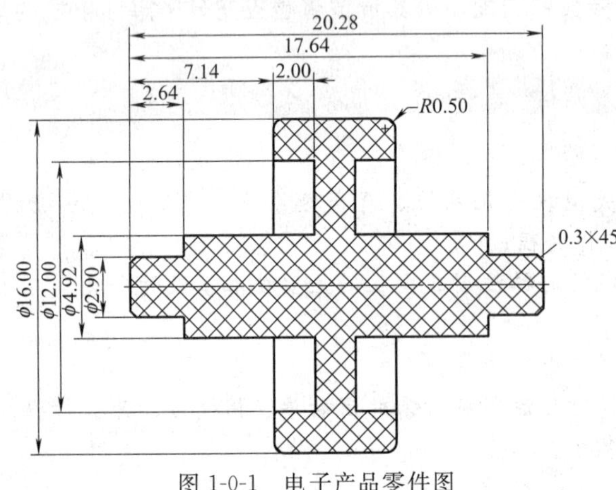

图 1-0-1　电子产品零件图

二、注射机选用与校核

设备及材料准备：①注射制品零件图；②注射模具装配图；③安装有AutoCAD2004、Pro/E2.0及以上版本的计算机房；④注射模具开合模动作动画。

（1）图1-0-1所示制品图为ABS电子产品零件图，试读图并计算制品的体积（也可在Pro/E中测量随书盘/模块1/阅读材料中1-0-1.prt的体积）。

（2）图1-0-2所示为电子产品模具装配件图。随书盘/模块1/阅读材料/1-0-2为该模具的生产用装配图。阅读图1-0-2生产用模具装配图：

① 计算制品与浇注系统的总体积；

② 计算制品与浇注系统在分型面上的总投影面积及涨开力；

③ 计算脱出制品和浇注系统凝料所需的总开距；

④ 根据计算结果选择注射机型号；

⑤ 对注射机的有关技术参数进行校核，并将校核结果填写在表1-0-2中。

表 1-0-2　注射机技术参数校核表

注射机		模具		校核判断
理论注射量/cm³		所需注射量/cm³		
注射压力/MPa		所需注射压力/MPa		
锁模力/kN		涨开力/kN		
移模行程/mm		所需开模行程/mm		
最大模具厚度/mm		模具封闭高度/mm		
最小模具厚度/mm				
拉杆内间距/mm		模具长×宽×高/mm		
定位孔直径/mm		定位环直径/mm		
喷嘴球半径/mm		流道凹坑半径/mm		

1.0.2　基本知识与技能

一、注射机结构与技术参数

从模具设计角度出发，应了解的技术规范有：注射机的最大注射量、最大注射压力、最

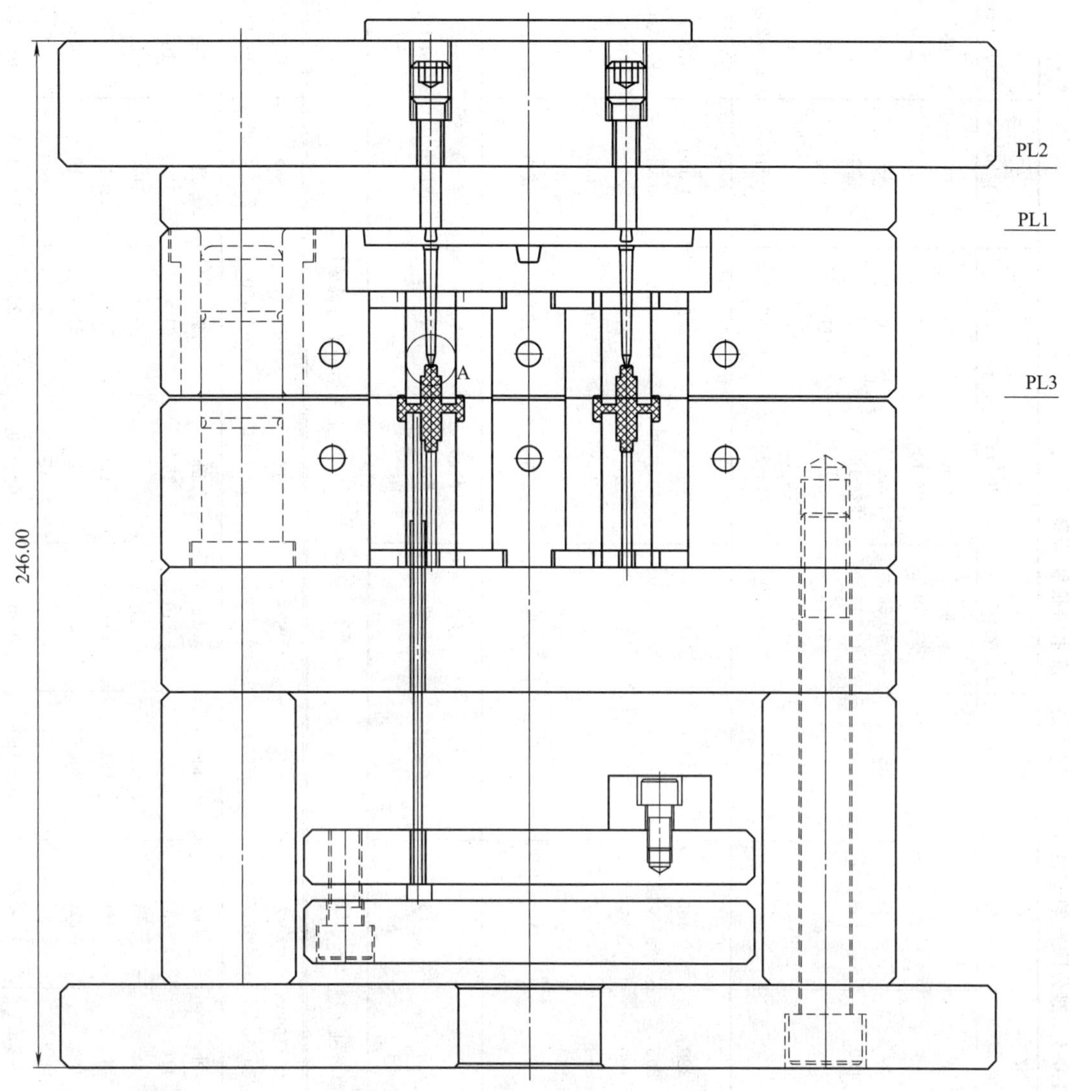

图 1-0-2　电子产品模具装配件图

大锁模力、最大成型面积、模具最大厚度和最小厚度、最大开模行程、机床模板安装模具的螺钉孔（或 T 形槽）的位置和尺寸等。表 1-0-3 列出了部分国产热塑性塑料注射成型机技术特征和规范，供设计参考。

二、注射机的校核

1. 最大注射量的校核

注射机的实际最大注射量要大于注满型腔与流道所需的物料量。实际最大注射量是理论注射量的 80%左右。该关系可表示为：

$$nM_z + M_j \leqslant 0.8M$$

式中　n——型腔数；

M_z——单个制品的体积或质量；

M_j——浇注系统所形成的体积或质量；

M——注射机的理论注射量（体积或质量）。

2. 锁模力的校核

表 1-0-3 部分国产热塑性塑料注射成型机技术特征和规范

项目	SZ-10/16	SZ-25/25	SZ-40/32	SZ-60/40	SZ-100/60	SZ-60/450	SZ-100/630	SZ-125/630	SZ-160/1000	SZ-200/1000
结构型式	立	立	立	立	立	卧	卧	卧	卧	卧
理论注射容量/cm^3	10	25	40	60	100	78 106	78 105	140	179	210
螺杆(柱塞)直径/mm	15	20	24	30	35	30 35	30 35	40	44	42
注射压力/MPa	150	150	150	150	150	170 125	224 164.5	126	132	150
注射速率/(g/s)						60 75	60 80	110	110	110
塑化能力/(g/s)						5.6 10	7.3 11.8	16.8	10.5	14
螺杆转速/(r/min)						14～200	14～200	14～200	10～150	10～250
锁模力/kN	160	250	320	400	600	450	630	630	1 000	1000
拉杆内间距/mm	180	205	205	295×185	400×340	280×250	370×320	370×320	360×260	315×315
移模行程/mm	130	160	160	260	260	220	270	270	280	300
最大模具厚度/mm	150	160	160	180	340	300	300	300	360	350
最小模具厚度/mm	60	130	130	280	10	100	150	150	170	150
锁模型式				160		双曲肘	双曲肘	双曲肘	液压	双曲肘
模具定位孔直径/mm						$\phi55$	$\phi125$	$\phi125$	$\phi120$	$\phi125$
喷嘴球半径/mm	10	10	10	15	12	*SR*20	*SR*15	*SR*15	*SR*10	*SR*15
喷嘴口孔径/mm			$\phi3$	$\phi3.5$	$\phi4$					
生产厂家	常熟市塑料机械总厂					上海第一塑料机械厂				

项目	SZ-250/1250	SZ-320/1250	SZ-400/1600 SZ-350/1600	SZ-630/3500	SZ-500/2000	SZ-800/3200	SZ-250/1500	SZ-630/2400	SZ-1250/4000	SZ-1500/4000
结构型式	卧	卧	卧	卧	卧	卧	卧	卧	卧	卧
理论注射容量/cm^3	270	335	416	634	525	840	255	610	1307	1617
螺杆(柱塞)直径/mm	45	48	48	58	52	67	45	60	80	85
注射压力/MPa	160	145	141	150	153	142.2	178	151	154.2	155
注射速率/(g/s)	110	140	160	220	200	260	165	310	410	410
塑化能力/(g/s)	18.9	19	22.2	24	28	34	35	47	65	70
螺杆转速/(r/min)	10～200	10～200	10～200	10～125	10～160	10～125	10～390	10～266	10～170	10～150

续表

项 目	SZ-250/1250	SZ-320/1250	SZ-400/1600 SZ-350/1600	SZ-630/3500	SZ-500/2000	SZ-800/3200	SZ-250/1500	SZ-630/2400	SZ-1250/4000	SZ-1600/4000
锁模力/kN	1250	1250	1600	3500	2000	3200	1500	2400	4000	4000
拉杆内间距/mm	415×415	415×415	410×410	545×485	460×460	600×600	460×400	550×550	750×750	750×750
移模行程/mm	360	360	360	490	450	550	430	550	750	750
最大模具厚度/mm	550	550	550	500	450	600	450	610	770	770
最小模具厚度/mm	150	150	150	250	280	300	220	310	380	380
锁模型式	双曲肘	双曲肘	双曲肘	双曲肘	双曲肘	双曲肘	双曲肘	双曲肘		
模具定位孔直径/mm	ϕ160	ϕ160	ϕ150	ϕ180 (深 20)	ϕ160	ϕ160	ϕ125	ϕ160	ϕ200 (深 25)	ϕ200 (深 25)
喷嘴球半径/mm	*SR*15	*SR*15	*SR*18	*SR*18	*SR*15	*SR*20	*SR*15	*SR*35	*SR*20	*SR*20
喷嘴口孔径/mm										
生产厂家	上海第一塑料机械厂									
项 目	SZ-2000/4000	SZ-2500/5000	SZG[1] 100/500	SZG[1] 500/1500	SZ-60/40	SZ-100/80	SZ-160/100	SZ-200/120	2 SZ-300/160	SZ-500/200
结构型式	卧	卧	卧	卧	卧	卧	卧	卧	卧	卧
理论注射容量/cm³	2000	2622	80[2] 110[2]	350,467,622	60	100	160	200	300	500
螺杆(柱塞)直径/mm	90	95	30 35	45,52,60	30	35	40	40 42	45	55
注射压力/MPa	130	160	200 150	193,144,5,108	180	170	150	165 150	150	150
注射速率/(g/s)	430	500			70	95	105	120	145	173
塑化能力/(g/s)	75	80			35[4]	40[4]	45[4]	55[4] 70[4]	82[4]	110[4]
螺杆转速/(r/min)	10～140	10～170	10～150	10～130	0～200	0～200	0～220	0～220	0～180	0～180
锁模力/kN	4000	5000	500	1500	400	800	1000	1200	1600	2000
拉杆内间距/mm	750×750	900×900	280×250	410×410	220×300	320×320	345×345	355×385	450×450	570×570
移模行程/mm	750	950	300	360	250	305	325	350	380	500
最大模具厚度/mm	770	870	250	400	250	300	300	400	450	500
最小模具厚度/mm	380	450	150	760[3]	150	170	200	230	250	280
锁模型式										

续表

项　　目	SZ-2000/4000	SZ-2500/5000	SZG①100/500	SZG①500/1500	SZ-60/40	SZ-100/80	SZ-160/100	SZ-200/120	2 SZ-300/160	SZ-500/200
模具定位孔直径/mm	φ200	φ250	φ125	φ160	φ80	φ100	φ100	φ125	φ160	φ160
喷嘴球半径/mm	（深 25）	（深 25）								
喷嘴口孔径/mm	SR20	SR20	SR15	SR17.5	SR10	SR10	SR15	SR15	SR20	SR20
生产厂家	上海第一塑料机械厂					浙江塑料机械厂				

项　　目	SZ-1000/300	SZ-2500/500	SZ-4000/800	SZ-6300/1000	SZ-60/40	SZ-160/100	SZ-68/40	SZ-100
结构型式	卧	卧	卧	卧	卧	卧	卧	卧
理论注射容量/cm^3	1000	2500	4000	6300	60	160	53⑤　68⑤	100①
螺杆(柱塞)直径/mm	70	90	110	130	30	40	26　30	34
注射压力/MPa	150	150	150	140	180	150	161.5　123.5	165.6
注射速率/(g/s)	325	570	770	1070	70	105	58⑥　74⑥	91②
塑化能力/(g/s)	180	245	325	430	35	45	20　30	
螺杆转速/(r/min)	0～150	0～120	0～80	0～80	0～200	0～200	40～200	0～180
锁模力/kN	3000	5000	8000	10000	400	1000	400	600
拉杆内间距/mm	760×700	900×830	1120×1200	1100×1180	220×300	345×345	250×230	310×250
移模行程/mm	650	850	1200	1200	250	325	220	220
最大模具厚度/mm	650	750	1100	1100	250	300	240	180
最小模具厚度/mm	340	400	600	600	150	200	130	140
锁模型式					双曲肘	双曲肘	双曲肘	双曲肘
模具定位孔直径/mm	φ250	φ250	φ250	φ250	φ80	φ125	φ100	φ100
喷嘴球半径/mm	SR20	SR35	SR35	SR35	SR10	SR12	（深 12）	
喷嘴口孔径/mm	φ5	φ7	φ7	φ7	φ3(2.5)	φ3		
生产厂家	浙江塑料机械厂				成都塑料机械厂		柳州塑机厂	南宁第二轻工机械厂

①热固性塑料注射成型机。②实际注射质量（g）。③最大模板开距（有加热板）。④塑化能力单位为 kg/h。⑤注射质量（g）。⑥注射率（cm^3/s）。

注：我国生产的塑料注射成型机还有 SZK 系列（无锡格兰机械有限公司）、HT 系列（宁波海天机械制造有限公司）、WK 系列（汾西机器厂）、CJ 系列（震德塑料机械厂）等。

当高压的塑料熔体充满型腔时，会产生使模具分型面涨开的力，这个力的大小等于塑件和浇注系统在分型面上的投影面积之和乘以型腔内的压力，它应小于注射机的锁模力，从而保证注射时不发生溢料现象，即

$$F_{涨}=PA\leqslant F_{锁}$$

式中　P——熔融塑料在型腔内的最大平均压力，MPa；

A——塑件和浇注系统在分型面上的投影面积之和，mm^2；

$F_{锁}$——注射机的锁模力，N。

3. 注射压力的校核

注射机的最大注射压力要大于成型时所需要的注射压力，即

$$P_{额}\geqslant P_{注}$$

式中　$P_{注}$——成型所需的注射压力，MPa；

$P_{额}$——注射机额定注射压力，MPa。

4. 注射机安装模具部分的尺寸校核

注射机安装模具部分应校核的主要项目包括喷嘴尺寸、定位圈尺寸、拉杆间距、最大及最小模厚、模板上的安装螺钉孔尺寸等。

注射机喷嘴头的球面半径和与其相接触的模具主流道始端的球面半径必须吻合，使前者稍小于后者。角式注射机喷嘴多为平面，模具与其相接触处也应作成平面。

为使模具主流道的中心线与注射机喷嘴的中心线相重合，注射机固定模板上设有定位孔，模具定模板上设有凸出的与主流道同轴的定位圈，定位孔与定位圈之间呈较松动的间隙配合。

对于各种规格的注射机，可安装模具的最大厚度和最小厚度均有限制（国产机械锁模的角式注射机的最小厚度无限制），模具总厚度应在最大模厚与最小模厚之间。同时应考虑模具的外形尺寸不能太大，以能顺利地从上面吊入或从侧面移入注射机四根拉杆之间为度。

动模与定模的模脚尺寸应与注射机移动模板和固定模板上的螺钉孔的大小及位置尺寸相适合，以便紧固在相应的模板上。模具常用的安装方法有用螺钉直接固定和用压板固定两种，螺钉和压板数目最常见为2～4个。当用螺钉直接固定时，模脚上钻孔位置和尺寸应与模板上的螺钉孔完全吻合；而用压板固定时，只要模脚附近有螺钉孔都能紧固，因而有更大的灵活性。

5. 开模行程的校核

模具开模后为了便于取出塑件，要求有足够的开模距离，而注射机的开模行程是有限制的。因此，必须进行注射机开模行程的校核。对于具有不同形式的锁模机构的注射机，其最大开模行程有的与模具厚度有关，有的则与模具厚度无关。下面就两种情况的开模行程校核分别加以讨论。

① 注射机最大开模行程与模具厚度无关时的校核　对于具有液压机械式合模机构的注射机，其最大开模行程系由肘杆机构或合模液压缸的冲程所决定的，不受模具厚度的影响，模厚变化时可由注射机模厚调节装置调整，使注射机动定模板距离与模厚相适应。故校核时只需使注射机最大开模行程大于模具所需的开模距离，即

$$S_{max}\geqslant S$$

式中　S_{max}——注射机最大开模行程，mm；

S——模具所需开模距离，mm。

② 注射机最大开模行程与模具厚度有关时的校核　对于直角式注射机和全液压式锁模机构注射机，其最大开模行程等于注射机移动模板与固定模板之间的最大开距 S_k 减去模具闭合厚度 H_m，故可按下式进行校核：

$$S_k-H_m\geqslant S$$

式中　S_k——注射机移动模板与固定模板之间的最大距离，mm；

H_m——模具闭合厚度，mm。

根据模具的不同结构，其所需开模距离 S 分以下几种情况进行计算。

(1) 单分型面注射模　如图 1-0-3 所示，模具所需开模距离为

$$S=H_1+H_2+(5\sim10)\text{mm}$$

式中　H_1——塑件脱模需推出的距离，mm；

H_2——塑件高度（包括浇注系统凝料），mm。

校核时，对最大开模行程与模厚无关的情况按下式校核

$$S_{max}\geqslant H_1+H_2+(5\sim10)\text{mm}$$

对最大开模行程与模厚有关的情况则按下式校核

$$S_k\geqslant H_m+H_1+H_2+(5\sim10)\text{mm}$$

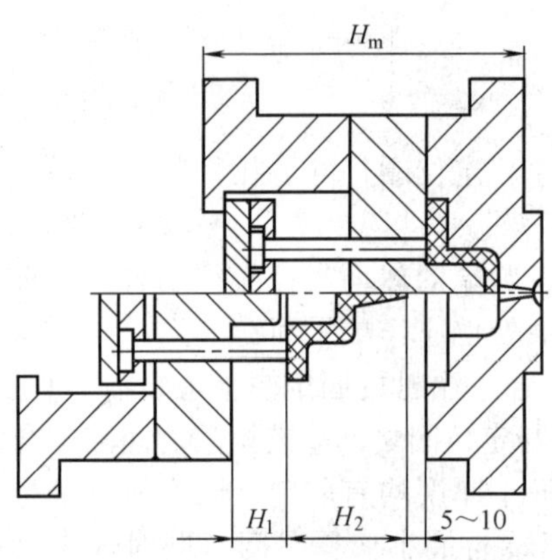

图 1-0-3　单分型面注射模开模行程校核

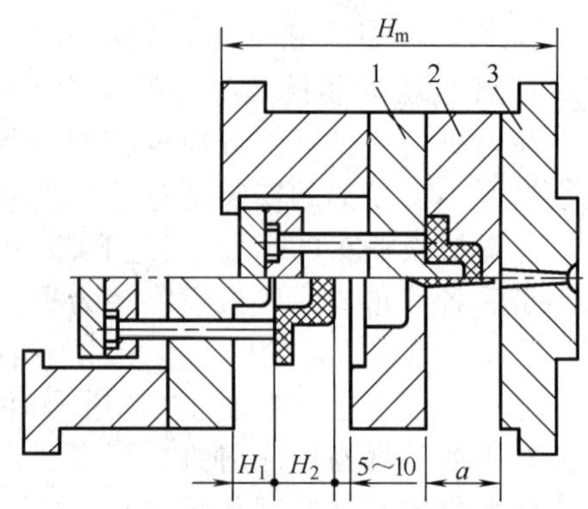

图 1-0-4　双分型面注射模开模行程校核

1—动模；2—浇口板；3—定模

(2) 双分型面注射模　如图 1-0-4 所示，模具所需开模距离增加浇口板与固定模板间为取出浇注系统凝料所需分开的距离 a，故得

$$S=H_1+H_2+a+(5\sim10)\text{mm}$$

式中　a——取出浇注系统凝料所需固定模板与浇口板之间的距离，mm。

对最大开模行程与模厚无关的情况可按下式进行校核

$$S_{max}\geqslant H_1+H_2+a+(5\sim10)\text{mm}$$

对最大开模行程与模厚有关的情况可按下式进行校核

$$S_k\geqslant H_m+H_1+H_2+(5\sim10)\text{mm}$$

6. 顶出装置的校核

注射机顶出装置的形式有多种，就国产注射机而言，顶出装置有下列四种形式：

①中心顶杆机械顶出；②两侧双顶杆机械顶出；③中心顶杆液压顶出加两侧顶杆机械顶出；④中心顶杆液压顶出与其他开模辅助液压缸联合作用。

需根据注射机顶出装置的形式、顶杆的直径、配置和顶出距离，校核其与模具的推出装置是否相适应。

三、注射机操作注意事项

1. 开机前注意事项

开车前需做好以下检查：

① 检查电源电压与机台电压是否相符；

② 检查安全门在导轨上滑动是否灵活，能否触动限位开关，是否灵敏可靠；

③ 检查各按钮、操作手柄、手轮等有无损坏或失灵；

④ 检查各冷却水管接头是否有渗漏现象；

⑤ 检查喷嘴是否有堵塞；

⑥ 打开润滑油开关或将润滑油注入各润滑点，油箱油位应在油标中线以上；

⑦ 检查设备运转有无异声、震动或漏油；

⑧ 检查各紧固件松动与否，用螺栓固定好模具后进行试模，注射成型压力应逐渐升高。

2. 操作过程注意事项

按下列顺序依次操作注射机：

① 接通电源，启动电动机。油泵开始工作后，应打开油冷却器冷却水阀门，对回油进行冷却。

② 油泵进行短时间空运转，待正常后关闭安全门。先采用手动闭模并打开压力表，观察压力是否上升。

③ 空车时，手动操作机器空运转几次，检查安全门的动作是否正常，指示灯是否及时亮熄，各控制阀、电磁阀动作是否正确，调速阀、节流阀的控制是否灵敏。

④ 转换各调整位置，检查各反应是否灵敏。

⑤ 调节时间继电器和限位开关，并检查其动作是否灵敏、正常。

⑥ 进行半自动操作试车，空车运转几次。

⑦ 进行自动操作试车，检查运转是否正常。

⑧ 检查注射制品计数装置及报警装置是否正常。

3. 停机注意事项

① 首先停止加料，关闭料斗闸板，清空机筒中的余料，注射座退回，关闭冷却水。

② 用压缩空气冲干模具冷却水道，对模具成型零件进行清洁，喷防锈剂，手动合模。

③ 关油泵电机，切断所有电源开关。

④ 做好机台清洁和周围环境卫生。

4. 注射机安全操作条例

① 认真阅读注射机使用说明书，按照设备安全使用要求操作和维护注射成型机。

② 严格进行注射机的日常维护，保证注射成型机在整个寿命期间的可靠性和处于良好的工作状态。

③ 操作成型机前，接受设备使用培训。

④ 不允许不熟悉设备使用及日常维护的人员单独开机。

学习活动（1）

实操：

1. 分别以手动、半自动的操作方式操作注射成型机。
2. 填写注射机的主要参数及安全操作要领表。

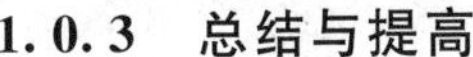

1.0.3 总结与提高

一、总结与评价

请按照学习目标的要求，根据注射机操作、注射机选用与校核的任务完成情况，用文字简要进行自我评价，并对小组中其他成员的任务完成情况加以评价。你和小组其他成员，哪些方面完成得较好，还存在哪些问题？

二、知识与能力的拓展——注射模具安装

模具安装中要确保操作者的安全；要确保模具和设备在安装中不受损坏。安装模具时，用“手动”操作，使机器的全部动作处于操作者手动控制中。吊装模具时，要将成型机电源关闭，以免引发意外事故。

1. 模具预检

安装前，操作者应查看模具装配图，对装配图中的技术要求逐条落实。并通过装配图了解模具的基本结构、模具的动作及注意事项。主要内容如下：

① 模具的总体高度及外形尺寸是否符合选定的注塑机的尺寸条件；

② 模具有无专用的吊环或吊环孔，吊环孔的位置是否使模具处于平衡吊装状态；

③ 模具闭合时应有动定模锁模器，以防吊装时模具开启造成意外事故。

2. 锁模机构调整

液压式合模系统的动模行程是由工作油缸的行程确定的，其调整机构利用合模油缸加以实现。对液压肘杆式合模系统，首先将动定模板间的距离调整在模厚＋1～2mm，再准备吊装，其调模机构与锁模系统的结构有关（请参见所用成型机的说明书）。

3. 模具吊装

一般模具的吊装需2～3人，大型模具的吊装需要的人更多。现场操作时，由一名有现场吊装经验的人员作现场指挥。应尽量将模具整体起吊。如吊装设备受限，也可进行分体吊装。

(1) 注意模具安装方向　模具总装图上一般以模具吊装方向作为主视图的上方。如图样无明确表示或无明确规定时，模具安装方向的选择要注意以下几点：①注意侧滑块的定位方式，不同的定位方式对安装方位的要求不同；②模板的长度与宽度尺寸相差较大时，应尽可能使长边与水平方向平行；③将液压接头、气压接头、热流道元件接线板等放置在非操作侧面。

(2) 吊装方式　一般情况下是将模具从成型机上方吊进拉杆模板间。如模具水平方向的尺寸大于模板拉杆间的水平距离时，对小型模具，可将模具从拉杆侧面滑入拉杆间；另一种方式是将模具较长方向放置在平行于拉杆轴线的方向（模厚小于拉杆间水平有效距离），吊入拉杆之间后，将模具旋转90°，即可使模具的定位环与成型机的定位孔相吻合。

(3) 模具整体吊装　将模具吊入成型机拉杆间之后，使模具定位环进入成型机的定位孔中。慢速闭合动模板，然后用压板或螺钉压紧定模，并初步固定定模。再慢速微量开启动模3～5次，检查模具在开启过程中有无卡住现象。最后固定动模板。

(4) 模具分体吊装　先将定模部分吊入拉杆间定位找正。定位环进入定位孔后，将定模部分用螺钉压紧在成型机固定模板上。然后将动模部分吊入，依靠模具的导柱，将模具的动模部分与定模部分闭合。成型机的动模板要求慢速前推，闭合后初步压紧动模部分。

(5) 人工吊装　中小型模具可进行人工吊装。一般从成型机的侧面装入。在拉杆上垫两块木板，将模具滑入。要注意保护成型机的合模装置和拉杆，防止将其表面划伤。

4. 模具紧固

① 紧固螺钉的数量　对注射量500cm^{3}以下的成型机上使用的模具，动定模两侧都要用四块压板压紧。大型模具采用6～8块压板压紧。大型模具紧固时，下方加支撑压板。

② 紧固螺钉的种类　紧固螺钉通常采用普通六角螺钉或内六角螺钉。

③ 压紧形式　一般采用压脚压紧方式。

思　考　题

1. 注射机由哪些部分组成？
2. 注射机的主要参数有哪些？
3. 设计塑料注射模具时，要校核注射机的哪些技术参数？
4. 已有塑料注塑成型模具，如何选择注射成型机？
5. 手动操作与半自动操作有何区别？
6. 简述注射机安全操作规程。

模块二　注射模标准模架及标准零件的选用

【模块描述】

为提高模具设计与制造的效率，塑料制品成型企业设计部常制作标准模架数据库。模具设计过程中，根据排样图选用标准模架规格；直接调用标准模架数据库中的文档，绘制模具装配图。本模块按照企业工作任务要求，填写标准模架规格与零件清单、绘制模架装配图、测绘模架零件图。

学习目标

知识目标

1. 具有注射模国家标准的知识，熟悉国家标准模架系列、各零件的名称及作用；
2. 具有注射模行业标准的知识，熟悉国际上主要注射模模架标准。

能力目标

1. 能根据注射模具模架型号与规格，按照企业注射模装配图样表达方法，绘制模架装配图；
2. 能根据模架装配图，测绘模架零件图；
3. 能拆装注射模标准模架。

素质目标

1. 具有团队合作与沟通能力；
2. 具备自主学习、分析问题的能力；
3. 具有安全生产意识、质量与成本意识、规范的操作习惯；
4. 环境保护意识；
5. 具有创新意识。

设备与材料准备：①每组备注射模国家标准、富得巴（Futaba）模架标准一套；②注射模装配图文档一套；③注射模标准模架装配图一套；④注射模标准模架实物若干；⑤英制、公制内六角扳手若干套；⑥紫铜棒若干根；⑦橡胶锤、木制栏头、扳手若干把；⑧每个小组备 3 台安装有 AutoCAD2004 及 Pro/E 2.0 以上版本的计算机。

2.0.1　工作任务：标准模架工程结构图绘制

一、拆装注射模标准模架

拆装一副标准模架，查阅模架标准，填写组成标准模架的零件清单。

每一个小组拆装一副标准模架。按照模架标准中模具零件名称与零件规格的有关规定，将所拆装的模架零件清单填写在表 2-0-1 中。

二、绘制模架装配图

按企业使用的图样布置形式绘制（FUTABA）MDC SC 2730 50 60 70 S 标准模架的装配图（.dwg 文件）。

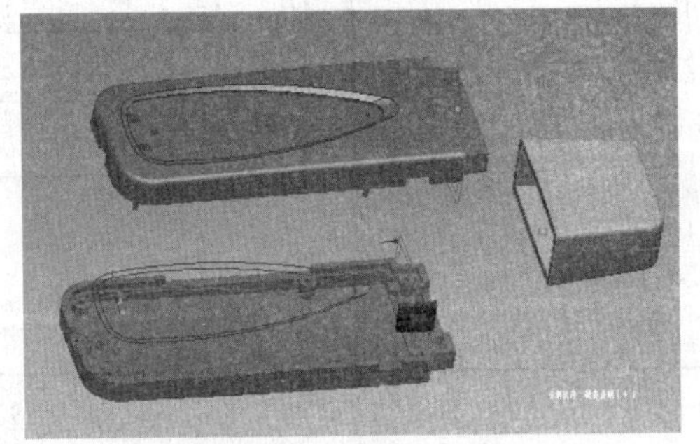

图 2-0-1　记忆棒外壳制品图

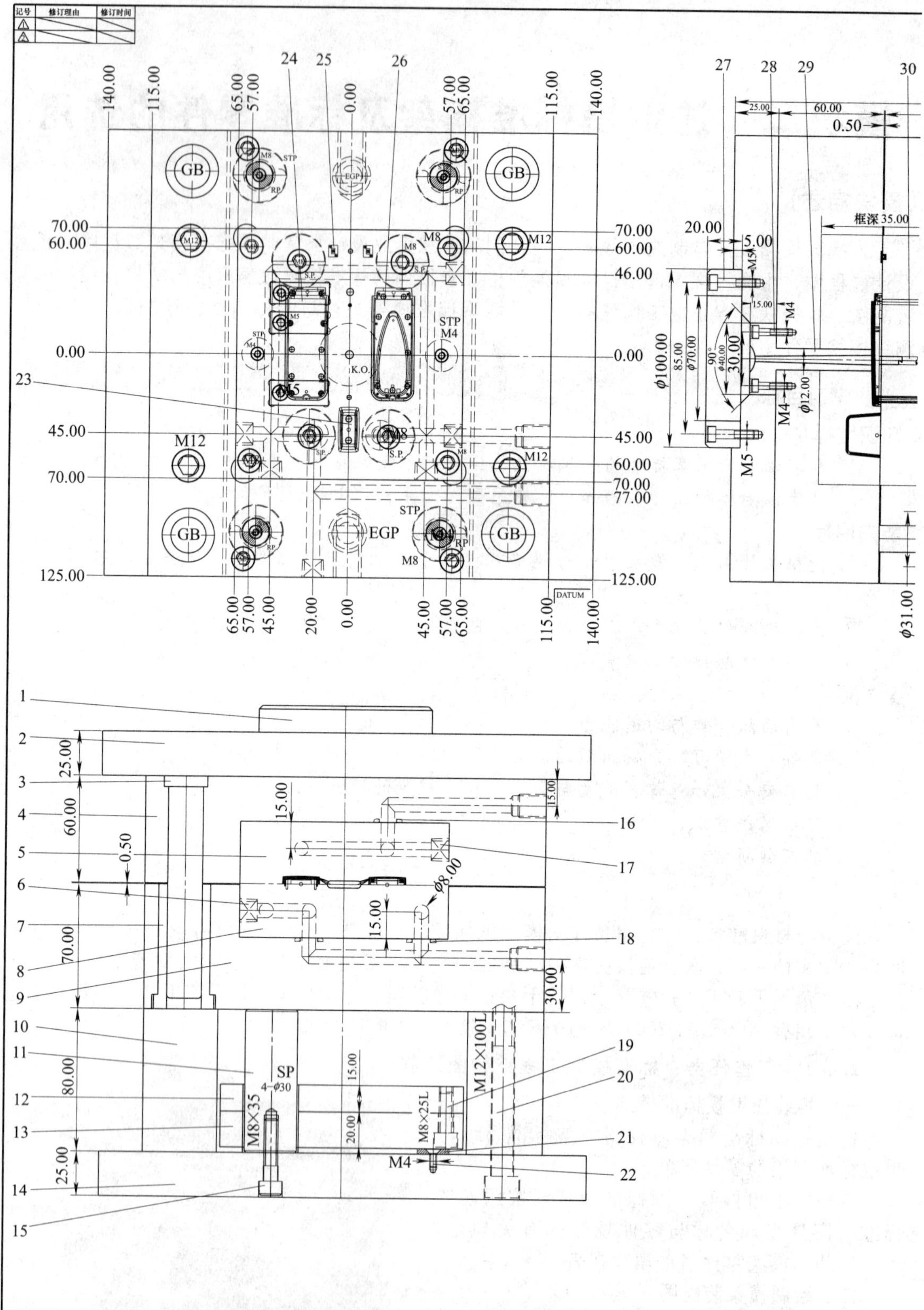

图 2-0-2 记忆棒外壳

1—定位圈；2—定模座板；3—导柱；4—定模板；5—定模模仁；6—焗头螺钉；7—导套；8—动模模仁；9—动模板；18—密封圈；19—顶出板螺钉；20—动模螺钉；21—垃圾钉；22—垃圾钉螺钉；23—端盖制品；24—下盖制品；32—型芯；33—推管；34—顶出导套；35—顶出导柱；36—定模螺钉；37—顶出挡块；38—顶出挡块螺钉；

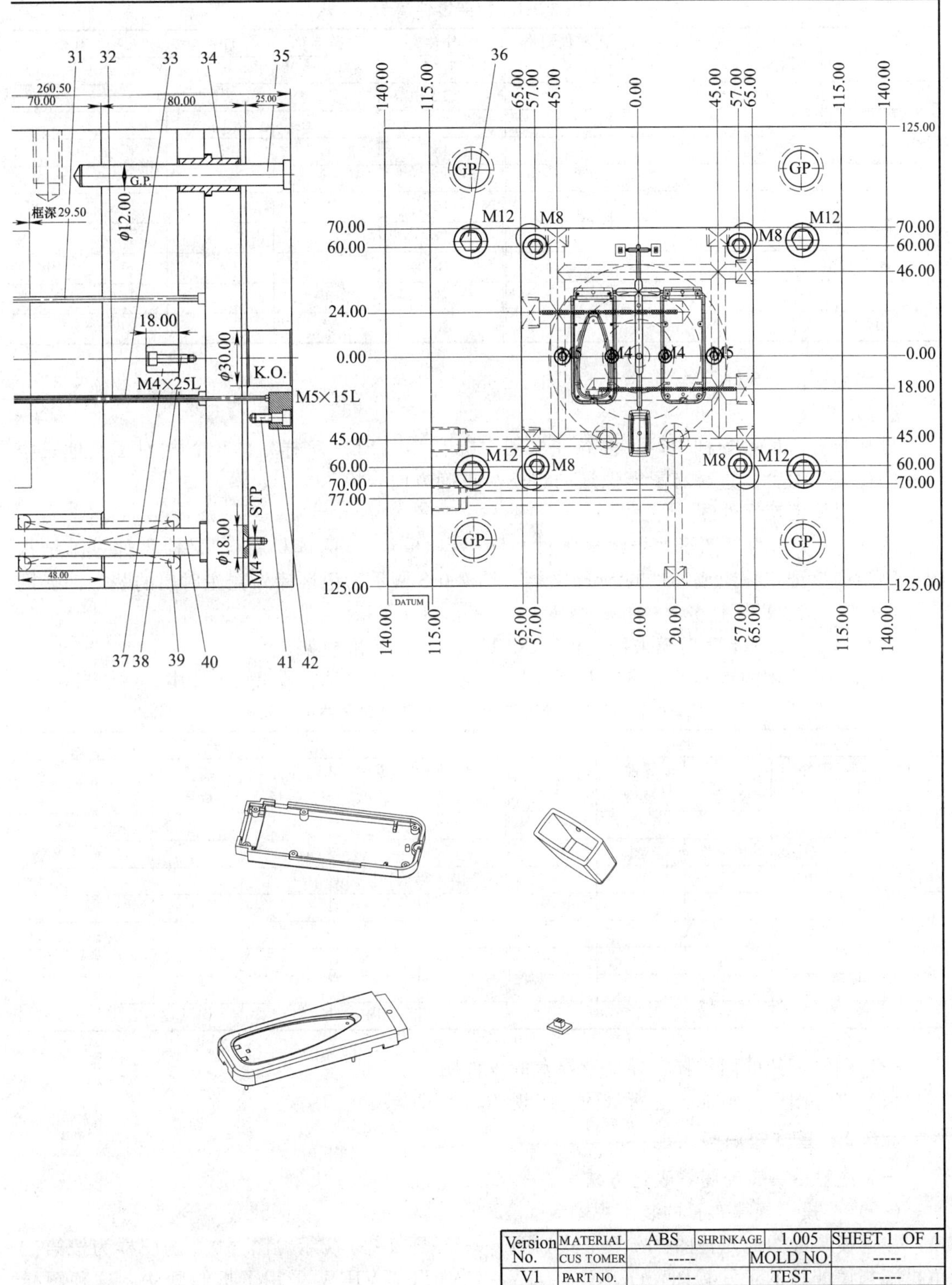

注射模具装配图

10—垫铁；11—支撑柱；12—顶出板；13—顶出底板；14—动模座板；15—支撑柱螺钉；16—密封圈；17—焖头螺钉；25—拨锁制品；26—上盖制品；27—定位圈螺钉；28—流道衬套螺钉；29—流道衬套；30—拉料杆；31—推杆；39—回程弹簧；40—回程杆；41—压块螺钉；42—压块

表 2-0-1 模架零件清单

序号	零件名称	零件数量	零件规格	序号	零件名称	零件数量	零件规格
1				11			
2				12			
3				13			
4				14			
5				15			
6				16			
7				17			
8				18			
9				19			
10				20			

请参照图 2-0-5 进行绘制。

【提示】

导柱布置：四根导柱中，一根导柱（图中标有 OFFSET 字样）的位置相对于其他三根导柱的位置不对称。这种布置能保证动定模沿正确方向合模。

三、测绘模架零件图

图 2-0-1 所示为记忆棒外壳组成零件，随书盘/模块二/阅读材料/记忆棒零件三维结构图中所附为该记忆棒组成零件的 . prt 文档。图 2-0-2 所示为记忆棒外壳注射模的装配图。阅读图 2-0-2，完成以下任务。

(1) 图 2-0-2 所示注射模采用富得巴（FUTABA）标准模架。

请确定所使用的模架的规格，并将模架组成零件的清单填写在表 2-0-2 中。

表 2-0-2 记忆棒外壳注射模具标准模架零件清单表

模架规格									
序号	零件名称	零件数量	零件规格	备注	序号	零件名称	零件数量	零件规格	备注

(2) 测绘模架的回程杆、导柱及导套的零件图。

请在零件图中完整地表达所需的一组视图、尺寸及尺寸偏差。

2.0.2 基本知识与技能

一、注射模具装配图样表达方法

(一) 按投影规律布置的装配视图

注射模装配图的几种图样布置形式如图 2-0-3～图 2-0-5 所示。图 2-0-3 的图样为按第三角投影规律配置的正常视图，CORE VIEW、CAVITY VIEW 采用了拆卸画法。这种图样布置需要较大的图纸空间。

(二) 企业装配图样表达方法

图 2-0-4 和图 2-0-5 未完全按视图的投影规律配置图样，但这两种图样配置所占的图纸空间较小。图 2-0-5 的图样配置形式为大多数模具企业所采用。

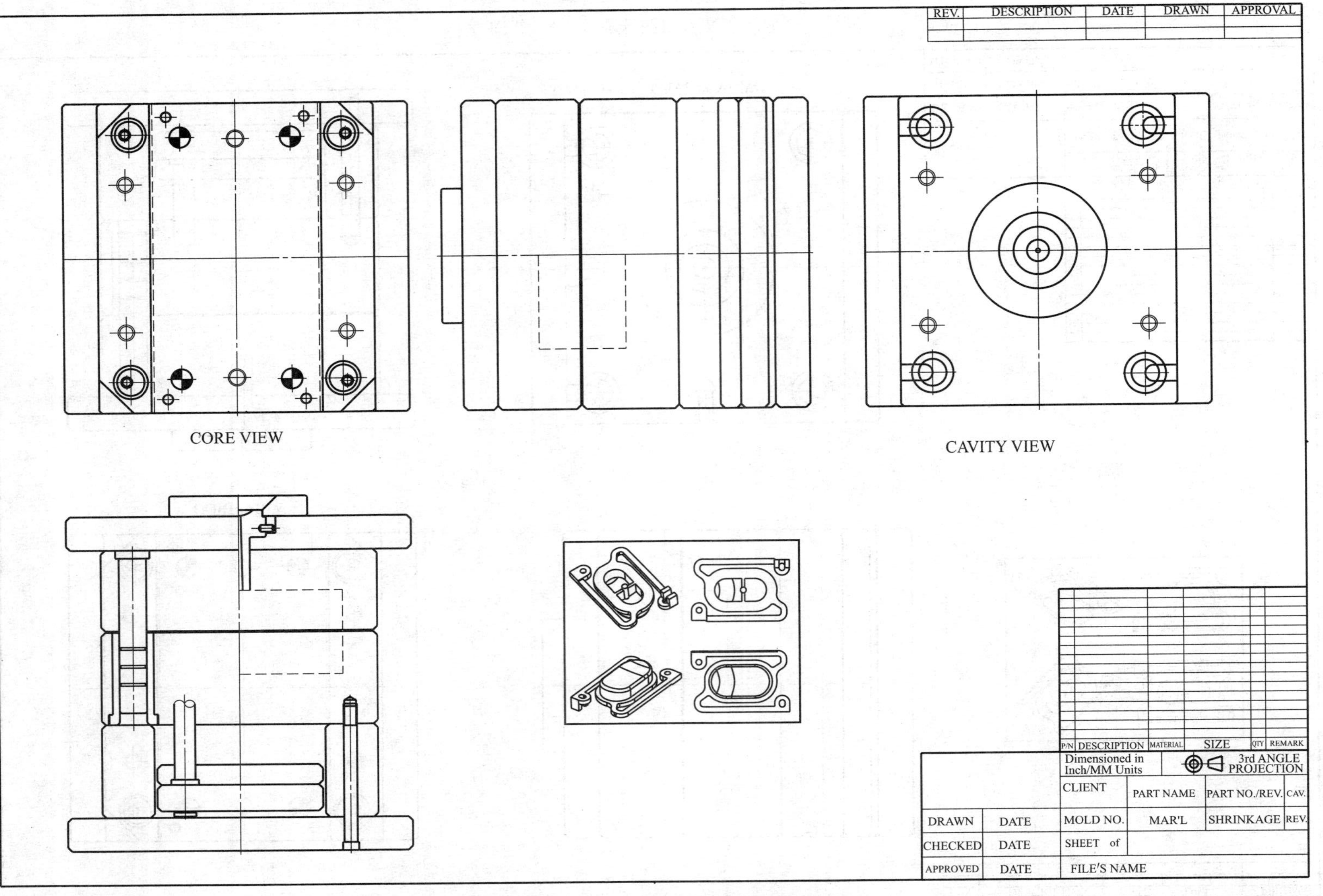

图 2-0-3　按第三角投影规律配置的视图

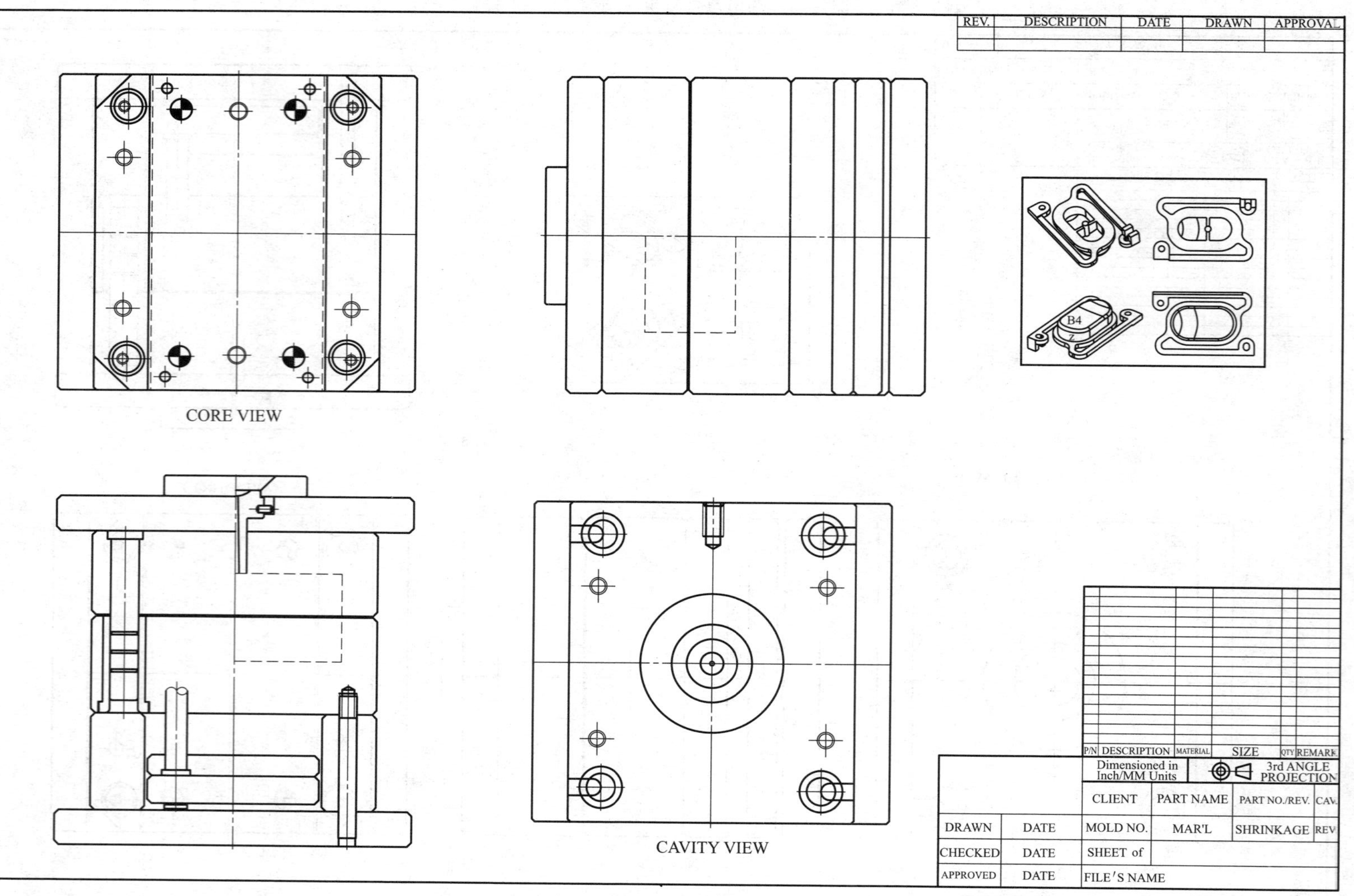

图 2-0-4 企业装配图样表达方法之一

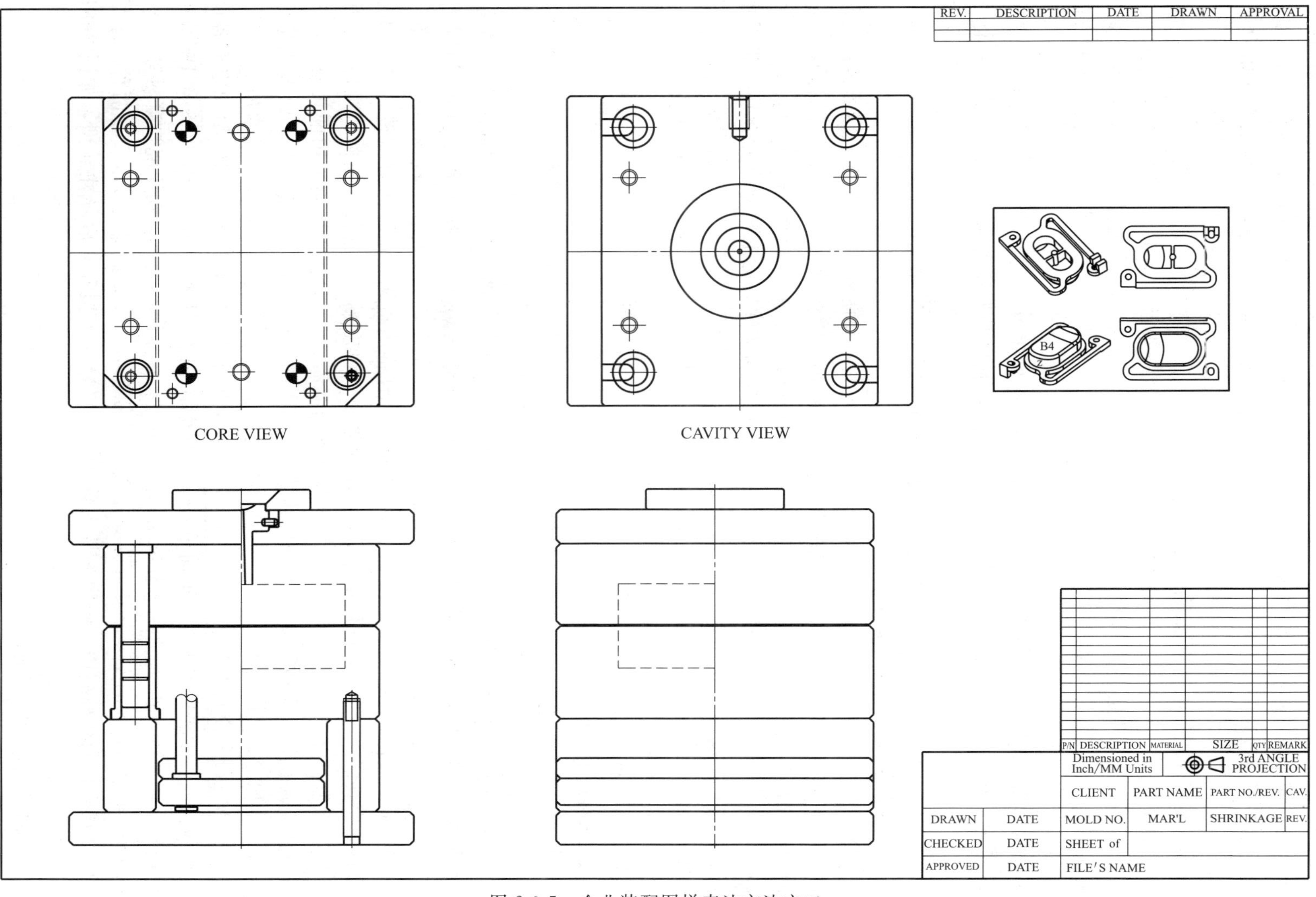

图 2-0-5　企业装配图样表达方法之二

（三）模具图样规范

我国国家标准规定，技术图样采用第一视角投影，必要时（如有合同约定）可采用第三视角投影，使用第三视角投影必须标注第三视角的图标。目前，在我国沿海企业，第一视角投影与第三视角投影都被应用于注射模装配图与零件图，其中，以第三视角投影使用为多。图 2-0-3～图 2-0-5 均为第三视角投影视图。

注射模图样表达应注意以下问题：

① 图样中应标示基准。基准标示的目的是为了统一设计、加工时工件的基准及摆放方向。有单边基准和中心基准两类。单边基准是指设计、加工时，以工件相邻两直角边为基准并按一定的方向摆放；中心基准是指设计、加工时，以工件的中心线为基准并按一定的方向摆放。

② 为适应数控加工的要求，定位尺寸标注以坐标标注为主。

③ 装配图中应标示模具中心线与成品基准点，且成品基准相对于模具基准的坐标应取整；

④ 零件图尺寸标注中，各零件坐标尺寸的标注应统一尺寸基准。

二、注射模具国家标准简介

塑料注射模具标准化有如下优点：①使设计规范化，并使设计人员摆脱大量重复的一般性设计，以便集中精力解决模具关键技术问题，进行创造性的劳动。②模具标准化的实施，有助于稳定和提高模具设计与制造质量，使产品零件的不合格率减少到最低程度。③有助于提高专业化协作生产水平、缩短模具生产周期。模具标准件和标准模架由专业厂大批量生产，各模具厂主要完成成型零件的加工和装配，从而改变模具制造行业“大而全、小而全”的生产局面。④模具标准化是采用现代模具生产技术和装备，实现模具 CAD/CAM 技术的基础。⑤模具标准化有利于模具技术的国际交流和模具出口外销。

（一）注射模国家标准模架简介

1. 塑料注射模中小型标准模架

GB 12556.1～12556.2—1990《塑料注射模中小型模架》的模板尺寸 $B\times L\leqslant 560\text{mm}\times 900\text{mm}$。塑料注射模中小型模架的结构型式可按以下特征分类。

① 按结构特征可分为基本型和派生型。基本型有四种，即 A1、A2、A3 和 A4，如图 2-0-6 所示。派生型有九种，即 P1、P2、P3、P4、P5、P6、P7、P8 和 P9，如图 2-0-7 所示。基本型 A1 型定模采用两块模板，动模采用一块模板，设置推杆推出机构，适用于单分型面注射模。A2 型动定模均采用两块模板，设置推杆推出机构，适用于直流道，采用斜导柱抽芯的模具。A3 型定模采用两块模板，动模采用一块模板，设置推件板推出机构，适用于薄壁壳形制品及塑件表面不允许留下顶出痕迹的制品。A4 型动定模均采用两块模板，设置推件板脱模机构，应用范围与 A3 型相同。派生型 P1～P4 型由基本型 A1～A4 型对应派生而成，结构形式不同处为去掉了 A1～A4 型定模座板上的固定螺钉，使定模增加了一个分模面，成为三板式模具，多用于针点浇口，其他特点与 A1～A4 型相同。P5 型动定模各由一块模板组成，主要适用于直浇道简单整体式型腔结构的注射模。P6 与 P7，P8 与 P9 是相互对应的结构，P6～P9 均适用于复杂结构的注射模，如定距分型、自动脱浇口凝料等。

② 按导柱和导套的安装形式可分为正装（代号取 Z）和反装（代号取 F）两种。序号 1、2、3 指导柱的几种结构，分别为带头导柱、有肩导柱Ⅰ型和有肩导柱Ⅱ型，如图 2-0-8 所示。

2. 注射模大型模架标准

GB/T 12555.1～12555.15—1990《塑料注射模大型模架》适用于周界尺寸在 $630\text{mm}\times 630\text{mm}$ 至 $1250\text{mm}\times 2000\text{mm}$ 之间的热塑性塑料注射模具。

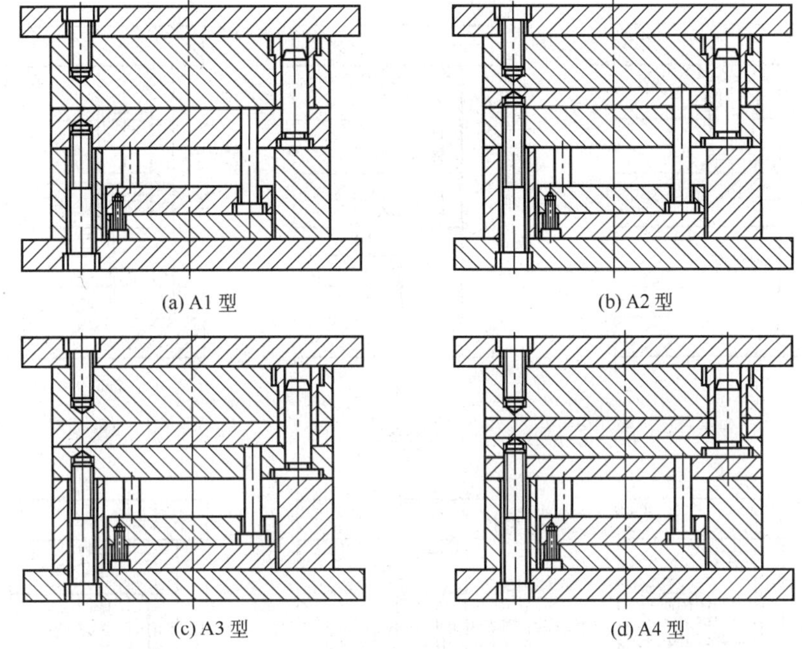

图 2-0-6　基本型模架结构 A1～A4

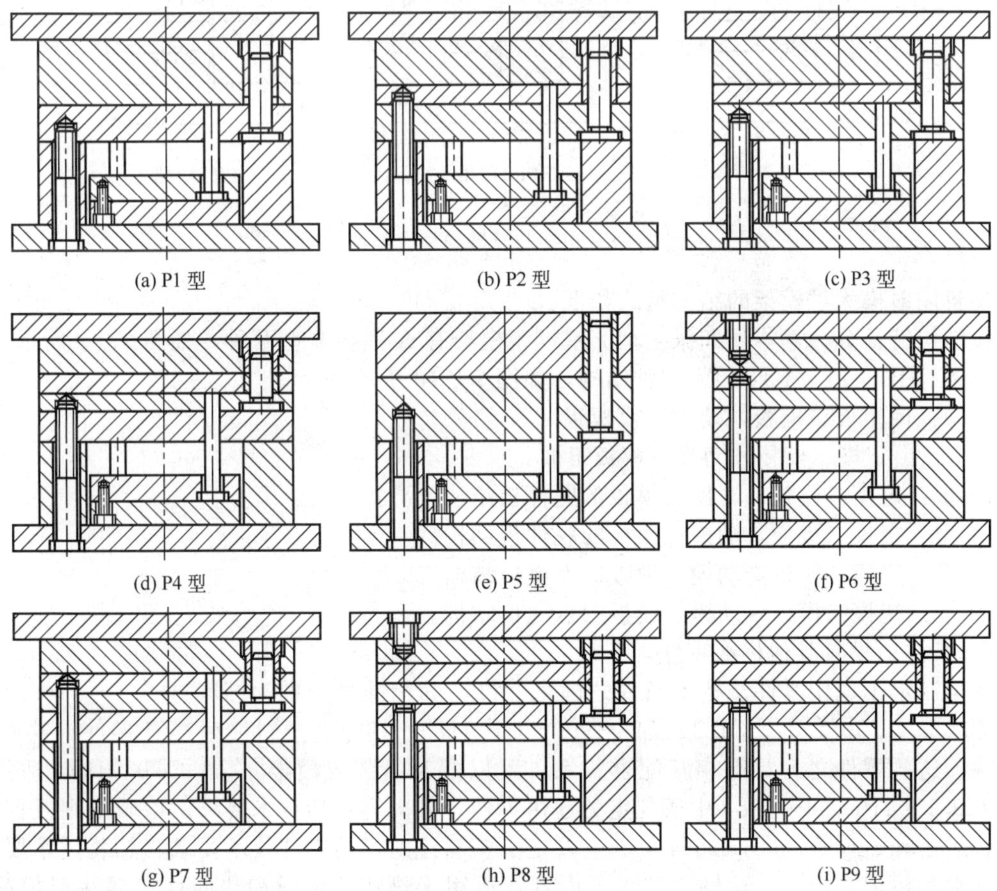

图 2-0-7　派生型模架结构 P1～P9

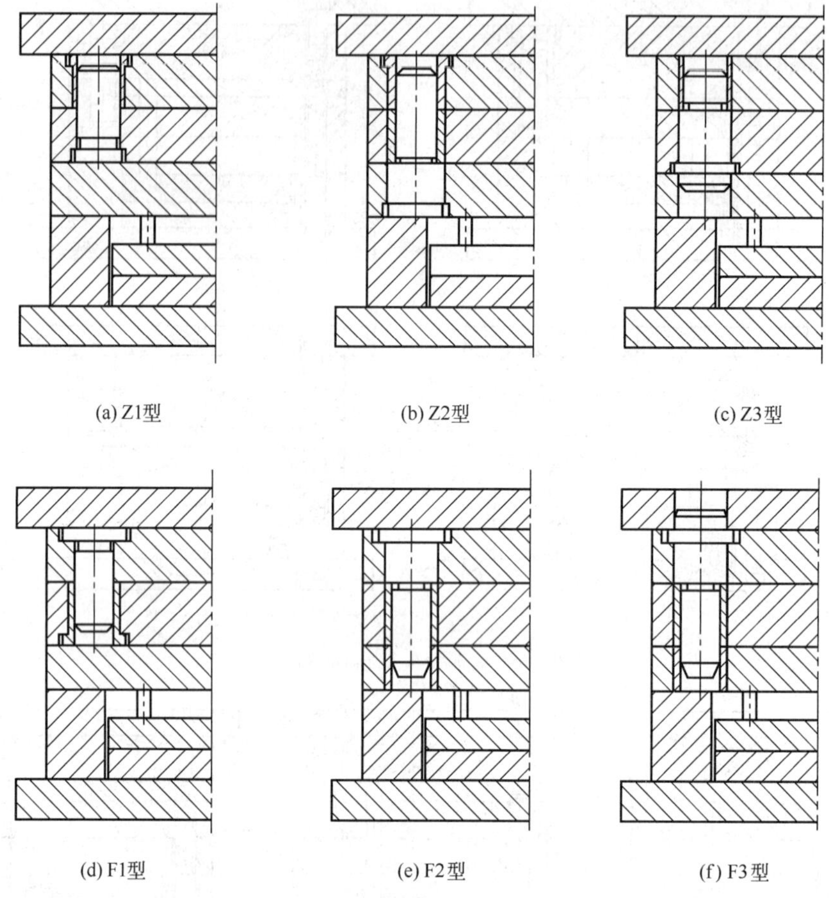

图 2-0-8 正装与反装导柱模架结构

塑料注射模大型模架的结构型式如下。

按结构特征分为基本型和派生型。基本型模架有 A 型和 B 型两种，如图 2-0-9 所示。派生型模架有 P1、P2、P3 和 P4 四种结构，如图 2-0-10 所示。

A 型：由定模二模板，动模一模板组成。

B 型：由定模二模板，动模二模板组成。

P1 型：定模二模板，动模二模板的脱件板结构。

P2 型：定模二模板，动模三模板的脱件板结构。

P3 型：定模二模板，动模一模板的点浇口结构。

P4 型：定模二模板，动模二模板的点浇口结构。

（二）注射模具其他标准零件

我国制定了通用零件及技术条件的国家标准，其标准号分别为 GB 4169.1～4169.11—1984 和 GB 4170—1984、GB 12554—1990。GB 4169—1984《塑料注射模具零件》共有 11 个零件，这些零件之间具有相互配合关系，可以配套组装成模架。GB 4170—1984 适用于 GB 4169.1～4169.11—1984 中所规定的通用零件，其内容包括技术要求、检验规则及标记、包装、运输和贮存等。GB 12554—1990 规定了塑料注射模的零件技术要求、总装技术要求、验收规则和标记、包装、运输、贮存等内容，适用于热塑性塑料和热固性塑料注射模的设计、制造和验收。

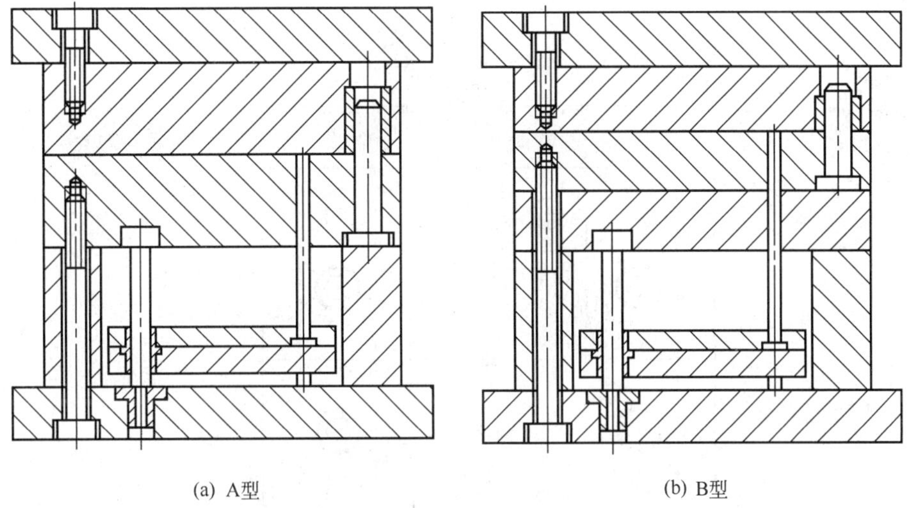

(a) A型　(b) B型

图 2-0-9　注射模大型模架的基本型结构形式

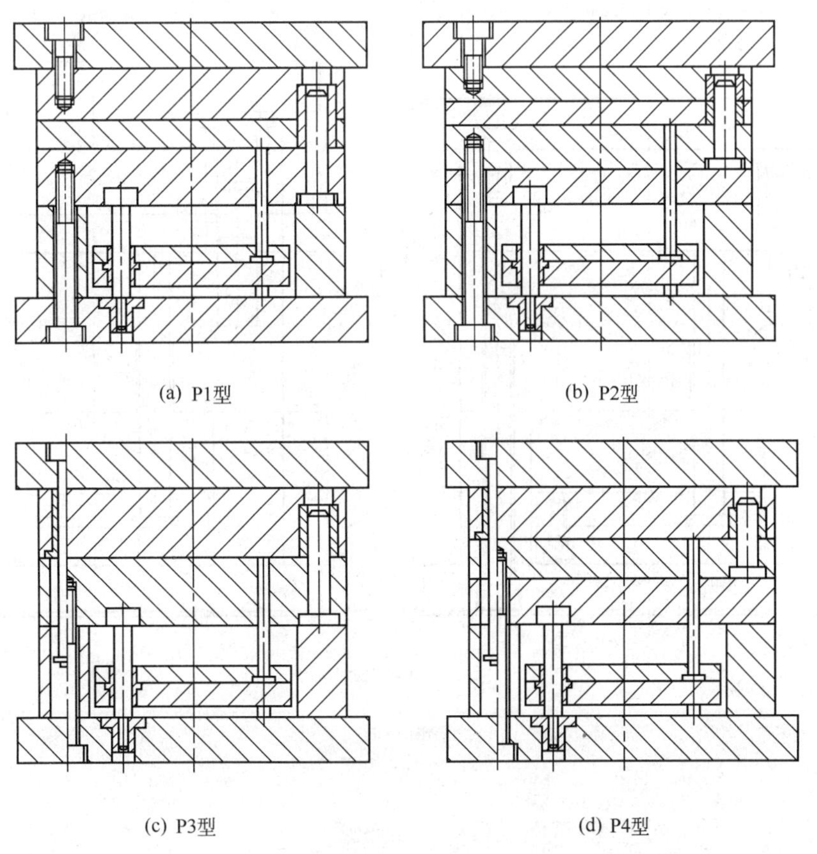

(a) P1型　(b) P2型

(c) P3型　(d) P4型

图 2-0-10　注射模大型模架的派生型结构形式

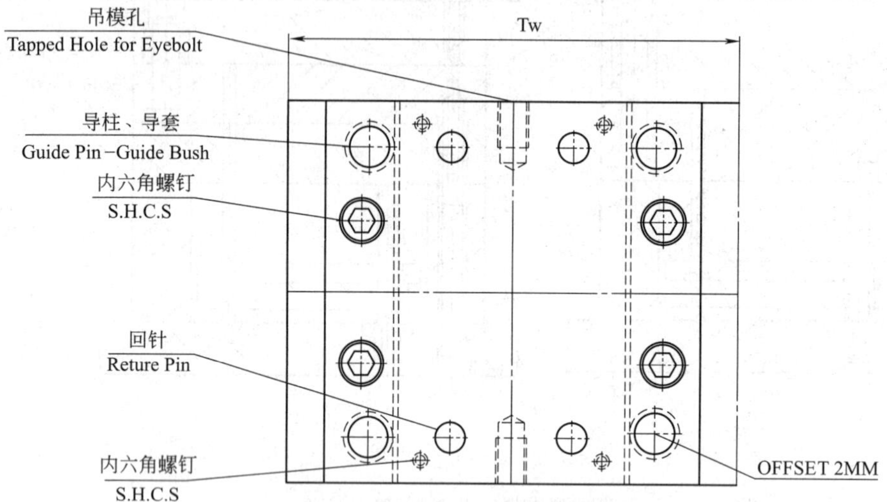
吊模孔
Tapped Hole for Eyebolt
Tw
导柱、导套
Guide Pin−Guide Bush
内六角螺钉
S.H.C.S
回针
Reture Pin
内六角螺钉
S.H.C.S
OFFSET 2MM

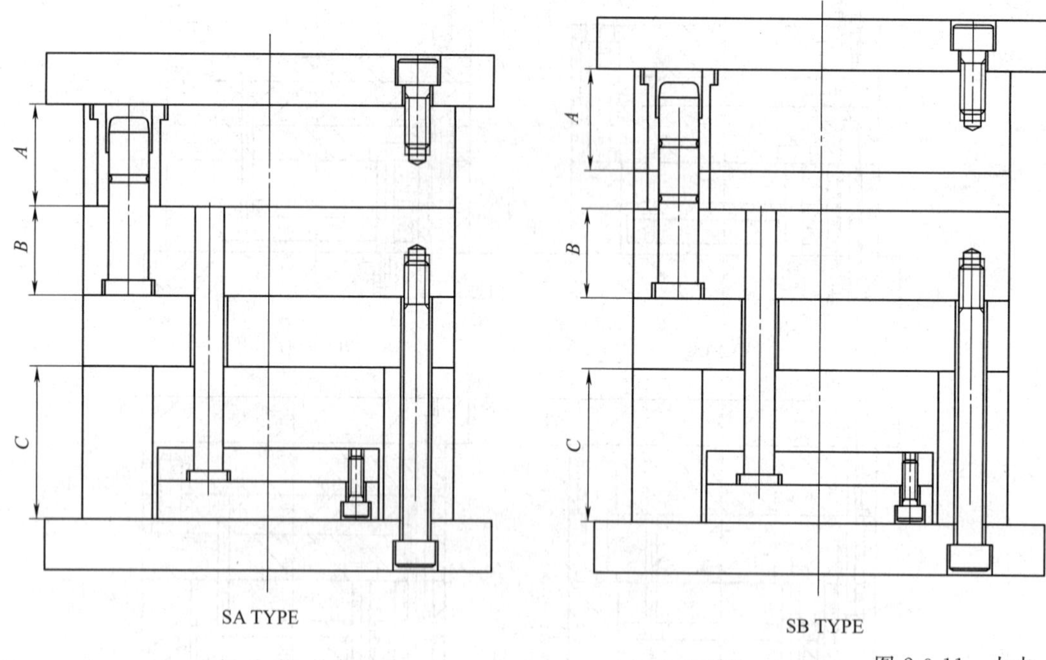
A
B
C
SA TYPE
A
B
C
SB TYPE

图 2-0-11 大水

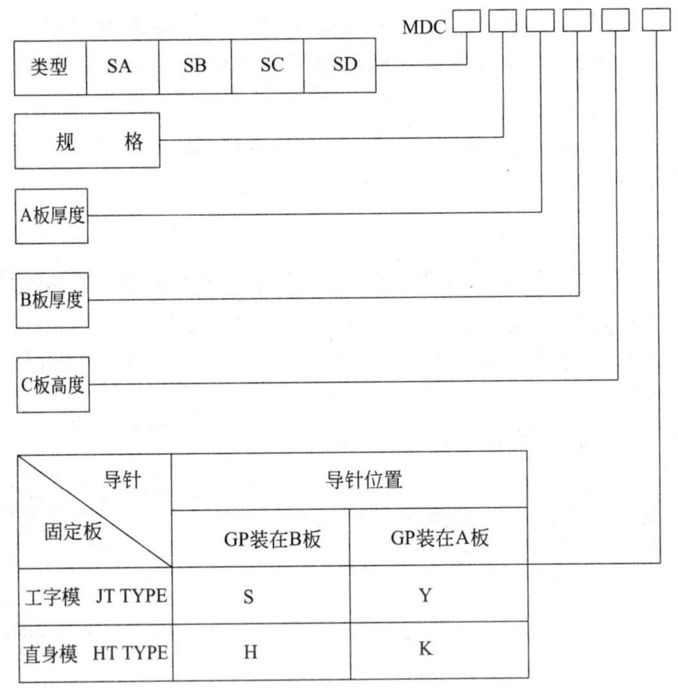

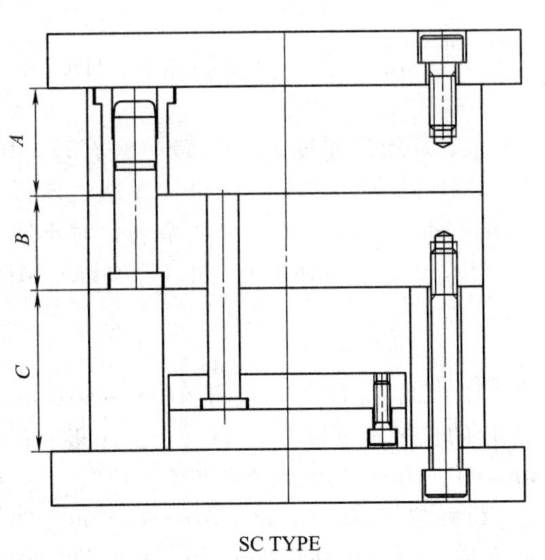

SC TYPE

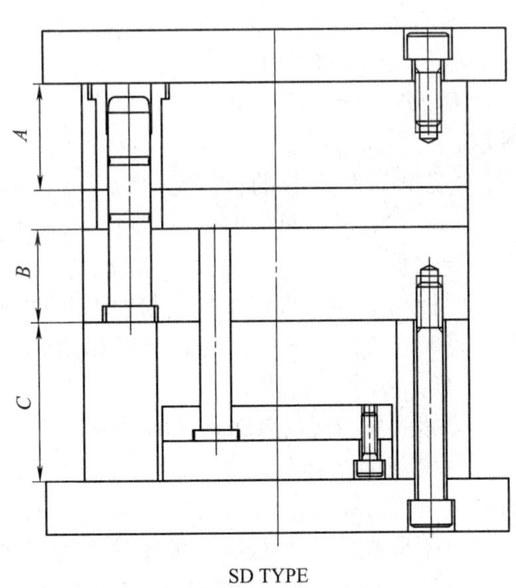

SD TYPE

□模座

学习活动（2）

实操：

1. 拆装一副标准模架，查阅模架标准，填写组成标准模架的零件清单。
2. 按企业使用的图样布置形式绘制 FUTABA 标准模架的装配图（.dwg 文件）。
3. 测绘模架零件图。

2.0.3 总结与提高

一、总结与评价

请按照本模块学习目标的要求，对照模架标准、企业图样布置做法，总结模架零件清单填写、模架装配图绘制、模架零件图绘制等工作完成情况，用文字简要进行自我评价，并对小组中其他成员的任务完成情况加以评价。你和小组其他成员，哪些方面完成得较好，还存在哪些问题？

二、知识与能力的拓展——行业标准模架介绍

Futaba 标准模架介绍如下。

富得巴标准塑胶模底座标准由模座配件、模座概要、大水口模座、小水口模座、简易小水口模座等内容组成。

（一）模座配件（MOLD PARTS）

模座配件（MOLD PARTS）包括导针（GP）（导柱）、导套（GB）、拉杆（SPN）、拉杆定位（SPC）、回针（RPN）。

（二）模座概要

模座概要包括模胚材料、构造及加工标准与精度。

（三）大水口模座

有 SA、SB、SC、SD 四种结构，尺寸 1515～5070mm。这四种模胚结构如图 2-0-11 所示。

“规格”为 A 板的长×宽（以 cm 为单位）。A 板、B 板的厚度为 20、25、30、35、40、50、60、70、80、90、100、110、120、130、140、150 系列。对不同规格，A 板、B 板厚度的最大值不同。C 板高度为 50、60、70、80、90、100、110、120、130 系列。对不同规格，C 板高度的最大值不同。拉杆长度为 80～400（以 10 为单位递加）。如（Futaba）MDC SC 1818 40 50 60 S 模座的装配图如图 2-0-12 所示。

（四）小水口模座

小水口模座包括 DA、DB、DC、DD、EA、EB、EC、ED 等，尺寸 1518～5070mm。这八种模胚的结构如图 2-0-13 所示。“规格”为 A 板的长×宽（以 cm 为单位）。A 板、B 板的厚度为 20、25、30、35、40、50、60、70、80、90、100、110、120、130、140、150 系列。对不同规格，A 板、B 板厚度的最大值不同。C 板高度为 50、60、70、80、90、100、110、120、130 系列。对不同规格，C 板高度的最大值不同。拉杆长度为 80～400（以 10 为单位递加）。拉杆位置：OH 为拉杆在外（附导套），IH 为拉杆在内（附导套），ON 为拉杆在外（无导套），IN 为拉杆在内（无导套）。图 2-0-14 所示为（Futaba）MDC DA 1823 40 40 70 OH 220 模胚的装配图。

（五）简易小水口模座

简易小水口模座包括 FA、FC、GA、GC 等，尺寸 1515～5070mm。这四种模胚的结构如图 2-0-15 所示。“规格”为 A 板的长×宽（以 cm 为单位）。A 板、B 板的厚度为 20、25、

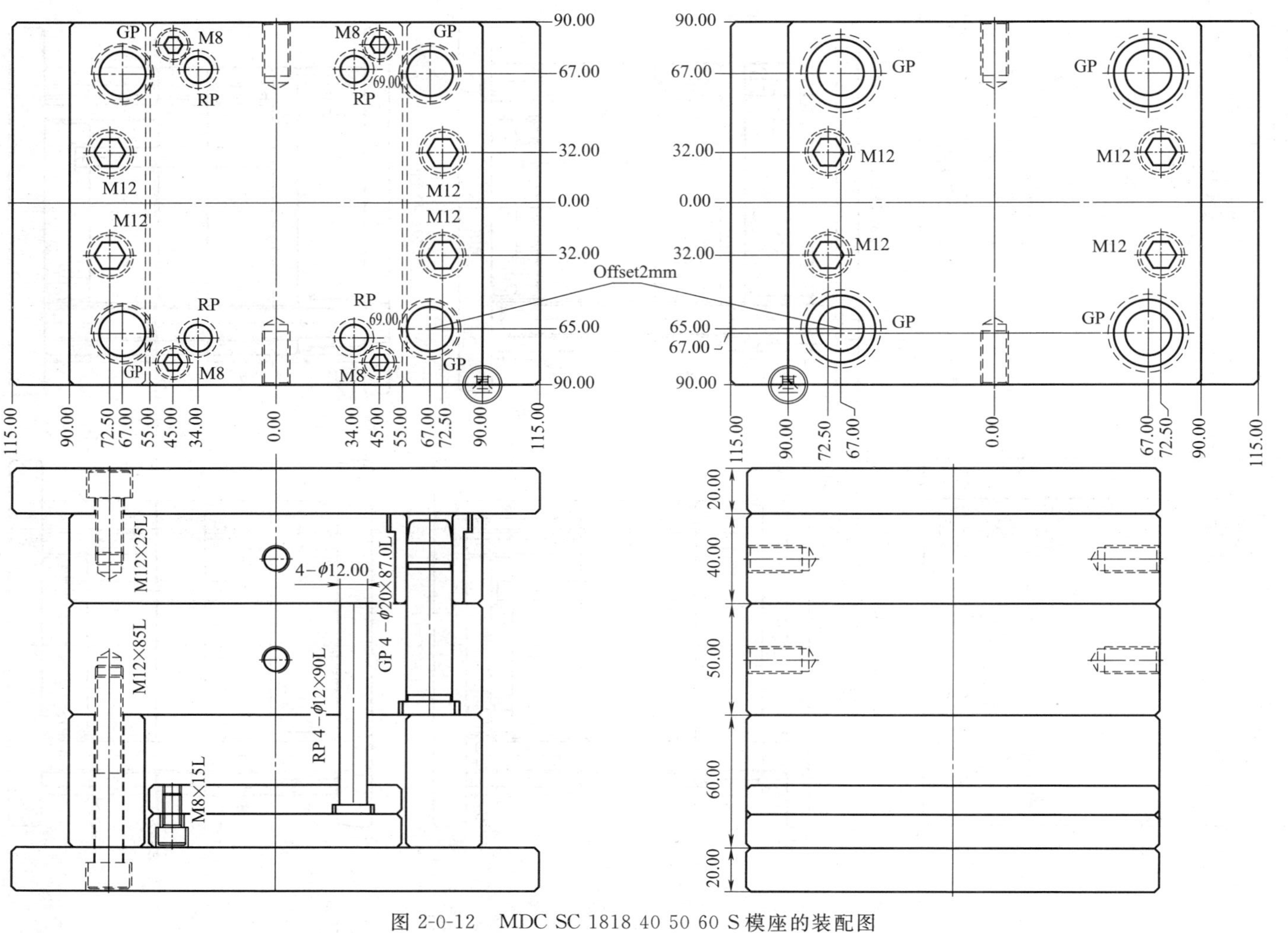

图 2-0-12　MDC SC 1818 40 50 60 S 模座的装配图

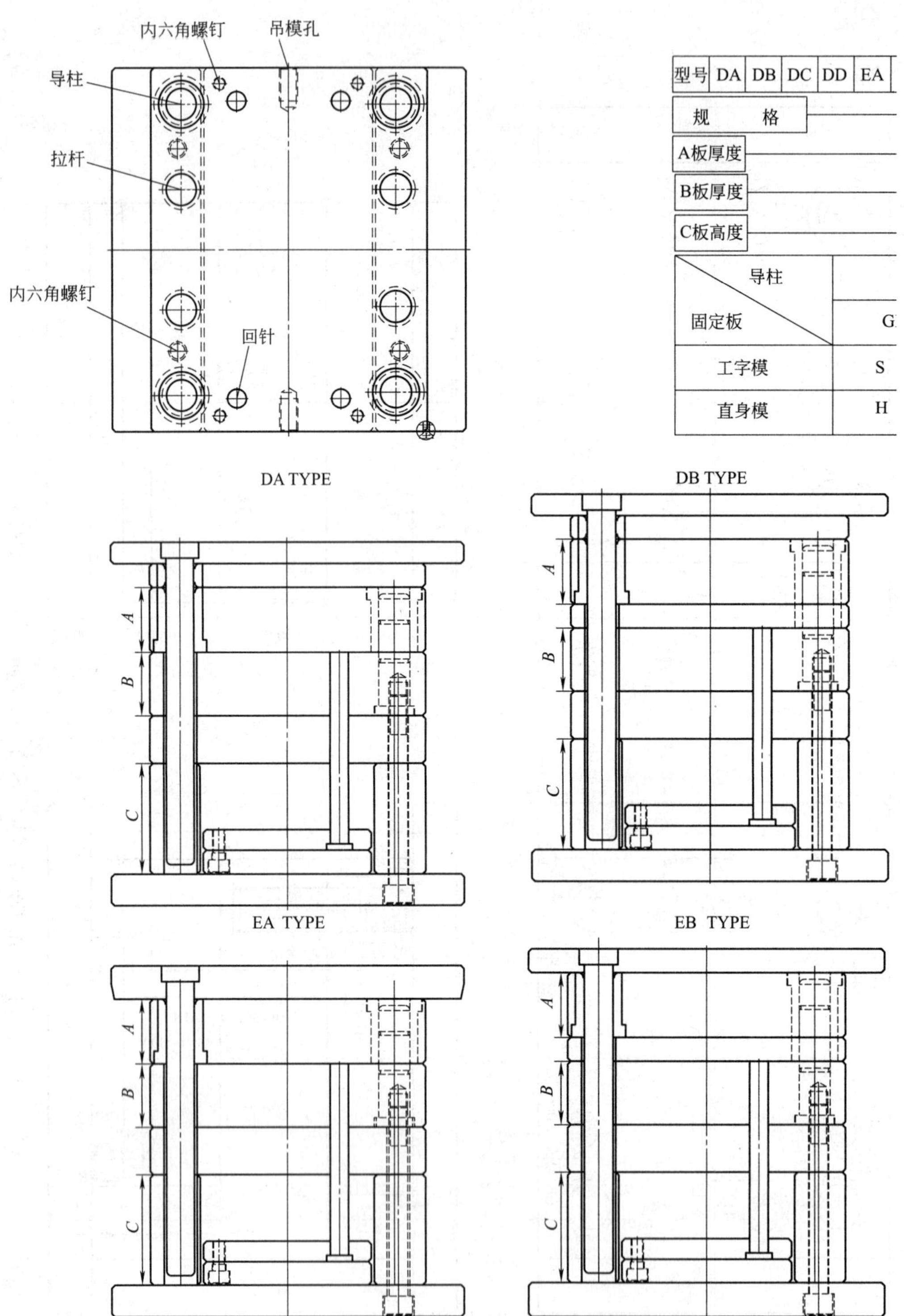
内六角螺钉
吊模孔
导柱
拉杆
内六角螺钉
回针
型号 DA DB DC DD EA
规 格
A板厚度
B板厚度
C板高度
导柱
固定板
G
工字模
S
直身模
H
DA TYPE
DB TYPE
EA TYPE
EB TYPE
A
B
C

图 2-0-13 小

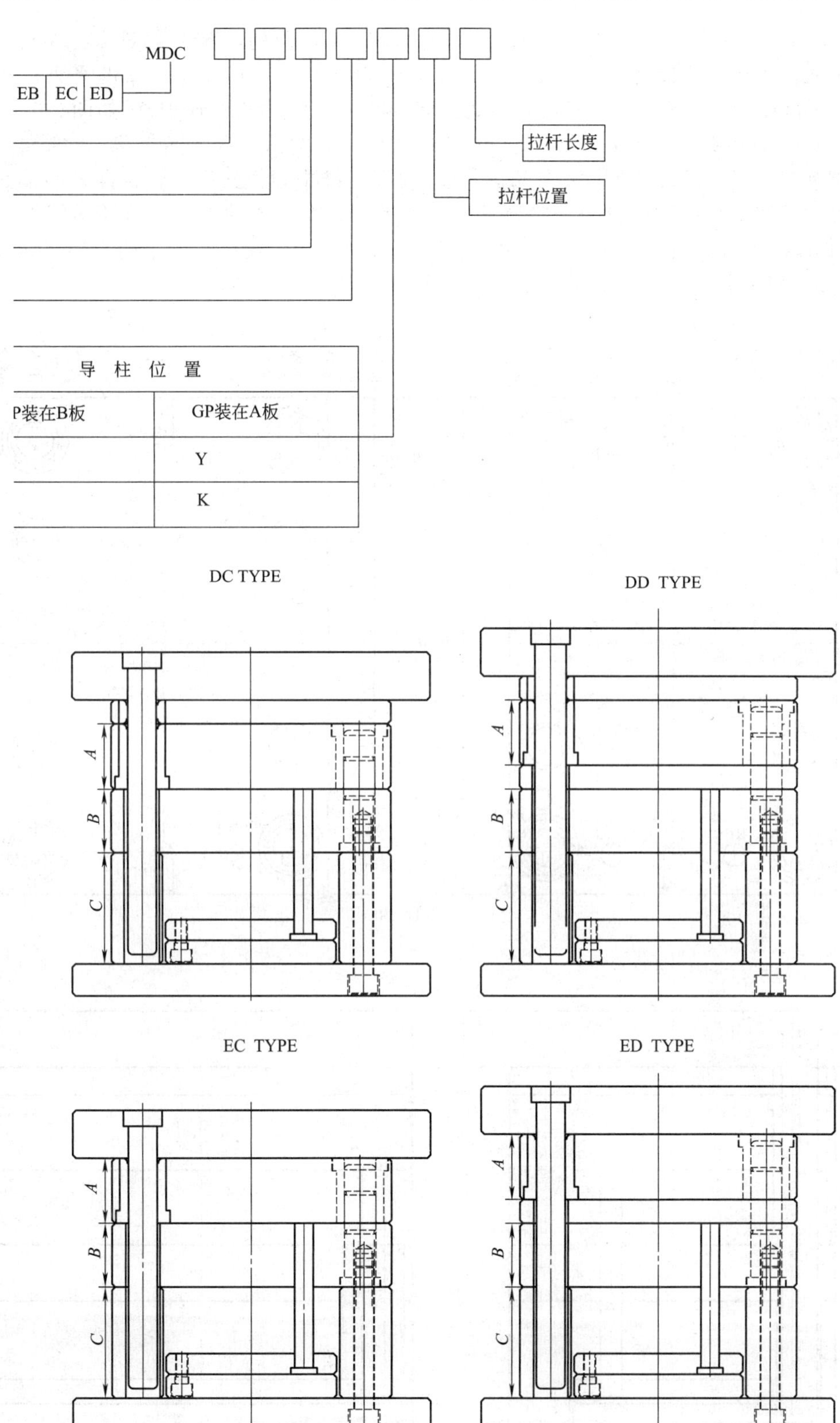
MDC
EB
EC
ED
拉杆长度
拉杆位置
导 柱 位 置
P装在B板
GP装在A板
Y
K
DC TYPE
DD TYPE
EC TYPE
ED TYPE
A
B
C

水口模座

30、35、40、50、60、70、80、90、100、110、120、130 系列。对不同规格，A 板、B 板厚度的最大值不同。C 板高度为 50、60、70、80、90、100、110、120、130 系列。对不同规格，C 板高度的最大值不同。拉杆长度为 80～400（以 10 为单位递加）。如图 2-0-16 所示为（Futaba）MDC FC 1518 40 50 60 S OH 180 模胚的装配图。

模架阅读材料：随书盘/模块二/阅读材料/模架标准中附模架标准，供课外阅读。随书盘/模块二/阅读材料/模架三维结构例子中附模架标准三维结构文档，请在 Pro/E 2.0 以上版本中打开阅读。随书盘/模块二/阅读材料/Futaba 模座中附模座二维结构文档，请在 AutoCAD 2004 以上版本中打开阅读。

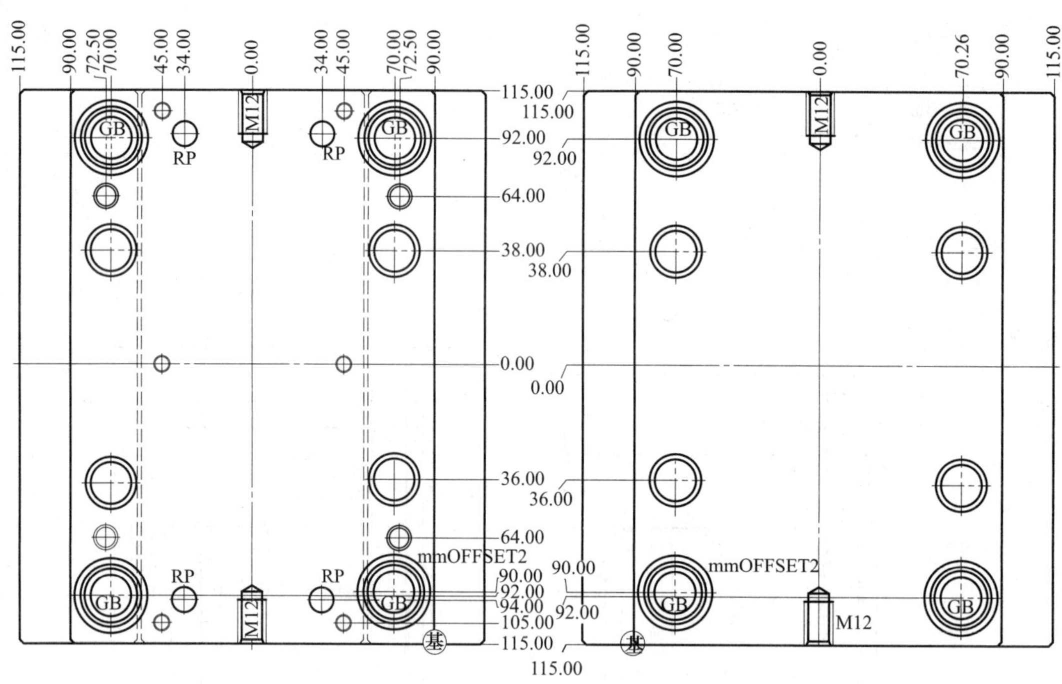

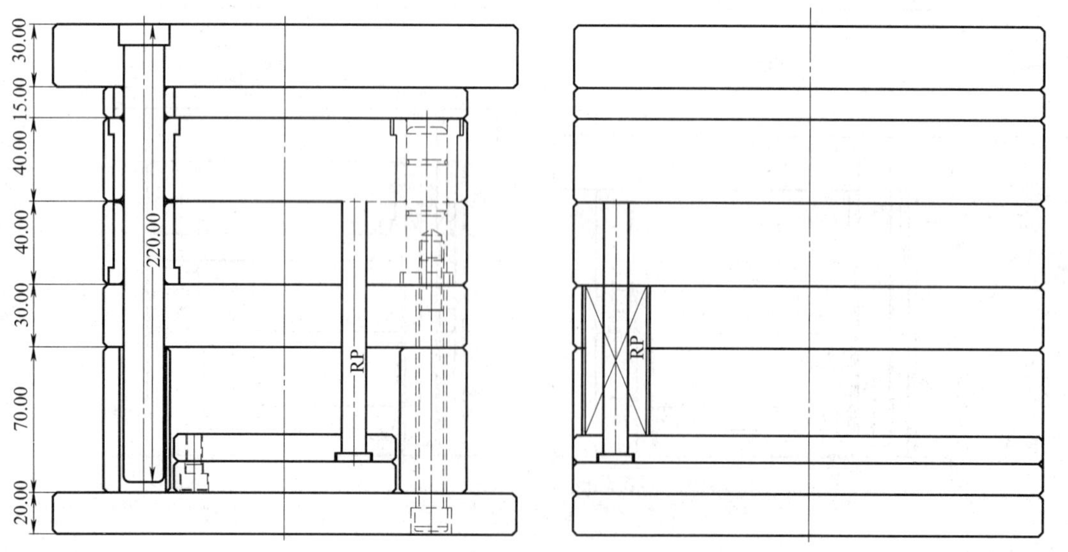

图 2-0-14 MDC DA 1823 40 40 70 OH 220 模胚的装配图

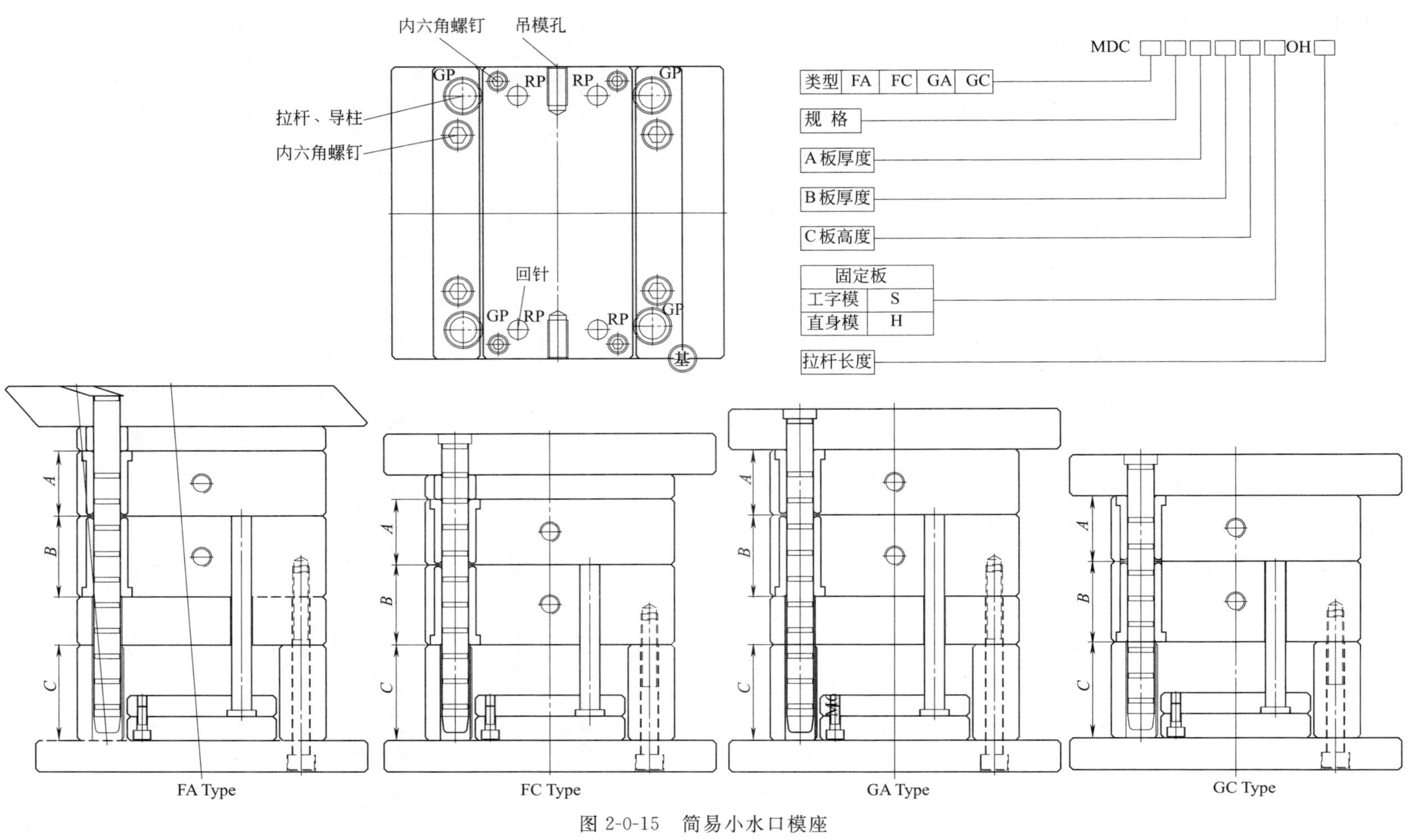

图 2-0-15　简易小水口模座

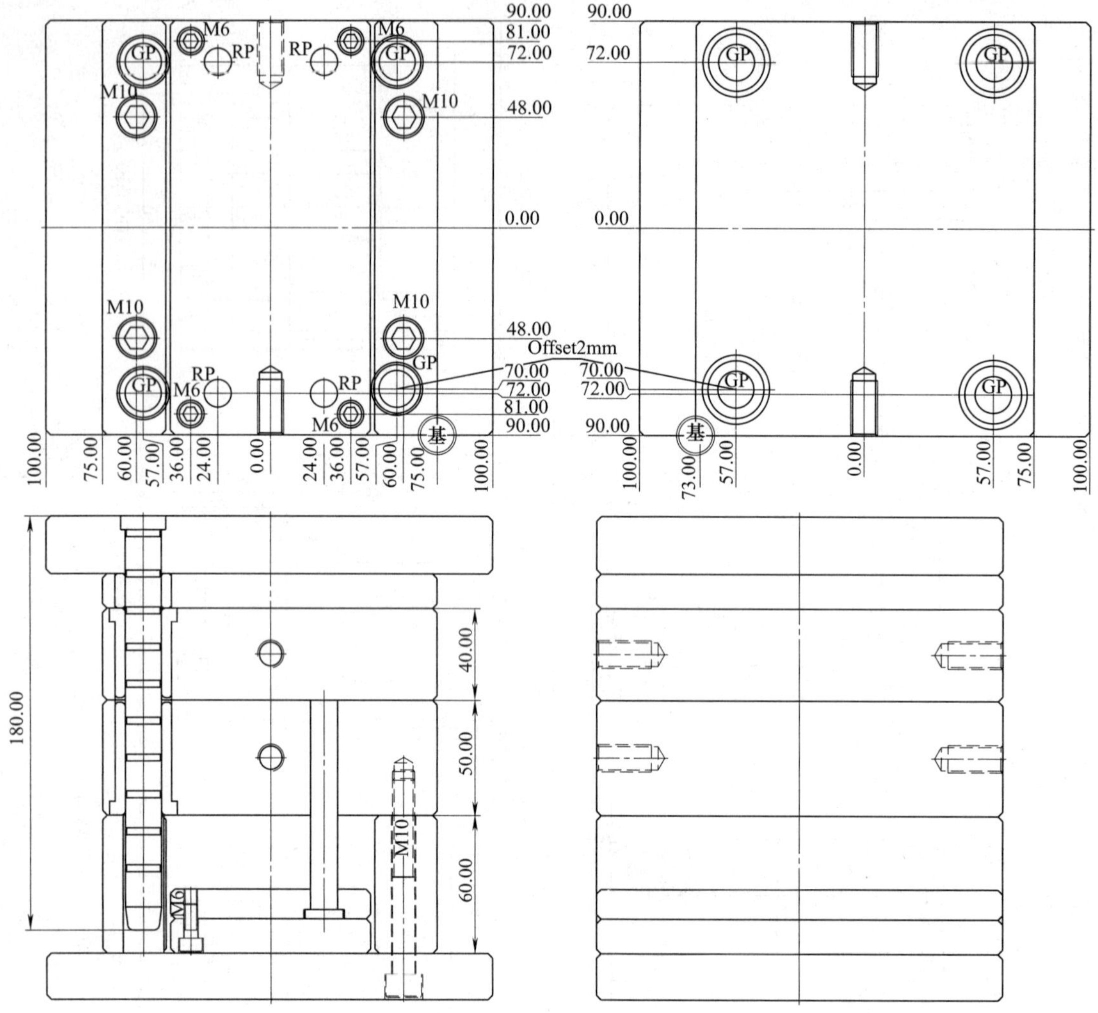

图 2-0-16 MDC FC 1518 40 50 60 S OH 180 模胚的装配图

思 考 题

1. 国家标准塑料注射模中小型标准模架有哪几种类型？各适用于什么场合？
2. 国家标准塑料注射模大型标准模架有哪几种？
3. 查阅富得巴、龙记等标准模座的有关内容，写一篇综述。
4. 导柱、导套、回程杆有哪些技术要求？

模块三　注射模设计

【模块描述】

目前，现代企业注射模结构设计常用 2D 结构设计与 3D 拆模相结合的方法。其流程如图 3-0-1 所示。其中，在 AutoCAD 中作 2D 结构设计的过程如下：①根据模具编号建立子目录，指定计算机文件名称；②绘制成品图：二维成品图一般情况下由制品三维结构图转出，如用 Pro/E 软件即可实现，按第三角投影规律配置六个二维视图；③塑料材料及成型机机型确定；④排样图绘制；⑤组立图绘制；⑥组立图的审核，确认完毕之后才可进行拆模与备料；⑦绘制零件表，件号按模具图面编号标准设定；⑧绘制零件图；⑨绘制模板加工图，按模具加工特性标注加工尺寸；⑩设计结案交接；⑪试模后修正，将试模后的修正值反馈于图面并加以注解，以备参考。

本模块将上述工作流程中的绘制零件表、绘制排样图、绘制组立图、绘制零件图等工作任务按从易到难的顺序提炼为填写模具零件清单、浇注系统设计、成型零部件设计、排气系统设计、脱模机构设计、侧抽芯机构设计、温度调节系统设计、注射模设计综合练习等 8 个工作与学习任务。请按照企业工作规范，除完成各工作任务的技术文件外，还应特别注意任务完成的时间、资料编号与归档、工具的使用与维护、环境保护、安全操作及与人合作等问题。

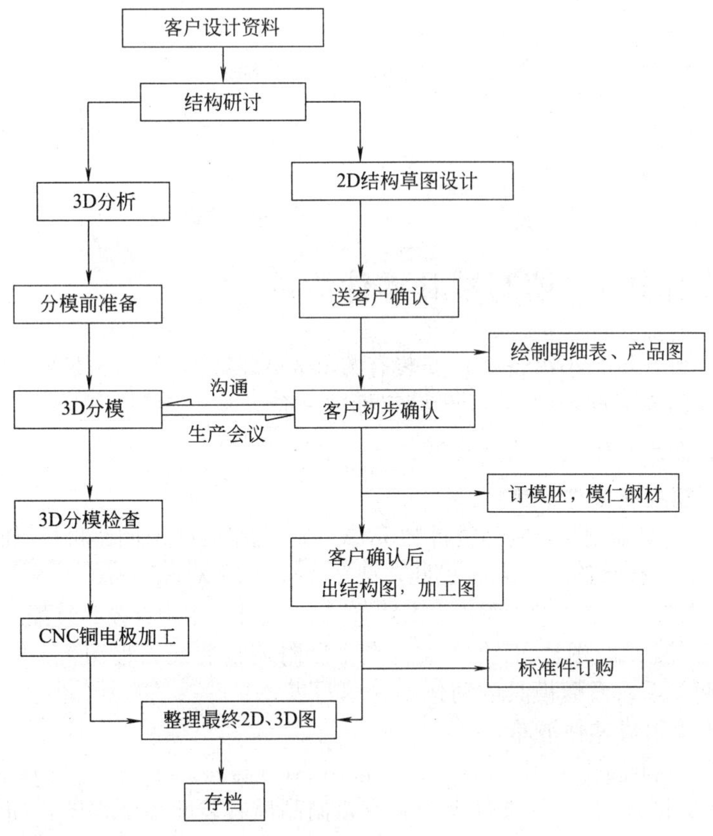

图 3-0-1　注射模设计流程

学习目标

知识目标

1. 熟悉注射模的结构种类，包括两板模、三板模、热流道模；
2. 熟悉注射模的结构组成，包括浇注系统、模仁系统、制品脱出系统、机构系统、模具温度调节系统；
3. 熟悉注射模的装配图样表达方法；
4. 熟悉注射模的设计流程。

能力目标

1. 能做模具报价图，包括：与用户沟通，确定模腔数，确定进浇方式、模仁组合形式、制品脱出形式、侧抽芯机构的结构形式、模具冷却结构、模架规格；
2. 能识读模具工程图，编制模具零件表单，测绘模具零件图；
3. 能利用计算机辅助设计软件如AutoCAD设计模具二维结构图。能按照模具电子文档制作规范，包括：文件命名、线型设置、图层设置、字号设置，绘制模具二维结构装配图与模板零件图；
4. 能利用计算机辅助设计软件如Pro/E，做模具三维拆模，转换模仁二维零件图；
5. 能利用流动分析软件如Moldflow，做模具流动分析，制作规范的流动分析ppt文档（选做）；
6. 能按照企业规范，整理设计文档。

素质目标

1. 具有团队合作与沟通能力；
2. 具备自主学习、分析问题的能力；
3. 具有安全生产意识、质量与成本意识、规范的操作习惯；
4. 环境保护意识；
5. 具有创新意识。

3.1 工作任务1：填写模具零件清单

设备与材料准备：每个小组备3台安装有AutoCAD 2004及Pro/E 2.0以上版本的计算机。每组备注射模国家标准、FUTABA模架标准一套。

3.1.1 工作任务

一、填写两板模组成零件清单

如图3-1-1所示为灯盖制品，制品材料PMMA。随书盘/模块3/阅读材料/任务1文件夹中附有该制品的.prt文档。模具选用Futaba模胚，型号规格为MDC SC 1820 40 50 60 S。图3-1-2为该制品模具的装配图简图，随书盘/模块3/图片/任务1文件夹中附有模具装配工程图。

请打开随书盘/模块3/图片/任务1文件夹中所附模具装配工程图3-1-2。看懂该模具各组成零件间的装配关系、看懂模具的动作，并填写表3-1-1。

二、填写三板模组成零件清单

如图3-1-3所示为电子产品中的塑料盖，选用ABS材料。图3-1-4为该制品模具装配简图，随书盘/模块3/图片/任务1文件夹中附有该制品模具装配图工程图，随书盘/模块3/阅读材料/任务1文件夹中附有图3-1-4所示模具的全三维（PRO/E）装配文档。

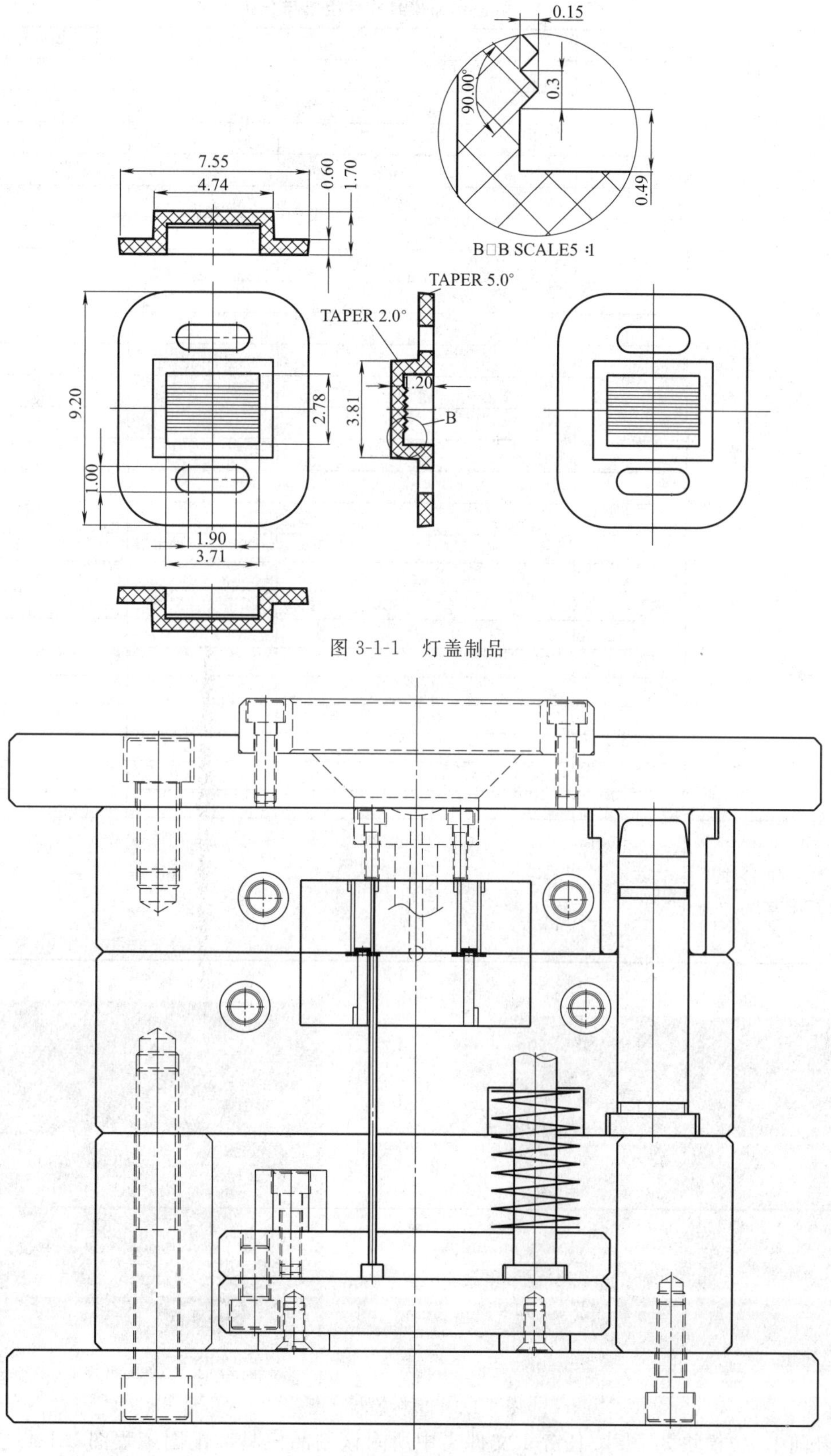

图 3-1-1　灯盖制品

图 3-1-2　灯盖制品模具装配图简图

表 3-1-1 灯盖制品模具零件组成与分析

模具组成系统	件号	零件名称	零件数量	零件规格
成型零件				
浇注系统				
机构系统				
模胚				
模具填充、排气、冷却及顶出动作描述。				

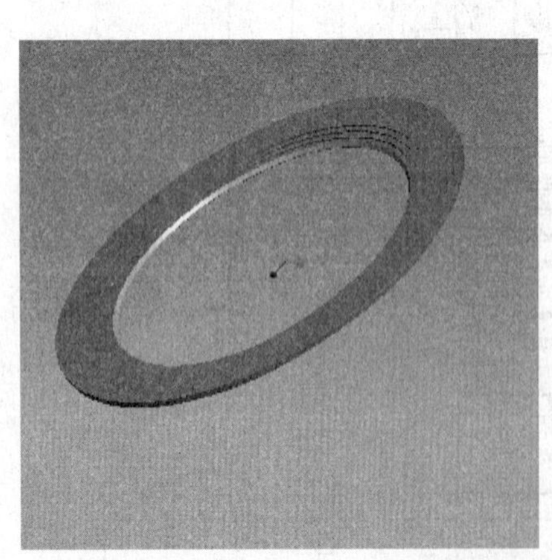

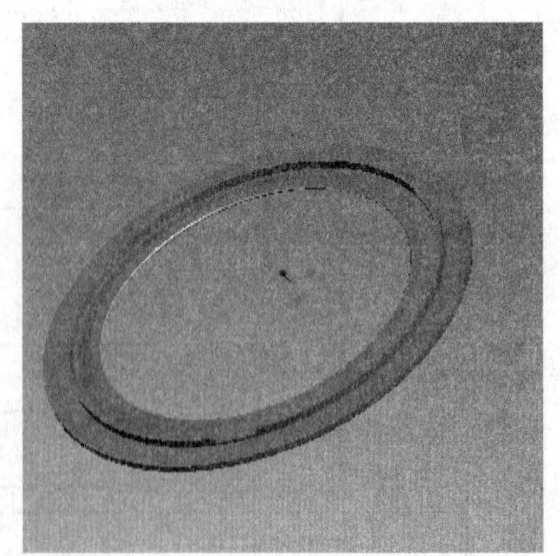

图 3-1-3 塑料盖制品图

打开随书盘/模块 3/图片/任务 1 文件夹中所附该制品模具装配图工程图 3-1-4。读图并填写表 3-1-2。

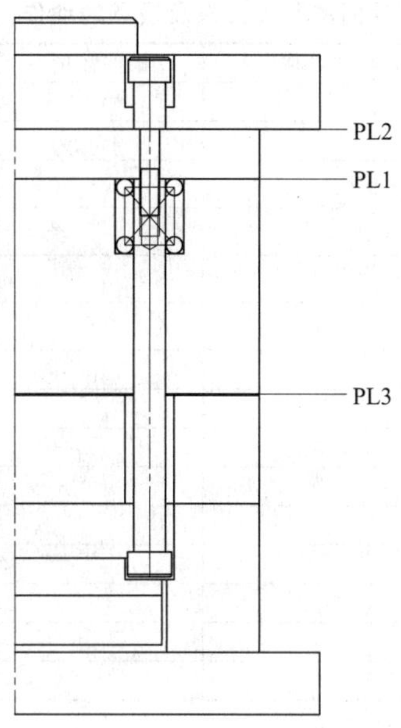

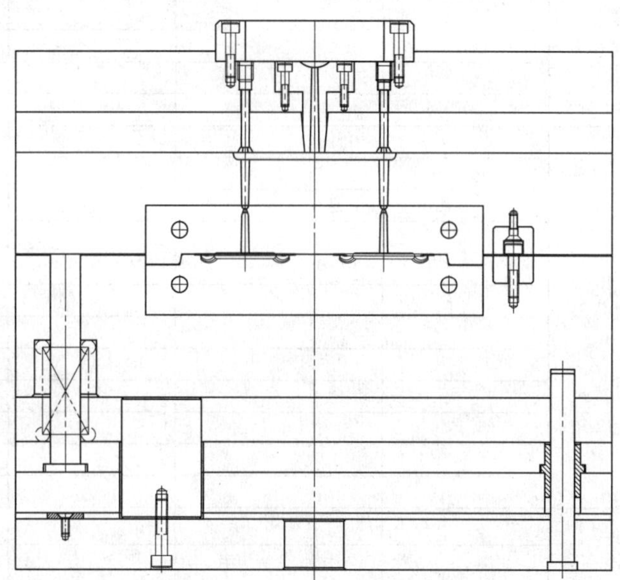

图 3-1-4　塑料盖制品模具装配图简图

3.1.2　基本知识与技能

一、注射模典型结构

1. 二板模

二板模又称单分型面模，是注塑模中最简单的一种。如图 3-1-5 所示。视图布置中，CORE　VIEW 为动模方向的投影；CAVITY VIEW 为定模方向的投影。以分型面 PL 为界，模具分为动模与定模两部分。主流道设计在定模，分流道设计在分型面上。开模后制品及浇注系统凝料留在动模上，由顶出机构（推杆 17、拉料杆 19）将制品及凝料顶出。合模时由回程杆 15 将顶出系统回复到初始位置。这种类型模具对应于大水口模座 (SIDE GATE TYPE)，也称为大水口模具。

表 3-1-2　三板模各组成零件间的装配关系及模具的动作

模具组成系统		零件序号	零件名称	零件数量	零件规格
成型零件					
浇注系统					
机构系统	推出				
	开模控制				
	定位				
	支撑				
模胚					
温度控制					
模具填充、模具排气、模具温度控制、模具动作描述					

2．三板模

三板模又称双分型面模具。如图 3-1-6 所示为三板模的结构。与二板模（大水口）相比较，在上固定板与定模板之间增加了可定距移动的剥料板，可让塑件与浇注系统凝料从不同的分型面取出。为保证开模顺序，三板模还增加了一些辅助机构，如开闭器、小拉杆，导柱也常改为导向兼承受悬臂力的大拉杆。该类模具又称小水口模具（PIN POINT GATE TYPE）。

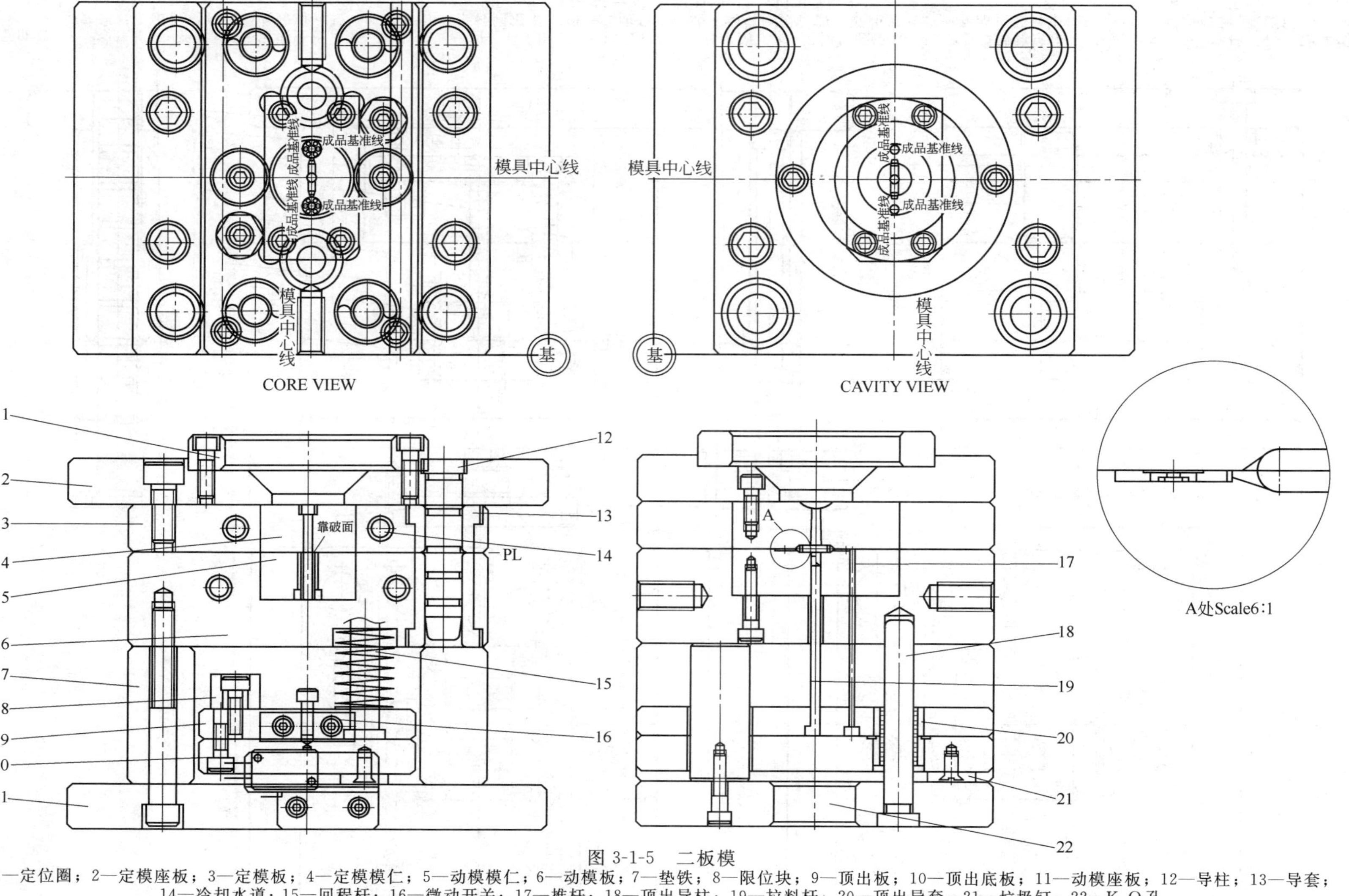

图 3-1-5　二板模

1—定位圈；2—定模座板；3—定模板；4—定模模仁；5—动模模仁；6—动模板；7—垫铁；8—限位块；9—顶出板；10—顶出底板；11—动模座板；12—导柱；13—导套；14—冷却水道；15—回程杆；16—微动开关；17—推杆；18—顶出导柱；19—拉料杆；20—顶出导套；21—垃圾钉；22—K. O孔

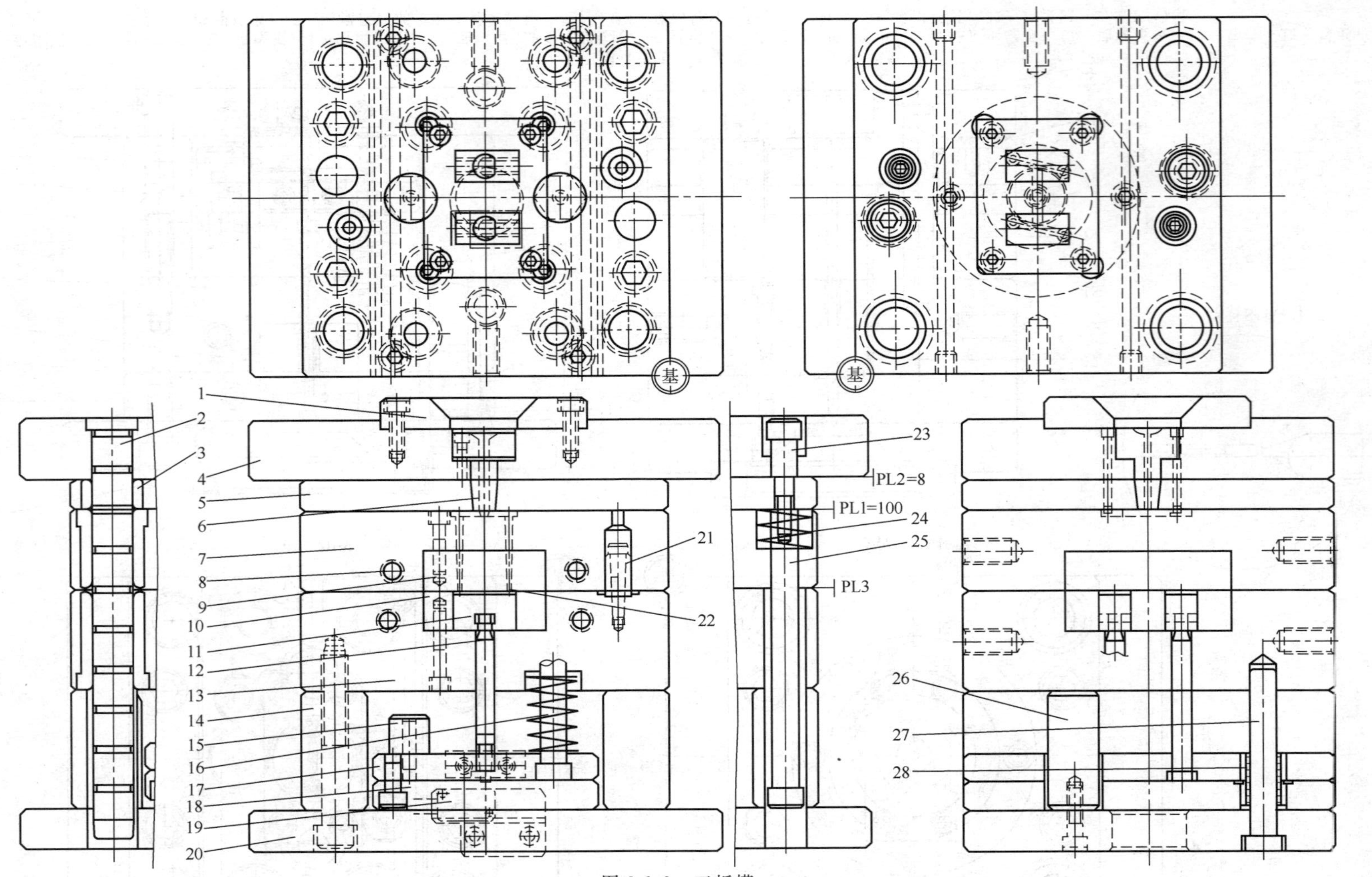

图 3-1-6 三板模

1—定位圈；2—导柱；3—导套；4—定模座板；5—剥料板；6—料道衬套；7—定模板；8—冷却水道；9—定模型腔镶块；10—动模型腔镶块；11—推块；12—推杆；13—动模板；14—垫铁；15—限位块；16—复位杆；17—推杆；18—推杆固定板；19—微动开关；20—动模座板；21—开闭器；22—制品；23—限位钉；24—弹簧；25—限位杆；26—支撑柱；27—顶出导向柱；28—顶出导套

图 3-1-6 所示模具结构的工作原理如下：①在树脂开闭器 21 及弹簧 24 的作用下，模具先从 PL1 面打开，使针点浇口凝料与制品拉断；②定模板 7 带动限位钉 23，从而带动剥料板 5，使 PL2 面打开，将流道凝料从主流道衬套中拉出；③成型机的开模力克服开闭器 21 的摩擦力，使 PL3 面打开，由推杆 12 带动推块 11 顶出制品。合模时由复位杆 16 将顶出板推回到起点位置。

3. 热流道模

热流道模是指利用加热的方法，使流道内的塑料始终保持熔融状态，开模取出塑件时无须取出浇注系统凝料的模具。图 3-1-7 所示为热流道注射模。热嘴中安装有加热装置，使流道内物料处于熔化状态，加热线从出线槽中引出（图中未标出）。热流道注射模的使用，提高了劳动生产率，同时也保证了流道中压力的有效传递，易实现全自动操作，且节约了原材料。

图 3-1-7 所示模具结构利用斜导柱进行侧向抽芯。分型面打开时，斜导柱驱动滑块抽芯；抽芯结束后，由弹簧与螺钉对滑块定位。合模过程中，斜导柱驱动滑块复位，滑块的最终位置由锁紧块确定。

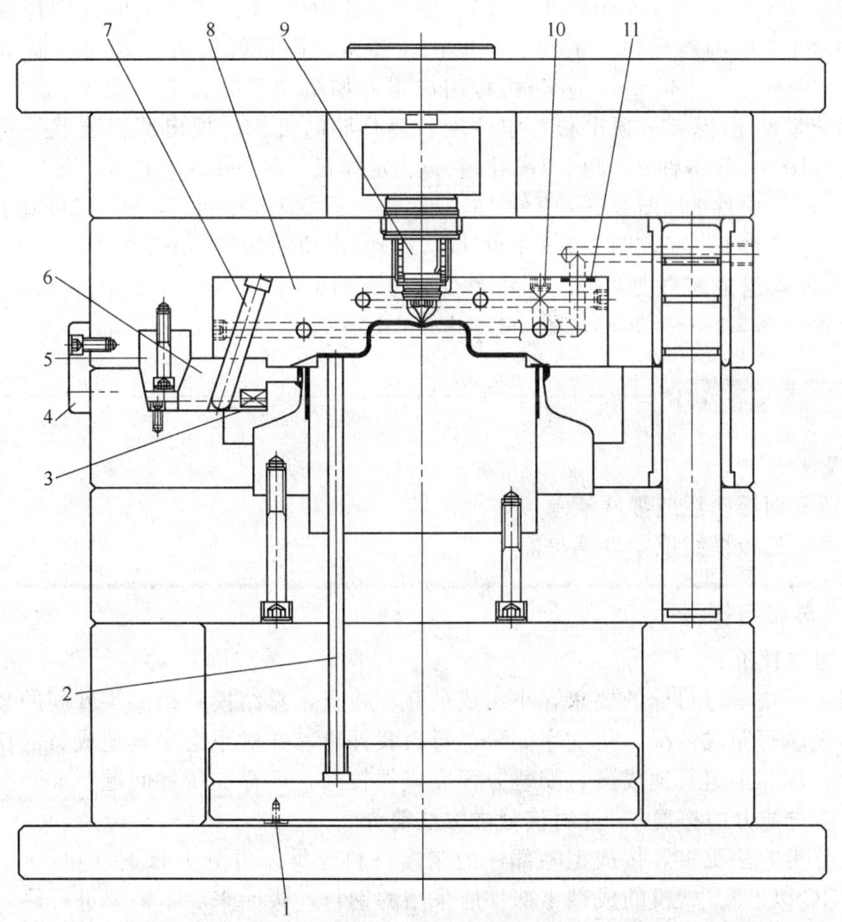

图 3-1-7 热流道注射模

1—垃圾钉；2—顶针；3—弹簧；4—锁模器；5—锁紧楔；6—滑块；7—斜导柱；8—模仁；9—热嘴；10—螺钉；11—密封圈

二、注射模结构组成

注射模的结构是由注射机的形式和塑件的复杂程度等因素决定的。无论其复杂程度如何，注射模均由动、定模几大部分构成。根据模具上各部件所起的作用，可细分为以下几个部分。

（1）模具成型零部件（模仁）　其是构成模具型腔的零件，通常由动、定模型腔及镶块等零件组成。如图3-1-5中件4、5，图3-1-6中件9、10，图3-1-7中件8。

（2）浇注系统　将熔融塑料由注射机喷嘴引向型腔的流道，一般由主流道、分流道、浇口、冷料穴组成。其组成零件如图3-1-6中件6，图3-1-7中热嘴9。

（3）温度调节系统　为满足注射工艺对模具温度的要求，模具设有冷却或加热系统。模具需冷却时，常在模内开设冷却水道，需加热时则在模内或其周围设置加热元件，如电加热元件。如图3-1-5中孔14，图3-1-6中孔8，图3-1-7中热嘴的加热装置（温控线从出线槽中引出，图中未表示）。

（4）排气系统　充模过程中，为排出模腔内气体，常在分型面处开设排气槽。小型塑件排气量不大，可直接利用分型面上的间隙排气。许多模具的推杆或其他活动零件之间的间隙均可起排气作用。

（5）机构系统　由制品顶出机构、侧向分型与抽芯机构、开模控制机构、安全机构等组成。顶出零件如图3-1-5中件17、19，图3-1-6中件11、12。侧向分型与抽芯机构组成零件如图3-1-7中的斜导柱、滑块、锁紧楔、弹簧、限位螺钉等。开模控制机构组成零件如图3-1-6中件23、24、25，安全机构组成零件如微动开关、锁模器等。

（6）模架零件 由模板、顶出板、定位圈、模具导向机构、顶出回程装置等组成。模板有定模座板（图3-1-5中件2，图3-1-6中件4）、定模板（图3-1-5中件3，图3-1-6中件7）、动模板（图3-1-5中件6，图3-1-6中件13）、垫铁（图3-1-5中件7，图3-1-6中件14）、顶出板（图3-1-5中件9、10，图3-1-6中件17、18）。定位圈如图3-1-5中件1，图3-1-6中件1。模具导向机构组成零件如图3-1-5中件12、13、18、20，图3-1-6中件2、3、26、28。顶出回程装置如图3-1-5中件15，图3-1-6中件16。

学习活动（3-1）

实操：

1. 填写两板模组成零件清单。
2. 填写三板模组成零件清单。

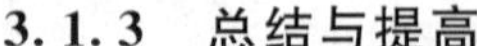

3.1.3　总结与提高

一、总结与评价

请按照本模块学习目标的要求，小组成员互相检查，总结模具组成零件间的装配关系及模具的动作表填写完成情况，用文字简要进行自我评价，并对小组中其他成员的任务完成情况加以评价。你和小组其他成员，哪些方面完成得较好，还存在哪些问题？

二、知识与能力的拓展——注射模分类方法简介

注射模分类方法很多，按成型零部件的制模材料分类，可分为软模（44HRC以下）与硬模（44HRC以上）。软模的成型零部件所采用的钢材，买回来后不需要进行热处理，就能达到使用要求，如P20钢、420H钢、NAK80、铝、铍铜等。硬模的成型零部件所采用的钢材，买回来后需要进行热处理，如渗碳淬火，才能达到使用要求，如H13钢、420钢、S7钢等。

根据SPI-SPE标准，按制品生产批量分类，400吨以下成型机上使用的模具可分为101类模（成型次数1000000次或以上，大批量生产制品的精密模），102类模（成型次数不超

过 1000000 次，大批量生产制品的模具），103 类模（成型次数少于 500000 次，中批量生产制品的模具），104 类模（成型次数少于 100000 次，小批量生产制品的模具），105 类模（成型次数少于 500 次，首办模或试验模）。400t 以上成型机上使用的模具可分为 401 类模具（成型次数 500000 次或以上），402 类模具（成型次数 500000 次以下），403 类模具（成型次数 100000 次以下），404 类模具（成型次数 500 次以下）。

思　考　题

1. 注射成型模具分为哪几种类型？
2. 注射模由哪几部分组成？
3. 何为二板模？何为三板模？各适合哪类浇口进浇？
4. 何为热流道模？有何优点？
5. 在随书光盘中打开模块 3/阅读材料/任务 1 文件夹中的三板模 .dwg 文档，分析各分型面的开距。
6. 在随书光盘中打开模块 3/阅读材料/任务 1 文件夹中的二板模 .dwg 文档，试分析导向装置（GB）、顶出导向装置（EGP）、顶出回程装置（RP）各有多少？

3.2　工作任务 2：浇注系统设计

设备与材料准备：每个学习者备 1 台安装有 AutoCAD 2004 及 Pro/E 2.0 以上版本的计算机。

3.2.1　工作任务

测绘主流道衬套零件图、绘制浇注系统投影。

① 打开随书盘/模块 3/阅读材料/任务 2 中 1.dwg 文档。试测绘主流道衬套零件图及浇注系统（主流道、分流道、浇口、冷料穴）的投影视图。

② 打开随书盘/模块 3/阅读材料/任务 2 中 2.dwg 文档。试测绘出浇注系统的投影视图。

③ 打开随书盘/模块 3/阅读材料/任务 2 中 3.dwg 文档。试测绘出浇注系统的投影视图。

④ 打开随书盘/模块 3/阅读材料/任务 2 中 4.dwg 文档。试测绘出浇注系统的投影视图。

⑤ 打开随书盘/模块 3/阅读材料/任务 2 中 5.dwg 文档。试测绘出浇注系统的投影视图。

⑥ 打开随书盘/模块 3/阅读材料/任务 2 中 6.dwg 文档。试测绘出浇注系统的投影视图。

⑦ 打开随书盘/模块 3/阅读材料/任务 2 中 7.dwg 文档。试测绘件 2、4、5 的零件图。

试分析上述各案例中浇注系统设计的特点。写一篇综述。

3.2.2　基本知识与技能

一、浇注系统的组成

浇注系统是从注射机的喷嘴至模具型腔的流动通道。由主流道、分流道、冷料穴、浇口等部分构成。如图 3-2-1 所示为浇注系统的组成。

二、普通浇注系统

（一）主流道

主流道是从注射机喷嘴与模具接触处开始到分流道或型腔为止的塑料熔体的流动通道。在卧式或立式注射机上使用的模具中，主流道轴线一般垂直于分型面。主流道通常设计在流

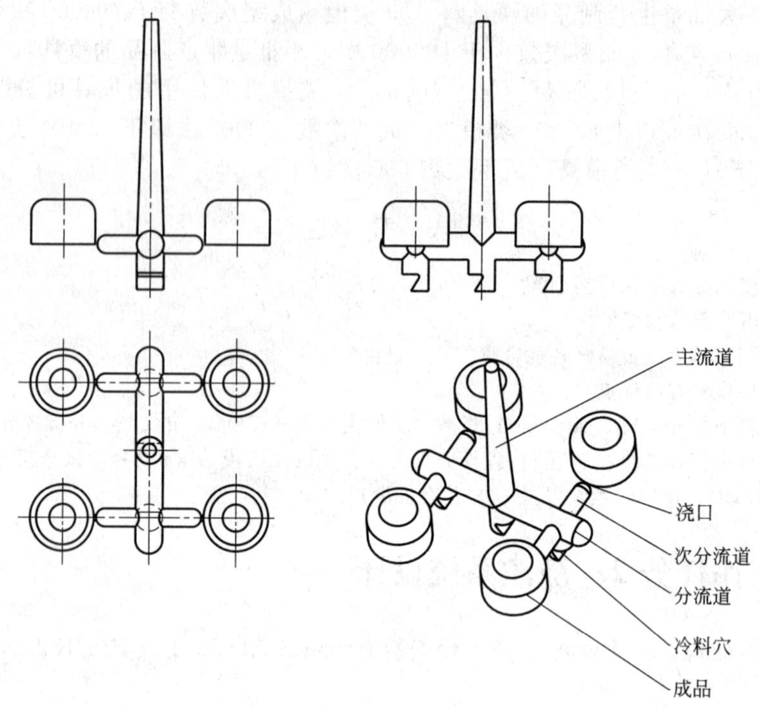

图 3-2-1 浇注系统的组成

道衬套中，如图 3-2-2 所示。其设计要点如下。

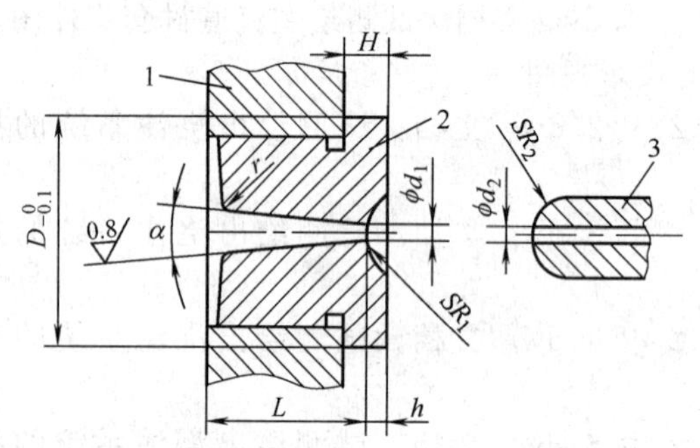

图 3-2-2 主流道形状及其与注射机喷嘴的关系

1—定模座板；2—主流道衬套；3—注射机喷嘴

① 为便于流道凝料的脱出，主流道设计成圆锥形，其锥角 $\alpha=2°\sim4°$，内壁表面粗糙度应在 $Ra0.8$ 以下，抛光沿轴向进行。

② 主流道小端直径 ϕd_1 比注射机喷嘴直径 ϕd_2 大 0.5～1.0mm，球面半径 SR_1 比注射机喷嘴的球面半径 SR_2 大 1～2mm，球面深度 h 为 3～5 mm。

③ 浇口套一般采用 T8、T10 制造，淬火硬度 52～56HRC。

（二）分流道

分流道是主流道末端与浇口之间塑料熔体的流动通道。常用分流道的截面形状有圆形、梯形、U 形、半圆形和矩形等几种形式，如图 3-2-3 所示。圆形、梯形及 U 形截面分流道的热量损失和压力损失较小，为设计时常用的形式。

圆形截面分流道直径为 2～10mm；对流动性较好的尼龙、聚乙烯、聚丙烯等塑料的小型塑件，在分流道长度很短时，直径可小到 2mm；对流动性较差的聚碳酸酯、聚砜等可大至 10mm；对于大多数塑料，分流道截面直径常取 5～6mm。梯形截面分流道尺寸可按 $H=2D/3$ 选取。U 形截面分流道深度 $H=2R$（R 为圆弧半径），斜角 $\alpha=5°\sim10°$。

在多型腔注射模具中，分流道的布置有平衡式和非平衡式两类。平衡式布置指各分流道的长度、截面形状和尺寸都对应相等。这种布置可实现均衡进料和同时充满各型腔的目的。分流道的非平衡式布置指各分流道的长度不尽相同，主要采用 H 形和一字形布置。为达到各型腔均衡进料的目的，必须将各浇口设计成不同的截面尺寸。

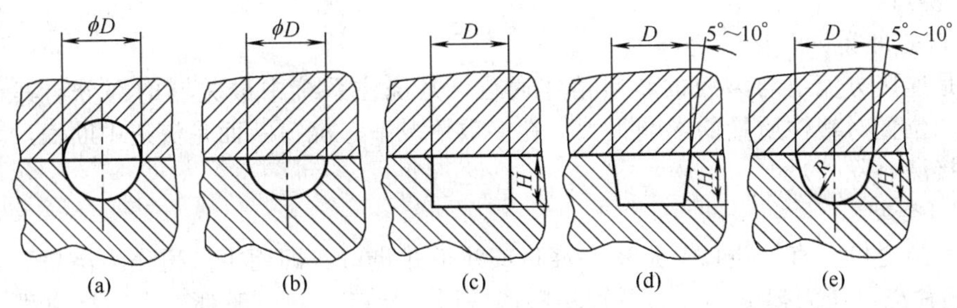

图 3-2-3　常用分流道的截面形状

（三）冷料穴

冷料穴是为贮存料流中的前锋冷料而设置的，防止冷料进入型腔影响塑件质量，甚至堵塞浇口影响注射成型。冷料穴一般设置在主流道末端，有时分流道的末端也设置冷料穴。

冷料穴中常设有拉料结构，以便开模时将主流道凝料拉出。常见的冷料穴与拉料杆结构有以下几种。

① 底部带有推杆的冷料穴　这类冷料穴的底部设一推杆，推杆安装在推杆固定板上，如图 3-2-4（a）所示。该结构分为 Z 形冷料穴、倒锥孔冷料穴、圆环槽冷料穴。

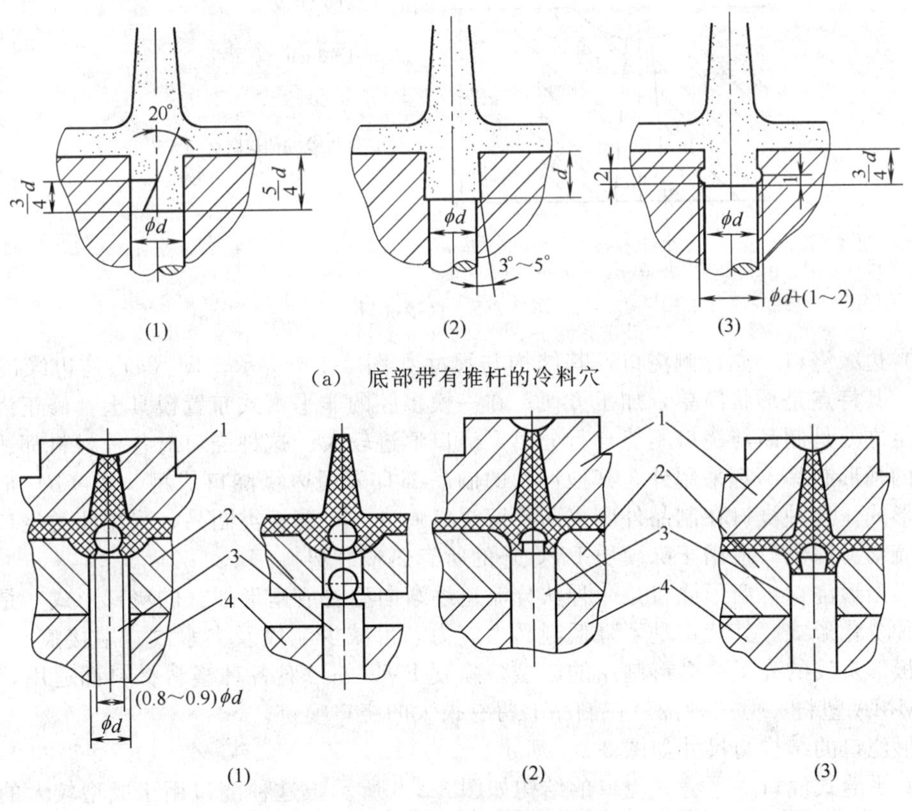

（b）　底部带有拉料杆的冷料穴

图 3-2-4　冷料穴

1—主流道衬套；2—刮料；3—拉料杆；4—推板

② 底部带有拉料杆的冷料穴　这种冷料穴底部设有拉料杆，如图 3-2-4（b）所示。分为球头形、菌形、倒锥头形三种。拉料杆固定在型芯固定板上，凝料在推件板推出塑件的同时从拉料杆上强制脱出。

（四）浇口

1. 浇口的种类

浇口是连接分流道与型腔的塑料熔体通道，是浇注系统中最关键的部分，其形状、数量、尺寸和位置对塑件质量的影响很大。在多数情况下，浇口断面是流道中断面尺寸最小的部分（直接浇口除外）。

2. 浇口类型

（1）直接浇口　直接浇口又称中心浇口或注道式浇口，即用主流道作为浇口。如图 3-2-5 所示。这种浇口压力损失小，对各种塑料都适用；浇口尺寸一般都较大，浇道固化时间较长，可达到较长的补料时间。常用于大型、深腔及厚壁制品的成型。但这种浇口易在制品进浇点附近产生应力集中；对于浅平的矩形制品，因收缩及应力原因，制品易产生翘曲变形，尤其是用增强材料成型矩形制品时建议不用直接浇口。直接浇口的位置一般设计在制品壁厚最厚处，其直径为制品最大厚度的两倍，但不超过 12.7mm（1/2in）。

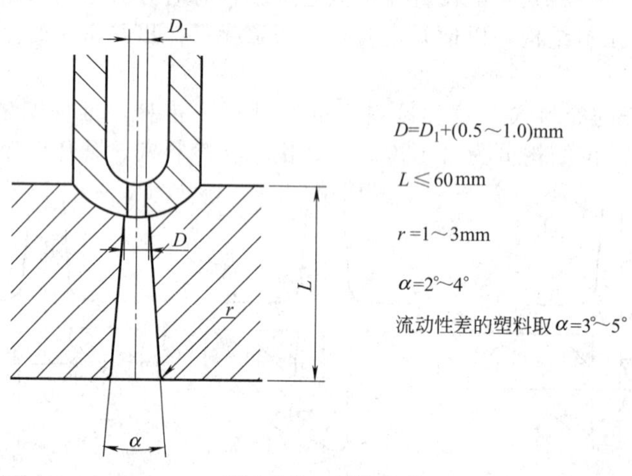

图 3-2-5　直接浇口

（2）边缘浇口　亦称侧浇口，其结构与尺寸如图 3-2-6 所示。图（a）是边缘浇口的设计形式。其特点是形状简单，加工方便；在一模多腔的非平衡式布置模具上，修正浇口较容易。不足之处是制品与浇口不能自行分离，浇口痕迹较大。这种浇口对各种材料都适用。除细而长的桶形制品不宜采用外，其他形状的制品都宜采用边缘浇口成型。图（b）是边缘浇口搭接形式。这种浇口在制品外侧表面不留浇口痕迹。对薄板类制品，采用此类浇口，可避免蛇形流动。该浇口适用于除硬质 PVC 外的所有热塑性塑料。

（3）扇形浇口　扇形浇口是一种从分流道逐渐向型腔成扇形展开的浇口形式，是边缘浇口的一种变化形式。其特点是可降低制品内应力，可减少流纹及夹水纹（熔接痕）。主要适用于平板形及浅的壳形或盒形制品的成型。除硬 PVC 外，对各种塑料材料都适用，特别适用于 PMMA 塑料。但这种浇口在制品上留有很大的浇口痕迹。

扇形浇口的结构与尺寸如图 3-2-7 所示。

（4）平缝式浇口　平缝式浇口的结构如图 3-2-8 所示。这种浇口用于成型较大的平板形制品。熔融塑料通过平缝式浇口，以较低的速度均匀平稳地进入型腔，其料流呈平行流动，这种流动可避免平板制品的变形。但浇口凝料的除去需专用工具。

（5）环形浇口　环形浇口如图 3-2-9 所示。这种浇口适用于较长的管形制品。采用这种浇口，型芯的两端都可以固定，从而保证制品的壁厚均匀性。

（6）盘形浇口　盘形浇口的结构如图 3-2-10 所示。这种浇口具有进料均匀，无熔接痕，排气良好等优点。其缺点是除去浇注系统凝料需用切削加工的方法，增加了成本。

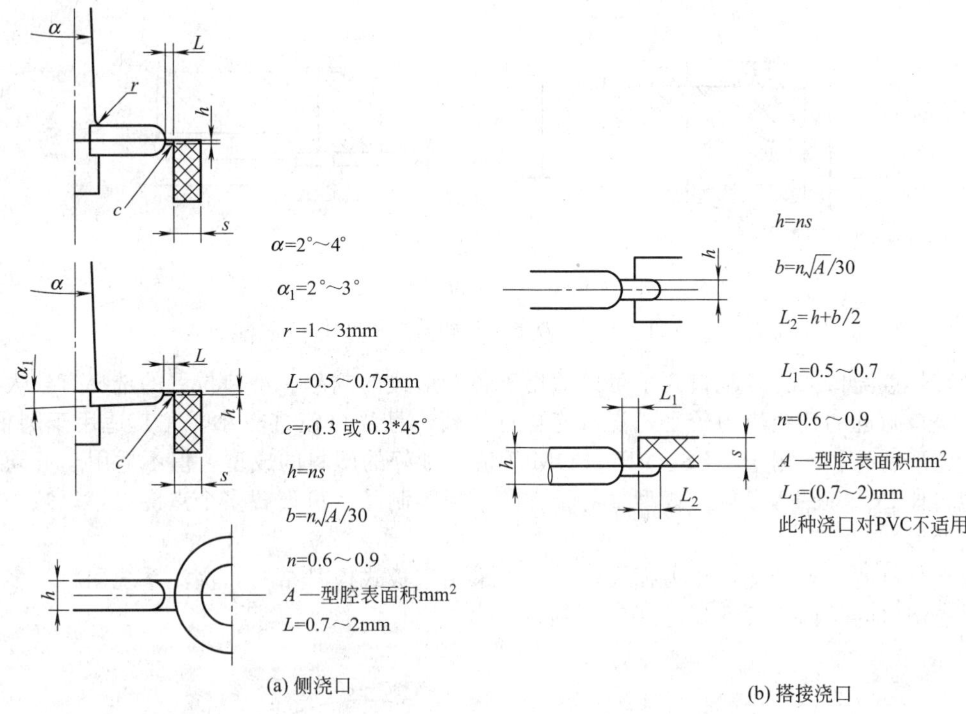

图 3-2-6　边缘浇口的结构与尺寸

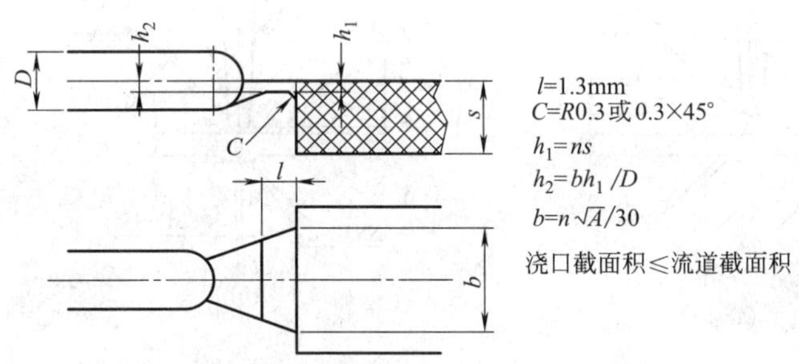

图 3-2-7　扇形浇口的结构与尺寸

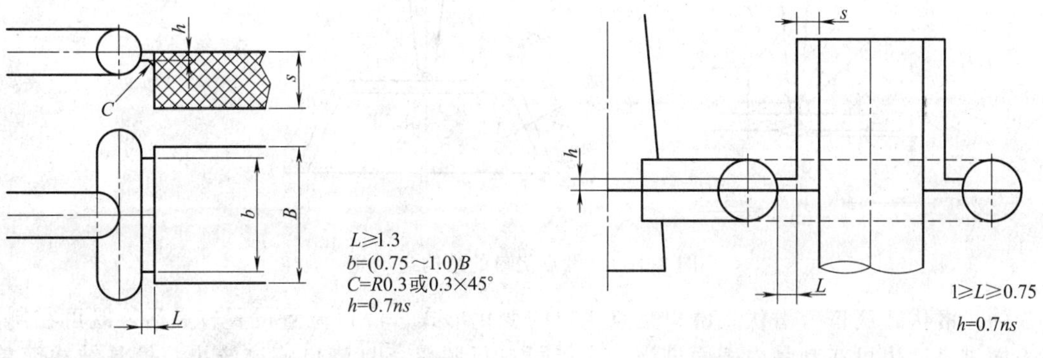

图 3-2-8　平缝式浇口的结构与尺寸

图 3-2-9　环形浇口的结构与尺寸

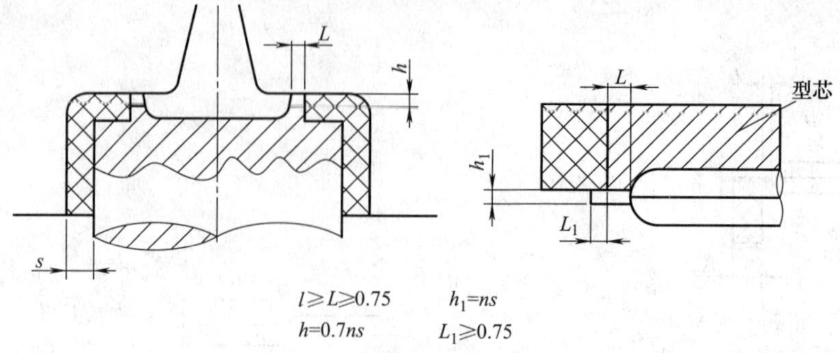

图 3-2-10　盘形浇口的结构及尺寸

（7）针点浇口　针点浇口几乎可以适用于各种形式的制品。浇口位置的选择有较大的自由度，浇口附近的残余应力较小，浇口能自行拉断，且浇口痕迹较小。尤其适用于圆桶形、壳形、盒形制品。常用于 ABS、PP、POM 等流动性好的塑料的成型。但不适用于流动性较差的塑料如 PC、硬 PVC 等的成型。对于大的平板类制品，可设置多个点浇口，以减小制品的翘曲变形。

针点浇口的缺点是浇口压力损失较大，需采用三板式模具结构，浇注系统回料较多。

针点浇口的结构与尺寸如图 3-2-11 所示。

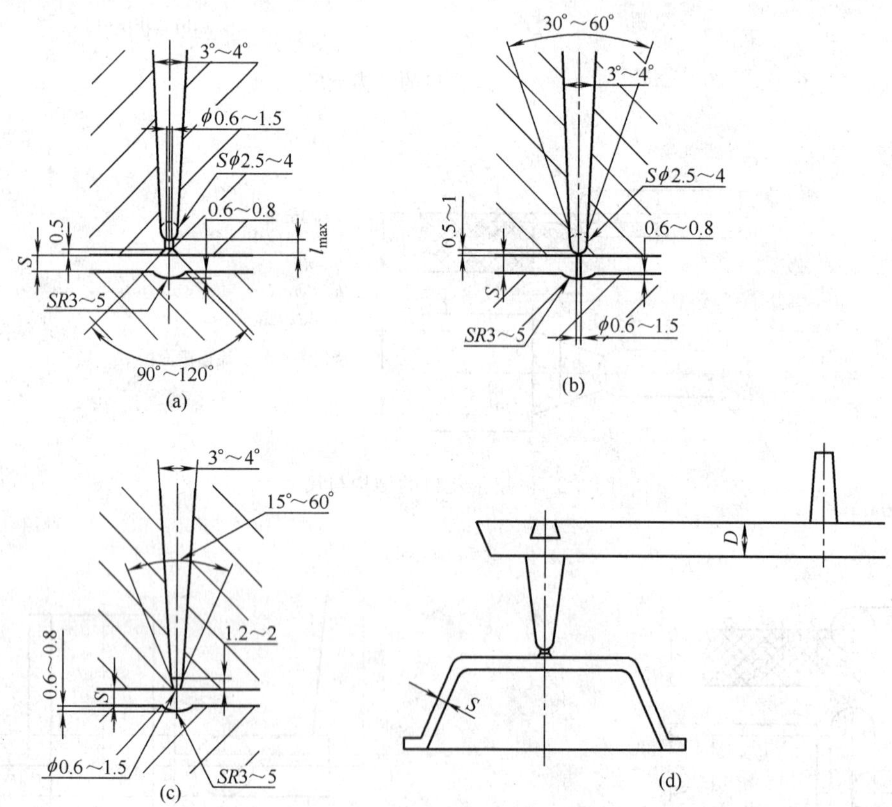

图 3-2-11　针点浇口的结构与尺寸

（8）潜伏式浇口　潜伏式浇口是点浇口的变化形式。浇口位置设置较灵活，既可在制品外表面进浇，也可在制品内表面进浇。浇口可自行脱落，且浇口痕迹较小，模具结构简单。潜伏式浇口的几何形状与尺寸如图 3-2-12 所示。其中图（a）为圆头潜浇口，其特点是入水时，温度能够维持在结晶所需的温度状态，适合在成品圆角部位进浇；浇口断面良好，不会拖胶，适用于 PA、PET、PBT、POM、PPS 等结晶性塑料；其缺点是浇口冷却时间长。图（b）为锥头潜浇口，其特点是浇口冷却快，水口加工容易；缺点是水口易拖丝，不适合在制品圆角处进浇。锥头潜浇口适用的塑料材料有 ABS、PMMA、PET、SAN、PPO、PVC、PP、PE 等。图（c）为一个截头圆锥削去一角后形成的浇口，其分流道较粗，便于注射时补料。

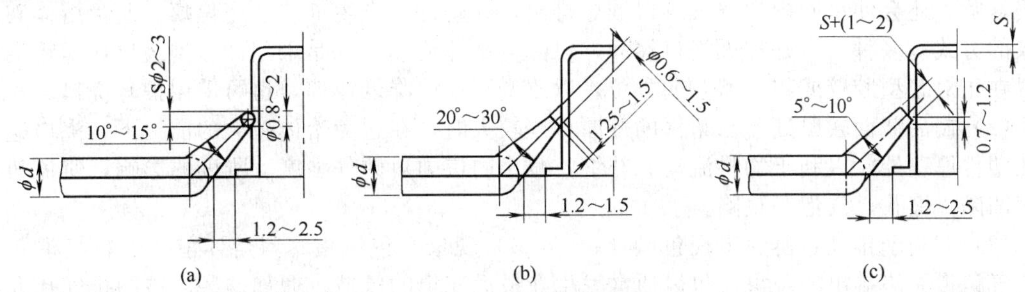

图 3-2-12　潜伏式浇口的结构形式

（9）牛角式浇口　牛角式浇口是点浇口的另一种变化形式。适用于制品表面不允许留有任何浇口痕迹的情况，适用于 ABS 等柔软性较好的塑料及中小型制品。图 3-2-13 为牛角式浇口的规格参数。牛角式浇口必须用两块浇口镶件组合加工，如图 3-2-14 所示。

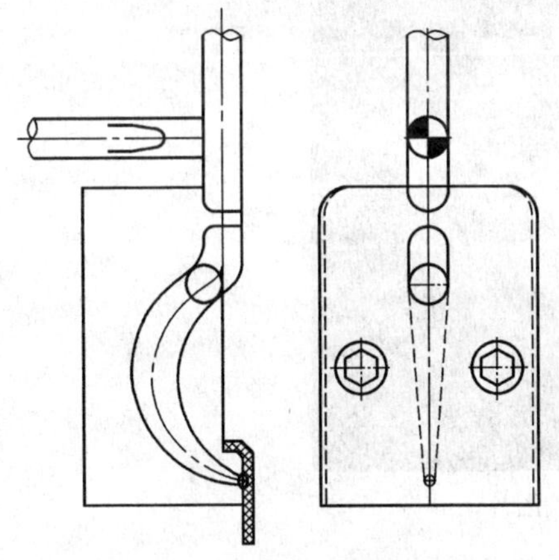
图 3-2-13　牛角式浇口的规格参数

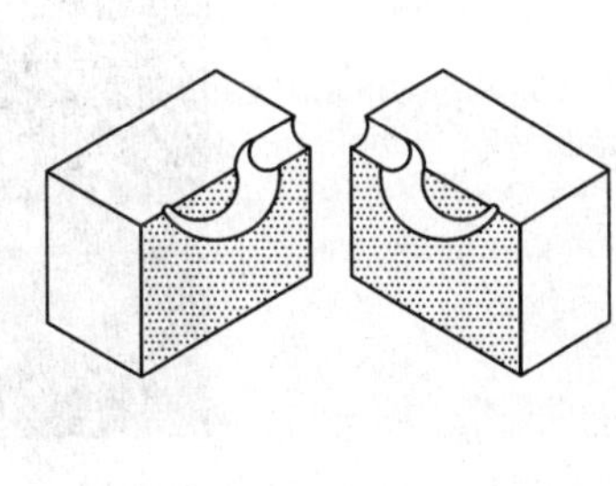
图 3-2-14　牛角式浇口镶件组合

（10）护耳式浇口　护耳式浇口主要用于高透明的平板类制品及变形要求十分严格的制品的成型。当熔融塑料流经护耳时，料流方向改变，并降低了流速，在护耳处平稳地流入型腔。从而避免因喷射造成的各种流动缺陷，如充纹、表面糎糊斑等。护耳式浇口特别适用于 PC、PMMA 等塑料的成型。护耳式浇口的结构及尺寸如图 3-2-15 所示。

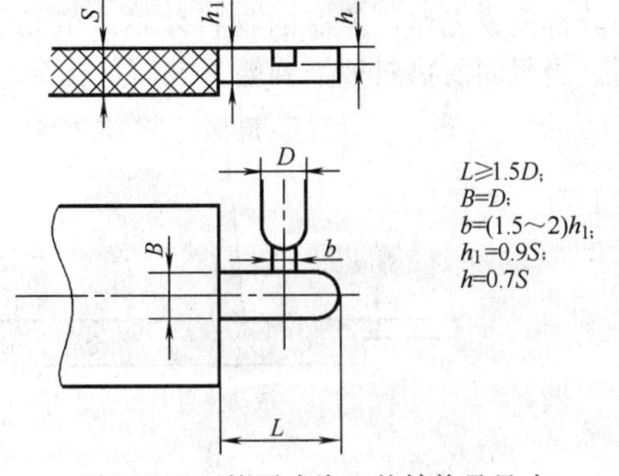

图 3-2-15　护耳式浇口的结构及尺寸

图 3-2-5～图 3-2-14 中，n 为塑料成型常数，其值如下：

对 PE、PS、SAN、HIPS 等塑料，$n=0.6$；对 PA、PP、ABS 等塑料，$n=0.7$；对 CA、PMMA、POM 等塑料，$n=0.8$；对 PC、

PVC 等塑料，$n=0.9$。

3. 浇口的位置

浇口的位置对塑件的质量影响很大，在确定浇口位置时应综合考虑塑件的几何形状和技术要求、塑料熔体的流动状态、充模、补缩、排气等因素。

（1）避免出现熔体破裂现象　小浇口如果正对着一个宽度和厚度较大的型腔，当熔体高速通过浇口时，会受到高度剪切，产生喷射和蠕动等熔体破裂现象，使塑件内部和表面产生缺陷。喷射还会使型腔内的空气难以顺序排出，在塑件上产生气泡或烧焦痕。避免熔体破裂现象的方式有多种：一是加大浇口尺寸，以降低熔体流速；二是采用冲击型浇口，即将浇口设置在正对着型腔壁或粗大型芯的方位，以改变流向，降低流速，也可采用护耳浇口。

（2）制品截面较厚处　当塑件的壁厚相差较大时，在避免熔体破裂的前提下，浇口应开设在塑件厚壁处，以利于物料流动和补缩，减小内应力对塑件强度、刚度的影响，避免塑件产生凹陷、缩孔、气泡等缺陷。

（3）有利于排气，避免出现包风（air traps）现象　包风指塑料熔体前锋物料将模穴内的空气包覆无法排出的现象。包风通常发生在最后充填的区域。假如这些区域的排气孔太小或者没有排气孔，就会造成包风现象。包风会使塑件内部产生空洞或气泡、塑件短射或表面瑕疵，如图 3-2-16 所示。此外，塑件壁厚差异大时，塑料熔体倾向于向厚区流动而造成竞流效应（race-tracking effect），这也是造成包风的主要原因。适当地设计浇注系统可以改变充填模式，使最后充填区域落在适当的排气孔位置。

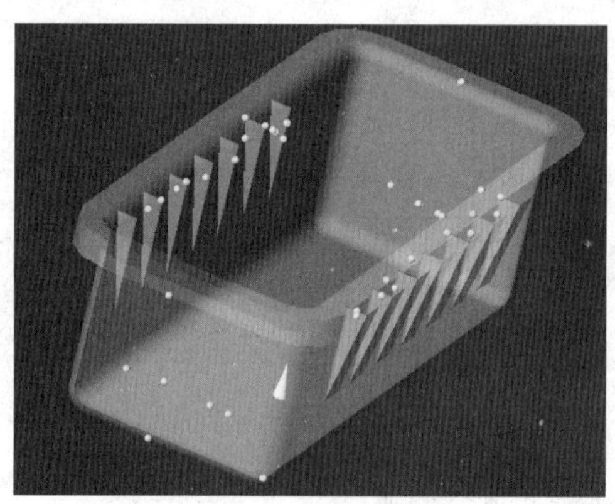

图 3-2-16　包风图片

（4）避免迟滞效应（hesitation）　迟滞效应是一种塑件表面的瑕疵，是由熔融物料流经薄壁区或壁厚突然变化区域时造成流动停滞所造成的，如图 3-2-17 所示。当熔融物料射入厚度变化的模穴，会向厚区与阻力较小的区域充填，结果使薄区流动停滞，一直到薄区以外部分都完成充填，停滞的物料才继续流动。但是，停滞太久的物料可能会在停滞处先行凝固。当凝固的物料被推到塑件表面，就会产生迟滞痕迹。

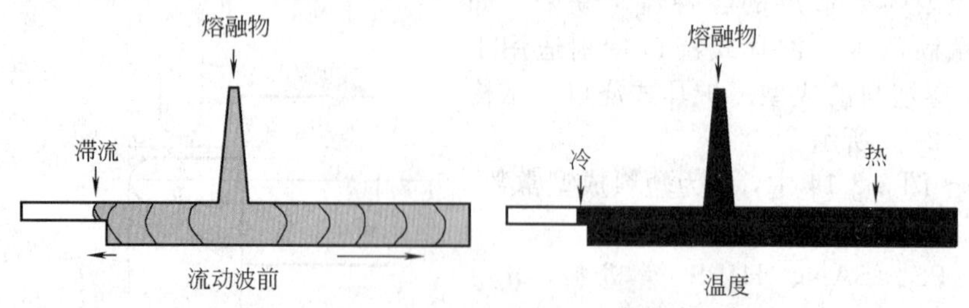

图 3-2-17　停滞流动的物料造成迟滞效应

避免迟滞效应，浇口位置要远离制品薄壁区或壁厚变化剧烈区，使迟滞效应延后发生，或在较短时间内结束。图 3-2-18（a）所示为不当的浇口位置所造成的熔胶迟滞流动。将浇口远离薄壁区可以减低迟滞效应，如图 3-2-18（b）所示。

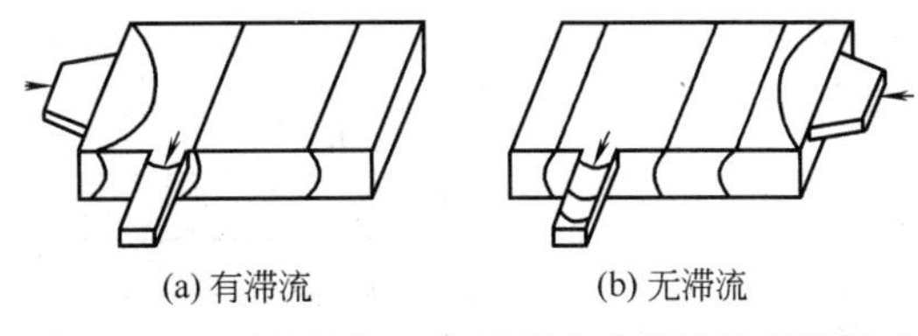

图 3-2-18　不当的浇口位置所造成的熔胶迟滞流动

（5）考虑塑件受力状况　塑件浇口处残余应力大、强度差，故浇口位置不能设置在塑件承受弯曲载荷或受冲击力的部位。

（6）考虑熔接痕对塑件性能的影响　由于浇口位置、浇口数量的原因，塑料熔体在型腔内会造成两股或两股以上的熔体料流的汇合，形成熔接痕。熔接痕部位塑件的强度低，也会影响塑件外观。应正确选择浇口形式、位置和数量，以减小熔接痕对塑件性能的影响。把轮辐式浇口改为盘形浇口，可消除熔接痕，如图 3-2-19 所示。

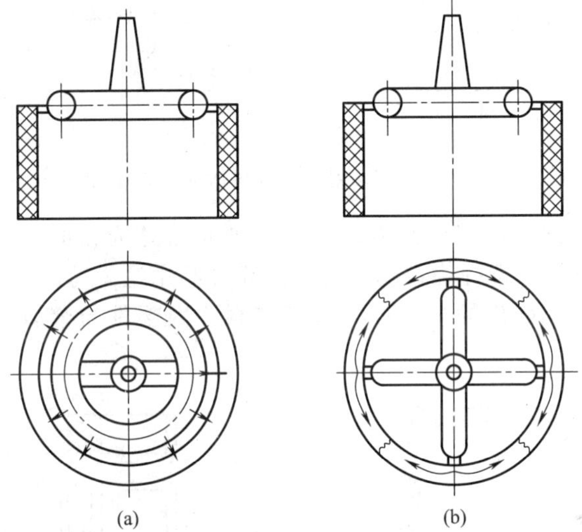

图 3-2-19　盘形浇口与轮辐式浇口熔接痕比较

通过浇口位置的变化，改变熔接痕的方位，如图 3-2-20 所示，图（b）位置合理。对大型框架类塑件，可增设过渡浇口（如图 3-2-21 所示）或采用多点进料（如图 3-2-22 所示），以缩短塑料熔体流程，增加熔接牢度。

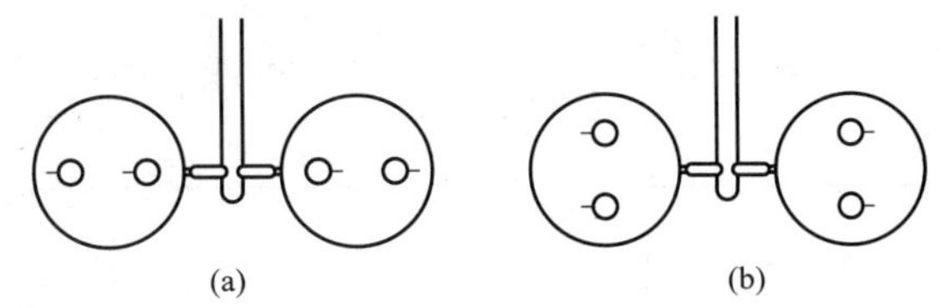

图 3-2-20　熔接痕方位对塑件性能的影响

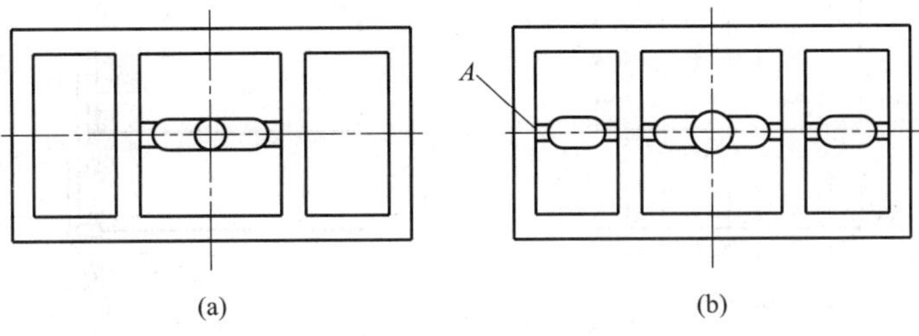

图 3-2-21　开设过渡浇口增加熔接牢度

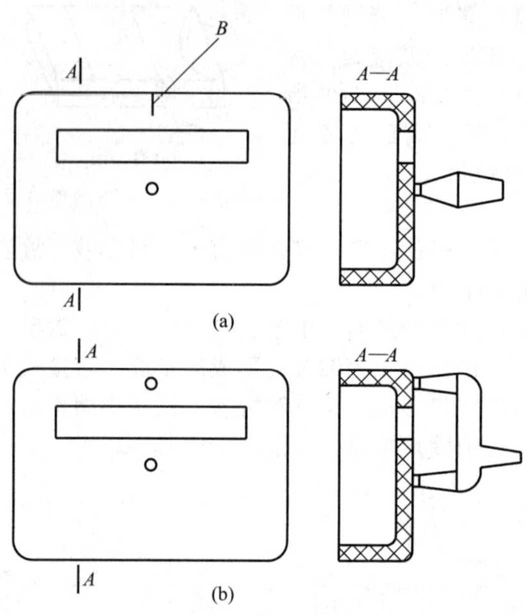

图 3-2-22 采用多点进料增加熔接牢度

（7）考虑流动定向方位对塑件性能的影响　塑料熔体充模时，大分子顺着流动方向取向，使塑件产生各向异性。选择浇口位置时，应充分利用这一特点，以提高塑件质量。如图 3-2-23（a）所示为带金属嵌件的杯，若从 A 处进料，因塑件与金属环形嵌件的线收缩系数

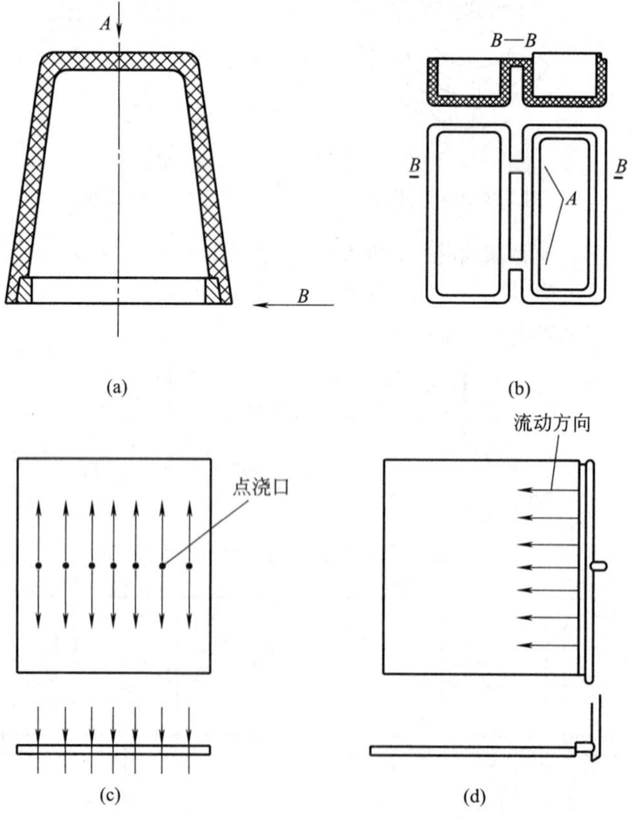

图 3-2-23 浇口位置对定向的影响

不同，嵌件周围的塑料层有很大的周向应力，塑件易开裂。若浇口开设在 B 处，因大分子沿塑件圆周方向定向，应力开裂机会大为减少。图 3-2-23（b）所示塑件为带铰链的 PP 盒体，铰链处要经受几千万次的弯折，要求铰链处高度取向。为此，将两点浇口设置在图（b）所示 A 处。对于大型平板类塑件，若仅采用一个中心浇口或一个侧浇口，制品会因分子定向所造成的各向收缩异性而翘曲变形。若改用多点浇口或平缝式浇口，则可有效地克服这种翘曲变形，如图 3-2-23（c）、（d）所示。

（8）防止型芯变形　对有细长型芯的模具，应避免偏心进料，以防止型芯产生弯曲变形。如图 3-2-24 所示，图 3-2-24（a）结构不合理，图 3-2-24（b）采用两侧进料，可减小型芯变形，但增加了熔接痕，且排气不良；图 3-2-24（c）采用中心进料，效果最好。

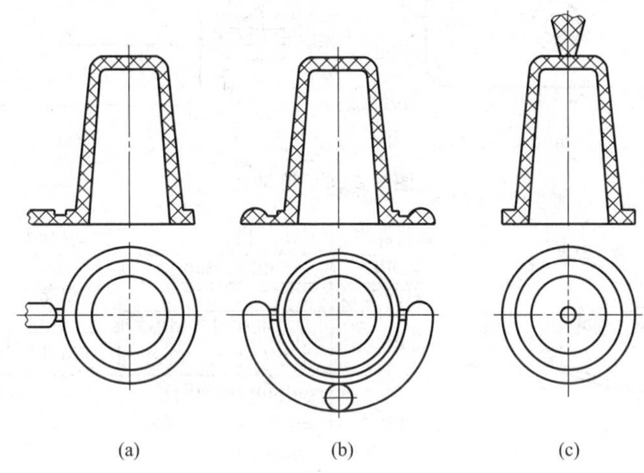

图 3-2-24　改变浇口位置防止型芯变形

（9）校核流动比　确定大型塑件的浇口位置时，需校核流动比，以保证熔体能充满整个型腔。流动比可按下式计算：

$$K=\sum_{i=1}^{i=n}\frac{L_i}{t_i}$$

式中　K——流动比；

L_i——熔体流程各段长度，mm；

t_i——熔体流程各段厚度，mm。

流动比的允许值随塑料种类、成型温度、注射压力等的不同而变化。图 3-2-25 所示为流动比计算示例。

对图 3-2-25（a）　$K=\frac{L_1}{t_1}+\frac{L_2+L_3}{t_2}$

对图 3-2-25（b）

$$K=\frac{L_1}{t_1}+\frac{L_2}{t_2}+\frac{L_3}{t_3}+2\times\frac{L_4}{t_4}+\frac{L_5}{t_5}$$

若计算得到的流动比大于允许值，则需改变浇口位置，或者改变浇口尺寸，或采用多点进料等方式来减小流动比。

图 3-2-26 列出由实验得出的常见塑料的流动比允许值范围。

三、热流道系统

借助加热装置使浇注系统中的塑料处于熔融状态，开模只取出制品，没有浇注系统凝料，这种系统称为热流道系统。

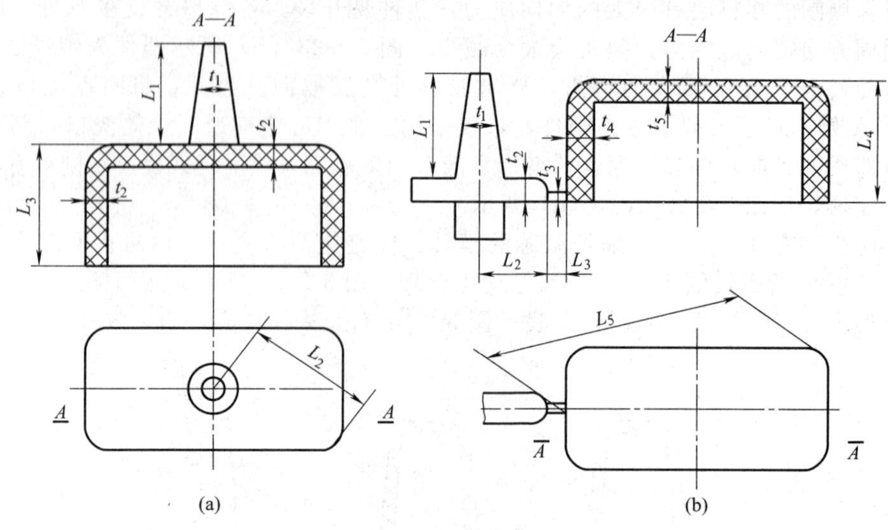

图 3-2-25 流动比

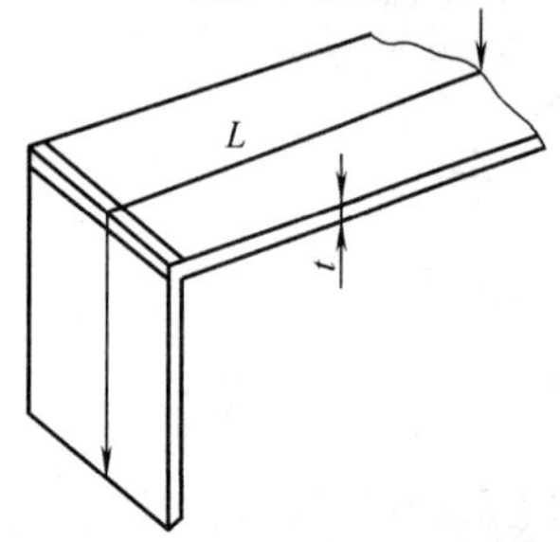

图 3-2-26 不同材料的流动比

塑料种类	L/t 值	塑料种类	L/t 值
LDPE	275～300	尼龙	200～360(90MPa) 150①
HDPE	225～250		
PE	250～280(150MPa) 100～140(60MPa)	PMMA	130～150
PP	280(120MPa) 200～240(70MPa) 240～275①	PC	120～180(130MPa) 90～130(90MPa) 100～130①
PS(GP)	280～300(90MPa) 240～250①	硬质 PVC	130～170(130MPa) 100～140(90MPa) 70～110(70MPa) 100①
PS(HI)	200～220		
ABS	175～190		
AS	160		
POM	100～210(100MPa) 140①	软质 PVC	200～280(90MPa) 100～240(70MPa)

①为不同文献值。

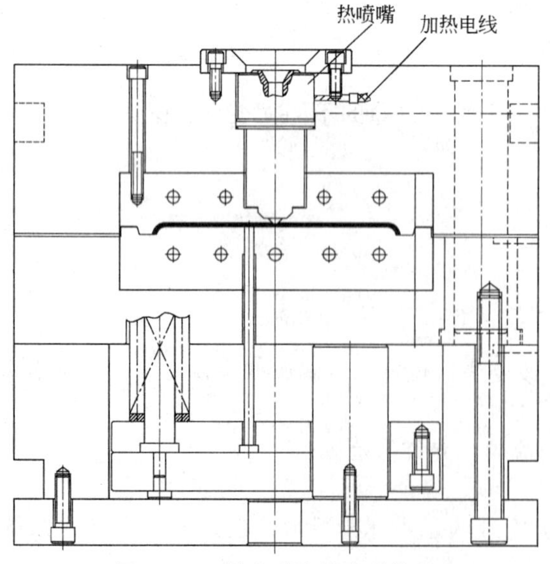

图 3-2-27 单点进浇热流道模具

热流道系统可分为单点进浇热流道与多点进浇热流道。图 3-2-27 为单点进浇热流道模具。图 3-2-28 为热流道板多点进浇热流道模具。根据热嘴的结构，可将热嘴分为开式与阀式热嘴两类，图 3-2-28 为开式热嘴，图 3-2-29 为阀式浇口热嘴。

热流道设计要注意以下几点。

① 考虑热膨胀，设计时要计算出所有热嘴的热膨胀量，型腔不应与膨胀后的热嘴相接触，否则，热嘴的温度会迅速下降。

② 注意电线及藏坑规格，热流道板内的电线必须用高温线套保护，并用电线夹码捻住，防止被夹而漏电。

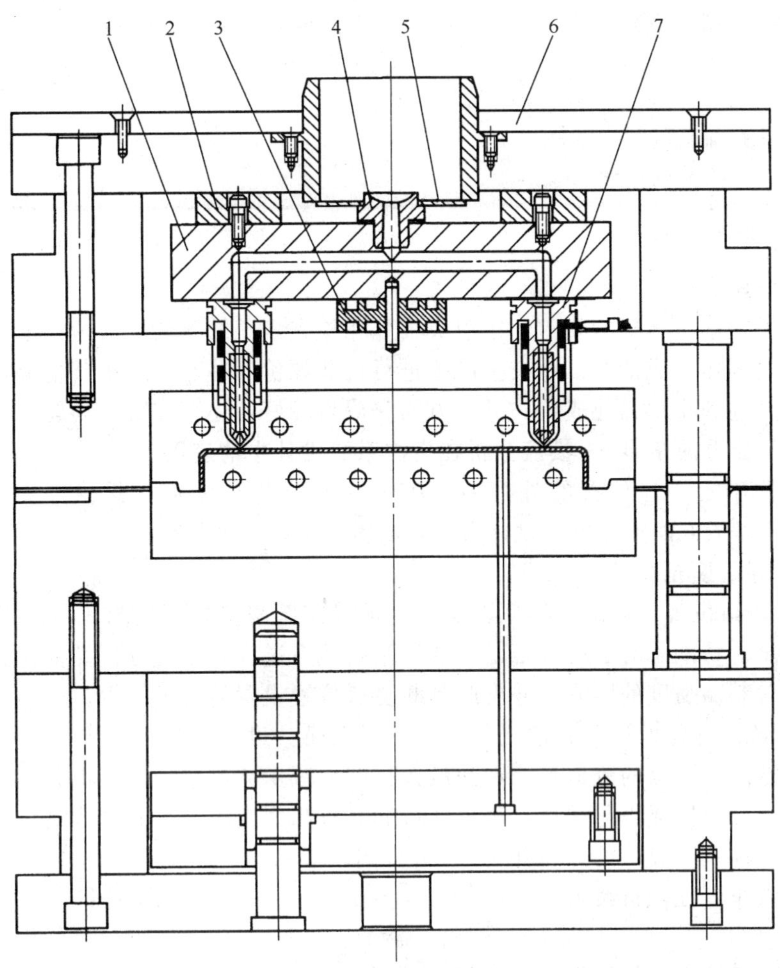

图 3-2-28　多点进浇热流道模具

1—热流道板；2,3—支撑块；4—喷嘴；5—垫圈；6—隔热板；7—热喷嘴

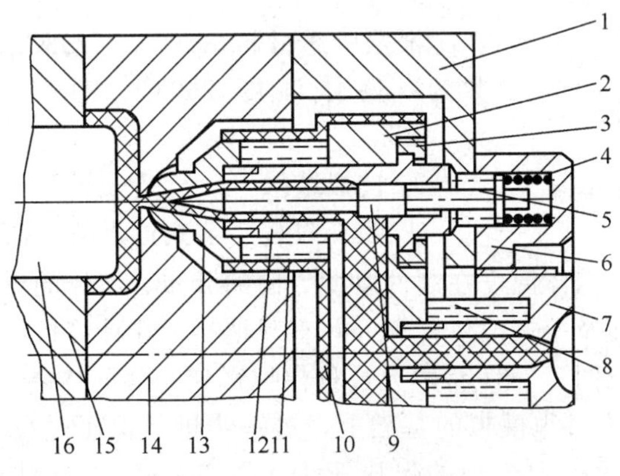

图 3-2-29　阀式浇口热嘴

1—定模座板；2—热流道板；3—喷嘴盖；4—压力弹簧；5—活塞；6—定位圈；7—浇口套；8,11—加热器；9—针形阀；10—隔热外壳；12—喷嘴体；13—喷嘴头；14—定模板；15—推件板；16—型芯

学习活动（3-2）

实操：

1. 测绘主流道衬套零件图。
2. 绘制浇注系统投影。

3.2.3 总结与提高

一、总结与评价

请按照本模块学习目标的要求，小组成员互相检查，总结测绘主流道衬套零件图、浇注系统投影及综述写作完成情况，用文字简要进行自我评价，并对小组中其他成员的任务完成情况加以评价。你和小组其他成员，哪些方面完成得较好，还存在哪些问题？

二、知识与能力的拓展——模流分析在浇注系统设计中的应用

除根据经验确定浇口位置的外，Moldflow 流动分析可为设计提供一系列分析结果。MPI/Flow 能在以下方面辅助模具设计人员，以得到良好的模具设计。

① 确保良好的填充形式。

② 最佳的浇口位置与数量、类型以及正确地确定阀浇口的开启与闭合时间，有效地发挥阀浇口的作用。特别是对于有纤维增强的树脂的填充过程，通过分析纤维在流动过程中的取向来判断其对制品强度的影响，并据此判断浇口位置设置的合理与否。

③ 流道系统的优化设计　通过流动分析，帮助模具设计人员设计出压力平衡、温度平衡或者压力、温度均平衡的流道系统，并最大程度地减少流道部分的体积。同时，对流道内熔体的剪切速率和摩擦热进行评估，避免材料的降解和型腔内过高的熔体温度。

下面介绍浇注系统设计的 Moldflow 分析实例。

制件为一汽车零件，材料为 Bayer USA Lustran LGA-SF，一模两腔。

1. 建模

在 Pro/ENGINEER 中建模，通过 STL 文件格式读入 MPI。制件模型及其浇注系统如图 3-2-30 所示。考虑到对称性，只取其 1/2 进行填充和保压过程的模拟。

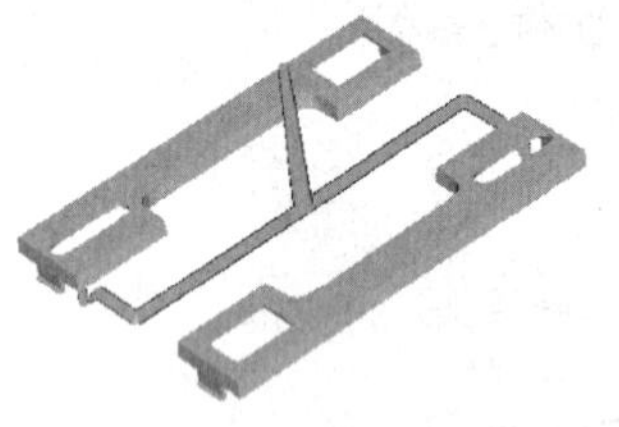

图 3-2-30　模型及其浇注系统

2. 工艺条件

根据所选材料 Lustran LGA-SF 的工艺要求，工艺参数为：熔体温度 260℃，型腔温度 60℃，注射时间为 1.25s。

3. 模拟结果

① 填充过程　填充过程的模拟可得到填充时间、填充压力、熔体前沿的温度、熔体温度在制件厚度方向的分布、熔体的流动速度、分子定向、剪切速率及剪切应力、气穴及熔接痕位置等，并直观地显示在计算机屏幕上，从而帮助工艺人员找到产生缺陷的原因。图 3-2-31 是填充过程模拟得到的部分结果。

② 保压过程　在填充过程模拟的基础上，进一步进行保压过程的模拟，可以得到所需的保压时间，并通过优化得到合理的保压压力。图 3-2-32 是采用二级保压压力（70MPa 3.5s，50MPa 3.5s）得到的制件中体积收缩率和缩凹的分布情况。

随书盘/模块 3/阅读材料/任务 2 中附有“流动分析”、“空调面板流动过程录像”、“热流道板”，牛角浇口全 3D 结构。请打开阅读。

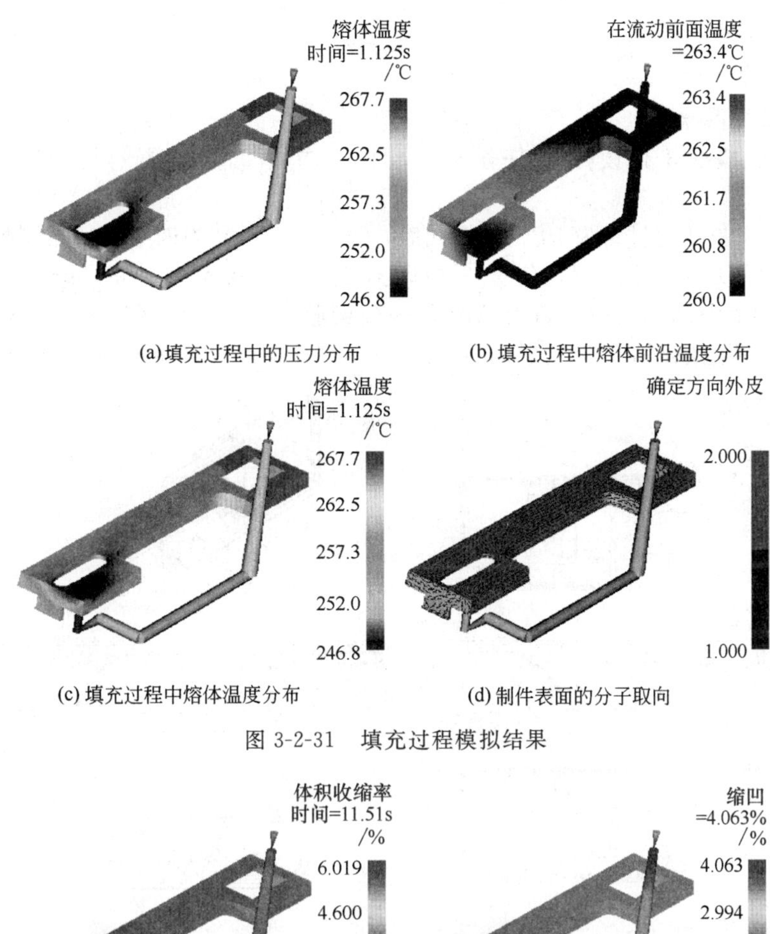

(a)填充过程中的压力分布　(b)填充过程中熔体前沿温度分布

(c)填充过程中熔体温度分布　(d)制件表面的分子取向

图 3-2-31　填充过程模拟结果

(a) 保压结束后制件中的体积收缩率　(b) 保压结束后制件表面的缩凹

图 3-2-32　保压结束后制件的收缩结果

思　考　题

1. 普通浇注系统由哪几部分组成？各部分的设计要求是什么？
2. 为什么小浇口获得较广泛的应用？何种情况不能采用小浇口而采用大浇口？
3. 常用的浇口形式有哪些？其优缺点如何？针点浇口成型薄壁制件时应注意什么？如何改善？
4. 试分析几个样品（自选），指出其浇注系统设计是否合理。简述理由。
5. 采用什么方法能使针点浇口的浇注系统凝料自动脱落？
6. 无流道模具为什么获得日益广泛的应用？
7. 设计热流道模具应注意哪些问题？
8. 哪些塑料品种最适宜用热流道模具成型？

3.3　工作任务 3：成型零部件设计

设备与材料准备：每个学习者备 1 台安装有 AutoCAD2004 及 Pro/E2.0 以上版本的计

算机。

3.3.1 工作任务

一、模具排样图绘制

阅读随书盘/模块 3/阅读材料/任务 3 中文件 1、文件 2。体会排样图的设计过程与图样的表达方法。

图 3-3-1 所示制品的材料为 PP，一模四腔，图 3-3-1（b）为四个制品在模腔中的位置布置图。随书盘/模块 3/阅读材料/任务 3 中附有图 3-3-1 所示零件的 .prt 文档（3-3-1_ref. prt）。图 3-3-2 所示制品的材料为 ABS，一模四腔，图 3-3-1（b）为四个制品在模腔中的位置布置图。请选取图 3-3-1、图 3-3-2 之一，绘制该制品模具排样图。

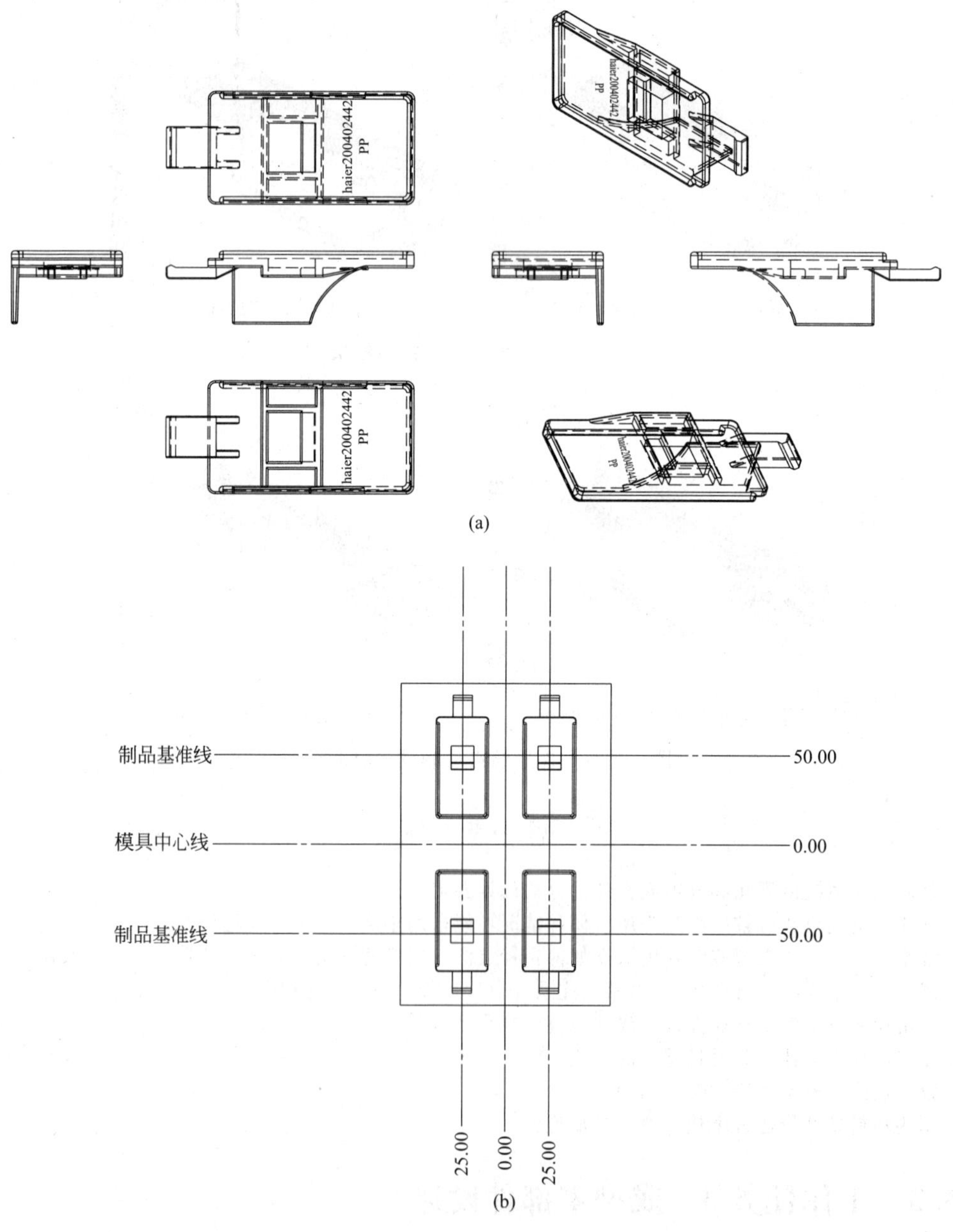

图 3-3-1 PP 制品图

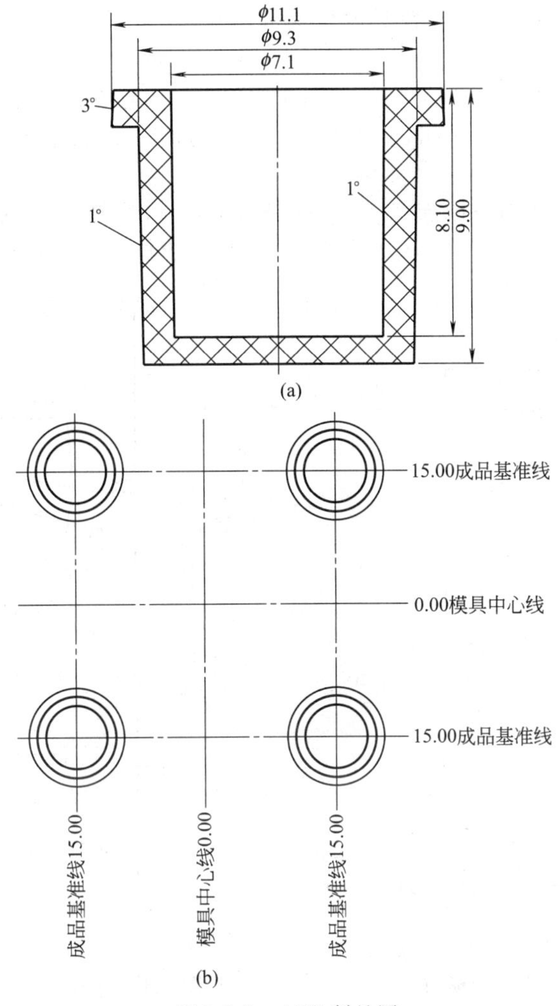

图 3-3-2　ABS 制品图

二、成型零部件零件图的测绘

随书盘模块 3/阅读材料/任务 3 中附“测绘文档”。其中，有模具三维与二维结构文档。请阅读文档，并测绘模具成型零部件的零件图。

3.3.2　基本知识与技能

成型零部件是指构成模具型腔的零件，包括凹模、凸模等。模仁零部件直接与高温高压塑料接触，承受塑料熔体的压力，决定着塑件的形状与精度，影响模具的寿命，是模具的心脏部分。应根据制件的生产批量、制品结构及塑料材料的性能确定型腔的总体结构、分型面、排气部位、脱模方式等，从机械加工及模具装配角度考虑型腔各零部件间的组合方式，然后在有关软件（如 AutoCAD、Pro/E、UG 等）中用相关命令对制品放缩水值，从而确定模具成型零件的工作尺寸。因型腔内塑料熔体具有很高的压力，还应对关键成型零件进行强度与刚度计算。

一、分型面及型腔布置

1. 分型面（PL）设计

分型面系指打开模具取出塑件或浇注系统凝料的面。制品设计阶段，就应考虑成型时分型面的形状与位置。模具设计时，首先应确定分型面的位置，然后选择模具结构。分型面设计是否合理，对制品质量、工艺操作难易程度和模具设计与制造都有很大的影响。分型面的合理设计需要塑料制品设计人员与模具设计人员相互配合。

(1) 分型面类型

① 平面式分模面　如图 3-3-3 (a) 所示的分模面，与制品形状一致，没有夹线，但结构复杂。图 3-3-3 (b)、图 3-3-3 (c) 所示的分模面，制品上有夹线，但分模面形状简单。

② 倾斜面分模面与曲面分模面　如图 3-3-4 (a)、(b) 所示倾斜面分模面与曲面分模面，要有子口定位，要留出 12.7mm (1/2″) 以上的距离后才能转平位，以防模口崩裂。

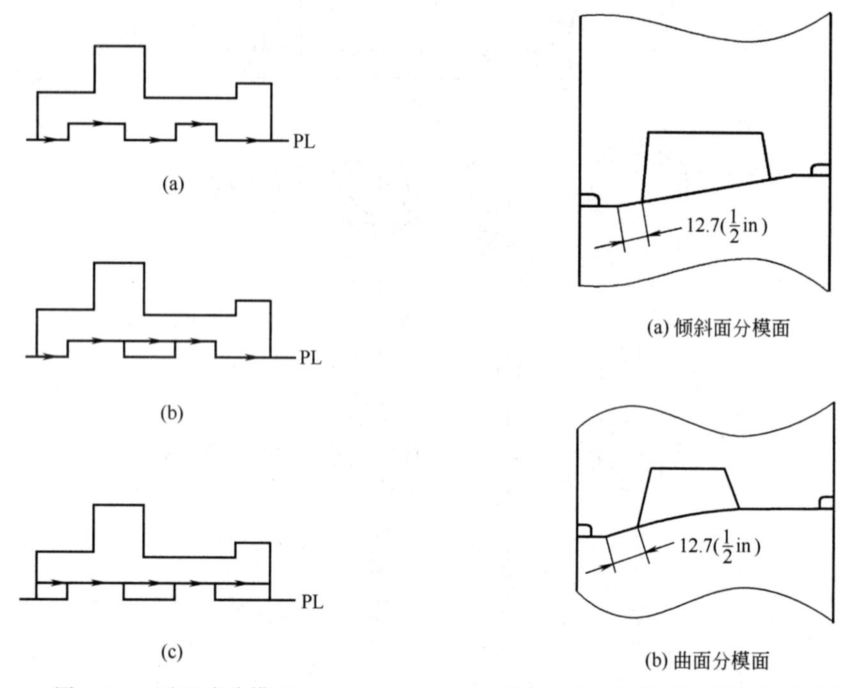

图 3-3-3　平面式分模面

图 3-3-4　倾斜面分模面与曲面分模面

③ 侧面方孔分模面　如图 3-3-5 所示为侧面方孔，有两种分模方法，图 (a) 所示结构成品不见夹线，但易飞边，而飞边顺着孔的轴向方向，使孔的尺寸缩小；配合面最好有 3°或以上的斜度。图 (b) 所示结构，成品有夹线；即使有飞边，飞边与孔的侧面垂直，不影响孔的截面尺寸。

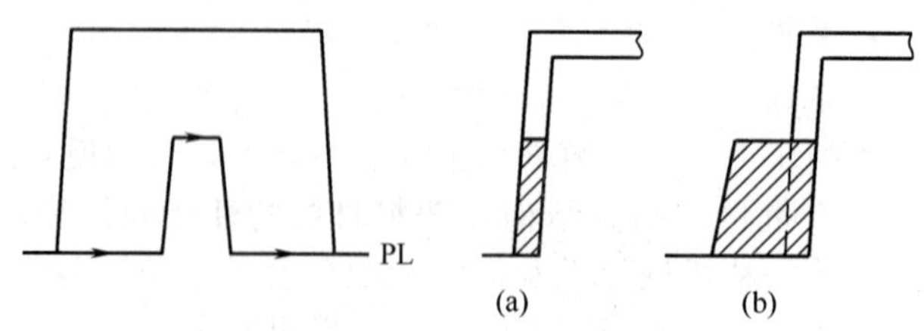

图 3-3-5　侧面方孔分模面

图 3-3-6 所示为侧面圆孔的分模面。图 (a) 为靠破设计（靠破：密合面垂直于合模方向的一种合模状态，密合面称为靠破面），有夹线，圆孔上下两半有可能错位；图 (b) 所示结构为镶块侧抽芯式分模结构，能有效保证圆孔的几何形状，但有夹线；图 (c) 所示结构为侧型芯抽芯式分模结构，无夹线，能有效保证圆孔的几何形状。

④ 平面穿孔分模面　如图 3-3-7 所示结构，小孔型芯可固定在上模，也可固定在下模。

⑤ 斜面方孔分模面　如图 3-3-8 所示结构为最简单的斜面方孔分模结构。

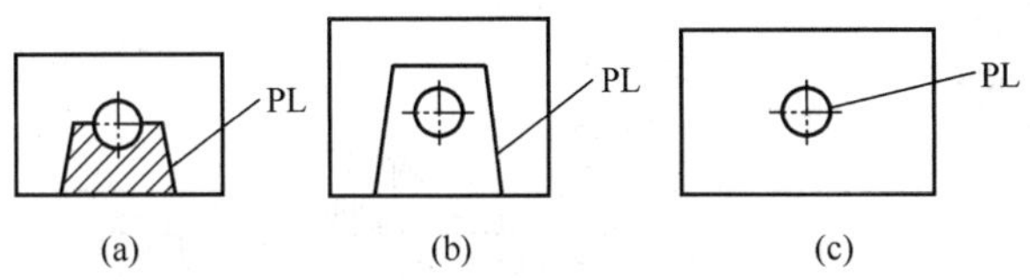

图 3-3-6　侧面圆孔的分模面

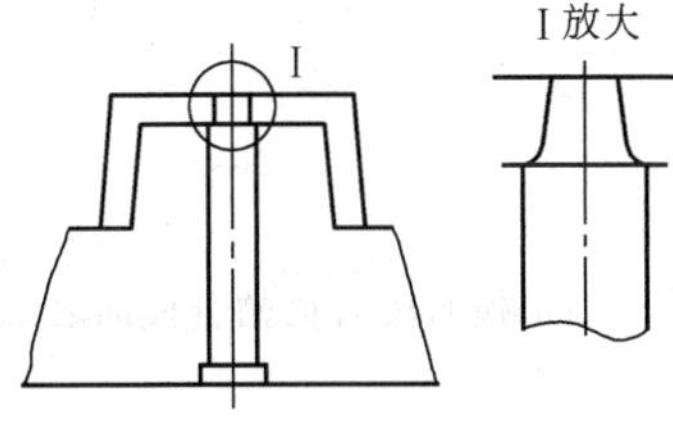

图 3-3-7　平面穿孔分模面

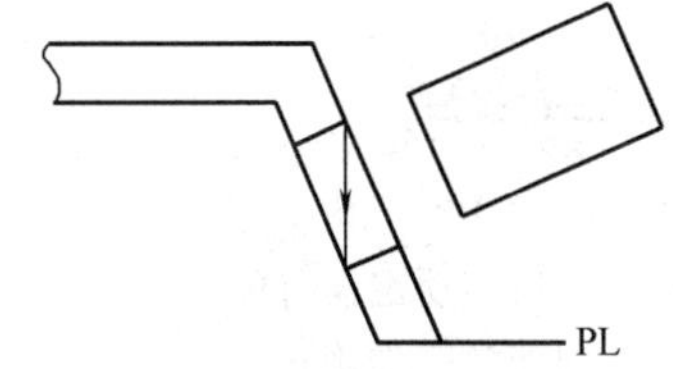

图 3-3-8　斜面方孔分模面

⑥ 侧面柱位分模面　如图 3-3-9 所示，有（a）、（b）两种分模方式。

⑦ 侧面凸片分模面　如图 3-3-10 所示，有（a）、（b）、（c）三种分模方式。除考虑夹线外，（a）图所示结构最好，上模成品的转角位可作成利角。（b）图所示结构凸片两侧边可做圆角，成品的四个转角位也可做圆角。（c）图所示结构凸片上端面转角处可做圆角，只可在型腔转角位做圆角；但要防止制品脱模时留在型腔中。

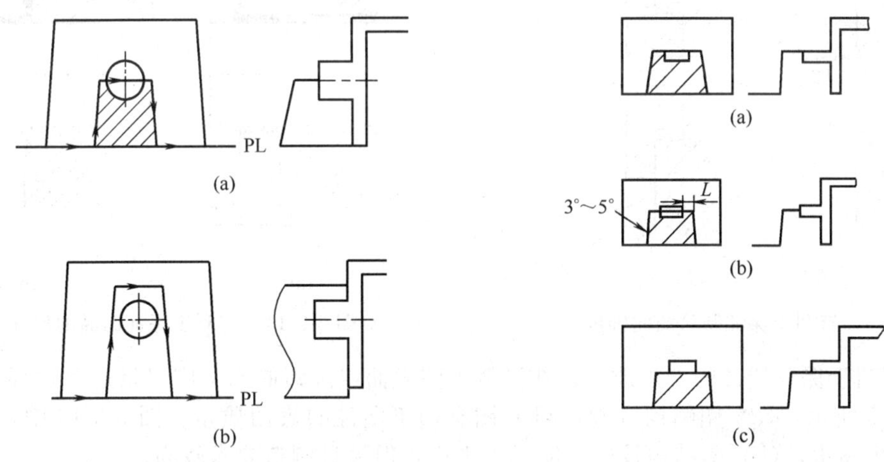

图 3-3-9　侧面柱位分模面　　图 3-3-10　侧面凸片分模面

⑧ 动定模有配合面的分模面　可分为整体式与镶件式两种。图 3-3-11 为整体式，以（a）图所示结构为最好，（b）图所示结构次之，（c）图所示结构应避免。图 3-3-12 为镶件式，以（a）图所示结构为最好，（b）图所示结构次之，（c）图所示结构应避免。

（2）分型面的选择原则

分型面的选取不仅关系到塑件的正常成型和脱模，而且影响模具的结构与制造成本。一般来说，分型面的总体选择原则是，保证塑件质量，便于制件脱模、简化模具结构。具体包括如下内容。

① 分型面应设在塑件截面尺寸最大的部位，便于脱模。

② 有利于保证塑件尺寸精度。如图 3-3-13（a）所示，为保证双联齿轮的齿廓与孔的同轴度，齿轮型腔与型芯都设在动模一侧。若设计成图 3-3-13（b）所示结构，齿廓与孔的同轴度则难以保证。图 3-3-14 所示，为保证制品两台阶间距尺寸 L 的精度，应将两台阶面置

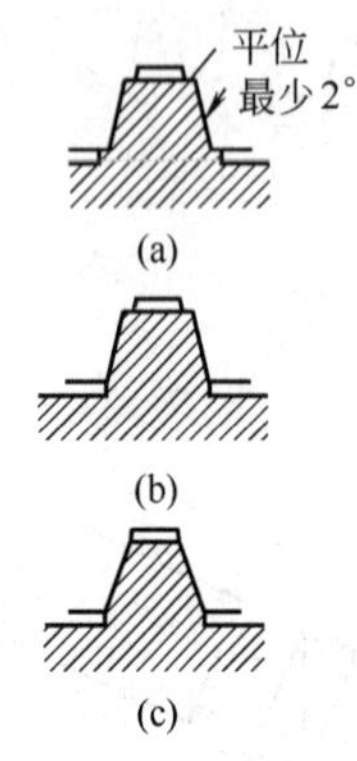

图 3-3-11 动定模有配合面的分模面之一

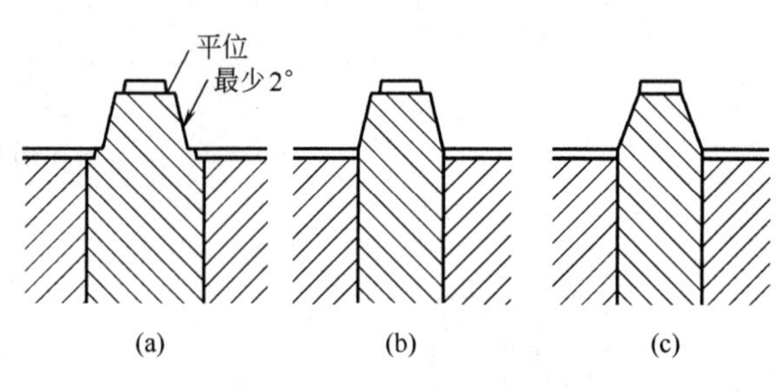

图 3-3-12 动定模有配合面的分模面之二

于模具同一侧。如（a）图所示。（b）图所示结构，尺寸 L 的精度受到分型面制造精度及锁模力影响，会产生较大误差。

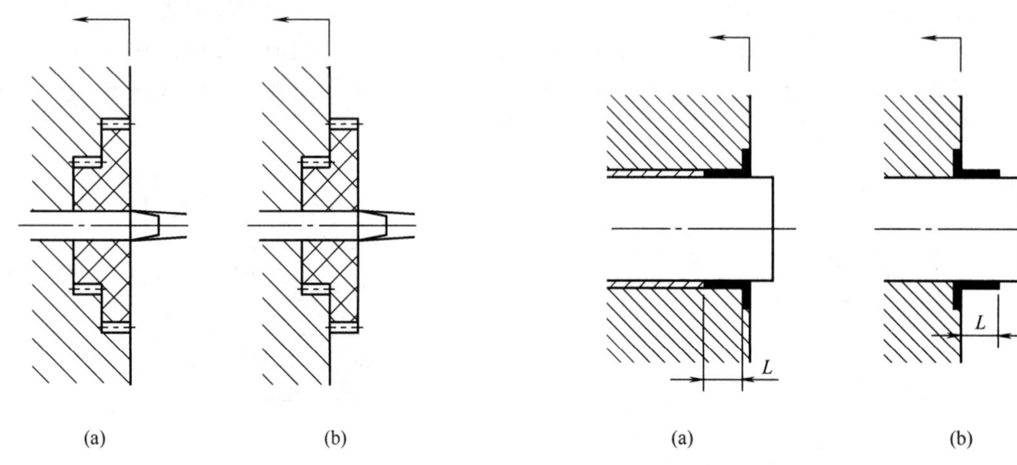

图 3-3-13 有利于保证制品的同轴度　　图 3-3-14 有利于保证制品的尺寸精度

③ 有利于保证塑件的外观质量。在光滑平整表面或圆弧曲面上应尽量避免选择分型面。如图 3-3-15 所示，（a）图结构合理，（b）图有损于塑件的表面质量。图 3-3-16 中，（a）图结构易产生飞边；（b）图结构较好，能减少飞边，但模具制造要求较高。

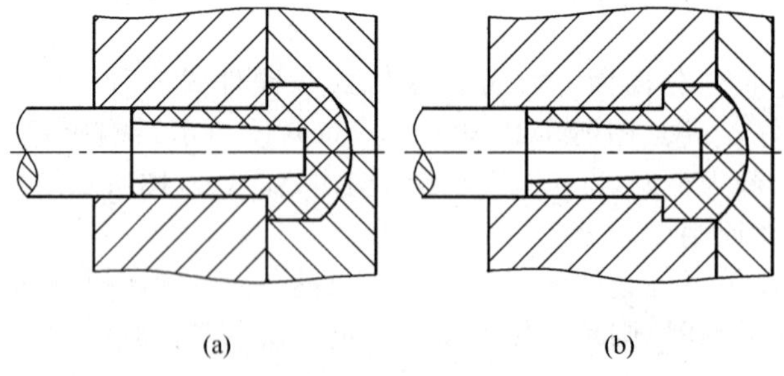

图 3-3-15 分型面位置对塑件外观的影响

④ 尽可能满足制品的使用要求。注射成型过程中，脱模斜度、飞边、顶出痕迹及浇口痕迹等工艺缺陷是难免的。选择分型面时，应尽量避免工艺缺陷对制件的使用功能造成影响。如图 3-3-17 所示，（a）图中制件两端尺寸差异过大，（b）图结构中分别在动定模设计

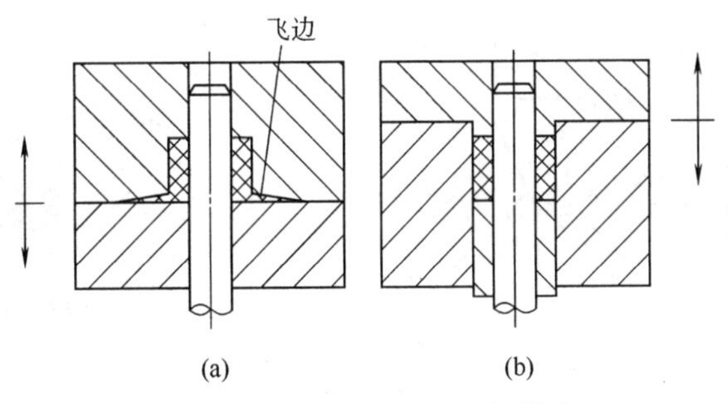

图 3-3-16　分型面对飞边的影响

型腔，可减小制件轴向上壁厚的差异。

⑤ 应尽量减小塑件在垂直于开合模方向（铅垂方向）上的投影面积，以减小所需锁模力。图 3-3-18 所示弯板结构制品模具，(a) 图结构比 (b) 图结构合理，能防止溢料。

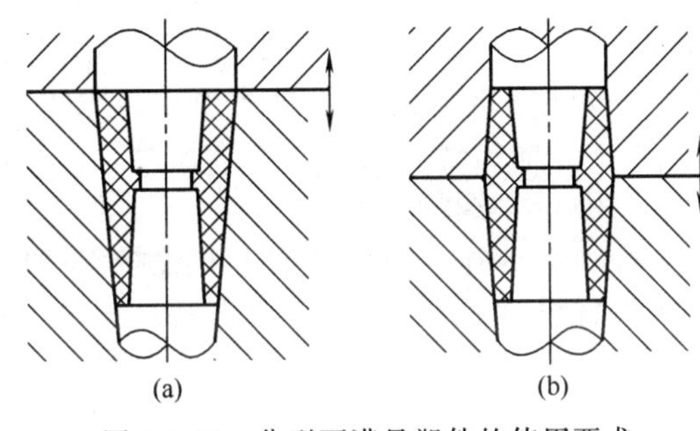

图 3-3-17　分型面满足塑件的使用要求

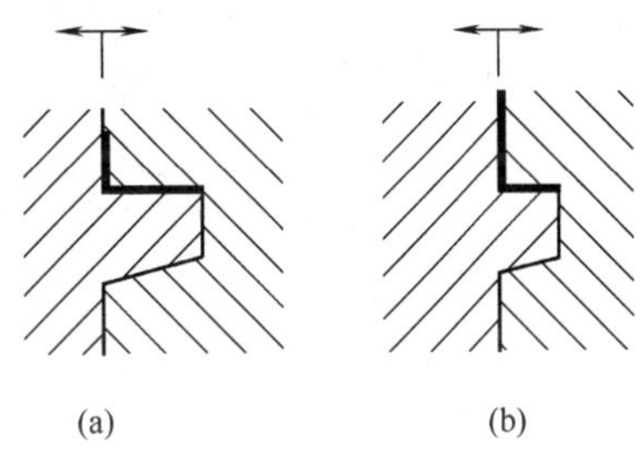

图 3-3-18　减小塑件在垂直于开合模方向上的投影面积

⑥ 开模时尽可能使塑件留在动模一侧。图 3-3-19 所示，(a) 图结构中薄壁壳体塑件成型收缩后包住型芯，开模后塑件留于动模，以利脱模。(b) 图结构不妥。图 3-3-20 所示，制件带有金属嵌件，(b) 图结构能保证开模后塑件留于动模一侧，(a) 图不妥。

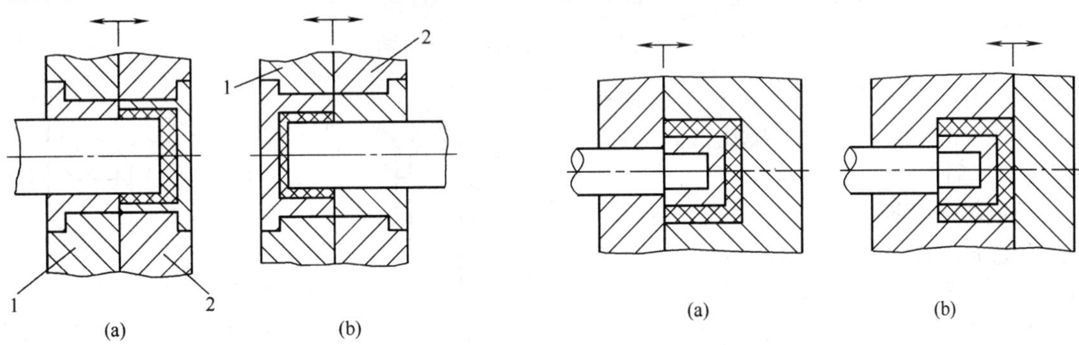

图 3-3-19　分型面应考虑塑件的留模方式

1—动模；2—定模

图 3-3-20　有嵌件时的留模方式

⑦ 有利于简化模具结构。考虑制品在型腔中的方位时，应尽可能避免侧向分型抽芯。如图 3-3-21 所示的结构，(a) 图可避免侧抽芯，其模具结构比 (b) 图的模具结构要简单得多。

⑧ 考虑侧向抽拔距与侧向锁紧力。对机动式侧向分型抽芯机构，当制品在相互垂直的两个方向都需设置型芯时，应将较短的型芯置于侧抽芯方向，将长型芯置于开模方向，以减小抽拔距。如图 3-3-22 所示，(a) 图结构的抽拔距较小。

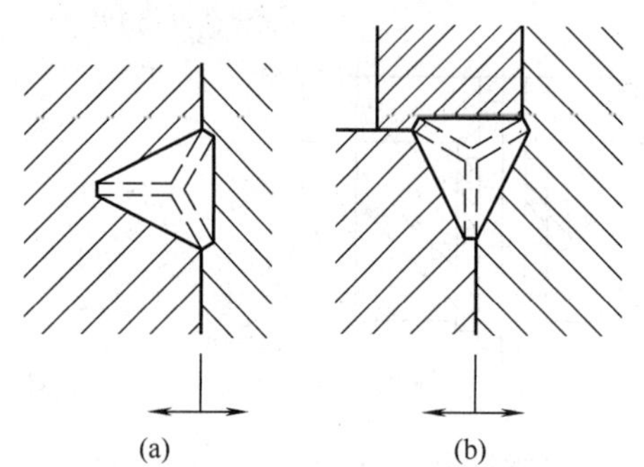

图 3-3-21 有利于简化模具的结构

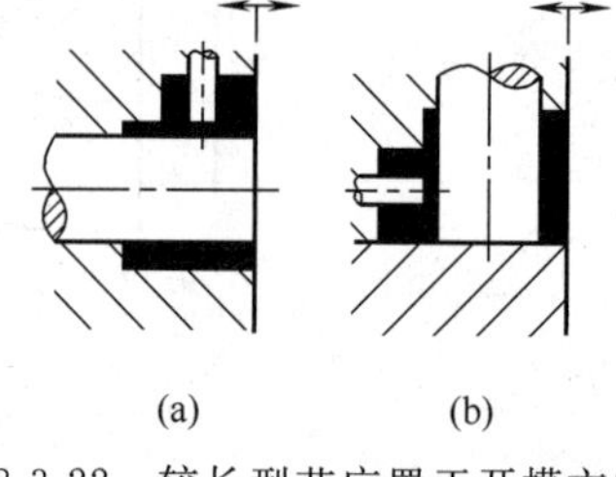

图 3-3-22 较长型芯应置于开模方向上

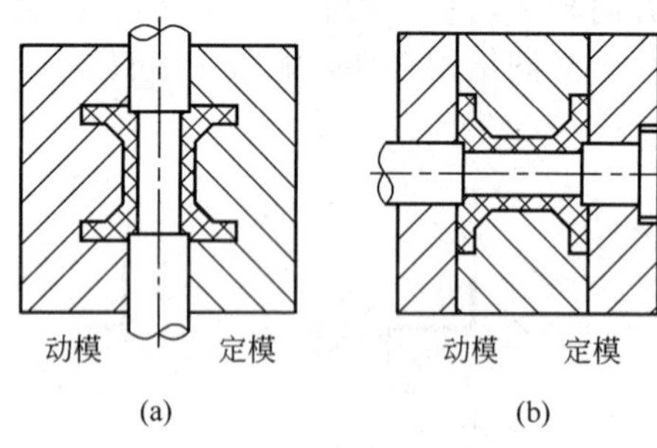

图 3-3-23 投影面积很大的分型面应放在主合模方向

由于带侧向分型抽芯机构的模具所能承受的侧向推力受锁紧装置结构与尺寸的限制，对于投影面积较大的大型制品（例如大型线圈骨架），可将制件投影面积大的分型面放在动定模合模的主平面上，而将投影面积较小的分型面作为侧向分型面。否则侧滑块的锁紧机构须作得很庞大，或由于锁不紧而溢边。如图 3-3-23 所示，大型制件不宜采用（b）图的结构。

⑨ 有利于排气。当分型面上开设排气槽时，应将分型面设计在熔体料流的末端。图 3-3-24 中，（b）、（d）结构比（a）、（c）结构合理。

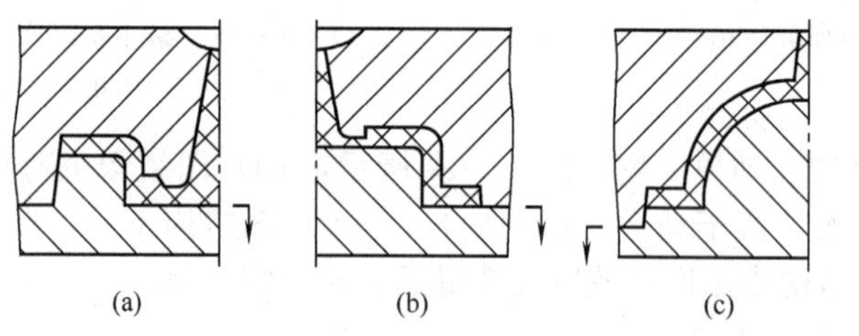

图 3-3-24 分型面对排气的影响

⑩ 分型面位置选择应有利于模具加工。图 3-3-25 所示，（b）图比（a）图的模具加工简单。

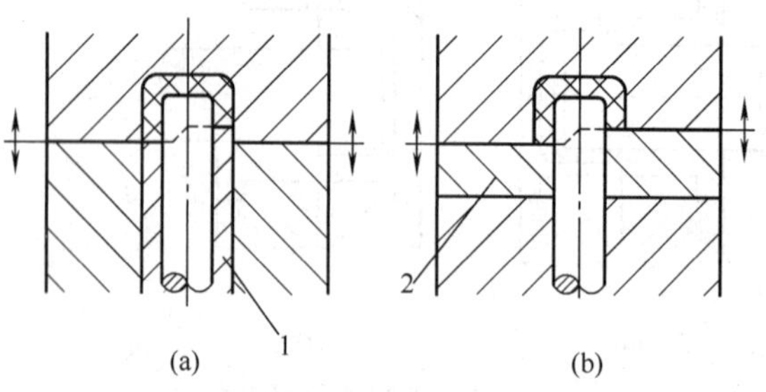

图 3-3-25 分型面对模具加工的影响
1—薄壁顶管；2—阶梯面脱模板

选择分型面位置时，对某一塑件，不可能全部符合上述原则时，应综合考虑各种因素，权衡利弊，以获得最佳的效果。

2. 型腔布置

（1）型腔数目的确定　一模多腔时，需要确定最经济的型腔数目，其影响因素有技术参数和经济指标两个方面。技术参数包括锁模力、注射量、塑化能力、模板尺寸、制品尺寸精度和流变参数等。经济指标主要指型腔数目对制品成本的影响。

①根据注塑机额定锁模力确定型腔数目　设型腔数目为 n_1，注塑机的额定锁模力为 F（N），型腔内塑料熔体的最高平均压力为 P_m（MPa），单个制品在分型面上的投影面积为

A（mm^2），流道和浇口在分型面上的投影面积为 B（mm^2），则最大型腔数目 n_1 为：

$$n_1 \leqslant (F-P_m B)/P_m A$$

② 根据注塑机的最大注塑量确定型腔数目　设注塑机的最大注塑量为 G(g)，单个制品的质量为 W_1(g)，浇注系统的质量为 W_2(g)，则型腔数目 n_2 为：

$$n_2 \leqslant (0.8G-W_2)/W_1$$

③ 根据制品精度确定型腔数目　设型腔数目为 n_3。根据经验每增加一个型腔，塑件尺寸精度要降低 4%。设塑件的典型尺寸（基本尺寸）为 L（mm），塑件尺寸偏差为 $\pm x$，单型腔时塑件可能达到的尺寸公差为 $\pm\delta\%$（POM 为 ±0.2%，PA 为 ±0.3%，PC、PVC、ABS 等非结晶形塑料为 ±0.05%），则有：

$$n_3 = 2500 \times \frac{x}{\delta L} - 24$$

对于高精度塑件，通常最多采用一模四腔。

④ 根据经济性确定型腔数目　假定模具的型腔数目为 n_4。计划生产的制品总量为 N；该模具的费用为（$c_0 + nc_1$）元，其中 c_1 为制造每一个型腔所需费用，c_0 为模具费用中与型腔无关的部分；注射成型每小时的加工费用（包括设备折旧费、人工费、耗能费用等）为 Y 元，注塑成型周期为 t(s)。则总的成型费用为：

$$x = N\left(\frac{Yt}{3600n_4}\right) + c_0 + n_4 c_1$$

若使总的成型加工费用 x 为最小，即 $\frac{dx}{dn_4}=0$，求解上式有：

$$n_4 = \sqrt{\frac{NYt}{3600c_1}}$$

综上所述，模具型腔数目必须取 n_1、n_2、n_3 中的最小值。n_4 可供参考。若型腔数目接近 n_4 时，则表明可以取得较佳的经济效益。此外，还应注意模板尺寸、脱模结构、浇注系统、冷却系统等方面的限制。

(2) 多型腔的排列　一模多腔时，型腔在模板上通常采用圆形排列、H 形排列、直线形排列以及复合排列等。设计时应注意以下几点。

① 尽可能采用平衡式排列，以便构成平衡式浇注系统，保证制品质量的均一和稳定。

② 型腔布置和浇口开设部位应力求对称，以防模具受偏载而出现溢料现象，如图 3-3-26（b）的布置比图 3-3-26（a）的布置合理。

③ 尽可能使型腔排列得紧凑，以减小模具的外形尺寸。如图 3-3-27 所示，图（b）的布局优于图（a）的布置，因为图（b）的模板面积较小。

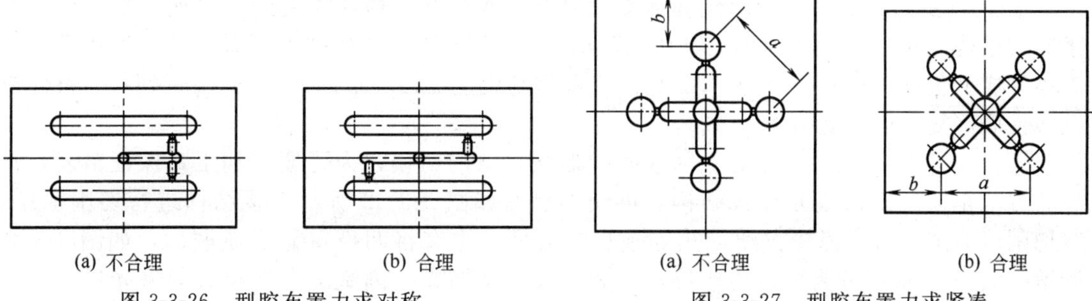

(a) 不合理　(b) 合理

图 3-3-26　型腔布置力求对称

(a) 不合理　(b) 合理

图 3-3-27　型腔布置力求紧凑

④ 型腔的圆形排列所占的模板尺寸大，虽然有利于浇注系统的平衡，但加工困难。除圆形制品和一些高精度制品外，一般情况下，常用直线排列和 H 形排列，如图 3-3-28 所示。

从平衡的角度来看，应尽量选择 H 形排列。图中所示三种方案，图（b）和图（c）的布置比图（a）的布置好。

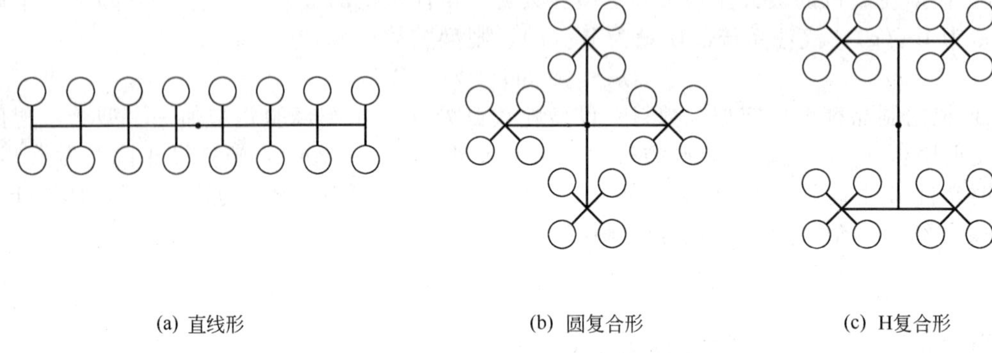

(a) 直线形　(b) 圆复合形　(c) H复合形

图 3-3-28　一模十六腔的三种排列方案

二、成型零部件设计

（一）成型零件的结构设计

1. 凹模结构设计

按结构特征分类，凹模可分为整体式、整体嵌入式、局部镶嵌式、大面积镶嵌式和四壁镶嵌式五种。整体式凹模强度、刚度好。镶嵌式凹模采用组合模具结构，可避免采用同一种材料，且有利于模具加工，但刚度较差，易在塑件表面留下镶嵌块的拼接痕迹。

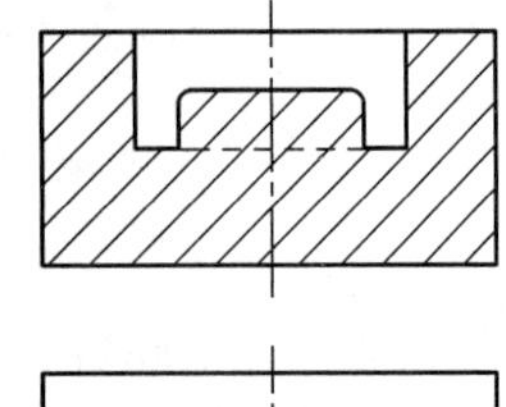

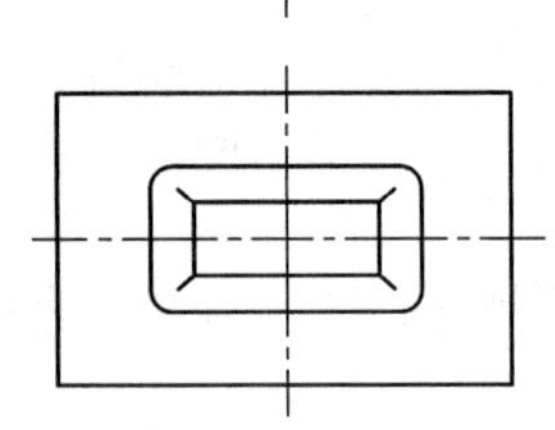

图 3-3-29　整体式凹模

① 整体式凹模　整体式凹模由整块材料加工制成，如图 3-3-29 所示。这种结构仅用于生产批量很小的情况。

② 整体嵌入式凹模　该结构系将整体式凹模嵌入到凹模固定板中构成。其结构特点是加工方便，易损件便于更换，凹模可热处理到很高的硬度，适用于小型制品及大批量生产制品的情况。手机模目前大量采用该结构。

凹模的固定方式如图 3-3-30 所示。常将凹模加工成带台阶的镶块，嵌入凹模板中，如图 3-3-30（a）所示。如凹模内腔为非对称结构，而外表面为回转体时，应考虑凹模与模板间的止转定位，如图 3-3-30（b）所示，销钉孔可加工在连接缝上（骑缝销），也可加工在凸肩上，当凹模镶件的硬度与固定板硬度不同时，以后者为宜。也可将凹模直接嵌入模板中，如图 3-3-30（d）、（e）所示，此结构可省去垫板。

③ 局部镶嵌式凹模　如凹模局部形状复杂，或局部易损坏需要经常更换，常采用局部镶嵌式结构，如图 3-3-31 所示。其中图（a）为嵌入圆销成型塑件表面直纹的结构；图（b）为镶件成型塑件上沟槽的结构；图（c）为镶件构成塑件圆环形筋的结构；图（d）为镶件成型塑件底部复杂形状的结构。

④ 大面积镶嵌式凹模　对底部或侧壁形状复杂的凹模，为了便于加工，保证精度，常见的方法是把凹模做成穿孔式结构，再镶上底，如图 3-3-32 所示。该结构进行切削加工、线切削、磨削、抛光都较方便，热处理也较方便。也有将凹模壁做成镶嵌的，如图 3-3-33 所示。其中 U 形部分为穿通的槽形，有利于加工和抛光。侧壁配合面经磨削抛光后，用销钉和螺钉定位紧固。因型腔受高压作用，对大型型腔，螺钉易被拉伸变形［图（a）］或剪切变形［图（b）］。可将侧壁组合后的部分压入模套的固定孔中，如图 3-3-34 所示。

⑤ 四壁拼合的组合式凹模　对大型和形状复杂的凹模，可将其四壁及底分别加工经研

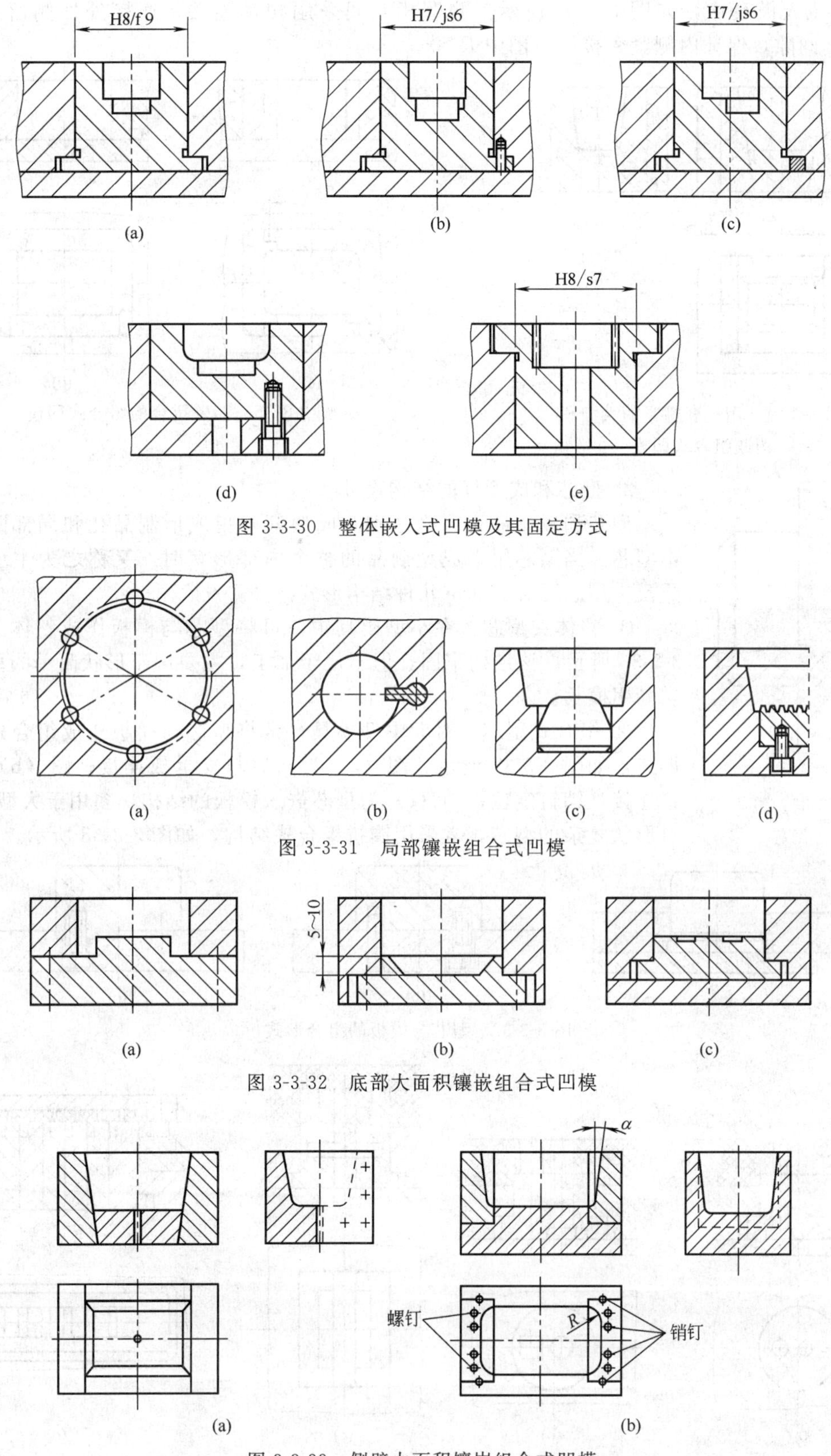

图 3-3-30　整体嵌入式凹模及其固定方式

图 3-3-31　局部镶嵌组合式凹模

图 3-3-32　底部大面积镶嵌组合式凹模

图 3-3-33　侧壁大面积镶嵌组合式凹模

磨之后压入模套中，如图 3-3-35 所示。侧壁相互间采用扣锁连接，连接处外侧留 0.3～0.4mm 间隙，保证内侧紧密接触。图中 $R>r$。

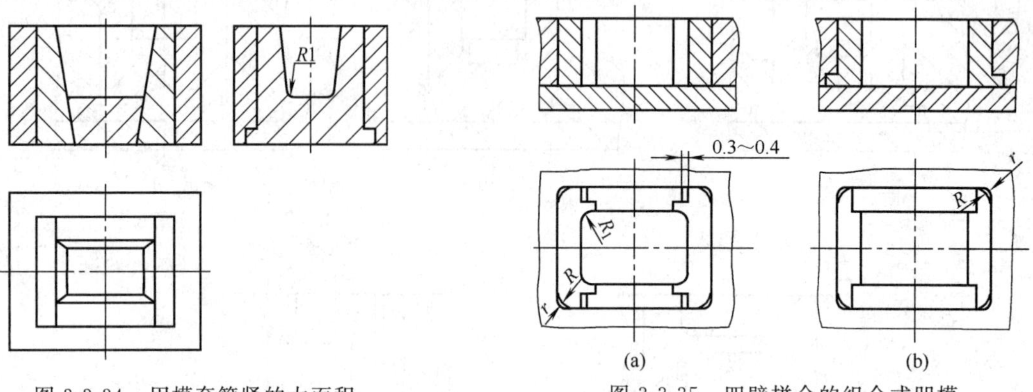

图 3-3-34　用模套箍紧的大面积镶嵌组合式凹模

图 3-3-35　四壁拼合的组合式凹模

2. 型芯和成型杆的结构设计

型芯和成型杆无严格区别。成型杆多指成形制品孔和局部凹槽的小型芯。当型芯用来成型制品的整个内部形状时，又称之为主型芯或凸模。型芯可分为如下几种结构形式。

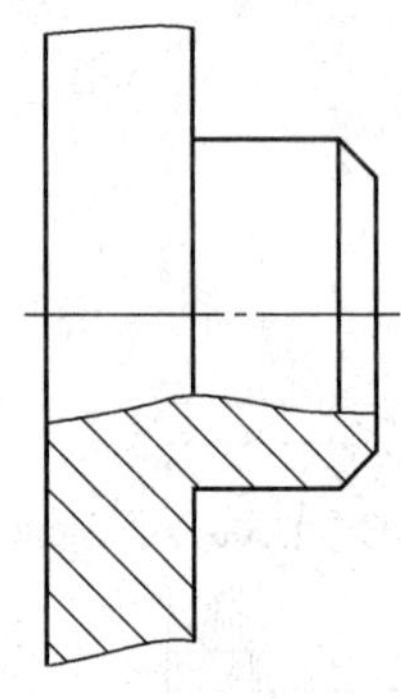

图 3-3-36　整体式型芯

① 整体式型芯　在小型模具中，可将型芯与模板作成整体。如图 3-3-36 所示。该结构牢固，但不便于加工，主要用于形状简单的型芯及实验用模具。

② 组合式型芯　对大中型模具，常将型芯与模板作成组合式结构形式，如图 3-3-37 所示。图（a）为凸肩与支承板连接；图（b）为螺钉连接，销钉定位；图（c）为型芯嵌入模板的结构，多用于大型模具。对形状复杂的型芯，常采用镶拼组合式结构，如图 3-3-38 所示。

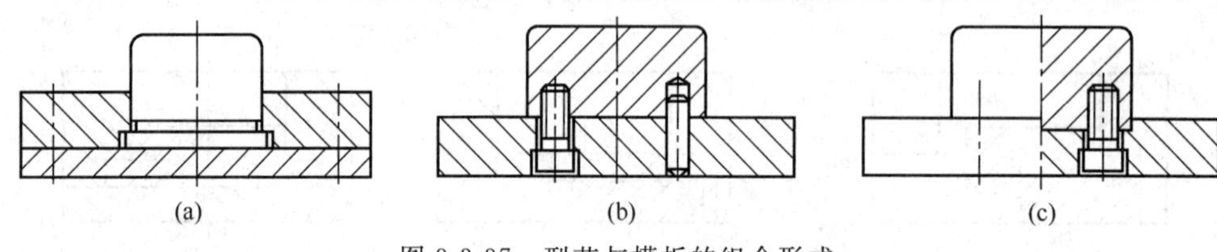

图 3-3-37　型芯与模板的组合形式

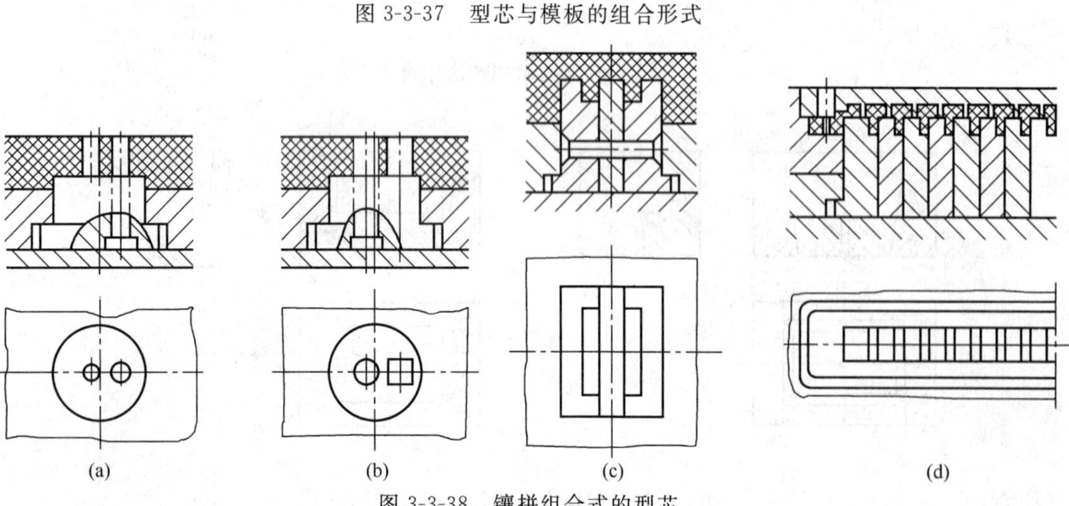

图 3-3-38　镶拼组合式的型芯

③ 成型杆　成型杆常单独制造，再嵌入型芯固定板中，如图 3-3-39 所示。图（a）为压入式；图（b）为铆接式；图（c）为凸肩连接式；图（d）为支承柱式；图（e）为螺钉压紧式；图（f）～(j) 所示结构用于较大型型芯。

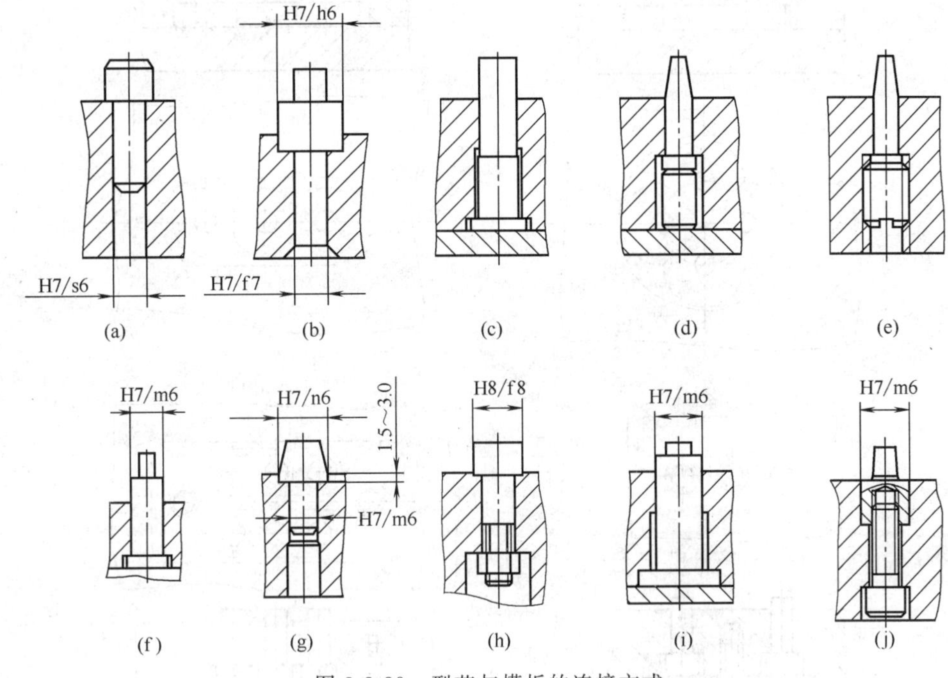

图 3-3-39　型芯与模板的连接方式

对非圆形型芯，可将其尾部作成圆柱形，采用凸肩连接，如图 3-3-40（a）所示；有时仅将成形部分作成异形结构，固定部分作成圆柱形，并用螺母和弹簧垫圈拉紧，如图 3-3-40（b）所示。

对于多个互相靠近的成型杆，可将台阶重叠干涉的部分磨去，将固定板的沉孔作成大圆沉孔或矩形沉孔，如图 3-3-41（a）、(b）所示。当模具仅在局部有小型芯时，可用嵌入小支承板的方式进行固定，如图 3-3-41（c）、(d）所示。

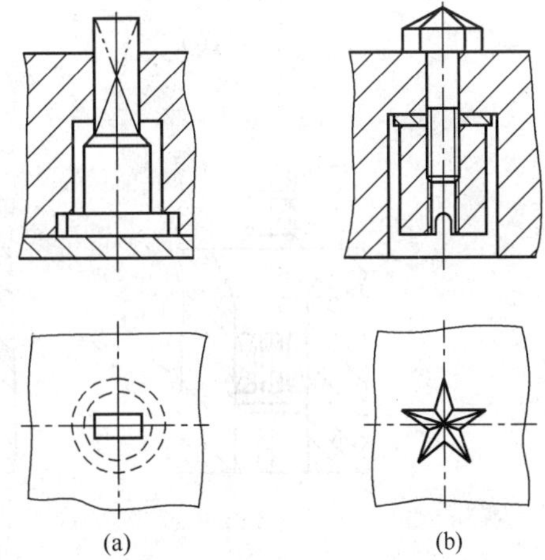

图 3-3-40　非圆形型芯的固定方式

3. 螺纹型芯和螺纹型环的结构设计

螺纹型芯用来成型塑件上的内螺纹，螺纹型环用来成型塑件上的外螺纹。此外，它们还可用于固定金属螺纹嵌件。

① 螺纹型芯　螺纹型芯在模具中的安装固定方式有两种，第一种是圆柱面配合固定螺纹型芯。将螺纹型芯直接插入模具对应的配合孔中，通常采用 H8/f8 或 H8/f7 的配合，如图 3-3-42 所示，图（a）为锥面起密封和定位作用；图（b）为圆柱形台阶起定位作用；图（c）为用支承板防止型芯下沉的结构；图（d）为利用嵌件与模具的接触面防止下沉的结构；图（e）为嵌件下端沉入模具中，增加嵌件的稳定性，并防止塑料熔体挤入嵌件螺孔的结构；图（f）为将盲孔螺纹嵌件直接插入固定于圆形光杆上的结构。

第二种是弹性连接固定螺纹型芯。如图 3-3-43 所示。当螺纹型芯的直径小于 8mm 时，

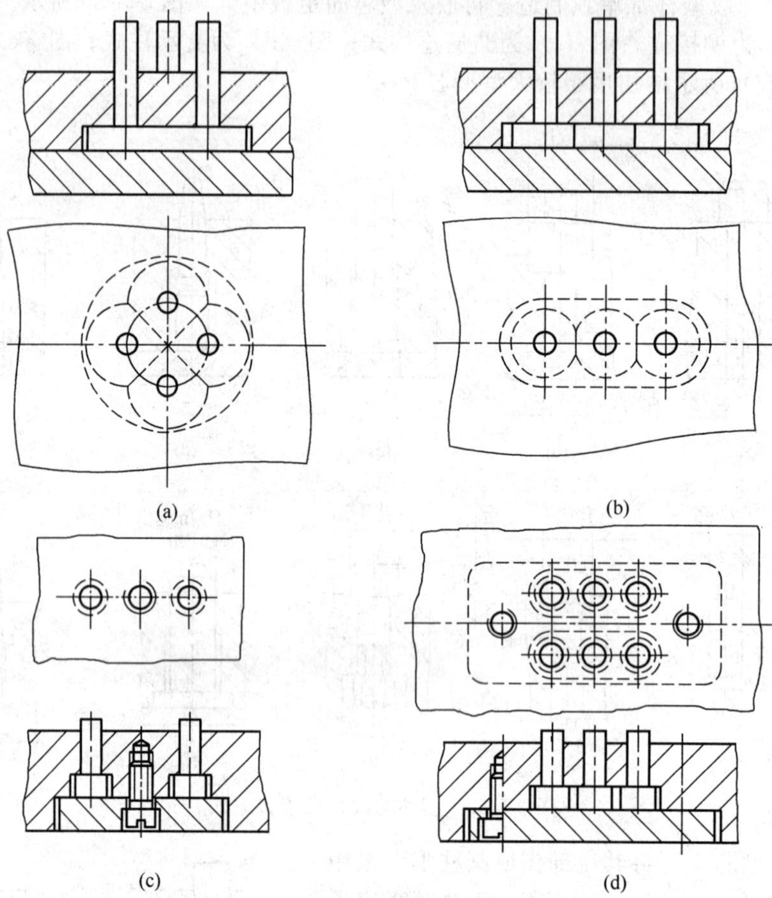

图 3-3-41 多个小型芯的固定方式

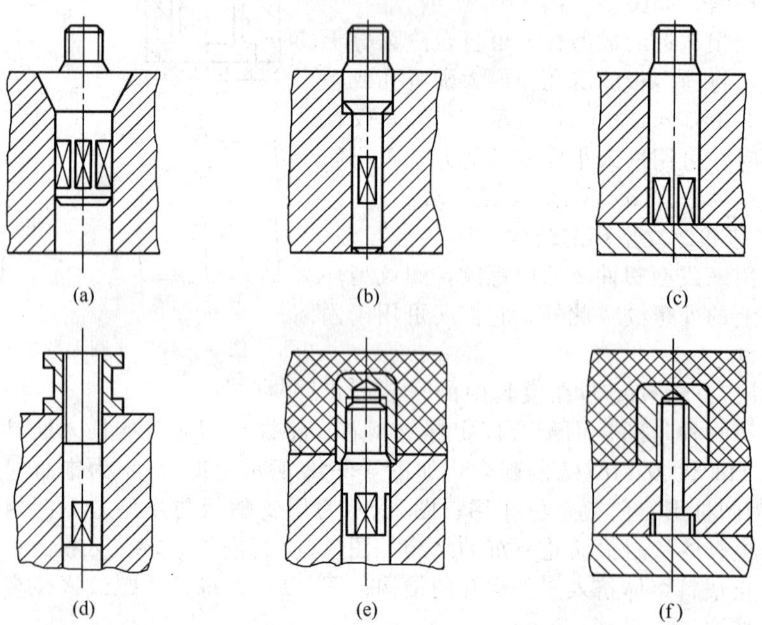

图 3-3-42 螺纹型芯的安装方式（一）

可采用豁口柄结构，如图（a）、（b）所示；当螺纹型芯直径为 5～10mm 时可采用图（c）、（d）所示的弹性装置；当螺纹型芯直径大于 10mm 时，可采用图（e）所示的结构；当螺纹型芯直径大于 15mm 时，可采用图（f）所示结构；图（g）为弹簧卡圈装在型芯杆的圆环沟槽内的结构；图（h）为弹簧夹头连接的结构；图（i）的结构，螺纹嵌件固定牢固，制品能强制留于动模，但成型前安装嵌件不方便，制品脱模时需拧下螺纹型芯，操作麻烦，该结构仅适用于移动式模具。

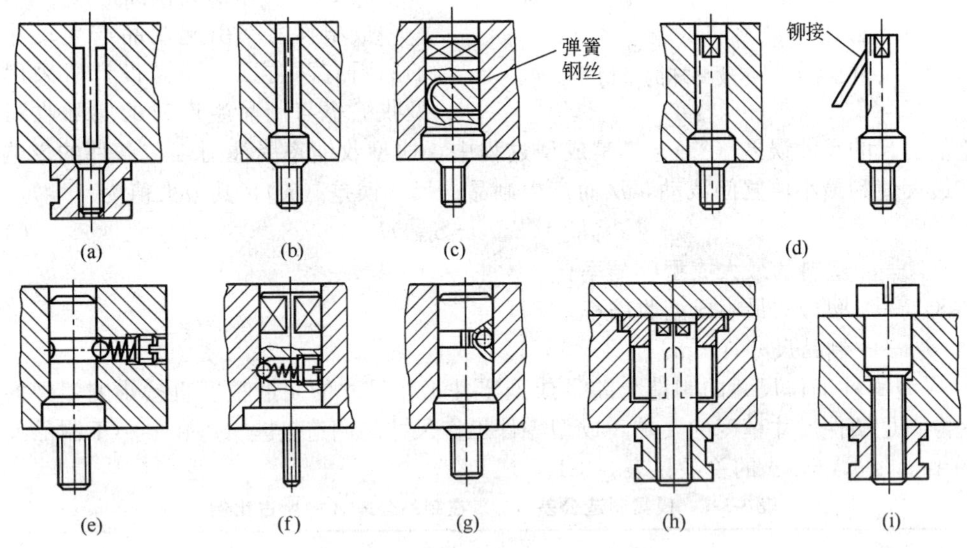

图 3-3-43　螺纹型芯的安装方式（二）

② 螺纹型环　一种直接用于成型塑料制品外螺纹，如图 3-3-44（a）所示；另一种为固定带有外螺纹嵌件的结构，如图 3-3-44（b）所示，后者又称为嵌件环。

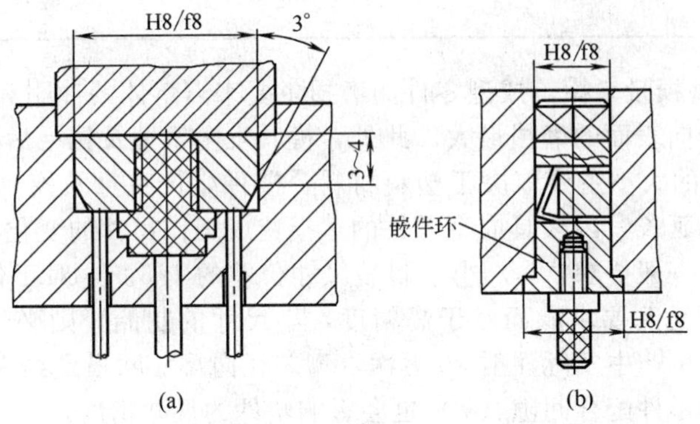

图 3-3-44　螺纹型环类型及其固定

螺纹型环的结构如图 3-3-45 所示。图（a）为整体式；图（b）为组合式，系由两瓣拼合而成，用销钉定位，从制品上卸下螺纹型环的方法是采用尖劈状卸模器楔入螺纹型环两侧的楔形槽内，使螺纹型环分开。因两瓣结合处有溢边，这种两瓣式结构仅适用于精度要求不高的粗牙螺纹的成型。

（二）成型零件工作尺寸计算

1. 影响制品尺寸精度的因素及其控制

影响塑料制品尺寸精度的因素较复杂，主要有以下几个方面。

① 塑料制品的成型收缩率　塑料制品的收缩率不仅与塑料本身的热胀冷缩性有关，还

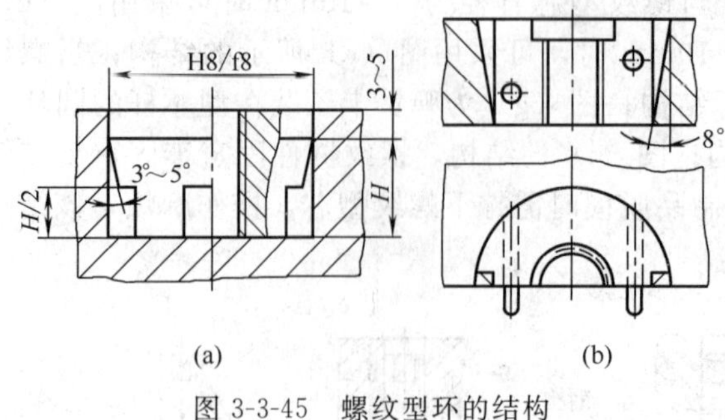

图 3-3-45 螺纹型环的结构

与模具结构及成型工艺条件等因素有关，其表达式如下：

$$S=\frac{L_m-L_s}{L_m}\times 100\% \qquad (3\text{-}3\text{-}1)$$

式中 L_m——室温时模具成型零件的尺寸，mm；

L_s——室温时制品的尺寸，mm。

成型收缩率引起制品产生尺寸误差的原因有两方面。一是设计所采用的成型收缩率与制品生产时的实际收缩率之间的差值引起的尺寸误差（δ_s'）；二是成型过程中，成型收缩率受注射工艺条件的影响，可能在其最大值和最小值之间波动，从而产生制品的尺寸误差（δ_s），其最大值为：

$$\delta_{smax}=(S_{max}-S_{min})L_s \qquad (3\text{-}3\text{-}2)$$

式中 S_{max}——塑料的最大成型收缩率；

S_{min}——塑料的最小成型收缩率；

L_s——制品尺寸，mm。

② 成型零件工作尺寸的制造公差 成型零件工作尺寸的制造精度直接影响塑件的尺寸精度。为满足塑件尺寸精度的要求，成型零件工作尺寸的制造公差（δ_z）要小于制品尺寸公差 Δ 的 1/3，（δ_z）与 Δ 的关系见表 3-3-1。

表 3-3-1 模具制造公差（δ_z）在制品公差 Δ 中所占比例

塑件基本尺寸 L/mm	(δ_z)/Δ	塑件基本尺寸 L/mm	(δ_z)/Δ
0～50	1/3～1/4	＞250～355	1/6～1/7
＞50～140	1/4～1/5	＞355～500	1/7～1/8
＞140～250	1/5～1/6		

③ 成型零件的磨损量 模具成型零件的磨损主要来自熔体的冲刷和制品脱模时的摩擦，其中被摩擦的型芯径向表面的磨损最大。此外，模具发生锈蚀及拉毛后的打磨抛光也会引起磨损，磨损量（δ_c）的大小主要取决于塑料材料、塑件生产批量及模具成型零件的耐磨性。随着模具使用时间的延长，因模具成型零件的磨损造成工作尺寸的变化，从而影响塑件尺寸精度。实际生产中，一般要求（δ_c）小于制品尺寸公差的 1/6。这对于低精度，大尺寸的制品，由于 Δ 较大容易达到要求，而对于高精度，小尺寸的制品，则必须采用耐磨钢种才能达到要求。据经验，生产中实际注射 25 万次，型芯径向尺寸磨损量约为 0.02～0.04mm。

此外，模具活动零件配合间隙（δ_j）也会影响塑件的尺寸精度。

制品总的尺寸误差 δ 为上述各因素综合影响的结果。

$$\delta=\delta_s'+\delta_s+\delta_z+\delta_c+\delta_j \qquad (3\text{-}3\text{-}3)$$

进行模具成型零件工作尺寸计算时，必须保证制品总的尺寸误差 δ 不大于制品的公差值 Δ，即

$$(\delta)\leqslant\Delta \qquad (3\text{-}3\text{-}4)$$

为确保制品尺寸符合式（3-3-4），可从以下几方面减小制品的尺寸误差。

① 为了减小因采用的成型收缩率不准确而造成的制品尺寸误差（δ_s'），可以采用两种方法。一是在确定成型收缩率前，根据制品的结构形状及尺寸、模具结构、生产设备条件及生产工艺条件，设计一个试验模具，对物料进行成型收缩率实测，以得到可靠的成形收缩率数

据。该方法适合于制品的大批量生产或高精度制品的成型。另一种方法是确定成型零件工作尺寸时，预留一定的修模余量，试模时通过修磨工作尺寸来减小由（δ_s'）引起的制品尺寸误差。显然，如果把这种修模余量放在制造公差（δ_z）或磨损量（δ_c）中考虑，则在计算工作尺寸时可以不考虑（δ_s'）。

② 当制品尺寸较小时，主要的影响因素是模具制造公差和磨损，应采用减小 δ_z 和 δ_c 的方法来保证制品的尺寸精度，例如采用加工性能和耐磨性较好的优质模具材料会取得明显的效果。

③ 当制品尺寸较大时，收缩率的波动对制品尺寸误差的影响相当重要。对大尺寸的模具，应从减小收缩率的波动方面考虑，如稳定成型工艺条件，优化模具结构，采用收缩率较小的塑料材料等，控制收缩率的波动。

2. 工作尺寸分类及标注规定

成型零件工作尺寸指成型零件上直接成型塑件的有关尺寸，主要包括凹模、凸模（型芯）的径向尺寸（含长、宽尺寸）与高度（深度）尺寸，中心距尺寸，螺纹型芯及型环的径向尺寸和螺距尺寸等。

对塑件尺寸及模具成型零件工作尺寸的标注形式及其偏差分布作如下规定。

① 制品轴类尺寸（外形尺寸）采用单向负偏差，基本尺寸为最大极限尺寸；与制品轴类尺寸（外形尺寸）相对应的凹模尺寸采用单向正偏差，基本尺寸为最小极限尺寸。

② 制品孔类尺寸（内形尺寸）采用单向正偏差，基本尺寸为最小值；与制品孔尺寸（内形尺寸）相对应的型芯尺寸采用单向负偏差，基本尺寸为最大极限尺寸。

③ 制品和模具上的中心距尺寸均采用双向等值正、负偏差，其基本尺寸均为平均尺寸。

3. 成型零件工作尺寸计算

（1）凸、凹模的工作尺寸计算

① 凹模的径向尺寸计算　用平均收缩率计算凹模的径向尺寸的公式如下：

$$D_m=\left[d_s(1+S_{cp})-\frac{1}{2}(\Delta+\delta_z+\delta_c)\right]_0^{+\delta_z} \tag{3-3-5}$$

式中 D_m——凹模径向名义尺寸；

d_s——制品径向名义尺寸；

S_{cp}——塑料材料的平均收缩率；

δ_z——模具制造公差：

δ_c——模具磨损量；

Δ——制品径向尺寸公差。

其中，S_{cp}为塑料的最大收缩率与最小收缩率之和的一半。

② 凹模的深度尺寸计算　用平均收缩率计算凹模的深度尺寸的公式如下：

$$H_m=\left[h_s(1+S_{cp})-\frac{1}{2}(\Delta+\delta_z)\right]_0^{+\delta_z} \tag{3-3-6}$$

式中 H_m——凹模深度名义尺寸；

h_s——制品高度名义尺寸；

S_{cp}——塑料材料的平均收缩率；

δ_z——模具制造公差；

Δ——制品高度尺寸公差。

③ 凸模的径向尺寸计算　用平均收缩率计算凸模的径向尺寸的公式如下：

$$d_m=\left[D_s(1+S_{cp})+\frac{1}{2}(\Delta+\delta_z+\delta_c)\right]_{-\delta_z}^{0} \tag{3-3-7}$$

式中 d_m——凸模径向名义尺寸；

D_s——制品径向名义尺寸；

S_{cp}——塑料材料的平均收缩率；

δ_z——模具制造公差；

δ_c——模具磨损量；

Δ——制品径向尺寸公差。

④ 凸模的高尺寸计算

用平均收缩率计算凸模高度尺寸的公式如下：

$$h_m=\left[H_s(1+S_{cp})+\frac{1}{2}(\Delta+\delta_z)\right]_{-\delta_z}^{0} \quad (3\text{-}3\text{-}8)$$

式中 h_m——凸模高度名义尺寸；

H_s——制品深度名义尺寸；

S_{cp}——塑料材料的平均收缩率；

δ_z——模具制造公差；

Δ——制品高度尺寸公差。

(2) 中心距尺寸计算 成型零件中心距尺寸计算公式如下：

$$L_m=L_s(1+S_{cp})\pm\frac{1}{2}\delta_z \quad (3\text{-}3\text{-}9)$$

式中 L_m——模具中心距名义尺寸；

L_s——制品中心距名义尺寸；

S_{cp}——塑料材料的平均收缩率；

δ_z——模具制造公差。

(3) 螺纹型芯、螺纹型环的尺寸计算

①用平均收缩率计算螺纹型环小径尺寸的公式如下：

$$D_{M1}=[d_1(1+S_{cp})-\Delta_{中}]_{0}^{+\delta_z} \quad (3\text{-}3\text{-}10)$$

式中 D_{M1}——螺纹型环小径名义尺寸；

d_1——制品外螺纹小径名义尺寸；

S_{cp}——塑料材料的平均收缩率；

$\Delta_{中}$——制品螺纹中径尺寸公差。

② 用平均收缩率计算螺纹型环大径尺寸的公式如下：

$$D_M=[d(1+S_{cp})-3\Delta/4]_{0}^{+\delta_z} \quad (3\text{-}3\text{-}11)$$

式中 D_M——螺纹型环大径尺寸；

d——制品外螺纹大径名义尺寸；

S_{cp}——塑料材料的平均收缩率；

Δ——制品外螺纹大径尺寸公差。

③ 用平均收缩率计算螺纹型环中径尺寸的公式如下：

$$D_{M2}=[d_2(1+S_{cp})-\Delta_{中}]_{0}^{+\delta_z} \quad (3\text{-}3\text{-}12)$$

式中 D_{M2}——螺纹型环中径名义尺寸；

d_2——制品外螺纹中径名义尺寸；

S_{cp}——塑料材料的平均收缩率；

$\Delta_{中}$——制品螺纹中径尺寸公差。

④ 用平均收缩率计算螺纹型芯大径尺寸的公式如下：

$$d_M=[d(1+S_{cp})+\Delta_{中}]_{-\delta_z}^{0} \quad (3\text{-}3\text{-}13)$$

式中　d_M——螺纹型芯大径名义尺寸；
d——制品内螺纹大径名义尺寸；
S_{cp}——塑料材料的平均收缩率；
$\Delta_中$——制品螺纹中径尺寸公差。

⑤ 用平均收缩率计算螺纹型芯小径尺寸的公式如下：

$$d_{M1}=[d_1(1+S_{cp})+3\Delta_小/4]_{-\delta_z}^{0} \tag{3-3-14}$$

式中　d_{M1}——螺纹型芯小径名义尺寸；
d_1——制品内螺纹小径名义尺寸；
S_{cp}——塑料材料的平均收缩率；
$\Delta_小$——制品内螺纹小径尺寸公差。

⑥ 用平均收缩率计算螺纹型芯中径尺寸的公式如下：

$$d_{M2}=[d_2(1+S_{cp})+\Delta_中]_{-\delta_z}^{0} \tag{3-3-15}$$

式中　d_{M2}——螺纹型芯中径名义尺寸；
d_2——制品螺纹中径名义尺寸；
S_{cp}——塑料材料的平均收缩率；
$\Delta_中$——制品螺纹中径尺寸公差。

(4) 螺纹型芯、型环螺距尺寸计算

用平均收缩率计算螺纹型芯、型环螺距尺寸的计算公式如下：

$$P_M=P(1+S_{cp})\pm\delta_p \tag{3-3-16}$$

式中　P_M——螺纹型芯、型环的螺距；
P——制品螺纹的螺距；
S_{cp}——塑料材料的平均收缩率；
δ_p——螺纹型芯、型环的制造公差。

式 (3-3-10)～式 (3-3-14) 中，δ_z取制品螺纹制造公差的1/4。

(三) 成型零件的力学计算

注射模型腔可视为受高压作用的容器，需对其进行强度与刚度的力学计算。

1. 规则凹模和垫板的强度计算

注射模的凹模和垫板均应有足够的厚度，厚度过薄会导致模具的刚度不足或强度不够。强度不够会使模具发生塑性变形甚至破裂，而刚度不足则会使模具产生过大的弹性变形，出现熔体溢料的现象。当凹模尺寸的变形量大于制品的收缩量时，会造成制品脱模困难。

理论分析和实践证明，在塑料熔体高压作用下，小尺寸模具主要是强度问题，要防止模具的塑性变形和断裂破坏。因此，首先用强度条件计算公式进行凹模壁厚和垫板厚度的计算，再用刚度条件计算公式进行校验。对于大尺寸模具主要是刚度问题，要防止模具产生过大的弹性变形，首先确定不同情况下的许用变形量，用刚度条件计算公式进行壁厚和垫板厚度的设计计算，再用强度条件计算公式进行校验。

本节介绍传统的力学计算方法，解决一般性的强度与刚度计算问题。为此，将复杂形状的模具型腔简化为圆形凹模和矩形凹模的整体式和组合式四种结构形式，如图 3-3-46～图 3-3-49所示。各图中的几何参数的意义如下：

r——凹模内半径，mm；
S——凹模壁厚，mm；
h——凹模型腔深度，mm
H——凹模高度，mm；
T——垫板厚度，mm；

l——矩形凹模型腔长边长度，mm；

b——矩形凹模型腔短边长度，mm；

L——凹模的长边长度，mm；

B——凹模的短边长度，mm；

S_l——矩形凹模以长边为计算对象的壁厚，mm；

S_b——矩形凹模以短边为计算对象的壁厚，mm。

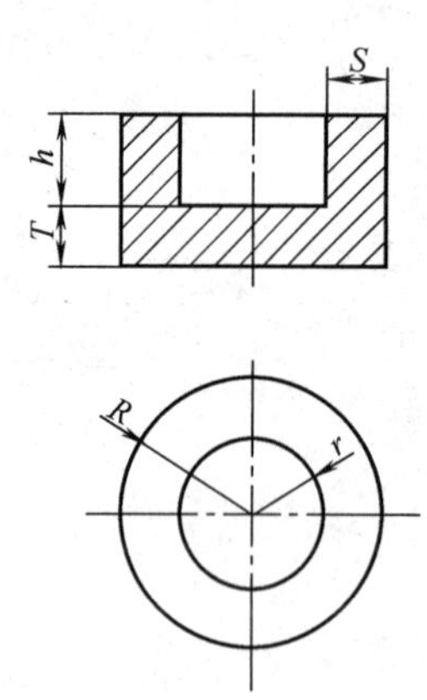

图 3-3-46 整体式圆形凹模结构

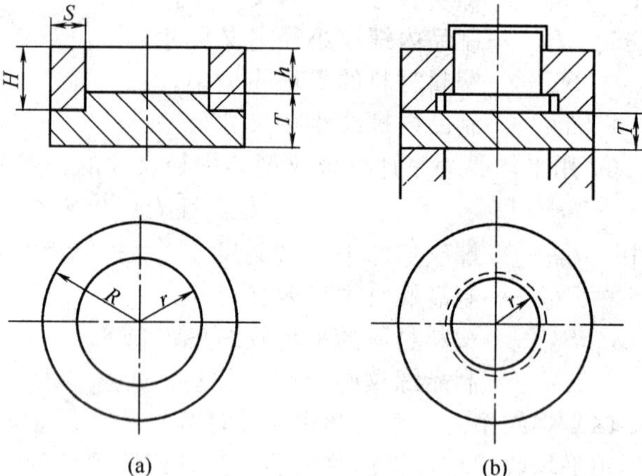

图 3-3-47 组合式圆形凹模结构

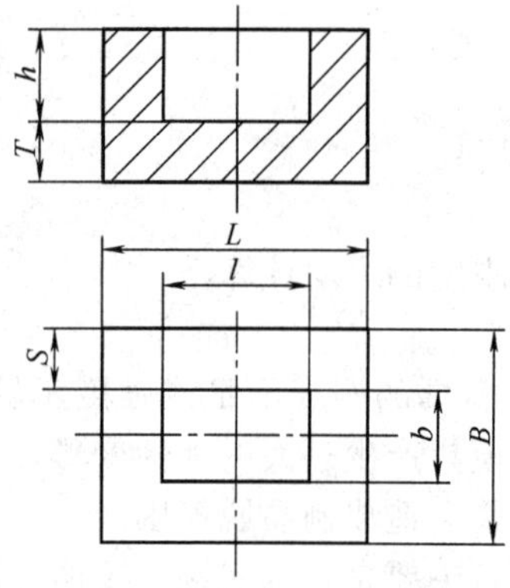

图 3-3-48 整体式矩形凹模结构

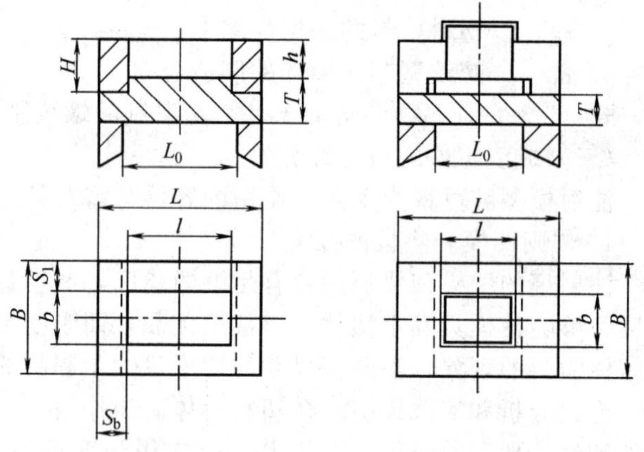

图 3-3-49 组合式矩形凹模结构

制模材料的力学性能如下：

P——模具型腔内最大的熔体压力，MPa，一般为 30～50MPa；

E——模具钢材的弹性模量，MPa，中碳钢：$E=2.1\times10^5$MPa；预硬化塑料模具钢：$E=2.2\times10^5$MPa；

σ_p——模具材料强度计算的许用应力，MPa，中碳钢：$\sigma_p=160$MPa，预硬化模具钢：$\sigma_p=300$MPa；

μ——模具钢材的泊松比，$\mu=0.25$；

δ_p——模具刚度计算许用变形量，mm。

模具刚度计算许用变形量 δ_p 的确定通常从以下三个方面考虑。

① 从模具型腔不发生溢料考虑 组合式凹模型腔中的一些配合接触面，当高压塑料熔

体注入时，会产生足以溢料的间隙，故由不同塑料的黏度特性来决定许用变形量，参见表3-3-2。

表 3-3-2 组合式凹模刚度条件

黏度特性	塑料品种	许用变形量/mm
低黏度	PA、PE、PP、POM	≤0.025～0.04
中等黏度	PS、ABS、PMMA	≤0.05
高黏度	PC、PSF、PPO	≤0.06～0.08

② 从保证制品尺寸精度考虑 模具型腔不能产生过大的、使制品超差的变形量。凹模壁厚的许用变形量，应为制品尺寸及其公差的函数，而模具精度又与制品精度有对应关系。对此，可根据表 3-3-3 直接由尺寸 W 的关系式计算（δ_p）值。

表 3-3-3 注射模刚度计算的许用变形量 δ_p mm

塑料件精度(SJ 1372)		2～3 级	4～8 级
模具制造精度(GB/T 1800.3—1998)		IT7～IT8	IT9～IT10
组合式型腔	低黏度塑料如 PE、PP、PA	15i1	25i1
	中等黏度塑料如 PS、ABS、PMMA	15i2	25i2
	高黏度塑料如 PC、PSF、PPO	15i3	25i3
整体式型腔		15i2	25i2

注：W 是影响模具变形的最大尺寸，圆形模具为 r 或 h，矩形模具为 L 或 L_0。

W 用 mm 代入，i 单位为 μm，$i_1=0.35W^{\frac{1}{5}}+0.001W$；$i_2=0.45W^{\frac{1}{5}}+0.001W$；$i_3=0.55W^{\frac{1}{5}}+0.001W$。

③ 从保证制品顺利脱模考虑 当模具型腔的弹性变形量超过制品的收缩值时，型腔的弹性恢复会使制品被凹模紧紧包住而造成开模困难。型腔的许用变形量（δ_p）应小于制品壁厚 t 的收缩值。

2. 刚度和强度条件计算公式

现将图 3-3-46～图 3-3-49 四种结构形式凹模结构的强度与刚度计算公式列于表3-3-4中。

应用表 3-3-4 中的计算公式，可得到模具结构尺寸 S 或 T，应取刚度和强度计算值中的大值作为计算结果。或者将表中各式变换成 $\delta\leqslant(\delta_p)$ 和 $\sigma\leqslant(\sigma_p)$ 的校核式，分别对 S 和 T 值进行校核。

凹模侧壁和垫板厚度的经验数据分别见表 3-3-5 和表 3-3-6。从表中可见，凹模侧壁厚度 S 一般取制品长边或直径的 0.2 倍再加上 17mm，而垫板厚度则根据凹模尺寸确定。

表 3-3-4 刚度和强度条件计算公式

凹模类型	尺寸类型	强度公式	刚度公式
整体式圆形凹模，参见图 3-3-46	侧壁厚度	$S=r\left[\left(\dfrac{\sigma_p}{\sigma_p-2p}\right)^{1/2}-1\right]$	$S=1.14h\left(\dfrac{ph}{E\delta_p}\right)^{1/3}$
	底板厚度或动模垫板厚度	$T=0.87r\left(\dfrac{p}{\sigma_p}\right)^{1/2}$	$T=0.56r\left(\dfrac{pr}{E\delta_p}\right)^{1/3}$
组合式圆形凹模，参见图 3-3-47	侧壁厚度	$S=r\left[\left(\dfrac{\sigma_p}{\sigma_p-2p}\right)^{1/2}-1\right]$	$R=r\left(\dfrac{\delta_pE+0.75rp}{\delta_pE-1.25rp}\right)^{1/2}$ 式中 δ_p的计算尺寸 $W=r$
	底板厚度或动模垫板厚度	$T=1.10r\left(\dfrac{p}{\sigma_p}\right)^{1/2}$	$T=0.91r\left(\dfrac{pr}{E\delta_p}\right)^{1/3}$

续表

凹模类型	尺寸类型	强度公式	刚度公式
整体式矩形凹模，参见图 3-3-48	侧壁厚度	当$\frac{h}{l}\geqslant 0.41, S=0.71l\left(\frac{p}{\sigma_p}\right)^{1/2}$ 当$\frac{h}{l}<0.41, S=1.73h\left(\frac{p}{\sigma_p}\right)^{1/2}$	$S=h\left(\frac{cph}{\phi_1 E\delta_p}\right)^{1/3}$ 式中δ_p的计算尺寸$W=l$ $C=\frac{3(l^4+h^4)}{2(l^4+h^4)+96}$ ϕ_1由图 3-3-50 用$\alpha=\frac{b}{l}$查得
	底板厚度或动模垫板厚度	$T=0.71b\left(\frac{p}{\sigma_p}\right)^{1/2}$	$T=b\left(\frac{c'pb}{E\delta_p}\right)^{1/3}$ 式中δ_p的计算尺寸$W=l$ $c'=\frac{l^4/b^4}{32[(l^4/b^4)+1]}$
组合式矩形凹模，参见图 3-3-49	侧壁厚度	①以长边为计算对象 $\frac{phb}{2HS_L}+\frac{phl^2}{2HS_L^2}\leqslant\sigma_p$ ②以短边为计算对象 $\frac{phb^2}{2HS_b^2}+\frac{phl}{2HS_b}\leqslant\sigma_p$	$S=0.31l\left(\frac{plh}{E\delta_p H}\right)^{1/3}$
	底板厚度或动模垫板厚度	$T=0.87l\left(\frac{pb}{B\sigma_p}\right)^{1/2}$	$T=0.54L_0\left(\frac{pbL_0}{E\delta_p B}\right)^{1/3}$

表 3-3-5 凹模侧壁厚度的经验数据

型腔压力/MPa	型腔侧壁厚度 S/mm
<29(压制)	$0.14L+12$
<49(压制)	$0.16L+15$
<49(注射)	$0.20L+17$

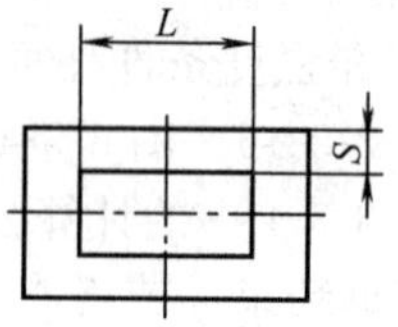

注：型腔为整体式，L>100mm 时，表中值需乘以 0.85～0.9。

表 3-3-6 垫板厚度的经验数据

mm

b	$b\approx L$	$b\approx 1.5L$	$b\approx 2L$
<102	$(0.12\sim0.13)b$	$(0.10\sim0.11)b$	$0.08b$
>102～300	$(0.13\sim0.15)b$	$(0.11\sim0.12)b$	$(0.08\sim0.09)b$
>300～500	$(0.15\sim0.17)b$	$(0.12\sim0.13)b$	$(0.09\sim0.10)b$

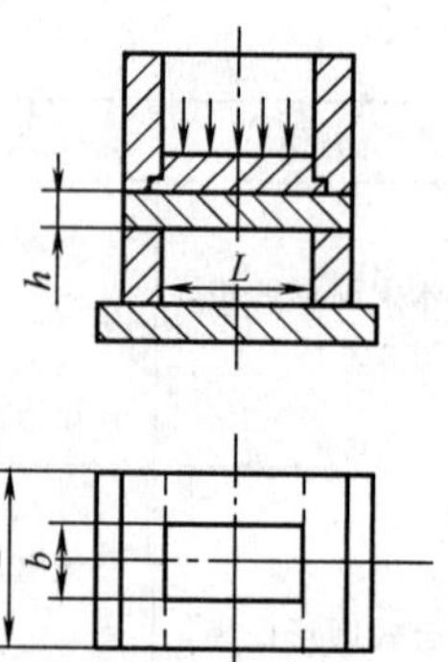

注：当压力 p<29MPa，$L\geqslant 1.5b$ 时，取表中数值乘以 1.25～1.35；当 p<49MPa，$L\geqslant 1.5b$ 时，取表中数值乘以 1.5～1.6。

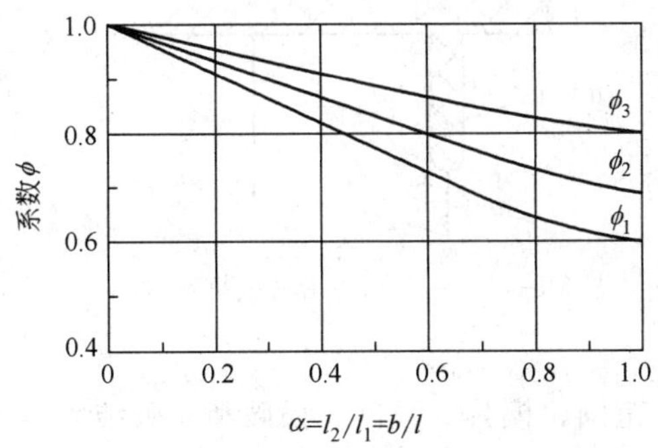

图 3-3-50 矩形凹模变形的比例关系

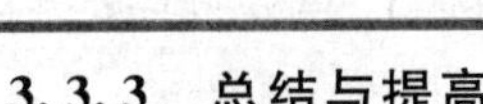

实操：

1. 测绘成型零部件零件图。
2. 绘制模具排样图。

3.3.3 总结与提高

一、总结与评价

请按照本模块学习目标的要求，小组成员互相检查，总结排样图绘制、模仁零件图测绘完成情况，用文字简要进行自我评价，并对小组中其他成员的任务完成情况加以评价。你和小组其他成员，哪些方面完成得较好，还存在哪些问题?

二、知识与能力的拓展—排样图绘制及分模注意事项

1. 排样图的绘制注意事项

在 Auto/CAD 中绘制排样图的步骤如下：①将作结构视图的镜像图，并适当修正，供排样用。② 将已经作好的制片视图做成块（WBLOCK），块的命名规则：定模主视图之成品块名为 CV0.；动模主视图之成品块名为 CR0；主视图之成品块名为 FRONT0；右视图之成品块名为 LEFT0。再用 INSERT 命令将所作块插入模仁排样品进行模仁排样。③模仁排样：将所作成品图排列动、定模仁及模仁装配视图。成品基准与模具中心以及模板 PL 面要成整数排列，以便模具制作及模仁尺寸之确定。如有滑块、斜 PIN 以及其他机构，也应绘制。把绘制的动、定模仁以及模仁装配图作成块（WBLOCK），定模仁块名定义为 CV，动模仁块名定义为 CR，主视图块名定义为 FRONT，右视图块名定义为 LEFT。

2. 分模注意事项

利用 Pro/E 作三维拆模时，要综合考虑制品的使用要求、排气、模具制造等问题。现以制品加强筋及侧滑块的拆模为例，说明拆模的注意事项。

（1）筋的拆模 ①不同尺寸筋的拆模：一般筋较深（≥10mm）时考虑拆镶件成型。筋较浅时（小于 5～10mm），可考虑拆整体。②筋的拆模形式：a. 重要筋的 R 角，如筋的前端不允许有毛边时，镶件的处理如图 3-3-51 所示。b. 不重要筋的 R 角，当筋的前端两侧有 R 角时，沿 R 角棱线拆镶件，如图 3-3-52 所示。当筋的前端为直角时，镶件拆法如图3-3-53 所示。

（2）滑块拆模 一般先根据成品的外观及客户要求决定分模线。要考虑结合线在成品上的部位及咬花（咬花：使模仁表面得到一定花纹、表面效果的加工方法。一般分三种加工方

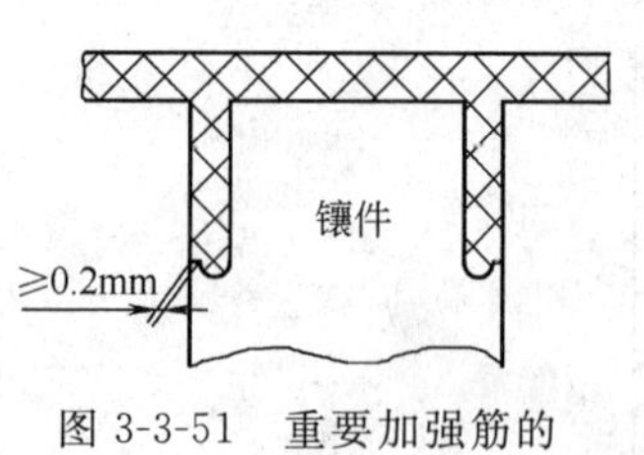

图 3-3-51 重要加强筋的圆角拆模

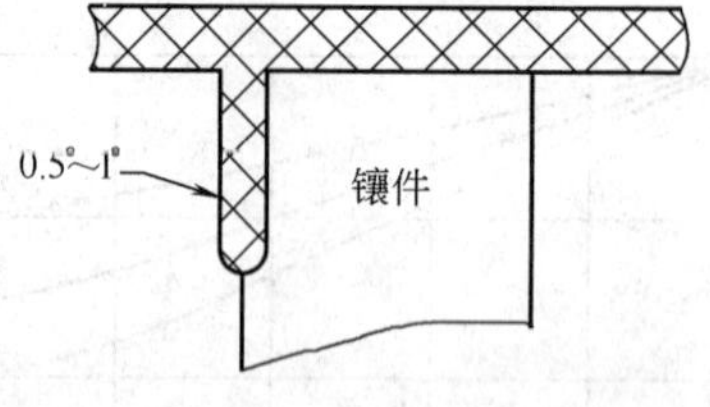

图 3-3-52 一般圆角沿棱线拆镶件

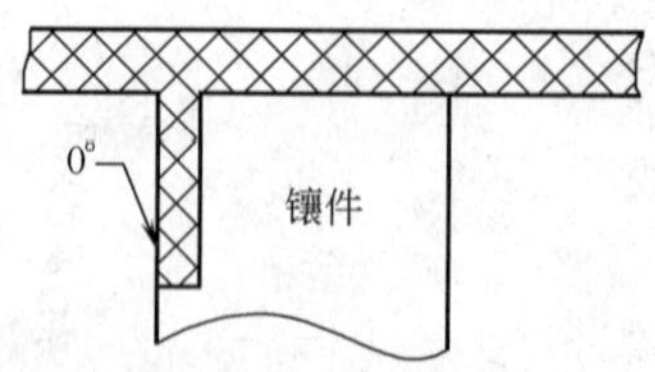

图 3-3-53 前端直角镶件拆法

法：喷砂、放电、蚀纹。）范围、模具的强度、插破和靠破结构等是否合理。拆模线要简单，加工要方便。①如图 3-3-54 所示为典型的拆模方式。②如图 3-3-55 所示为另一种结构形式。③如图 3-3-56 所示，沿着 R 角拆模，可避免滑块产生尖角，有利于增加强度。④如图 3-3-57 所示，沿着 R 角拆模，可避免滑块产生尖角，有利于增加强度，且 X 值可取整，但必须征得客户认可。⑤如图 3-3-58 所示，将 R 角拆在滑块上，结合线在成品上表面。这种拆法一般是由咬花范围决定的。⑥如图 3-3-59 所示，R 角不拆在滑块上，结合线在成品侧面。这种拆法一般是由咬花范围决定的。⑦如图 3-3-60 所示上端 R 角不拆在滑块上，结合线在成品侧面，下端 R 角拆在滑块上。这种拆法一般是由咬花范围决定的。⑧如图 3-3-61 所示，上端 R 角拆在滑块上，结合线在成品上表面，下端 R 角不拆在滑块上。这种拆法一般是由

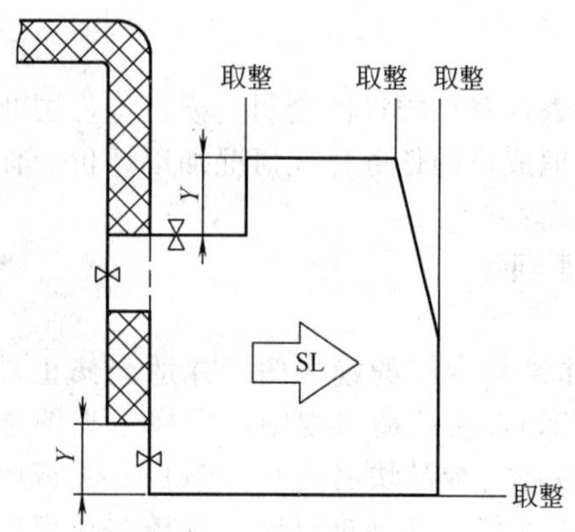

图 3-3-54 滑块拆模之一

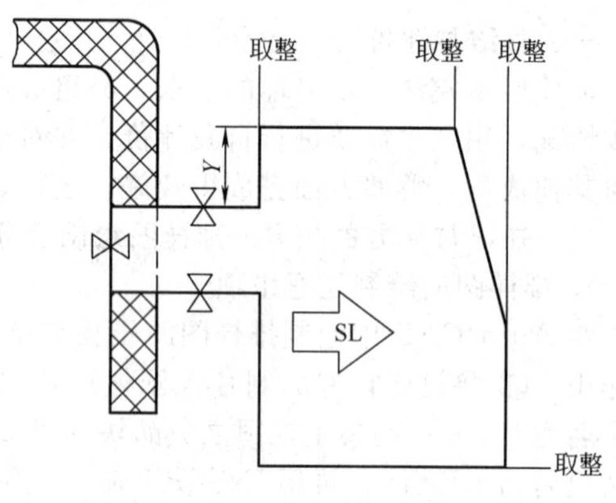

图 3-3-55 滑块拆模之二

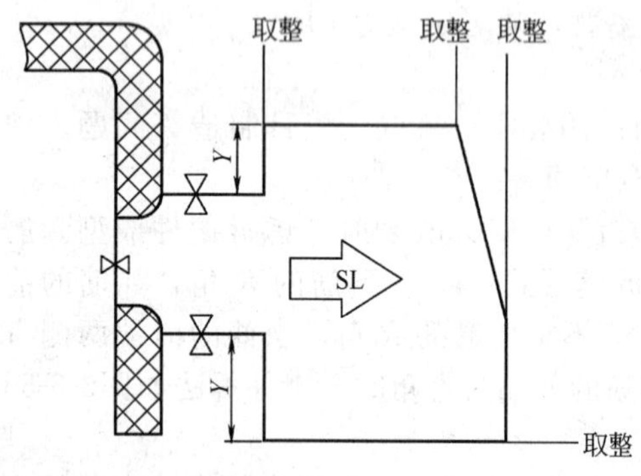

图 3-3-56 滑块拆模之三

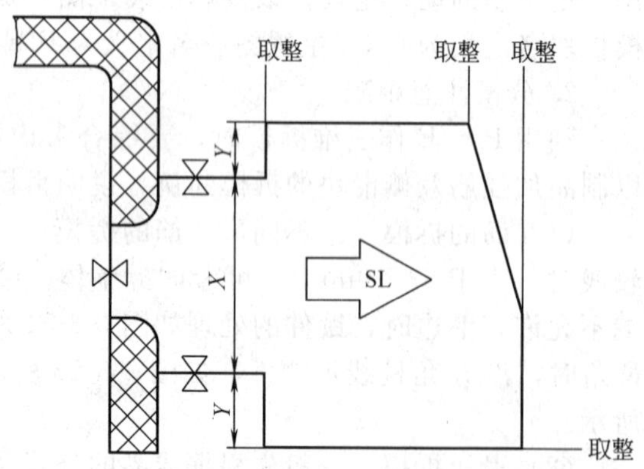

图 3-3-57 滑块拆模之四

咬花范围决定的。⑨如图 3-3-62 所示，把 R 角拆在滑块上。这种拆法一般是由咬花范围或客户要求的结合线位置决定的。⑩如图 3-3-63 所示，R 角不拆在滑块上。一般这种拆法是由咬花范围或客户要求的结合线位置来决定的。图 3-3-54～图 3-3-63 中，Y=5～10mm，滑块大时则相应加大，取整是为了方便加工，减小误差。⑪型腔滑块分模：成品外观需咬花且几面跑滑块时，应优先采用型腔滑块。与型芯滑块相比，其行程较小，可以装配在型腔板中整体打光，成品外观美观。在客户不允许有结合线时，采用如图 3-3-64 所示结构（X_2>X_1）；在型芯模仁内成形，如图 3-3-65 所示，H>5mm，以保证模具强度。

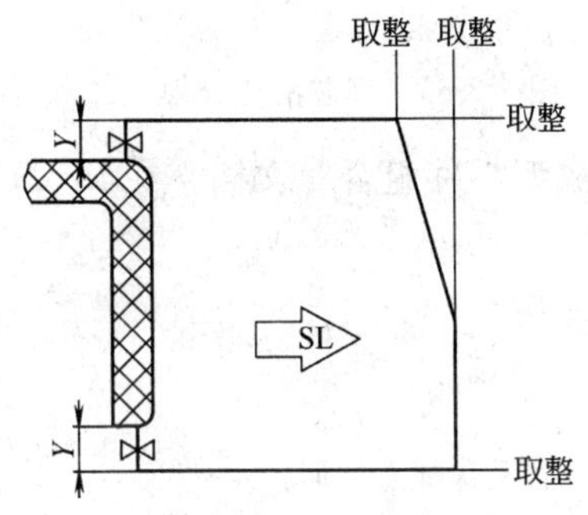

图 3-3-58 滑块拆模之五

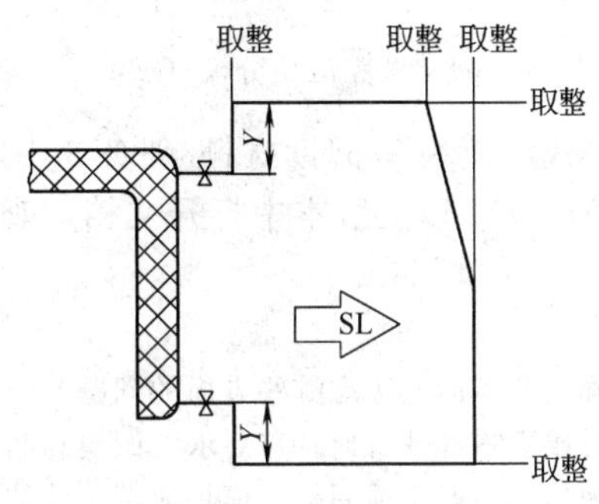

图 3-3-59 滑块拆模之六

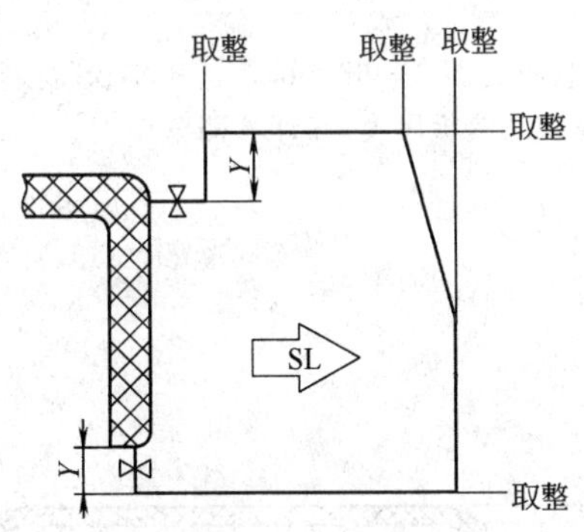

图 3-3-60 滑块拆模之七

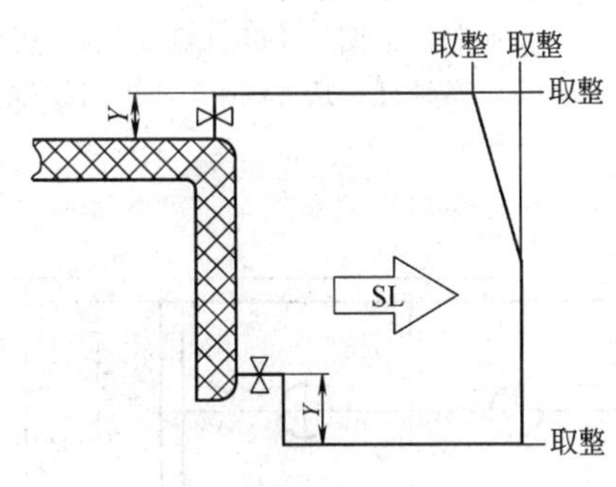

图 3-3-61 滑块拆模之八

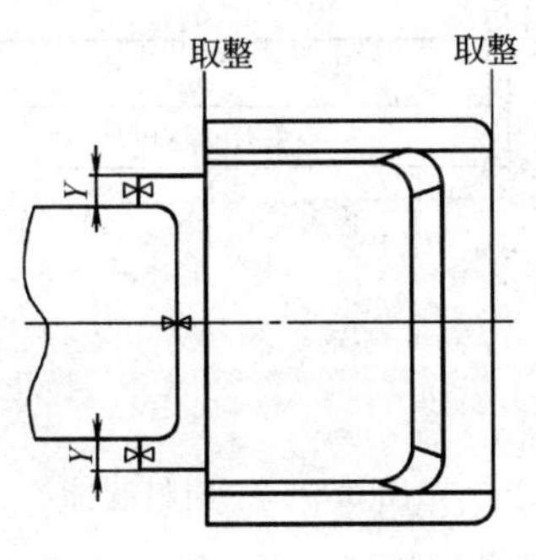

图 3-3-62 滑块拆模之九

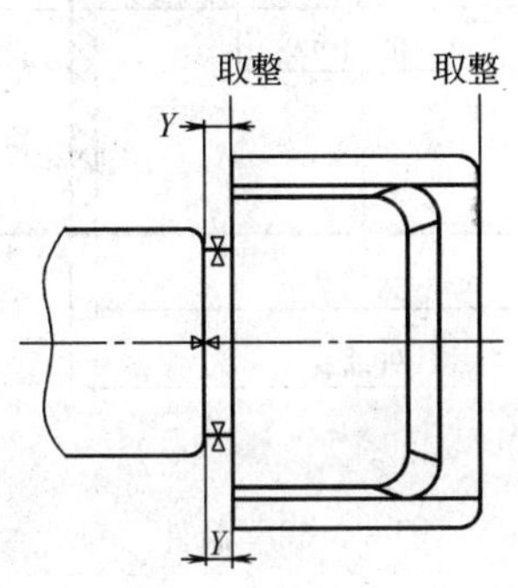

图 3-3-63 滑块拆模之十

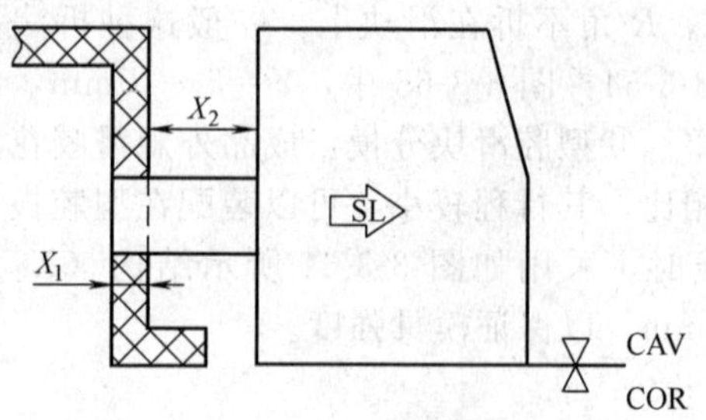

图 3-3-64 型腔滑块分模（一）

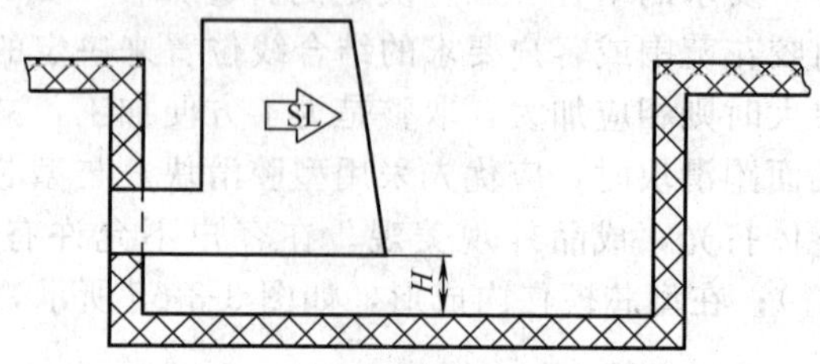

图 3-3-65 型芯滑块分模（二）

随书盘/模块3/阅读材料/任务3中附“3D”及“成型零件组合”文档。在Pro/E2.0和AutoCAD2004以上版本中打开文档，观察其组合状态。

思 考 题

1. 确定分型面应考虑哪些方面的问题？

2. 对成型零部件有何特殊要求？凹模和凸模结构有哪些类型？其优缺点如何？

3. 为什么不能单纯用提高模具成型零件的制造精度来提高塑料制件的尺寸精度？

4. 如图3-3-66所示制件，选用塑料为ABS（收缩率0.4%～0.7%）。用平均收缩率法计算凹模及凸模的尺寸及两个小型芯的中心距尺寸。

5. 如图3-3-67所示塑料制件，若采用图3-3-47所示的组合式圆形模具型腔，求凹模侧壁厚度（不考虑侧壁上开孔的影响。模具材料为45钢，型腔压力取50MPa）。

6. 有一壳形制件如图3-3-68（a）所示，所用模具结构示意图见图3-3-68（b），选用ABS材料，型腔压力取50MPa，模具材料选45钢。计算定模框侧壁厚度 S_1 及型芯垫板厚度。（计算侧壁厚度 S_1 时，不考虑侧壁开孔的影响）。

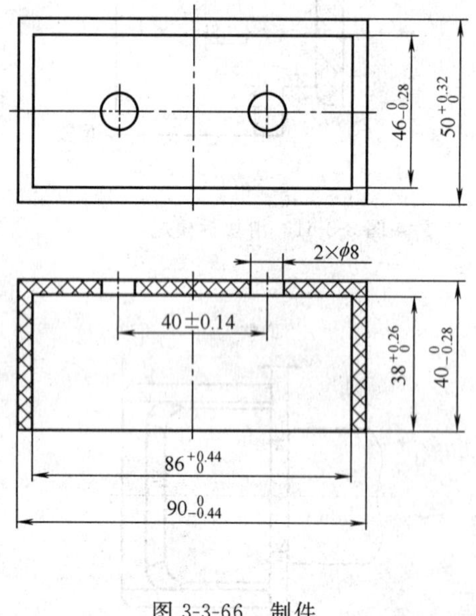

图 3-3-66 制件

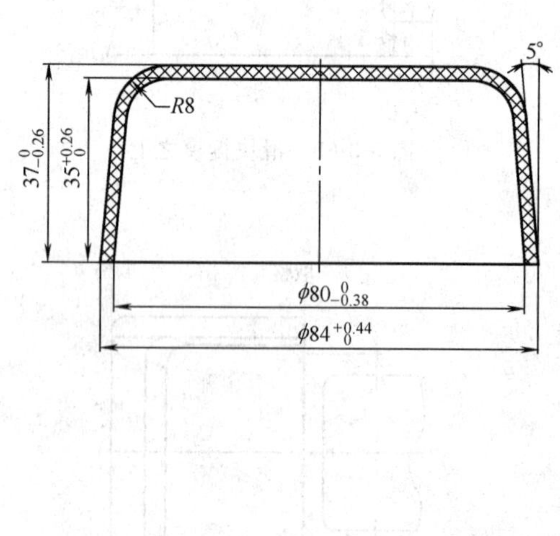

图 3-3-67 塑料制件

7. 一矩形型腔结构如图3-3-69所示，成型ABS制品，型腔压力取50MPa，模具材料为45钢。求型腔侧壁厚度 S_1 和型腔底板厚度。如计算出的底板厚度太厚，可以采用什么方法使之减薄，并加以计算。

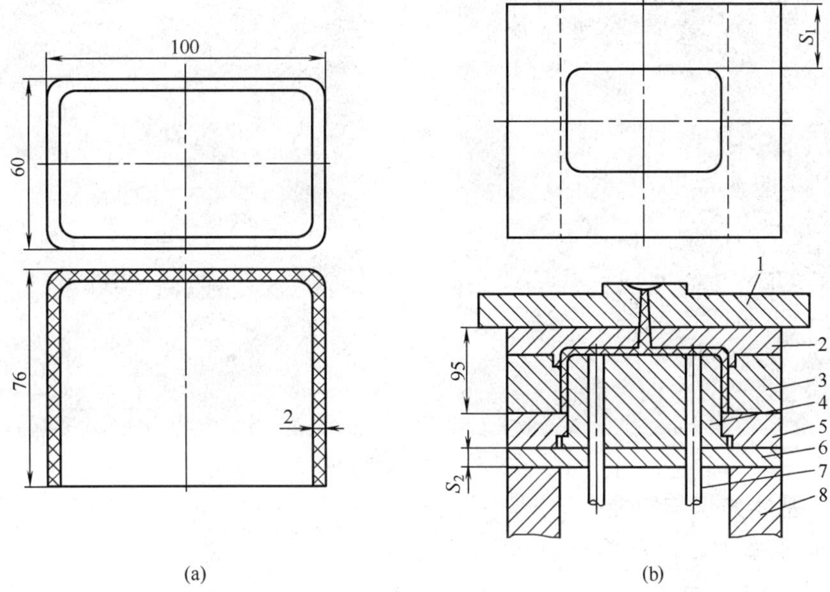

图 3-3-68　壳形制件

1—定模垫板；2—定模底板；3—定模框；4—型芯；5—型芯固定板；6—型芯垫板；7—顶出杆；8—模脚

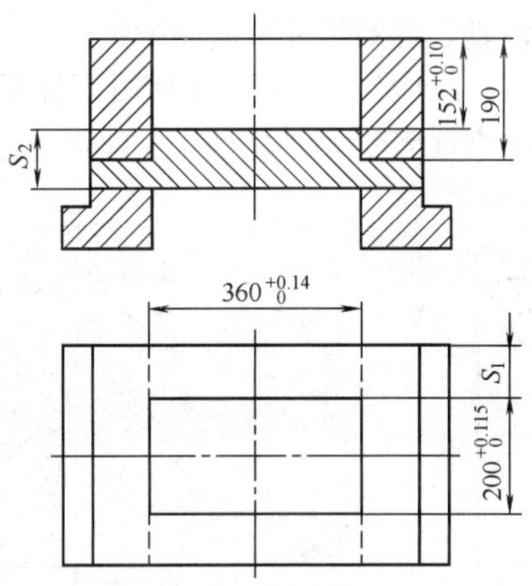

图 3-3-69　矩形型腔结构

3.4　工作任务 4：排气系统设计

设备与材料准备：每个学习者备 1 台安装有 AutoCAD2004 及 Pro/E2.0 以上版本的计算机。

3.4.1　工作任务

绘制模仁排气部位局部放大图。

图 3-4-1 所示为一手机外壳零件，采用 ABS 材料。图 3-4-2 所示为手机外壳模具的定模仁结构图，随书盘/模块 3/阅读材料/任务 4/3-4-2 中附有其三维 .prt 文档。该模仁零件的分型面上设置有 8 个排气槽。试绘制图 3-4-2 的 A—A 剖面放大图。

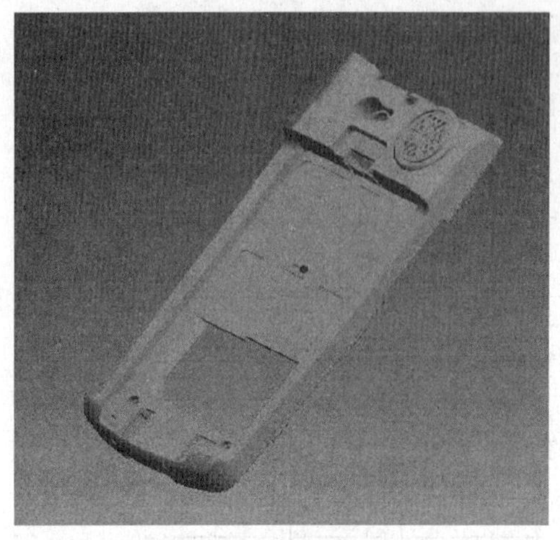

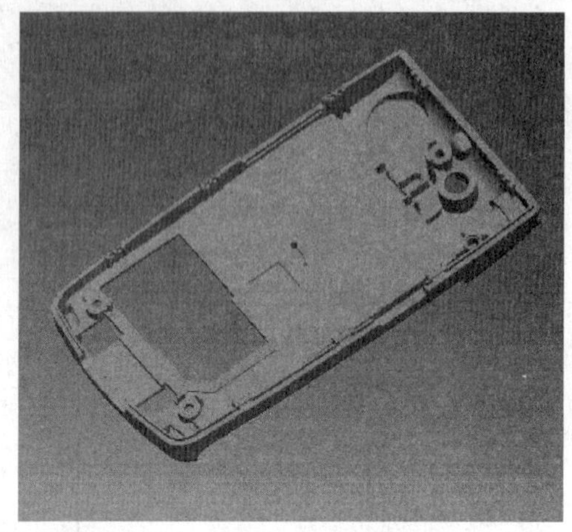

图 3-4-1 手机外壳零件

3.4.2 基本知识与技能

一、气体来源

① 模内原有的空气；

② 塑料中的水分及低分子挥发物；

③ 塑料分解放出的气体。

二、排气方式

(1) 分型面排气 对小型模具，可利用分型面间隙排气。

(2) 配合间隙排气 对组合式型腔或型芯，可利用镶件拼合间隙排气，如图 3-4-3 所示。对推杆脱模的结构，可利用推杆的配合间隙排气，如图 3-4-4 所示。

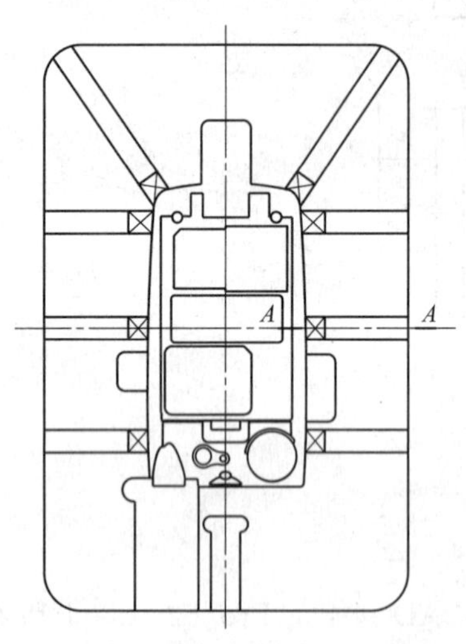

图 3-4-2 手机外壳模具定模仁结构图

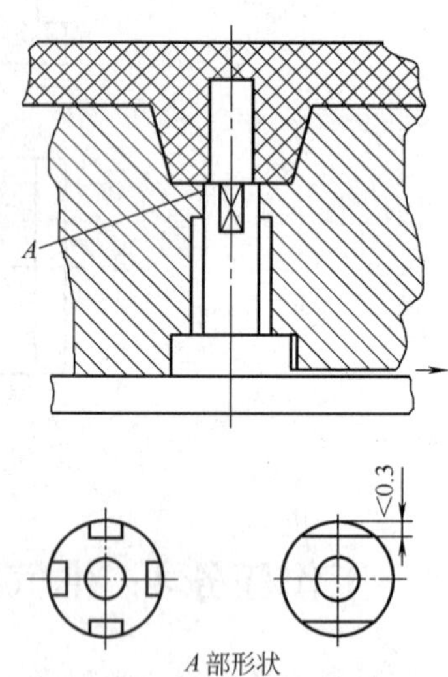

图 3-4-3 镶件拼合间隙排气

(3) 烧结金属块（排气钢）排气 在需排气的位置放置一块烧结金属块（用球状颗粒合金烧结而成的材料，质地疏松，允许气体通过）可满足排气要求，如图 3-4-5 所示。

排气钢的排气效果与厚度成反比，其使用厚度为 30～50mm；排气钢排气部位（胶位及底部）在精加工时，不可用磨床加工；镶件底要做排气坑；排气钢出厂硬度为 35～38HRC，但可处理至 55HRC。

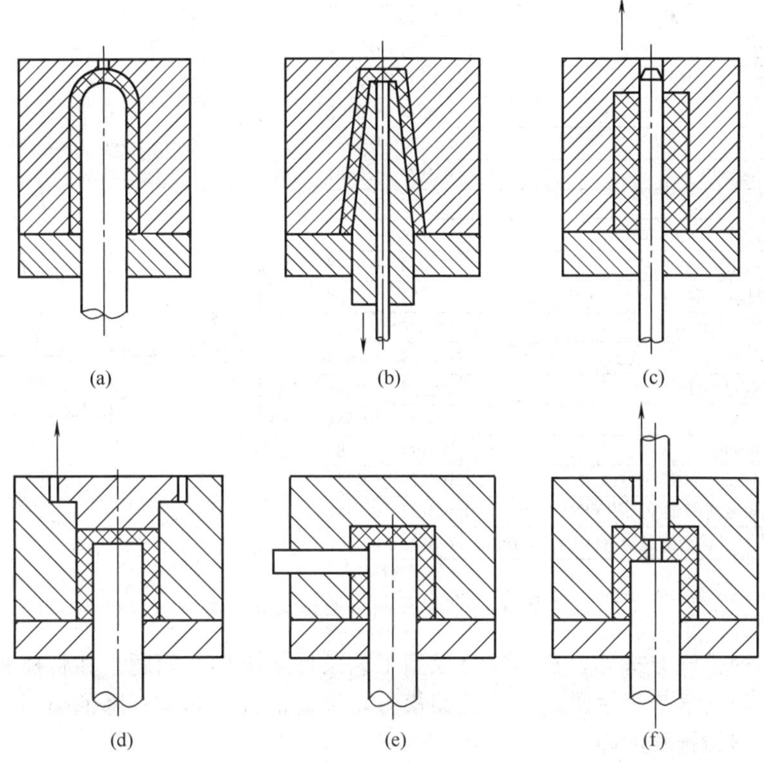

图 3-4-4　利用推杆的配合间隙排气

(4) 排气槽排气　对成型大、中型塑件的模具，需排出的气体较多，通常在凹模一边分型面上开设排气槽。对小型精密模具，也常在凹模一边分型面上开设排气槽。

排气槽位于熔体流动的末端，截面形状一般为矩形或梯形，其尺寸要保证气体能顺利排出而不溢料，通常排气槽的宽度 $b=3\sim5$mm，深度 $h=0.01\sim0.03$mm，如图 3-4-6 所示。常见材料的排气槽深度如图 3-4-7 所示。

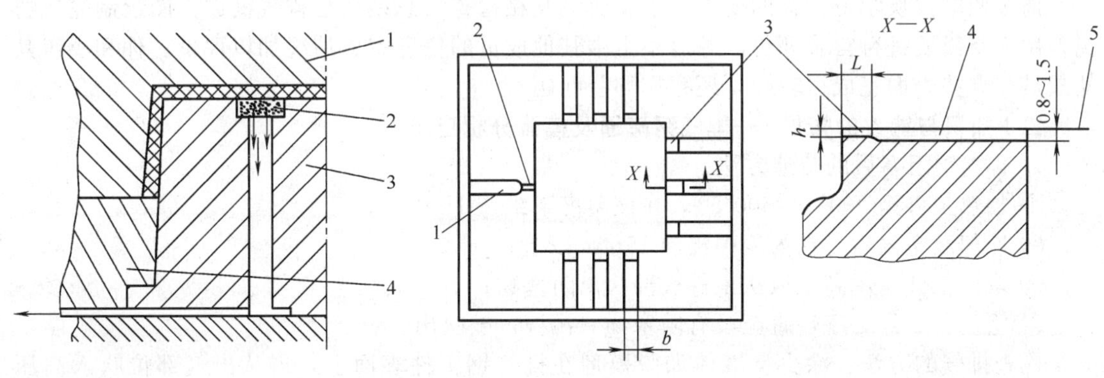

图 3-4-5　烧结金属块排气
1—型腔；2—烧结金属块；3—型芯；4—型芯固定板

图 3-4-6　排气槽设计
1—分流道；2—浇口；3—排气槽；4—导向沟；5—分型面

模塑材料	深度h
ABS	0.0254～0.0508
尼龙(NYLON)	0.0127～0.0254
聚碳酸脂(PC)	0.0254～0.0508
聚乙烯(PE)	0.0127～0.0381
聚丙烯(PP)	0.0127～0.0381
聚苯乙烯(PS)	0.0127～0.0381
乙酸醛共聚物(Acetal)	0.0254～0.0508
乙酸盐(Acetate)	0.0254～0.0508
乙酸盐-丙酸盐(Acetate ProPionate)	0.0254～0.0508
丙烯酸(Acrylic)	0.0254～0.0635
乙酸丁酸纤维素(CAB)	0.0254～0.0635
聚烯烃塑料(EVA)	0.0254～0.0635
SAN	0.0127～0.0381
Thermoplastic	0.0127～0.0381
氨基甲酸乙脂(UPETHANE)	0.0127～0.0381
柔性聚乙烯醇缩(乙)醛(VINYL-flexible)	0.0127～0.0381
刚性聚乙烯醇缩(乙)醛(VINYL-rigid)	0.0127～0.0381

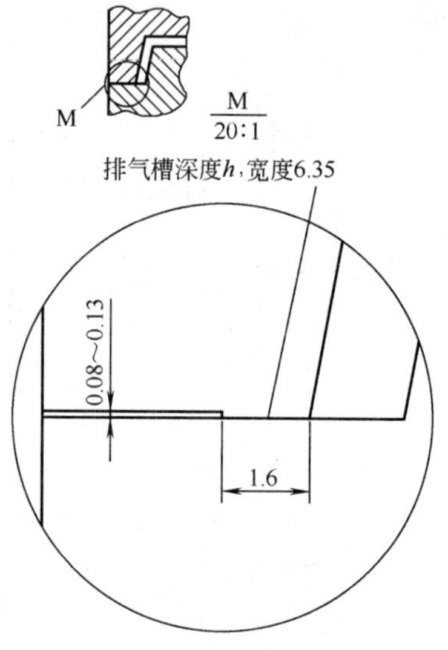

图 3-4-7　常见材料的排气槽深度

除上述几种排气方式外，还应结合成型工艺条件解决排气问题。如将模腔抽真空；降低注射速度，以便空气来得及排出；降低锁模力，以提供排气间隙；降低模温，以减小模具膨胀，保证有足够的排气间隙。

学习活动（3-4）

实操：

绘制模仁排气部位局部放大图。

3.4.3　总结与提高

一、总结与评价

请按照本模块学习目标的要求，小组成员互相检查，总结模仁排气槽放大图绘制完成情况，用文字简要进行自我评价，并对小组中其他成员的任务完成情况加以评价。你和小组其他成员，哪些方面完成得较好，还存在哪些问题？

二、知识与能力的拓展——排气钢疏通及模流分析应用

1. 排气钢阻塞后的疏通方法。

① 加热工件至 260℃（500°F），在该温度下维持 1h 以上；

② 冷却至室温后，在丙酮中浸泡 15min 以上；

③ 取出工件，用高压风从工件底部吹出阻塞物；

④ 重复②、③工序，直至没有阻塞物（污秽）被吹出。

检查排气的方法：涂少量液体如脱模剂在排气钢工件表面上，再从出气部位吹入高压风，检查泡沫涌起的情况便可知道排气状况。

2. 模流分析在模内气体分布分析中的应用（跑马场效应分析）

Moldflow（MPI）、Pro/E Plastic Advisor 等模流分析软件可分析充模后模内气体积聚的部位，分析结果可为排气设计提供参考。随书盘/模块 3/阅读材料/任务 4/流动录像、流动录像制品两个文件夹中分别附有两制品流动分析的录像及两制品的三维结构文档1.prt、2.prt，请打开观察制品的三维结构及其充模过程。

思　考　题

1. 简述模内气体的来源。

2. 排气不良会造成哪些制品缺陷？

3. 图3-4-8所示为一精密制品。随书光盘中附有该制品的三维结构文档。试将三维文档转为二维文档。并绘制该制品的型腔结构.dwg图，在图中表示出排气结构。

4. 如何检查排气钢的排气状况？

5. 试选取一流动分析软件，对第3题的制品从不同位置进浇进行分析。观察充模后的模内气体分布状况（跑马场效应）。并作出分析报告。

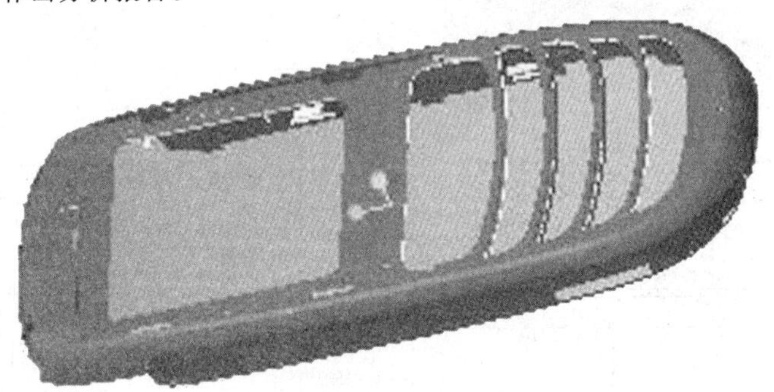

图3-4-8　制品

3.5　工作任务5：脱模机构设计

设备与材料准备：每个学习者备1台安装有AutoCAD2004及Pro/E2.0以上版本的计算机。

3.5.1　工作任务

一、制品及凝料的脱出描述

随书光盘/模块3/阅读材料/任务5/制品顶出例子文件夹中附有圆顶针、双节顶针、扁顶针的有关企业标准；附有针点浇口脱出、二级脱模的模具生产图，请打开阅读，并用文字表述制品及凝料的脱出过程。

二、推出系统零件图与装配图绘制

图3-5-1所示为一ABS+PC材料的电子配件，随书盘/模块3/阅读材料/任务5文件夹中附有该制品的三维文档3-5-1.prt。图3-5-2为该制品模具的装配简图，随书盘/模块3/图片/任务5/3-5-2文件夹中附有该模具的生产用装配图。

① 用文字叙述该模具的开模顺序；

② 绘制该模具的顶针、推管的零件图；

③ 绘制顶出系统布置图；

④ 在动模模仁的零件图上标注顶针孔、推管配合孔的尺寸公差；

⑤ 绘制开模控制机构组成零件的零件图。

3.5.2　基本知识与技能

一、脱模机构设计原则与分类

典型脱模机构如图3-5-3所示。它主要有推出部件（主要指推杆、推杆固定板、推板、定位钉）、推出导向部件（包括推板导柱和推板导套）和复位部件（回程杆）等组成。

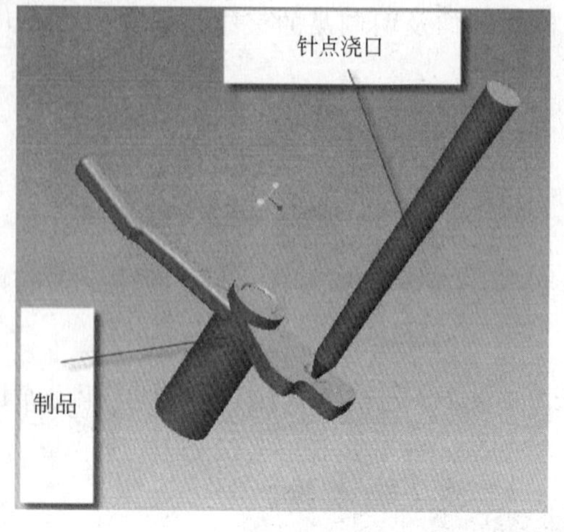

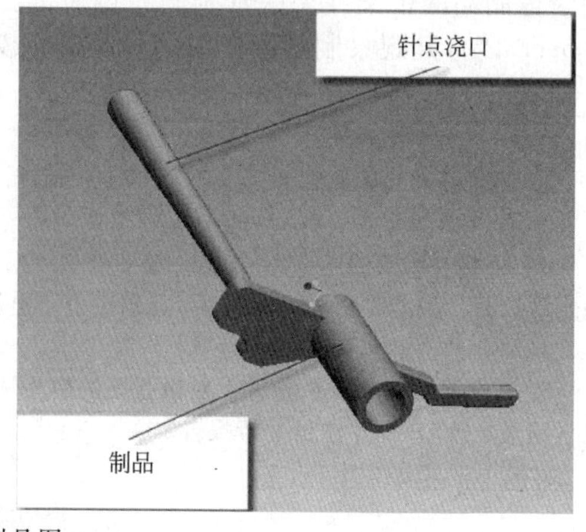

图 3-5-1 制品图

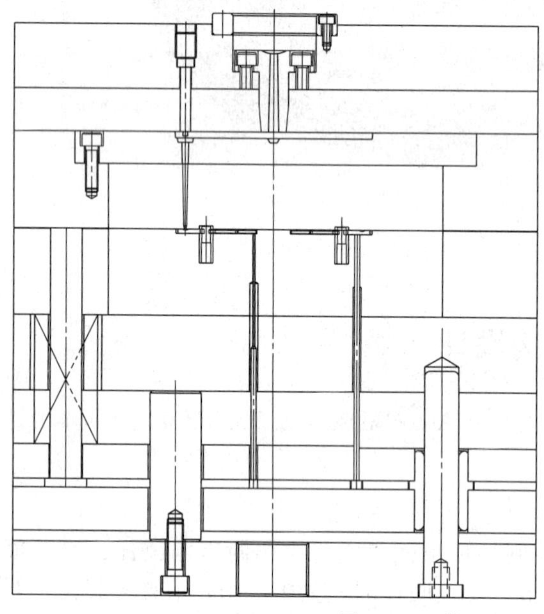

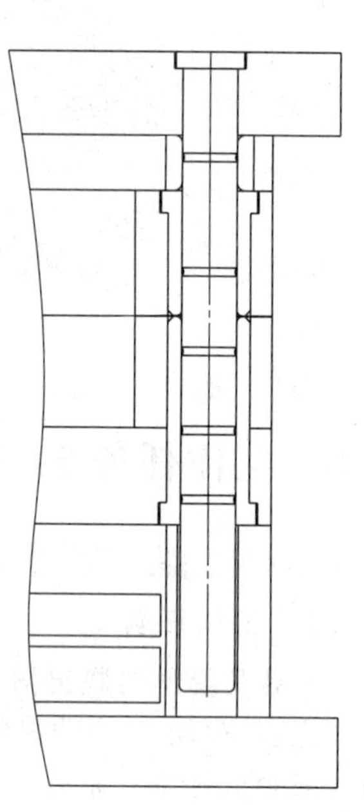

图 3-5-2 模具装配简图

1. 设计原则

① 保证塑件脱模后不变形，需正确分析塑件对模具的包紧力和黏附力的大小和位置，选择合适的推出方式和推出位置，使脱模力合理分布。

② 保证塑件良好的外观，在选择推出位置时，应尽量选在塑件内部或对塑件外观影响较小的部位。

③ 结构合理，制造方便，运动准确、可靠、灵活。且具有足够的强度和刚度。

2. 分类

(1) 按动力来源分类 常见的有：手工脱模、机械顶出和液压、气压驱动顶出。现分述如下。

① 手工脱模 当模具分开后，用人工操纵脱模机构，脱出塑件，多用于注射机不设脱模装置的定模一方。

② 机动脱模 靠注射机的开模动作脱出塑件。开模时塑件先随动模一起移动，到一定位置时，脱模机构被注射机上固定不动的顶杆顶住而不能随动模移动，动模继续移动时，塑

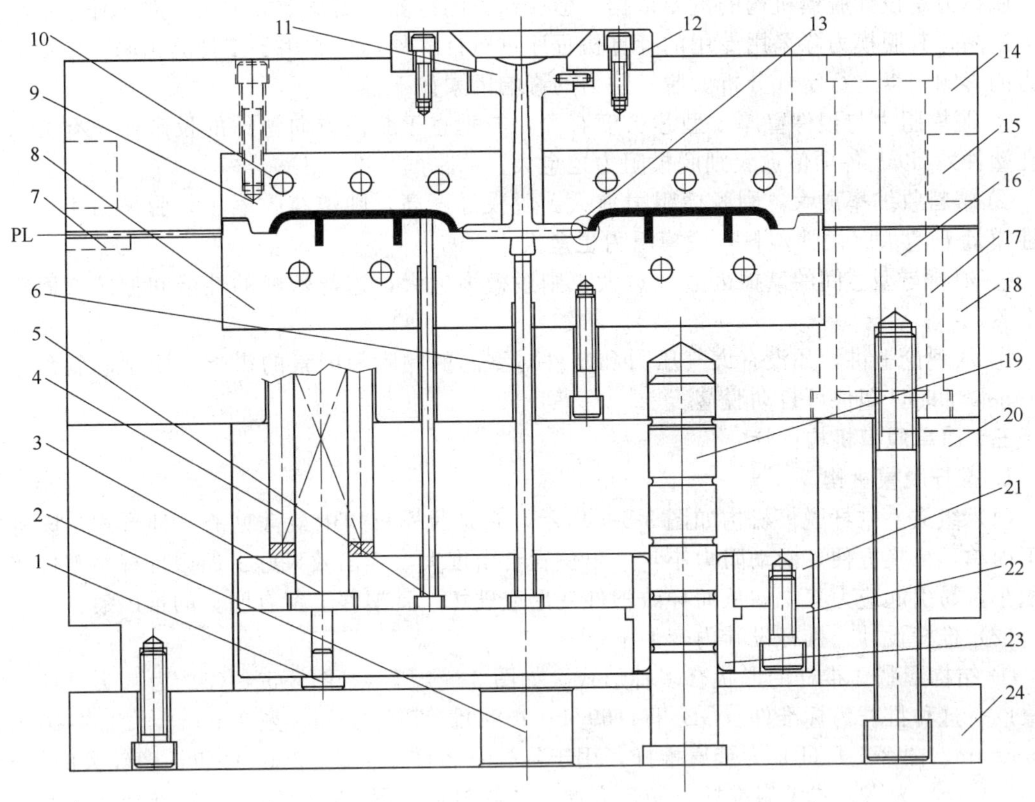

图 3-5-3　典型脱模机构

1—定位钉；2—顶出孔；3—回程杆；4—弹簧；5,6—推杆；7—撬模槽；8—动模镶块；9—定模镶块；10—冷却水孔；11—流道衬套（唧嘴）；12—定位圈；13—浇口（入水）；14—定模座板；15—码模槽；16—导柱；17—导套；18—动模板；19—推出导柱；20—垫块；21—推出固定板；22—推出板；23—推出导套；24—动模底板

件由脱模机构顶出型腔。

当定模部分设脱模机构时，可以通过拉杆或链条等装置，在动模开到一定位置时，拉动定模脱模机构，实现机动脱模。

带螺纹的塑件可用手动或机动实现旋转运动，脱出塑件。

③ 液压脱模　注射机上设有专用的顶出油缸，当开模到一定距离后，活塞动作，实现脱模。

④ 气动脱模　利用压缩空气将塑件从型腔中吹出。

(2) 按模具结构分类

① 简单脱模机构　经脱模机构的一次动作完成塑件脱模的机构，又称一次脱模机构。

② 二级脱模机构　经过两次不同的动作完成塑件脱出的机构。

③ 双脱模机构　动模和定模边均设置有脱模机构。

④ 顺序脱模机构　对有多个分型面，成型形状复杂塑件的模具，按顺序分型使塑件脱模的机构。

⑤ 螺纹塑件脱模机构　脱出螺纹塑件的机构。

二、脱模力的影响因素分析

脱模力是指塑件从模内脱出所需的力。它主要由对型芯的包紧力、大气阻力、黏附力和脱模机构本身的运动阻力等所决定。包紧力是塑件因冷却收缩而产生的对型芯包紧力。大气阻力是指封闭的壳类塑件在脱模时，与型芯间形成真空，由此产生的阻力。黏附力是指脱模时塑件表面与模具成型零件表面之间所产生的吸附力。

脱模力是设计脱模机构的重要依据，但脱模力的计算与测量十分困难。对于任意形状的壳类制品，其脱模力除采用专用的计算机程序进行计算外，很难用手工计算出来。下面对脱模力的影响因素进行定性分析。脱模阻力的影响因素如下。

① 脱模阻力与塑件壁厚、型芯长度有关，与垂直于脱模方向塑件的投影面积有关（非通孔塑件），以上各项值愈大则脱模阻力也愈大。

② 塑料收缩率愈大，则脱模阻力愈大。脱模温度高，则塑料收缩小，脱模力小。塑料弹性模量 E 愈大（硬性塑料）脱模阻力也愈大。

③ 塑料与型芯间的摩擦因数 f 愈大，则脱模力愈大，这与塑料的性能和型芯表面粗糙度有关。

④ 从理论上讲，如没有大气压力和塑件对型芯的黏附等因素的影响，则型芯斜角 α 大到 $\tan\alpha \geqslant f$ 时，塑件可自动脱落。

三、简单脱模机构设计

1. 推杆脱模机构

（1）组成　推杆脱模机构如图 3-5-3 所示，它是脱模机构中最常见的一种形式。该机构加工简单，更换方便，滑动阻力小，推出位置自由度大，推出效果好。但因推杆与塑件接触面积小，易引起应力集中，从而导致塑件变形或破坏，且塑件上留有明显的推出痕。

（2）推杆设计　推杆设计内容如下。

① 结构形状　推杆的形状有多种形式，如图 3-5-4 所示。图 3-5-4（a）为圆头推杆，应用最广。这种推杆为标准件（GB/T 4169.1—1984），直径从 6mm 至 32mm，长度从 100mm 至 630mm。图 3-5-4（b）为带肩推杆，用于推杆直径较小（d＜3mm）和长度较大的场合。图 3-5-4（c）为嵌入式带肩推杆，制造方便，节约材料。图 3-5-4（d）为扁推杆，主要用来推出一般圆形推杆难以推出的部分，如制品的加强筋等。图 3-5-4（e）为盘形推杆，该推杆增加推杆与制件的接触面积，可减少制品的推出变形。

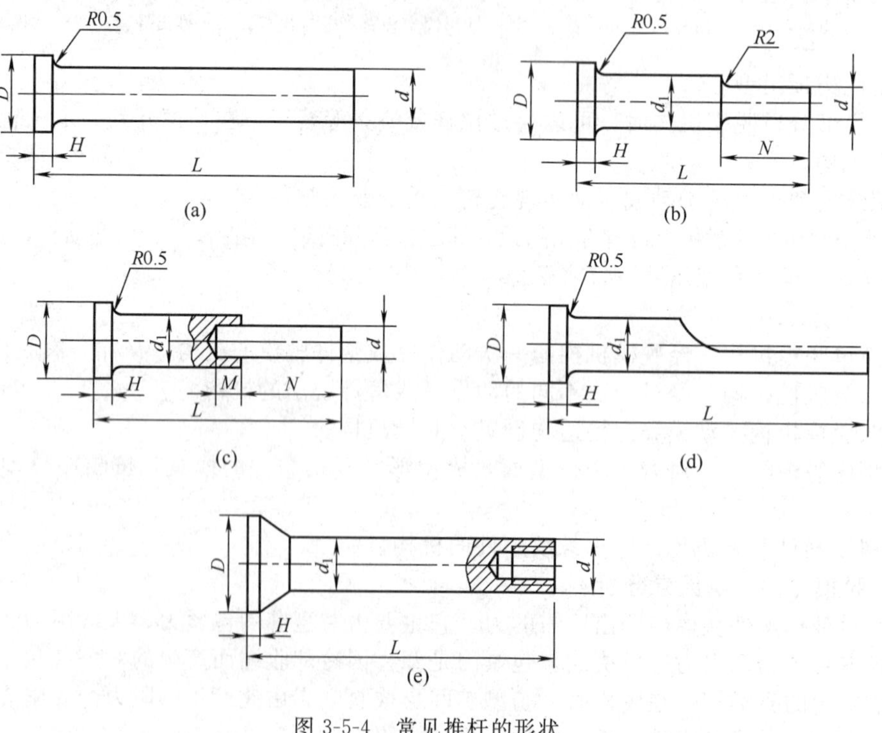

图 3-5-4　常见推杆的形状

② 推杆位置　推杆位置应设置在制件脱模阻力大，推杆设置在型芯内部时，应尽量靠近侧壁布置，但须距侧面 3 mm 以上，以方便加工。

③ 推杆的长度　推杆装入模具后，应保证其端面与型芯（或型腔）平齐或高出 0.05～0.1 mm。

④ 推杆的配合　推杆的工作段常用 H8/f7 或 H7/f7 配合，配合段长度一般为 1.5～2 倍的直径，但至少应大于 15mm，对非圆形推杆则需大于 20mm。其余部分保证有 0.5～1mm 的双边间隙。推杆与推杆固定板的孔之间留有足够的间隙，以便于调整推杆的径向位置，如图 3-5-5 所示。在装配、钻孔、扩孔中，调节推杆配合时，以手能自由转动推杆为宜。

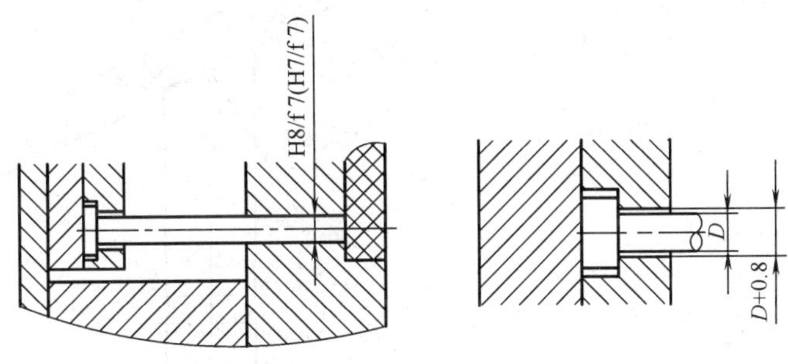

图 3-5-5　推杆的配合

⑤推杆的固定　推杆的固定形式如图 3-5-6 所示。图 3-5-6（a）为最常见的固定形式，将推杆安装在推出固定板的沉孔中，推板与推杆固定板用螺钉固定。图 3-5-6（b）是用推板

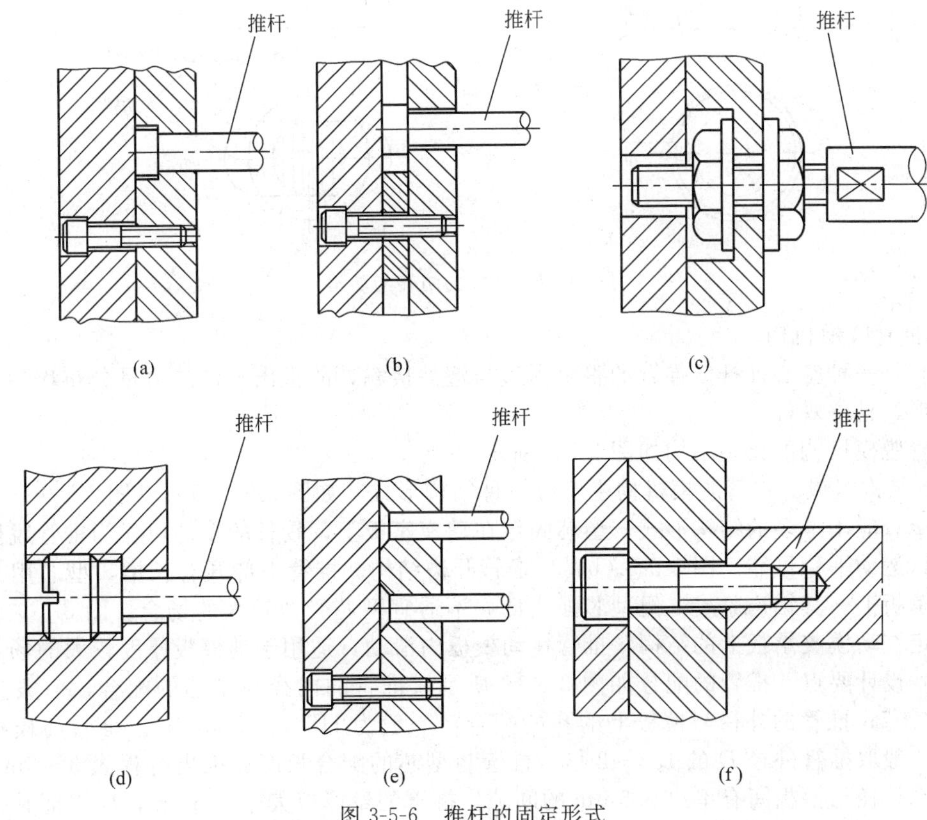

图 3-5-6　推杆的固定形式

与推杆固定板的平面夹紧推杆凸肩，免去了沉孔的加工，图 3-5-6（c）中推杆的轴向位置可以调节，螺母起固定锁紧作用，图 3-5-6（d）中用螺钉紧固推杆，适用于推杆固定板较厚的场合。图 3-5-6（e）适用于直径较小的推杆或推杆间距较近的情况。图 3-5-6（f）用螺钉固定，适于粗大的异形推杆。

⑥ 推杆的防转与防滑　防转：当推杆顶出面不是平面而是曲面或斜面时，需做防转处理。防转方式有：推杆下端加防转销；推杆下端削边定位。防滑：当顶出斜面较大时，为防止成品变形，需做防滑处理。防滑方式有：开槽；咬花。如图 3-5-7 所示。

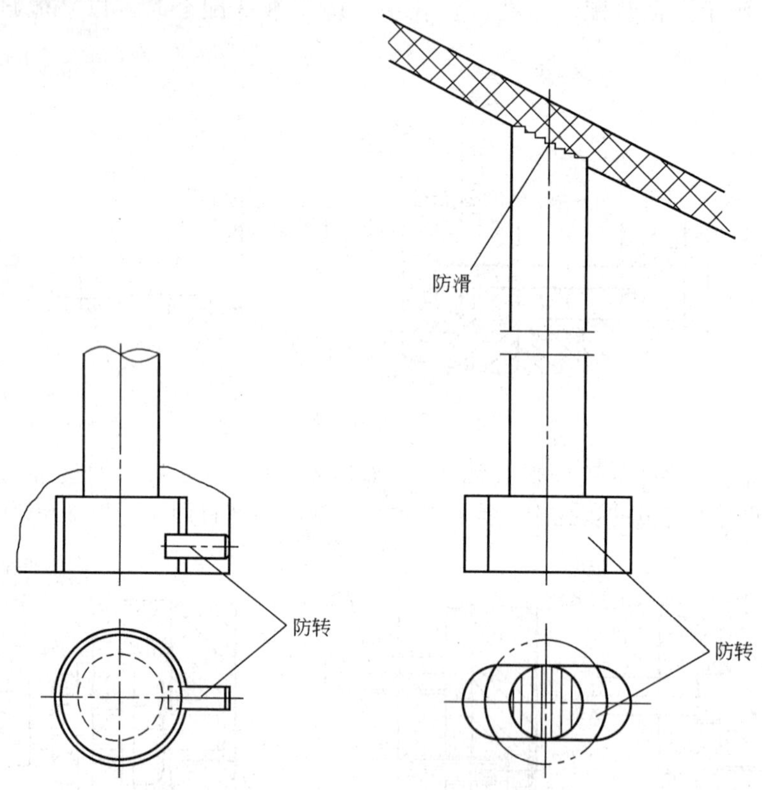

图 3-5-7　推杆的防转与防滑

2. 推管脱模机构

推管是一种空心推杆。推管的整个周边与塑件接触，故推出塑件的力量分布均匀，塑件不易变形，且外观好。

推管脱模机构的典型结构如图 3-5-8 所示。

（1）结构组成　推管脱模机构主要有三种结构形式，如图 3-5-9 所示。图 3-5-9（a）是结构最简单、应用最多的结构形式。型芯固定在动模座板上，较长的型芯可作为推管脱模运动的导柱，运动平稳可靠。图 3-5-9（b）是推管开槽结构。推管中部开有长槽，型芯用方销固定在支承板上。其结构紧凑，但型芯强度低，不适宜型芯受力较大的场合。图 3-5-9（c）是型芯固定在动模支承板上的结构，推管在动模板内滑动，适用于动模板厚度较大的场合。

（2）设计要点　推管的配合如图 3-5-10 所示。推管的内径与型芯的配合，一般为 H8/f7 或 H7/f7；推管的外径与模板上的孔的配合，一般为 H8/f8 或 H8/f7。推管与模板的配合长度一般取推管外径 D 的 1.5～2 倍，推管与型芯的配合长度比推出行程大 3～5mm。推管固定端外径与模板间有单边 0.5mm 的间隙。推管的壁厚应大于 1.5mm，以保证其强度和刚度。细小的推管可做成阶梯形。

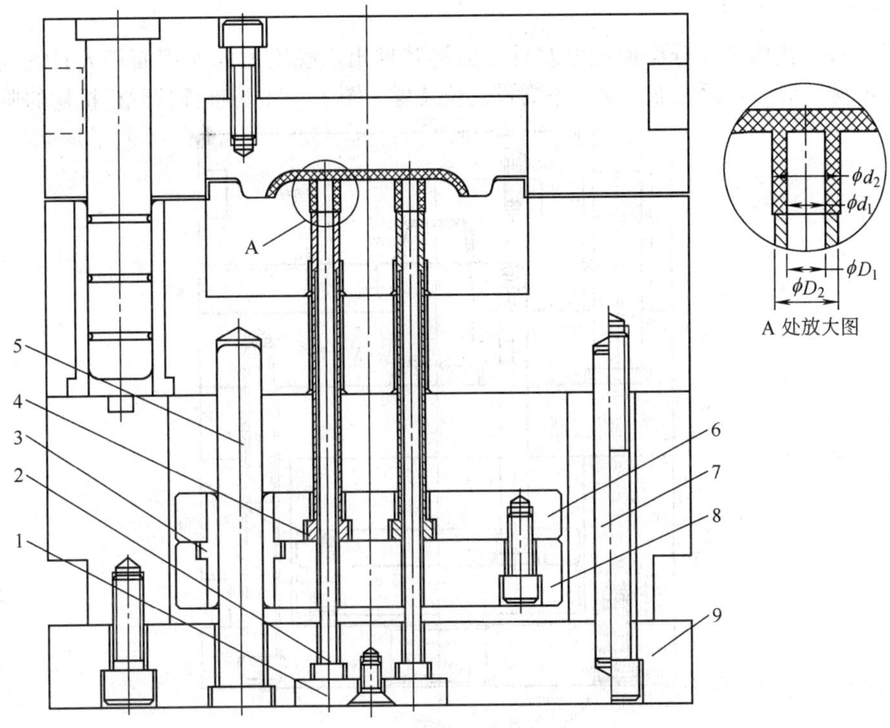

图 3-5-8　推管脱模机构的典型结构

1—挡板；2—型芯；3—导套；4—推管；5—顶出导柱；6—顶出固定板；7—销钉；8—顶出板；9—动模座板

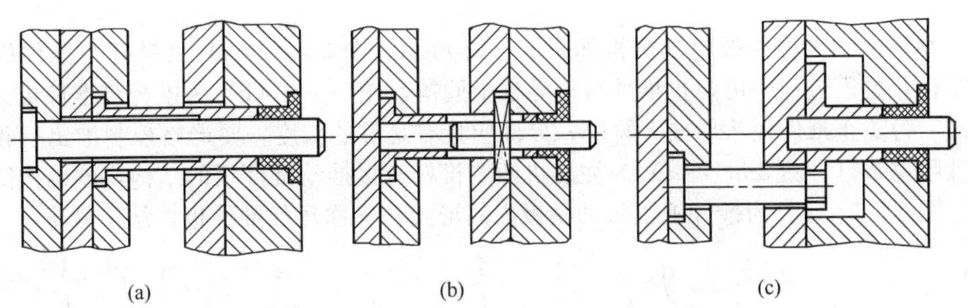

图 3-5-9　推管脱模机构的结构形式

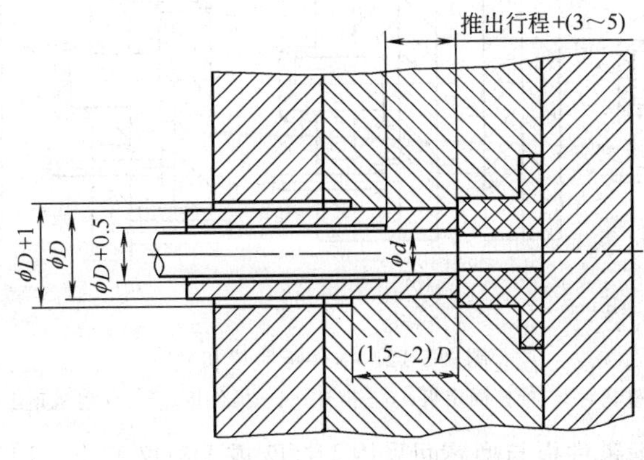

图 3-5-10　推管的配合

3. 推件板脱模机构

推件板脱模机构是在分型面处沿塑件端面将其推出，脱模力的作用面积大且均匀，推出平稳，塑件不易变形，表面无推出痕，不需设复位装置。图 3-5-11 为推件板脱模机构的典型结构。

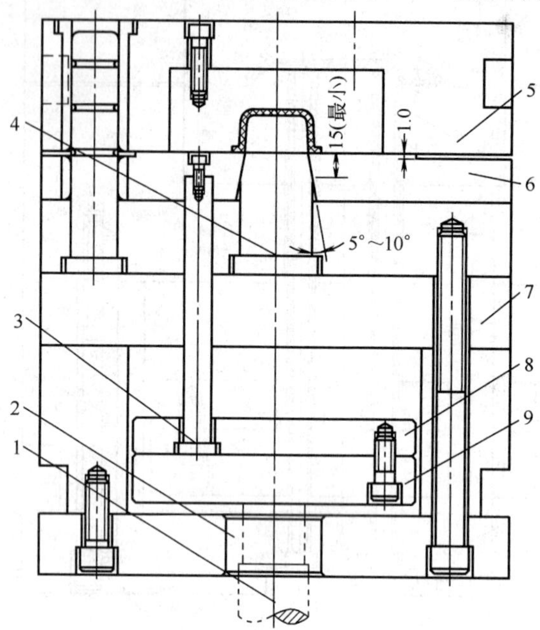

图 3-5-11　推件板脱模机构的典型结构

1—成型机顶杆；2—顶杆孔；3—推杆；4—型芯；5—定模座板；6—推件板；7—支承板；8—顶出固定板；9—顶出板

（1）结构形式　推件板脱模机构如图 3-5-12 所示。图 3-5-12（a）为推杆与推件板用螺纹连接的结构，脱模过程中可防止推件板从导柱上脱落。图 3-5-12（b）为推杆与推件板无固定连接的形式，为防止推件板从导柱上脱落，导柱应具有足够的长度，要严格控制推出行程，有时也可设计限位螺钉。图 3-5-12（c）为注射机两侧推杆直接推动推件板的结构，该结构简化了模具结构。图 3-5-12（d）为推件板镶入动模板内的形式，又称环状推件板，结构紧凑。

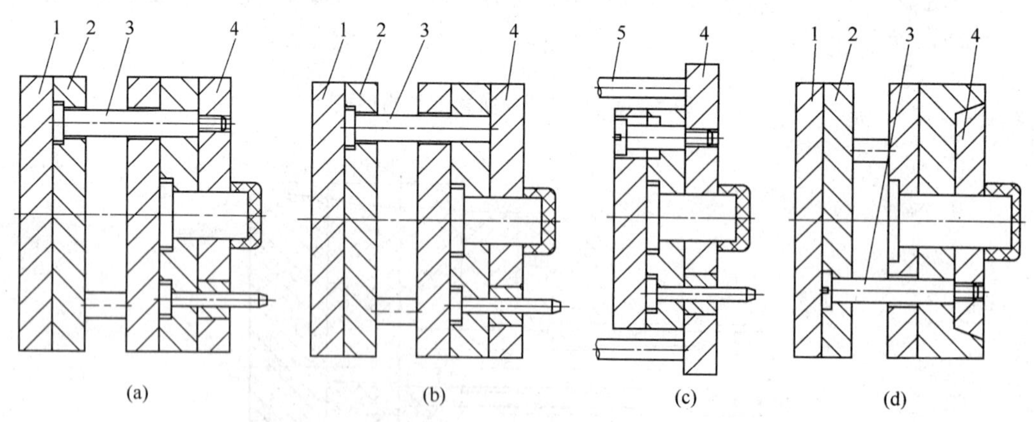

图 3-5-12　推件板脱模机构

1—推板；2—推杆固定板；3—推杆；4—推件板；5—注射机顶出杆

（2）设计要点　一般推件板与型芯间采用 H7/f7 或 H8/f7 配合，以不产生溢边为原则。为了减小或避免推件板与型芯的摩擦，将推件板与型芯间的接触面设计成锥面，如图 3-5-13 所示。

当推件板脱出无通孔大型深腔壳类塑件时，应在型芯上设进气装置，以消除脱模时产生的真空。如图 3-5-14（a）所示为一种依靠大气压力进气的进气阀装置，图 3-5-14（b）所示是利用推杆间隙进气的形式。

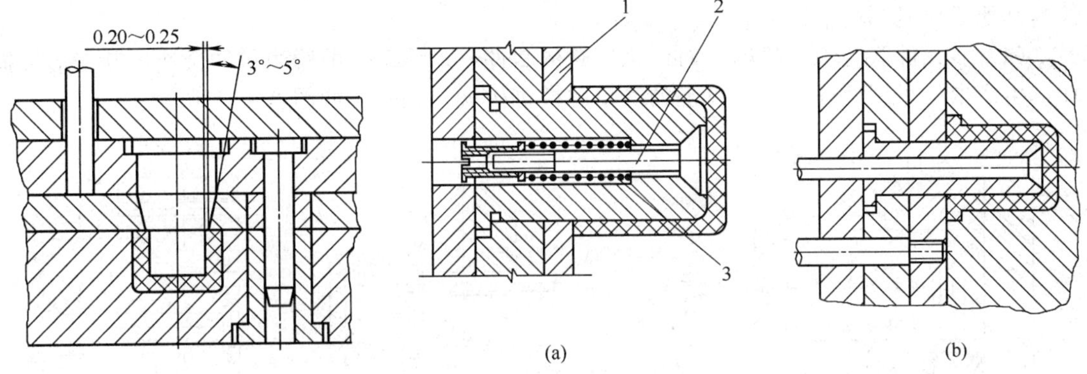

图 3-5-13　推件板与型芯的配合

图 3-5-14　推件板脱模机构的进气阀装置
1—推板；2—气阀芯；3—弹簧

4. 其他脱模机构

（1）推块脱模机构　对平板状带凸缘的塑件，如表面不允许有推出痕，使用推件板脱模会产生粘模时，可使用推块脱模机构，如图 3-5-15 所示。推块通常是型腔的组成零件，因此应具有较高的硬度和较小的表面粗糙度，并要求滑动灵活。

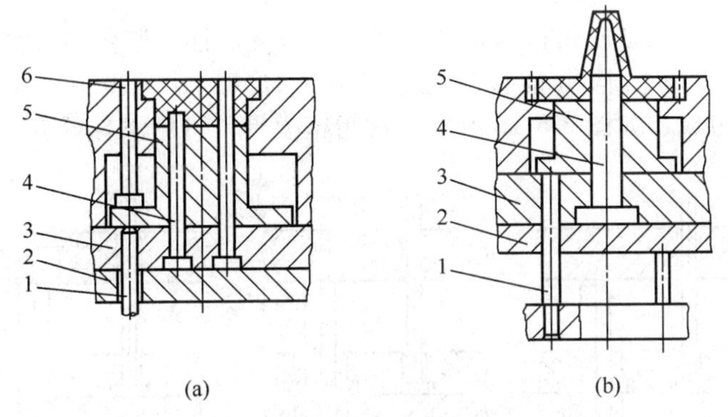

图 3-5-15　推块脱模机构
1—推杆；2—支撑板；3—型芯固定板；4—型芯；5—推块；6—复位杆

（2）活动镶件或凹模脱模机构　如图 3-5-16 是利用活动螺纹型环作脱模零件的结构。

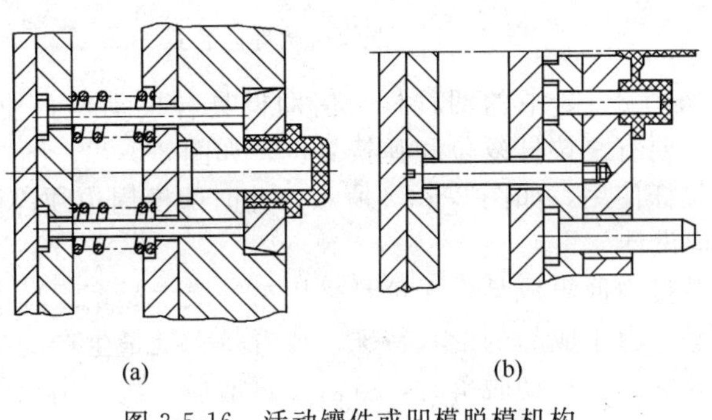

图 3-5-16　活动镶件或凹模脱模机构

推杆将螺纹型环和塑件一起推出，然后用手工或用专用工具将塑件旋出；(b) 是利用凹模板将塑件从型芯上推出的结构。开模后，需用手工或用专用工具将塑件从凹模板中取出。

(3) 气动脱模机构　指通过模内的气阀将压缩空气引入塑件和模具之间，使塑件脱模的机构。如图 3-5-17 所示气动脱模机构，压缩空气压力通常为 0.5～0.6MPa，脱模力小，多作为其他脱模机构的辅助形式。

(4) 多元件联合脱模机构　对结构复杂的塑件，采用单一的脱模机构会造成其变形或损坏，生产中可采用两种或两种以上的简单脱模机构联合脱模。如图 3-5-18 所示。

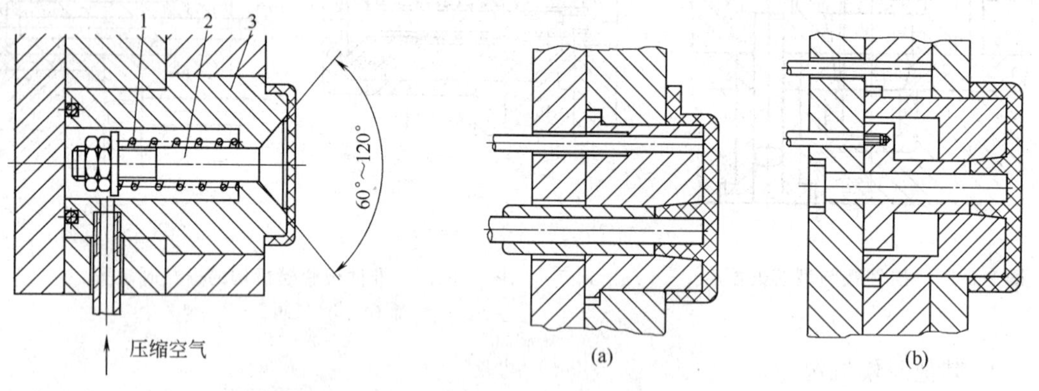

图 3-5-17　中心阀气动脱模机构
1—弹簧；2—气动推杆；3—型芯

图 3-5-18　多元件联合脱模机构

5. 脱模机构辅助零件

(1) 导向装置　为保证脱模机构运动的平稳性和灵活性，避免出现倾斜卡死的现象，需设计脱模导向装置。其结构由推板导柱 (GB/T 12555.10—1990) 和推板导套 (GB/T 12555.12—1990) 组成，如图 3-5-19 所示。对精密模具，可用滚珠导套导向。

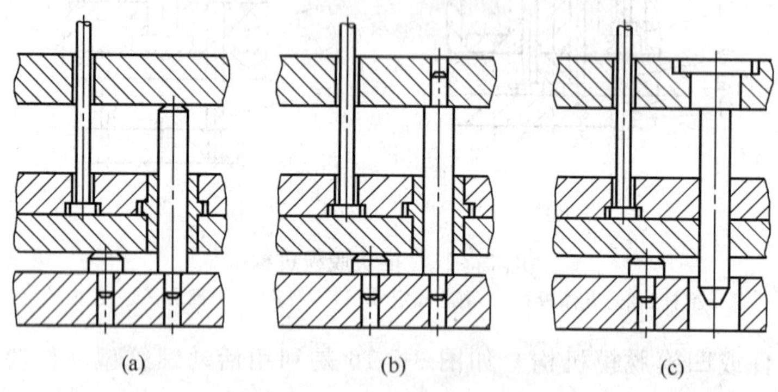

图 3-5-19　脱模机构导向装置

(2) 复位零件　如图 3-5-3 中的回程杆，借助模具合模动作，使脱模机构回到原始位置。常用的复位形式主要有复位杆复位和弹簧复位，如图 3-5-20、图 3-5-21 所示。有时也可将推杆或推管兼作复位杆使用，如图 3-5-22 所示，此时凹模周边须淬硬。

四、二级脱模机构设计

一般情况下，从模具中取出成品，无论是采用单一或者是多组件的顶出机构，其顶出动作都是一次完成。但是，由于成品的形状特殊，或者是大批量生产的要求，如果在一次顶出后，成品仍然处在模腔中无法自动脱落时，就需要再增加一次顶出动作。有些成品，因形状

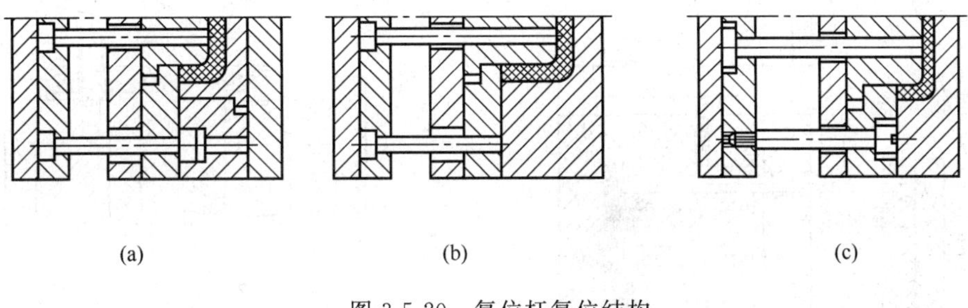

图 3-5-20　复位杆复位结构

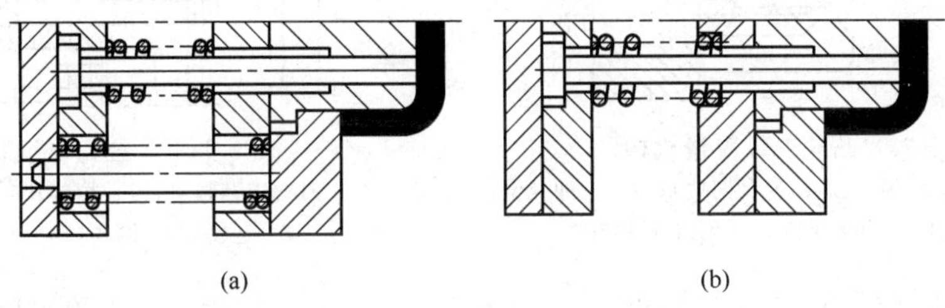

图 3-5-21　弹簧复位结构

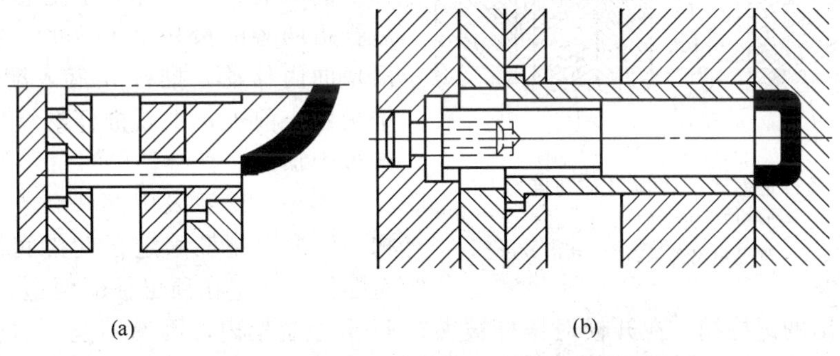

图 3-5-22　推杆（推管）兼作复位杆复位结构

特殊，一次顶出可能使制品变形。为分散脱模阻力，也分两次顶出制品。这种分两次顶出制品的顶出机构，称为二次顶出机构。

二次顶出机构，可以分为两大类：①单顶针板组合的二次顶出机构；②双顶针板组合的二次顶出机构。

1. 单顶针板组合

仅有一套顶针板组合，顶出板仅提供一次顶出；另一次顶出须配合其他机构。

图 3-5-23 所示为采用单顶出板的二级脱模机构。定模上装有对称布置的拉板 1，在开模过程中拉板 1 的钩拖动凸轮 3 使其作少许转动，凸轮顶动推板凹模 2 作短距离移动，使制品从型芯镶件上松脱，完成一级脱模，限位螺钉 5 阻止推板继续前移。第二步由顶出杆从推板凹模中顶出制件。拉伸弹簧 4 的作用是使凸轮与推板保持接触，以利合模时凸轮复位。顶板依靠反推杆复位。

类似的机构如图 3-5-24 所示，装在模具两旁的拉钩代替了凸轮，拉钩拖动推板（凹模）作定距离移动，完成一级脱模后被动模边的凸轮顶起而脱钩。推杆再从凹模中顶出制件。

图 3-5-25 所示制品，胶位形状深且细，易在此位困气。此处用固定镶针排气，易堵死。如用细顶针顶出，易折断。采用延迟式二级顶出，能有效解决这一问题。

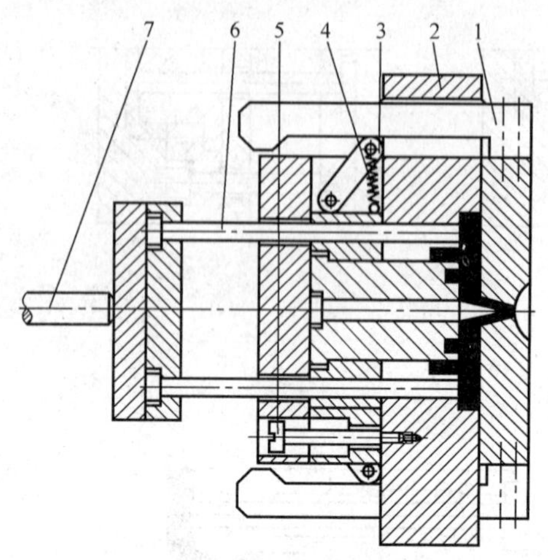

图 3-5-23 凸轮二级脱模机构

1—拉板；2—推板凹模；3—凸轮（摆块）；4—拉伸弹簧；5—限位螺钉；6—推杆；7—注射机顶杆

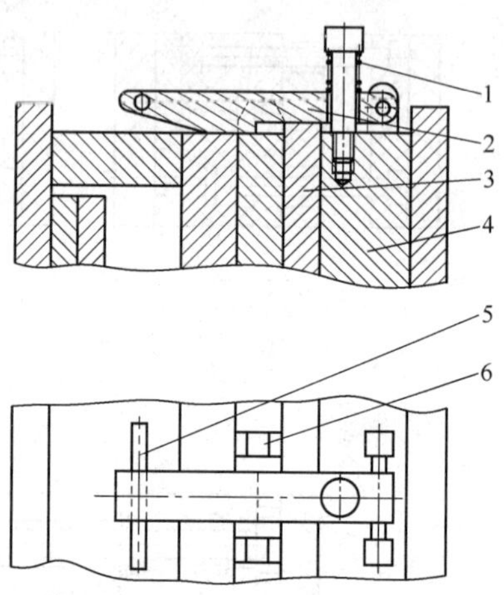

图 3-5-24 拉钩二级脱模机构

1—压缩弹簧；2—拉钩；3—推板凹模；4—定模；5—圆销；6—凸轮（凸块）

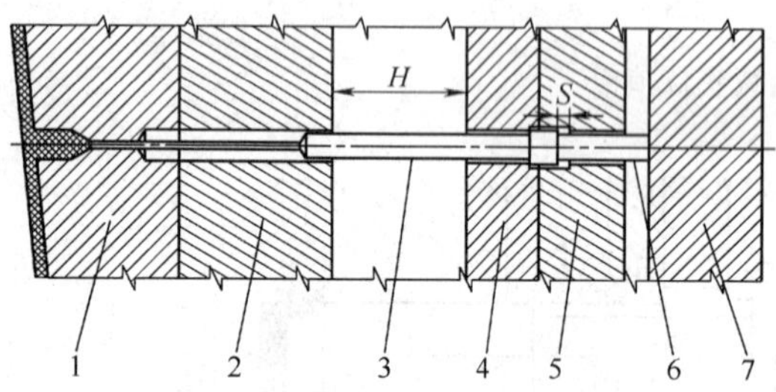

图 3-5-25 延迟式二次顶出有利排气

1—动模镶块；2—动模板；3—顶针；4—顶针固定板；5—推板；6—延迟顶出顶针；7—动模座板

图 3-5-26 所示为单顶出板两级脱模的另一种形式，开模时顶出板带动推板和中央推杆一同向前，制件脱离主型芯，到一定位置后推板两旁的滑块 2 和压块 4 的斜面相撞，滑块向内移动，推杆 5 落入滑块 2 的孔中，推板停止前进，中心推杆继续前进将制件从推板中顶出。

图 3-5-27 系采用摆杆完成二级脱模的结构。U 形限制架固定在动模底板的两边，两对摆杆 2 固定在顶出板的两边，推板（凹模）两侧有两个凸出的圆柱销。在开模时摆杆被夹在 U 形限制架内，因而不能左右分开。当顶出板向前运动时，通过摆杆推动圆柱销 5 使推板凹模 7 移动，制件即与动模型芯相分离，完成一次脱模。摆杆脱离 U 形限制架后，限位螺钉 6 将推板凹模 7 限位，圆柱销 5 克服弹簧的拉力，使摆杆向两边分开，顶出板继续向前运动。由推杆 3 将制品从凹模内脱出。

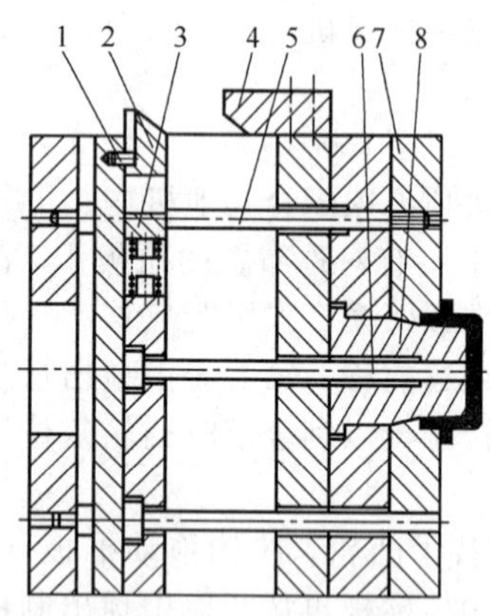

图 3-5-26 滑块二级脱模机构

1—限位钉；2—滑块；3—压缩弹簧；4—压块；5—推杆；6—中心推杆；7—推板；8—主型芯

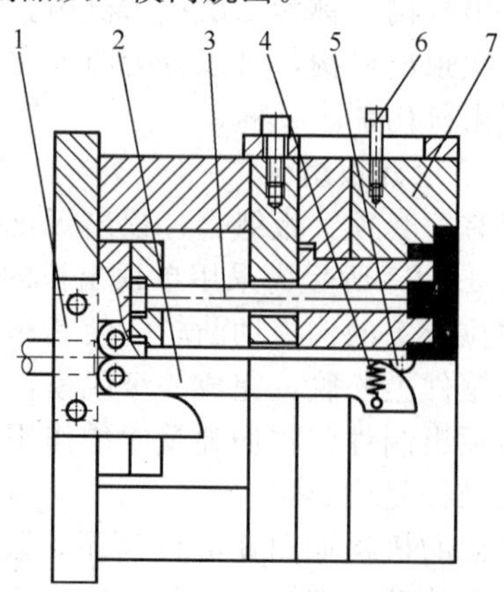

图 3-5-27 摆杆二级脱模机构

1—U 形限制架；2—摆杆；3—推杆；4—拉伸弹簧；5—圆柱销；6—限位螺钉；7—推板凹模

2. 双顶出板组合

采用两组顶出板的二级脱模机构如图 3-5-28～图 3-5-31 所示。图 3-5-28 所示为拉钩楔块式二级脱模机构。制件为一精度很高的十字轮，为避免一次脱出变形而采用二级脱模机构。一级顶出板 1 与二级顶出板 2 之间通过拉钩 3 连成一体，在开始顶出时两板一齐动作，一级顶板上的推杆使推板运动，制件与型芯相分离，完成一级脱模。当拉钩 3 碰到楔块 8 发生转动后，一、二级顶板互相脱钩，紧接着推板在限位螺钉 7 作用下停止前进，二级顶出板 2 和二级推杆 5 继续前进将制件从推板内顶出。二级顶板上有复位的反推杆，在复位时，推动一级推杆复位。图 3-5-29 所示为拉钩斜面二级脱模结构，一、二级推杆间通过另一种形式的拉钩相连接，拉钩碰到型芯垫板的斜面而脱钩，其动作原理同上。

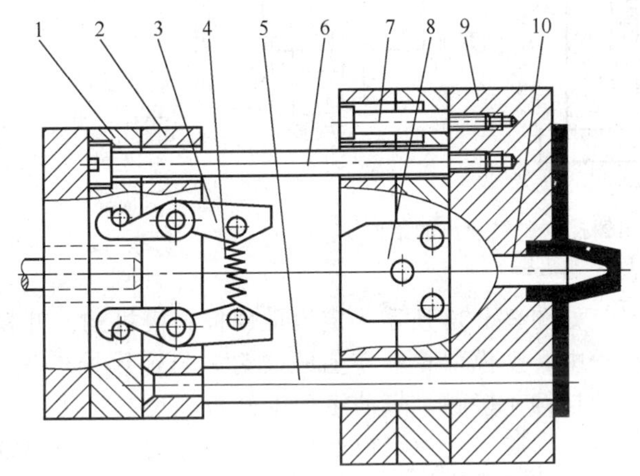

图 3-5-28　拉钩楔块式二级脱模机构

1—一级顶出板；2—二级顶出板；3—拉钩；4—拉伸弹簧；5—二级推杆；6—一级推杆；7—限位螺钉；8—楔块；9—推板凹模；10—型芯

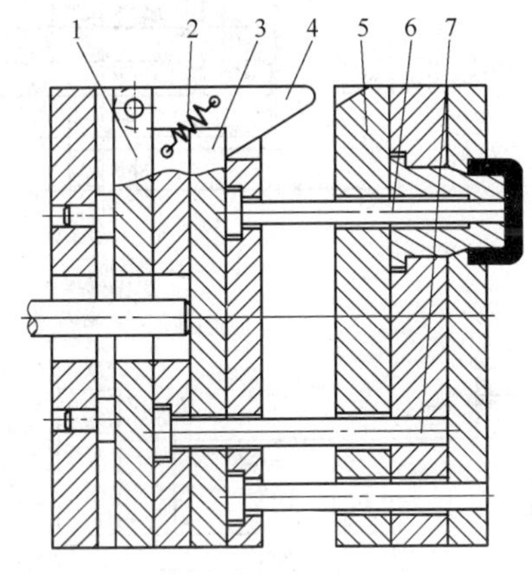

图 3-5-29　拉钩斜面二级脱模机构

1—一级顶出板；2—拉伸弹簧；3—二级顶出板；4—拉钩；5—型芯固定板；6—二级推杆；7—一级推杆

图 3-5-30 所示是用八字形转板完成二级脱模的结构，一、二级推板间有垫块。开始顶出时两级推板一齐运动，这时推板凹模 8 和二级推杆 6 同时作用于制件，使之与主型芯相分离。之后大推板撞动八字形转板，转板绕轴转动，转板前端快速运动推动小推板，小推板 4 及二级推杆 6 的运动速度大于推板凹模 8 的运动速度，从而使制件从推板凹模 8 内脱出。整个顶出机构的复位靠小推板上的回程杆完成。

图 3-5-31 为利用开闭器控制二级顶出的结构。件 1 与件 2 为顶出块。一级顶出板与二级顶出板间装有开闭器，一级顶出距离为 29.7mm。当板 C 的端面与台阶 E 相碰，板 C、D 停止顶出，板 A、B 继续移动，实现二级顶出。

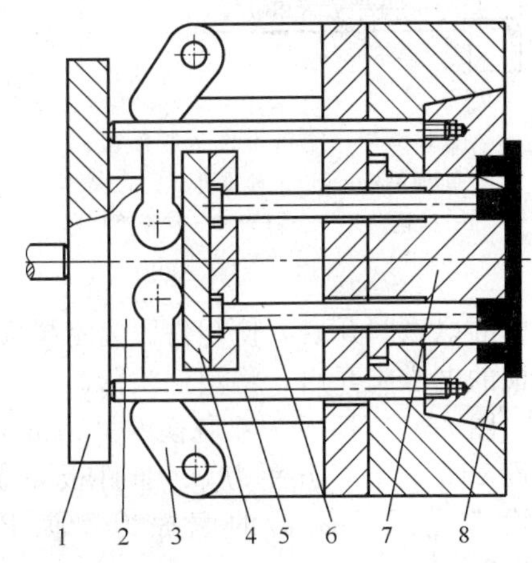

图 3-5-30　八字形转板二级脱模机构

1—大（一级）推板；2—垫板；3—八字形转板（摆块）；4—小（二级）推板；5—一级推杆；6—二级推杆；7—型芯；8—推板凹模

五、定模脱模及双脱模机构设计

1. 定模脱模机构

由于塑件的特殊形状或特殊要求，开模时塑件滞留在定模一侧，此时必须设置定模脱模机构。

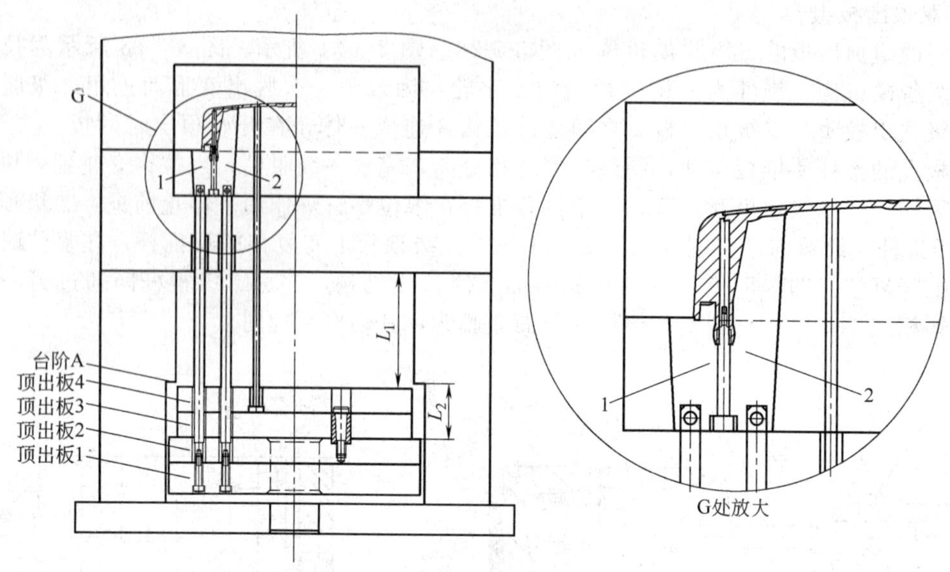

图 3-5-31 开闭器控制二级顶出的结构

1,2—顶出块

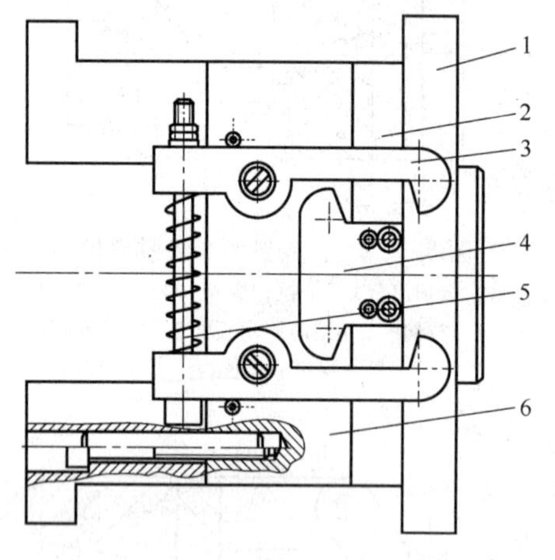

图 3-5-32 定模推件板脱模机构

1—定模座板；2—定模推件板；3—摆钩；4—挂钩；5—支承杆；6—动模型腔板

如图 3-5-32 所示为定模推件板脱模机构。开模过程中，动模型腔板 6 上的摆钩 3 与定模推件板 2 上的挂钩 4 接触，带动定模推件板 2 运动，将塑件从定模内脱出。当定模推件板被限位后，动模继续运动，使定模推件板上的挂钩与动模板上的摆钩脱离。合模时，由于摆钩的摆动，能使摆钩复位。

2. 双脱模机构

对形状特殊的塑件，开模后留定模、动模上的可能性都存在时，应设置双脱模机构。通常在模具分型时，定模脱模机构先动作，将塑件推向动模一侧，然后动模脱模机构将塑件脱出。

如图 3-5-33 所示为弹簧推杆双脱模机构，开模时，在弹簧的作用下，顶针使制品从定模边脱出。由顶针完成制品动模边的脱出。合模时，复位杆将定模边的顶出机构复位。

如图 3-5-34 为气压双脱模机构。开模时，首先定模的电磁阀开启，使塑件脱离定模而随型芯运动，然后使定模电磁阀关闭。开模结束时，动模的电磁阀开启，将塑件吹落。

图 3-5-35 所示为双脱模的另一机构。该机构设计有两个分模面 PL_1、PL_2，由弹簧将分模面 PL_1 打开，开距为 L。推件板完成定模边的脱出。限位螺钉将 PL_1 面限位后，成型机开模力克服开闭器的摩擦力，使 PL_2 面打开，然后完成动模边的脱出。L 一般取 10～20mm。

六、浇注系统凝料脱模机构设计

除针点浇口和潜伏浇口外，其他形式的浇口，其浇注系统凝料与塑件是连在一起脱模的。为提高生产自动化程度，不仅要求塑件自动脱模，而且要求浇注系统凝料也能自动脱落。

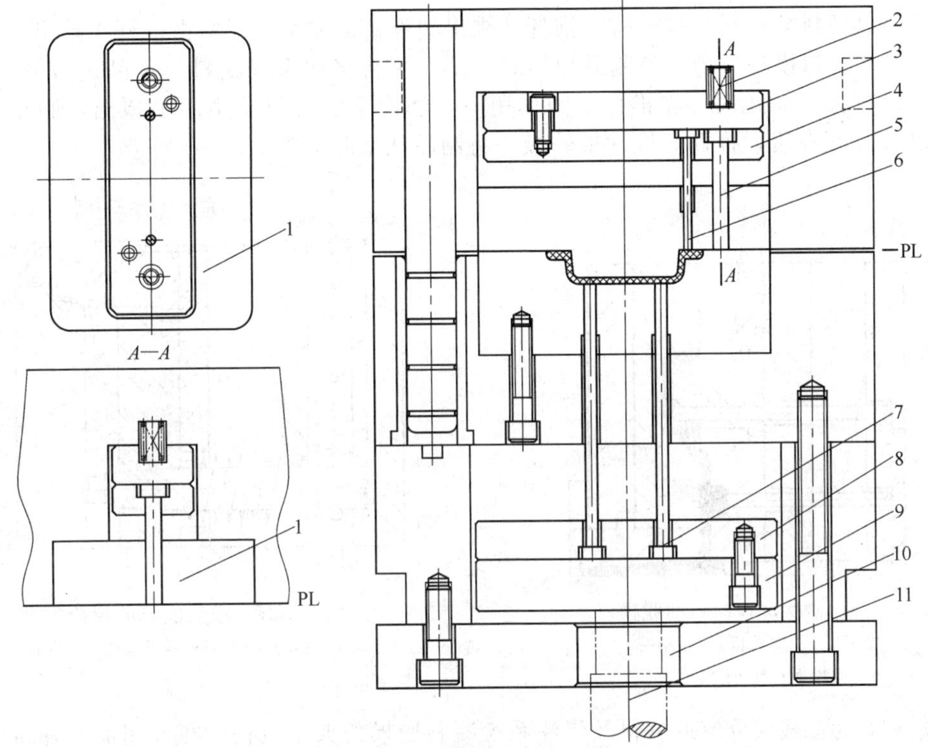

图 3-5-33　弹簧推杆双脱模机构

1—定模板；2—弹簧；3—定模顶出底板；4—定模顶出固定板；5—复位杆；6—定模推杆；7—动模推杆；8—动模顶出固定板；9—动模顶出板；10—顶杆孔；11—成型机顶杆

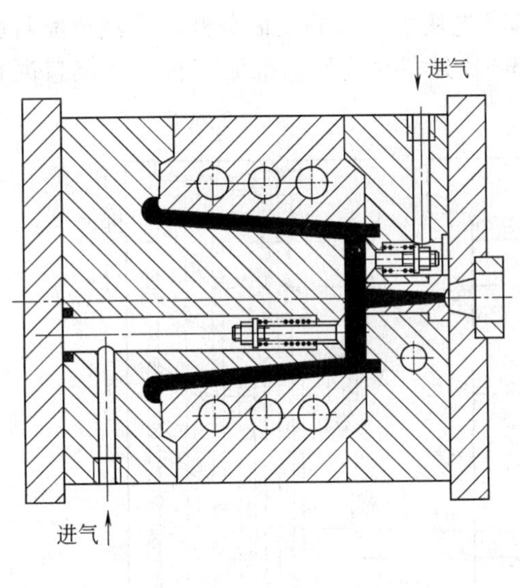

图 3-5-34　气压双脱模机构

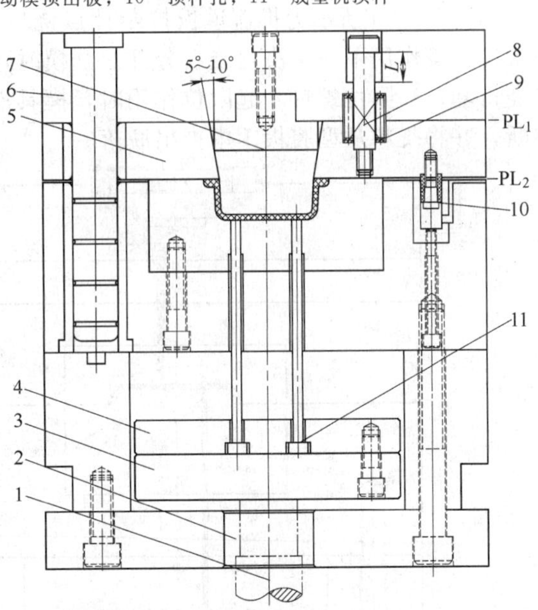

图 3-5-35　弹簧推板与顶针双脱模机构

1—成型机顶杆；2—顶杆孔；3—顶出板；4—顶出固定板；5—推件板；6—定模座板；7—型芯；8—行程控制螺钉；9—弹簧；10—开闭器；11—推杆

采用潜伏浇口进浇的塑件，在脱模过程中，浇口凝料被自动切断，故须设置脱模零件，分别将塑件和浇注系统凝料脱出。如图 3-5-36 所示，开模时，塑件随型芯 4 从定模板 6 中脱出，同时浇口凝料被切断。脱模时，推杆 2 推出塑件，浇注系统凝料由推杆 1 推出。

对潜伏式浇口模具，为避免制品顶出时变形，可将浇注系统凝料与制品进行分级顶出，如图 3-5-37 所示。顶出时，在推杆 3 的作用下，浇注系统凝料从型芯中顶出，制品与浇口切断；顶出 L 距离后，推杆 2 推动推件板 4 将制品从型芯上脱出。

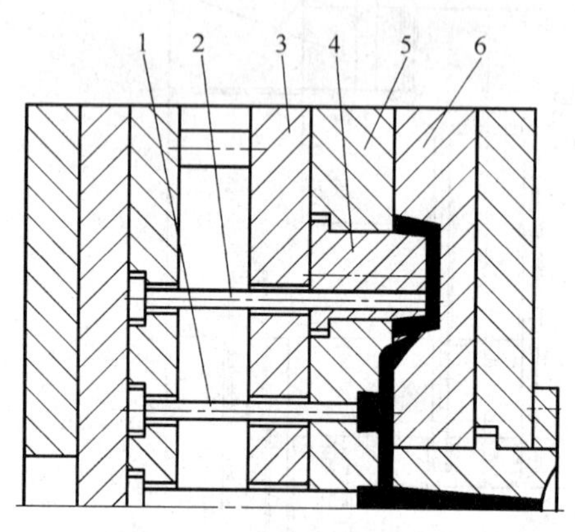

图 3-5-36 潜伏浇口凝料的脱模
1,2—推杆；3—支承板；4—型芯；5—动模板；6—定模板

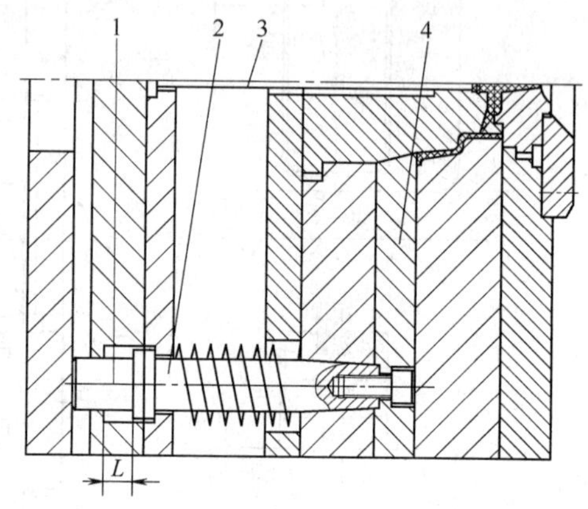

图 3-5-37 潜伏浇口的超前顶出
1—浮动杆；2,3—推杆；4—推件板

图 3-5-38 为三板模分流道拉料及浇注系统凝料脱模的典型机构。在开闭器及弹簧的作用下，模具从 PL_1 面先打开，开距为 L；再从 PL_2 面打开，开距为 10mm。PL_1 面打开的目的是拉断针点浇口，PL_2 面打开的目的是将流道凝料从主流道衬套中拉出，并在拉料杆上刮下。

如图 3-5-39 所示为推流道板拉断针点浇口凝料的结构。开模前注射机喷嘴后退，浇口套 6 在弹簧作用下与主浇道凝料分开。开模时，模具先从 A—A 分型面分开，主浇道凝料脱出浇口套；当限位螺钉 4 起限位作用时，模具沿 B—B 分型面分型，推流道板 3 将浇口凝料拉断，并将凝料从型腔板 1 中推出脱落。

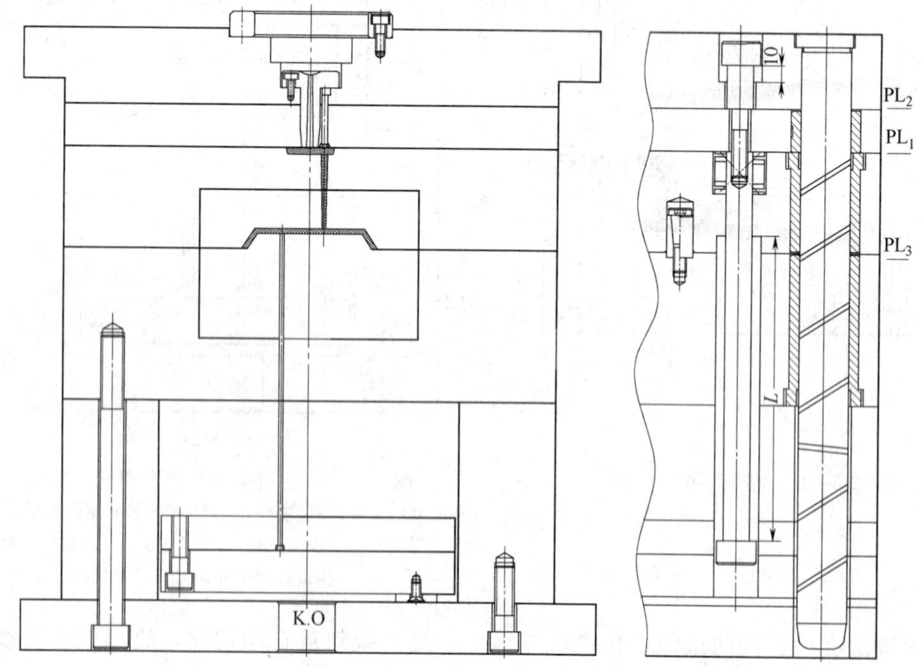

图 3-5-38 三板模分流道拉料及浇注系统凝料脱模机构

图 3-5-40 所示为利用浇口（水口）弹柱脱出针点浇口凝料的结构。主流道衬套底部有倒锥，开模时，在流道拉料杆和主流道衬套底部倒锥的作用下，凝料从 A 点断开；在浇口（水口）弹柱中的弹簧作用下，从流道拉料杆上和主流道衬套中脱出凝料。图 3-5-40（b）为针点浇口凝料拉料杆及浇口凝料的弹出结构。

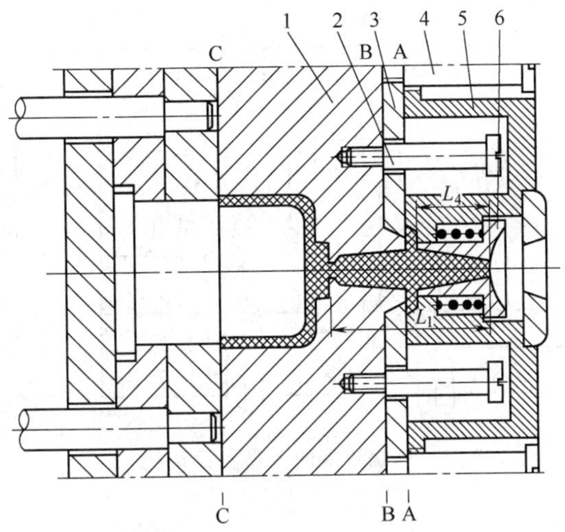

图 3-5-39　推流道板拉断针点浇口凝料

1—型腔板；2，4—限位螺钉；3—推流道板；5—定模座板；6—浇口套

七、螺纹塑件脱模机构设计

螺纹塑件的脱模可分为旋转脱模和非旋转脱模两大类。

1. 非旋转脱模

（1）强制脱螺纹　对聚烯烃类柔性材料的塑件内螺纹，可采用推件板将塑件从螺纹型芯上强制脱出，适用于精度要求不高的粗牙螺纹塑件。

（2）外螺纹侧向分型脱模　对精度要求不高的外螺纹塑件，可采用瓣合螺纹型环成型，如图 3-5-41 所示。

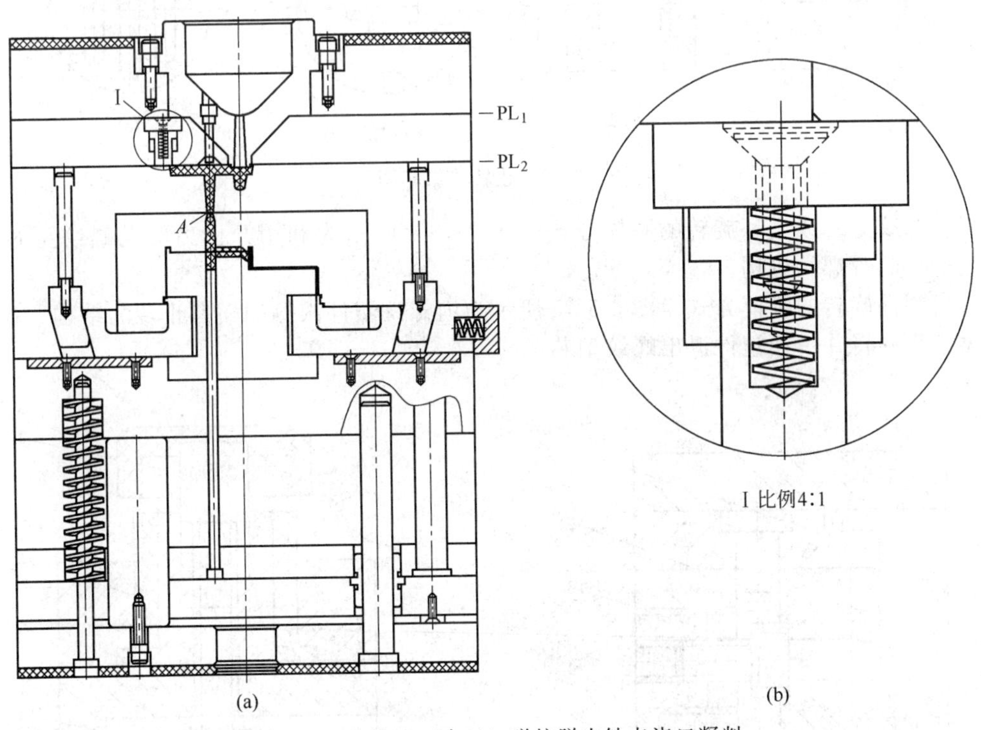

图 3-5-40　浇口（水口）弹柱脱出针点浇口凝料

（3）活动螺纹型芯或型环　将螺纹型芯或型环随塑件一起脱模，在模外与塑件分离，如图 3-5-42（a）为活动螺纹型芯模外脱模机构，图 3-5-42（b）为活动螺纹型环模外脱模机构。

2. 模内旋转脱模

是指螺纹塑件成形后，在模内使塑件与螺纹型芯（或型环）产生相对旋转运动从而实现脱模的方式。塑件必须有止转的结构。如图 3-5-43 所示为止转花纹和图案。

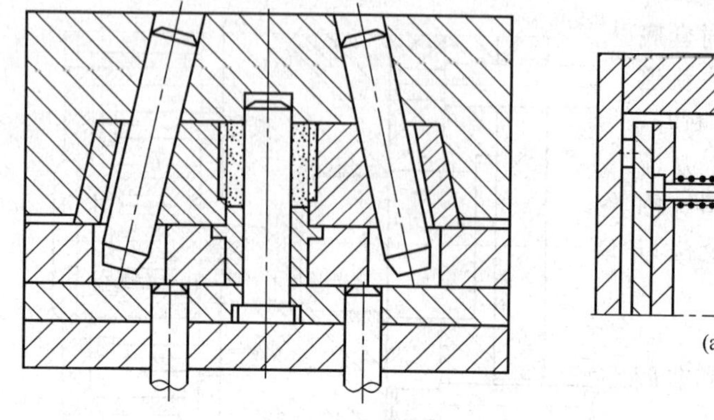

图 3-5-41 外螺纹侧向分型脱模机构

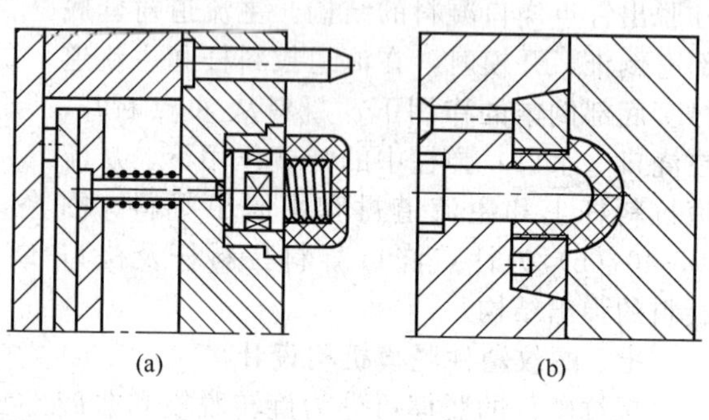

图 3-5-42 活动螺纹型芯或型环脱模机构

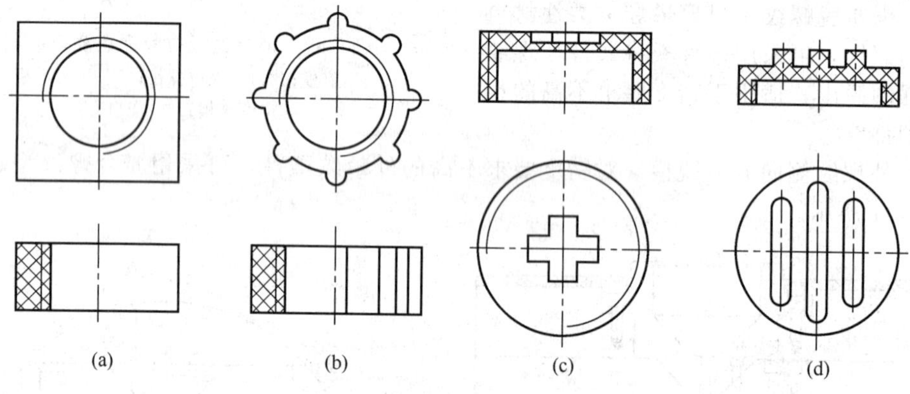

图 3-5-43 止转花纹和图案

（1）螺纹型芯或型环旋转的脱模方式 图 3-5-44 所示为利用开模力驱动螺纹型芯 3 旋转退出塑件的脱螺纹机构。

（2）塑件旋转的脱模方式 图 3-5-45 所示为内螺纹塑件内侧端面有止转的结构。齿轮 4 驱动型芯 1 旋转并带动塑件退出螺纹型芯 3。

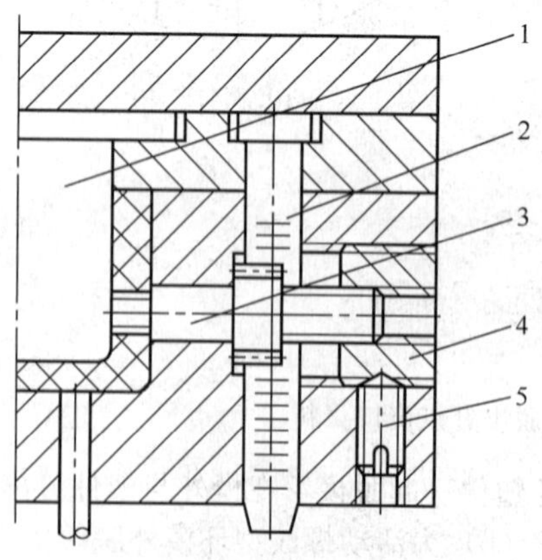

图 3-5-44 开模力驱动螺纹型芯旋转脱螺纹机构

1—型芯；2—齿条；3—螺纹型芯；4—导向套；5—定位钉

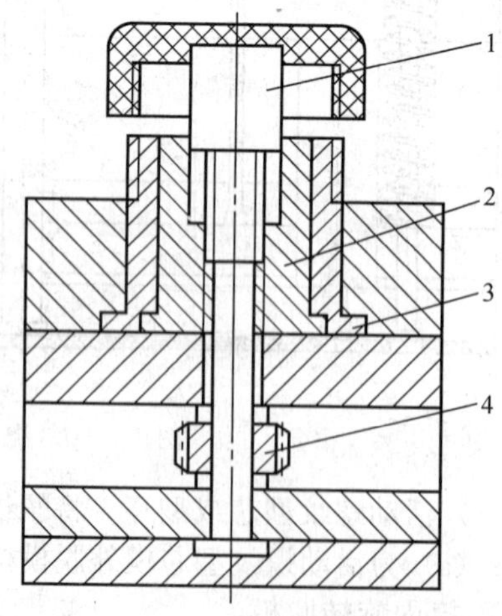

图 3-5-45 内螺纹塑件内侧端面有止转的结构

1—型芯；2—螺母；3—螺纹型芯；4—齿轮

图 3-5-46 所示为外螺纹制品内部止转的结构。脱模时齿轮 4 驱动型芯 1 旋转并带动塑件沿轴向退出螺纹型环 2，然后由推杆 3 将塑件脱出型芯 1。

(3) 塑件轴向退出的脱模方式　根据旋转力的来源，塑件轴向退出的脱模方式可分为手动模内旋转脱模、开模力旋转脱模、外力旋转脱模和液压驱动旋转脱模机构。

图 3-5-47 所示为手动旋转脱螺纹机构。开模后，用手轮转动轴 1，通过齿轮 2、3 的传动，使螺纹型芯 7 旋转，塑件轴向退出，在弹簧 4 的作用下，活动型芯 6 与塑件同步移动起止转作用，并将塑件推离螺纹型芯 7。

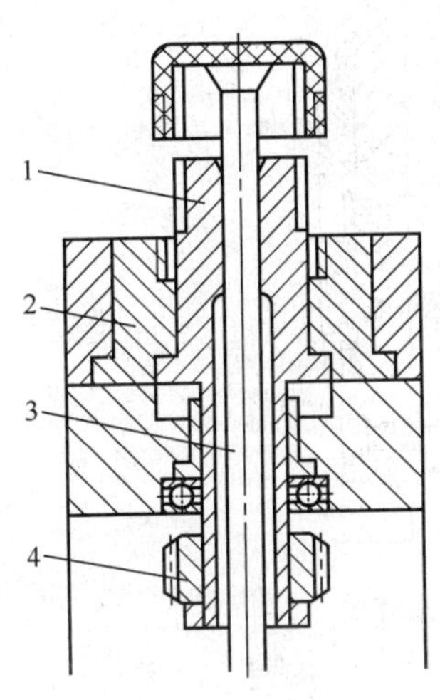

图 3-5-46　外螺纹制品内部止转结构

1—型芯；2—螺纹型环；3—推杆；4—齿轮

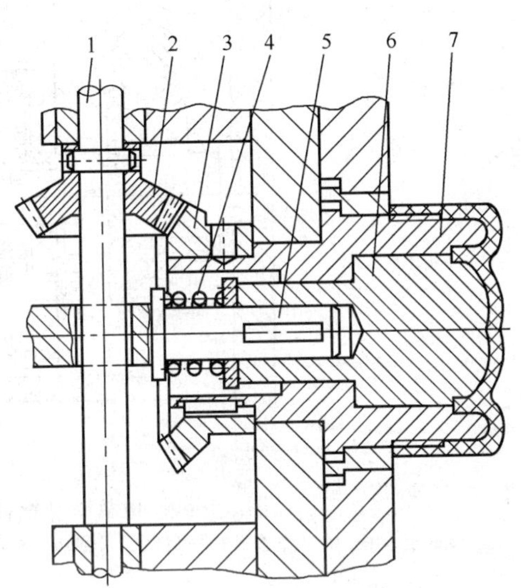

图 3-5-47　手动旋转脱螺纹机构

1—轴；2,3—齿轮；4—弹簧；5—花键轴；6—活动型芯；7—螺纹型芯

图 3-5-48 所示为开模力旋转脱螺纹机构。开模时齿条 1 驱动齿轮 2、轴 3 以及齿轮 4、5、6、7 转动，使螺纹型芯 8 和拉料杆 9（头部有螺纹）旋转，塑件依靠浇口止转，沿轴向退出。

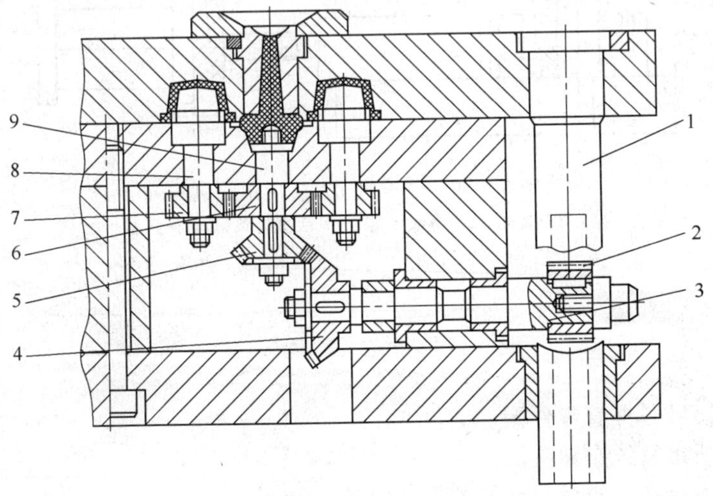

图 3-5-48　开模力旋转脱螺纹机构

1—齿条；2,4～7—齿轮；3—轴；8—螺纹型芯；9—拉料杆

图 3-5-49 所示为电机带动蜗杆蜗轮旋转脱螺纹机构。开模时，电机带动蜗杆 3 驱动蜗轮 4，通过齿轮 5，使螺纹型环 6 旋转。在弹簧 2 的作用下，止转针 8 始终与螺纹塑件同步移动，塑件沿轴向退出。

图 3-5-50 所示为液压驱动旋转脱螺纹机构。开模时，由液压缸驱动活塞齿条 4，使螺纹型芯 2 旋转，塑件依靠浇注系统凝料止转并沿轴向退出。

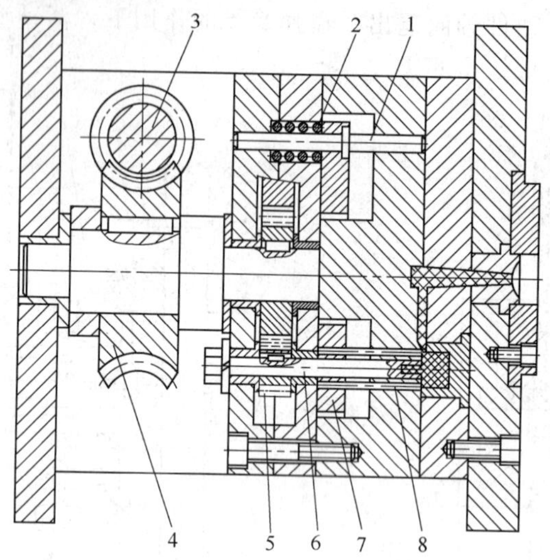

图 3-5-49 电机带动蜗杆蜗轮旋转脱螺纹机构

1—复位杆；2—弹簧；3—蜗杆；4—蜗轮；5—齿轮；6—螺纹型环；7—托板；8—止转针

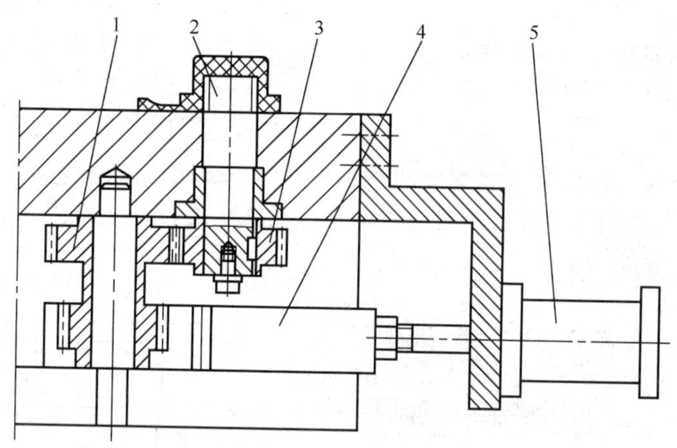

图 3-5-50 液压驱动旋转脱螺纹机构

1,3—齿轮；2—螺纹型芯；4—活塞齿条；5—液压缸

学习活动（3-5）

实操：

1. 绘制顶针、推管零件图。
2. 绘制顶出系统布置图。
3. 标注顶针孔、推管配合孔的尺寸公差。
4. 绘制开模控制机构组成零件的零件图。

3.5.3　总结与提高

一、总结与评价

请按照本模块学习目标的要求，小组成员互相检查，总结模具制品及浇注系统凝料脱出的文字表述，顶针、推管的零件图、顶出系统布置图绘制，顶针孔、推管配合孔的尺寸公差标注，开模控制机构组成零件的零件图绘制等工作任务完成情况，用文字简要进行自我评价，并对小组中其他成员的任务完成情况加以评价。你和小组其他成员，哪些方面完成得较好，还存在哪些问题？

二、知识与能力的拓展——顶针布置图与模板零件图的绘制

图 3-5-51 所示为电子配件模具结构简图，随书盘/模块 3/阅读材料/任务 5 文件夹中附有图 3-5-51 所示模具的生产用装配图。现以图 3-5-51 所示模具为例，说明现代企业注射模顶针布置图模板零件图的表达。

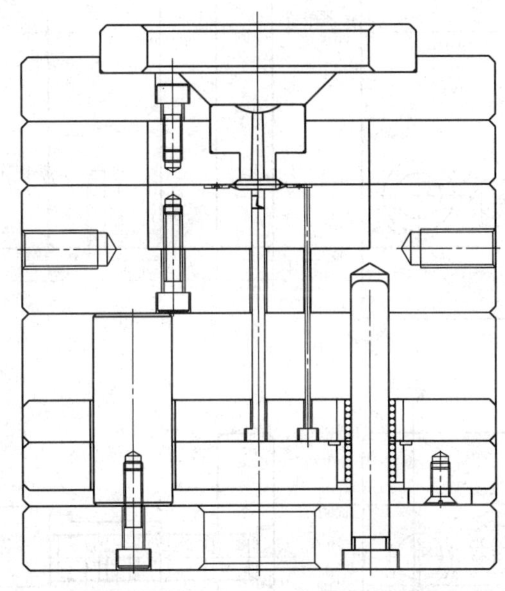

图 3-5-51　电子配件模具结构简图

在模具制造企业，模胚一般为外购件。各模板上的螺钉孔、导柱与导套孔、回程杆安装及配合孔，导柱、导套、回程杆等零件均已加工。各零件装配在一起，成为模胚。如图 3-5-52 所示为该生产案例所使用的模胚。

但组成模胚的各模板上安装模仁、推出机构、支撑机构等的结构，模板上的冷却通道等需自行加工。

测绘各模板的零件图时，对模胚上已有的螺钉孔、导柱导套孔、回程杆孔等结构，可不标注尺寸。但需自行加工的结构，则需按要求标注出相关尺寸及技术要求。

图 3-5-53～图 3-5-58 为图 3-5-51 所示模具结构上各模板的零件图，图 3-5-59 为顶针布置图。这些视图均为第三角投影视图。图中相关尺寸未标注公差值，而在模具零件图及模具装配图的标题栏中用“X. ±0.1，. X±0.05，. XX±0.02，. XXX±0.005”等形式表达，公差值系由模具加工设备的精度保证的。

上述各图样中标注有模具中心线、成品中心线字样。这是为保证模具的加工与装配精度而设置的。各结构的定位尺寸的注法通常采用坐标标注方法。在 AutoCAD 中用 UCS 命令设置的坐标原点通常为模具中心。对各零件作尺寸标注时，也往往选取模具中心或成品中心作为尺寸标注的基准。

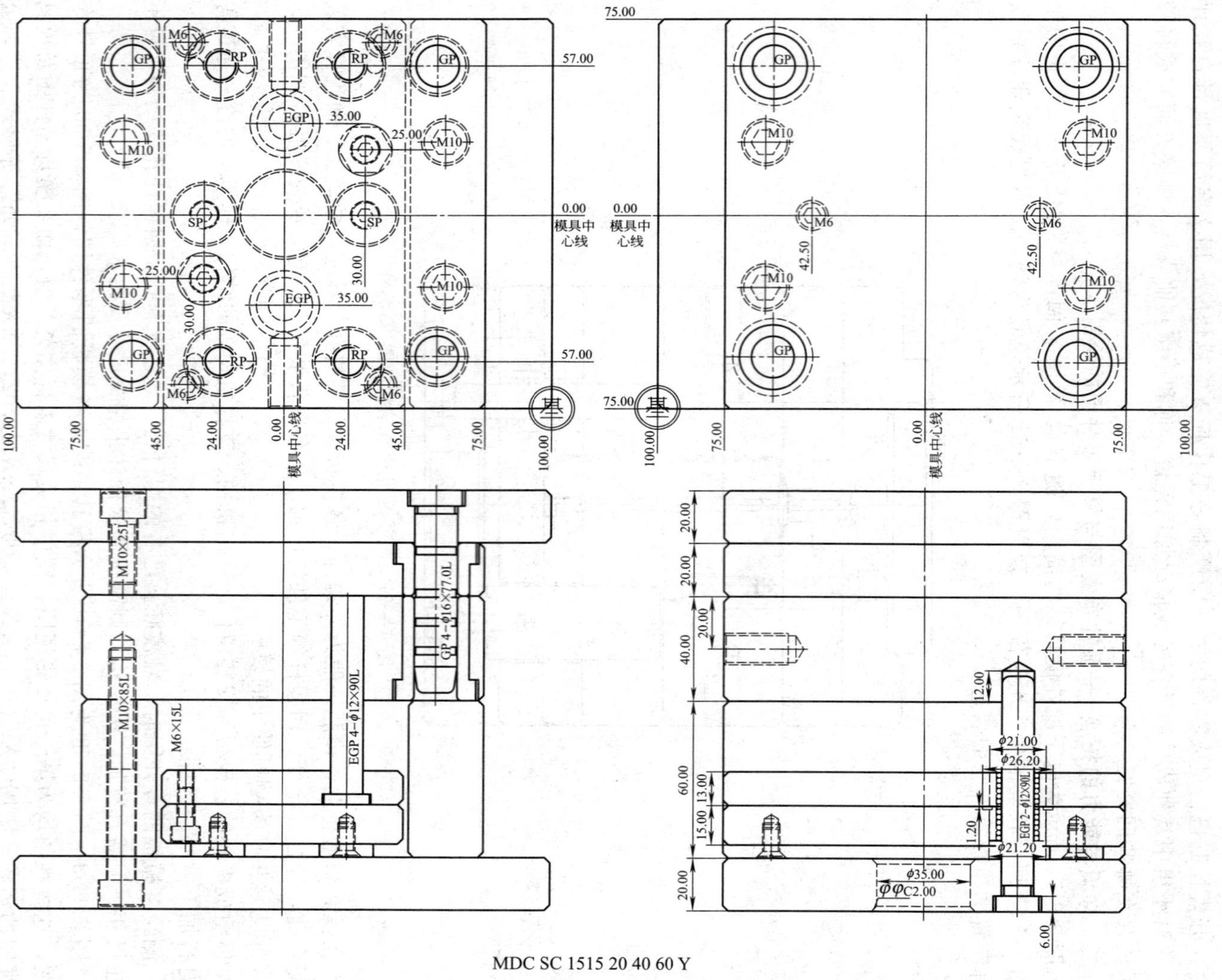

MDC SC 1515 20 40 60 Y

图 3-5-52 （Futaba）MDC SC 1515 20 40 60 Y 模胚结构

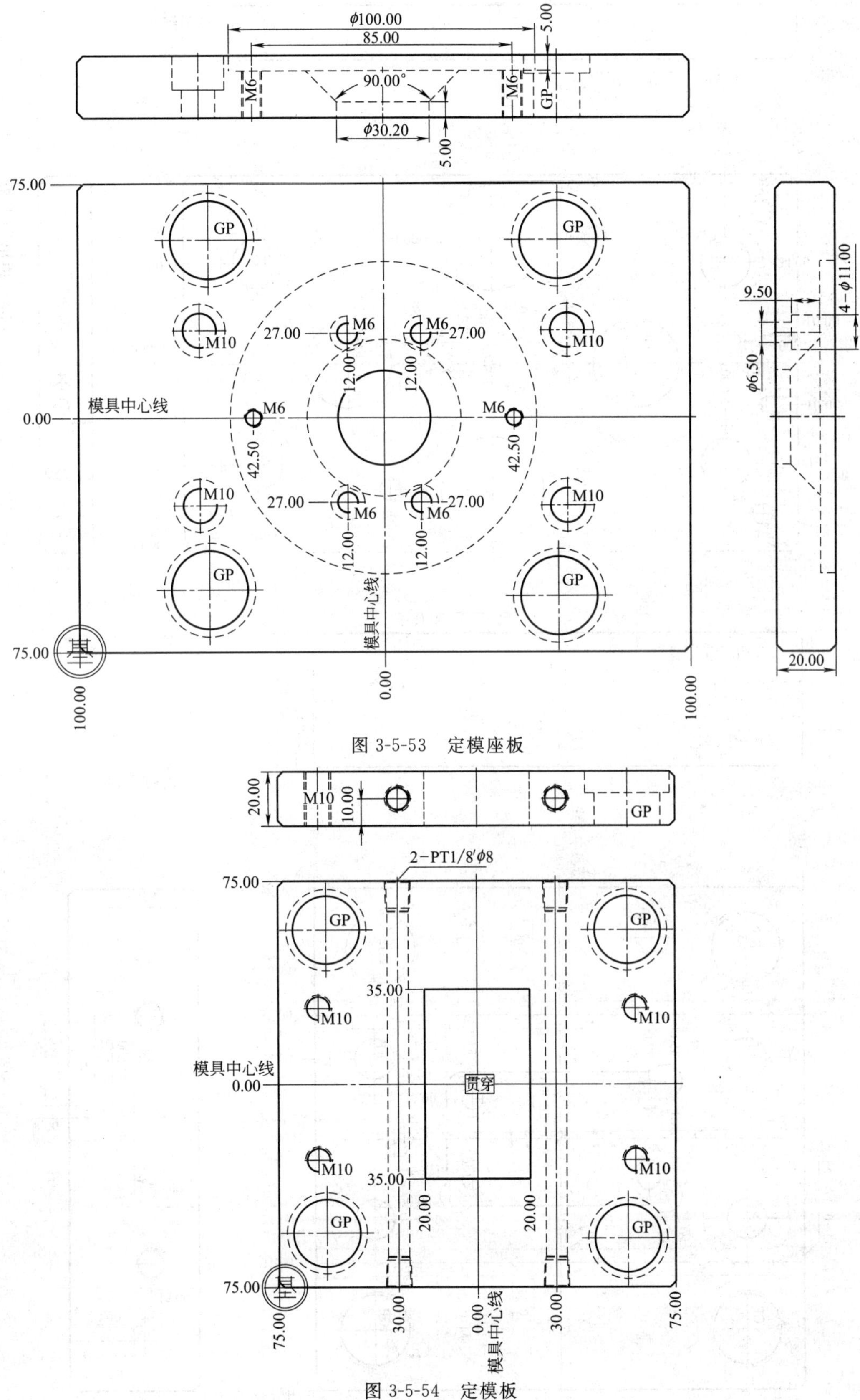

图 3-5-53　定模座板

图 3-5-54　定模板

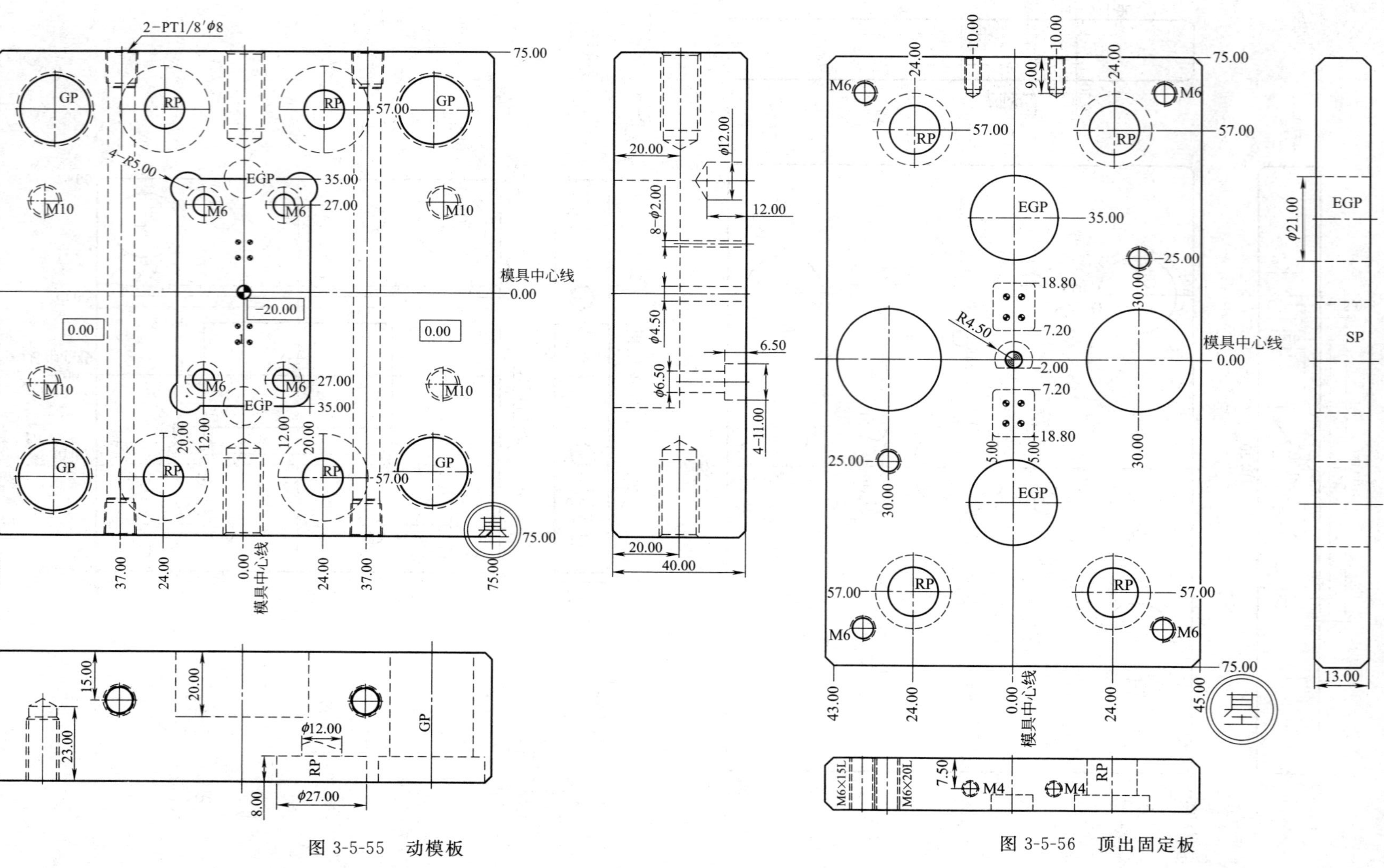

图 3-5-55 动模板

图 3-5-56 顶出固定板

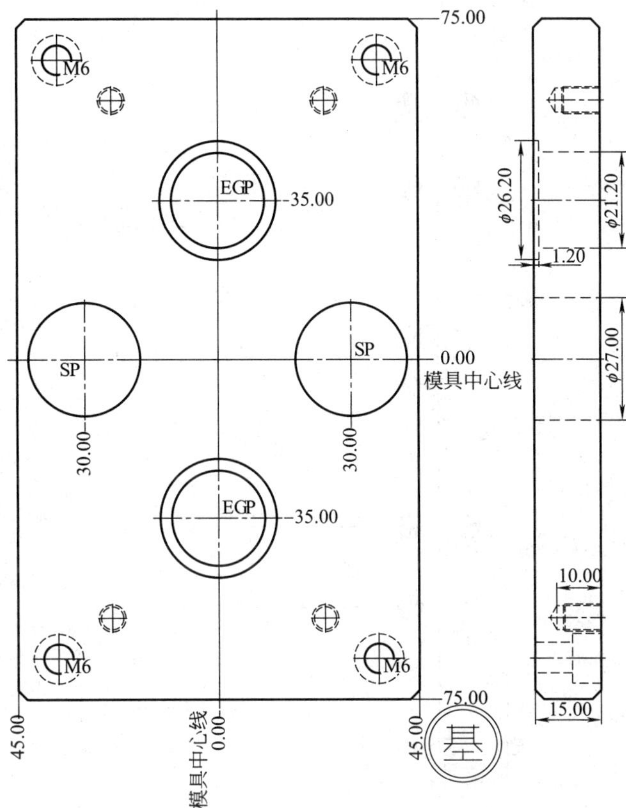

图 3-5-57　顶出板

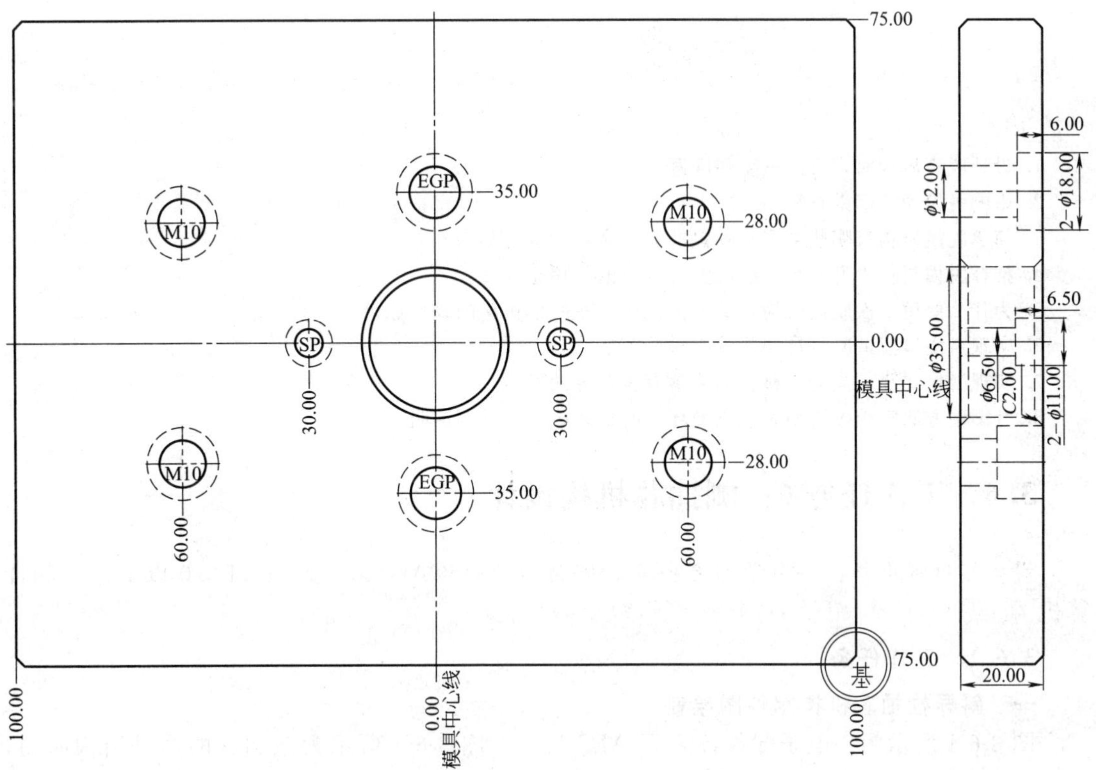

图 3-5-58　动模座板

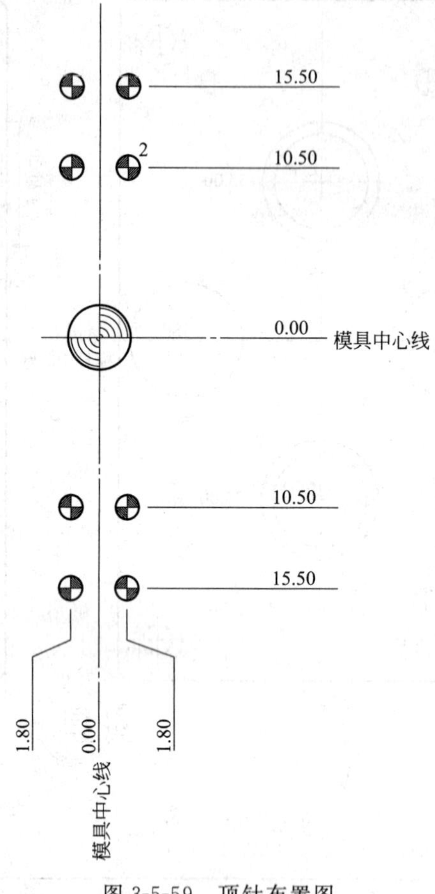

图 3-5-59 顶针布置图

思 考 题

1. 设计脱模机构时，要注意哪些问题？
2. 影响脱模力的因素有哪些？
3. 简单脱模机构有哪些类型？各自的特点和适用场合如何？
4. 推杆脱模机构由哪几部分组成？各部分的作用是什么？
5. 为什么要用二次脱模机构？试举例说明二次脱模机构的动作原理。
6. 实现点浇口流道凝料自动坠落有哪些方法？
7. 实现潜伏式浇口流道凝料自动坠落有哪些方法？
8. 有哪些方法实现螺纹型芯（或型环）的自动旋出？举例说明。

3.6 工作任务6：侧抽芯机构设计

设备与材料准备：每个学习者备1台安装有AutoCAD2004及Pro/E2.0以上版本的计算机。

3.6.1 工作任务

一、斜导柱抽芯机构零件图绘制

图3-6-1所示为一电子配件，采用ABS材料。图3-6-2所示为该制品的模具结构简图，随书盘/模块3/图片/任务6/3-6-2中附有该模具生产用装配图。随书盘/模块3/阅读材料/

任务 6/3-6-2 中附有滑块、侧型芯镶块、动模仁、定模仁的三维 .prt 文档。读模具结构图。

① 在二维图中标出抽拔距、定位距、抽拔所需开模距、抽拔角、锁模角。

② 测绘斜导柱、滑块、侧型芯镶块、锁紧块的零件图。

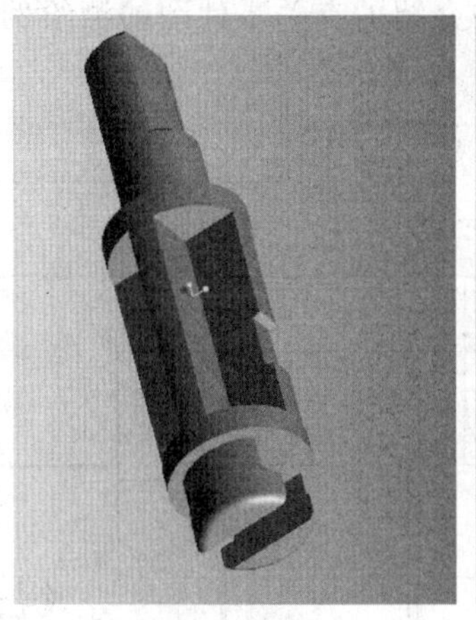

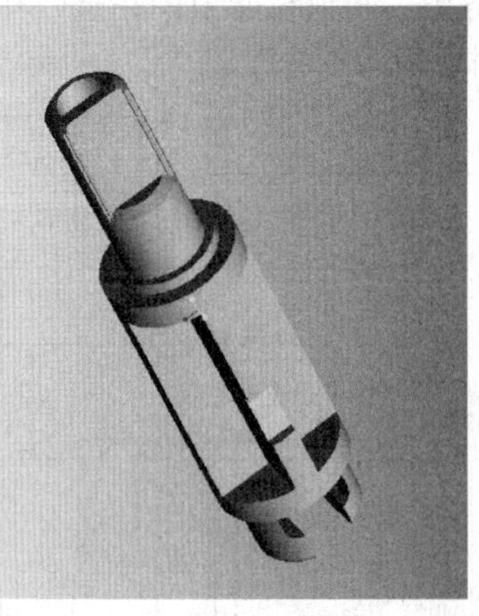

图 3-6-1　电子配件制品图

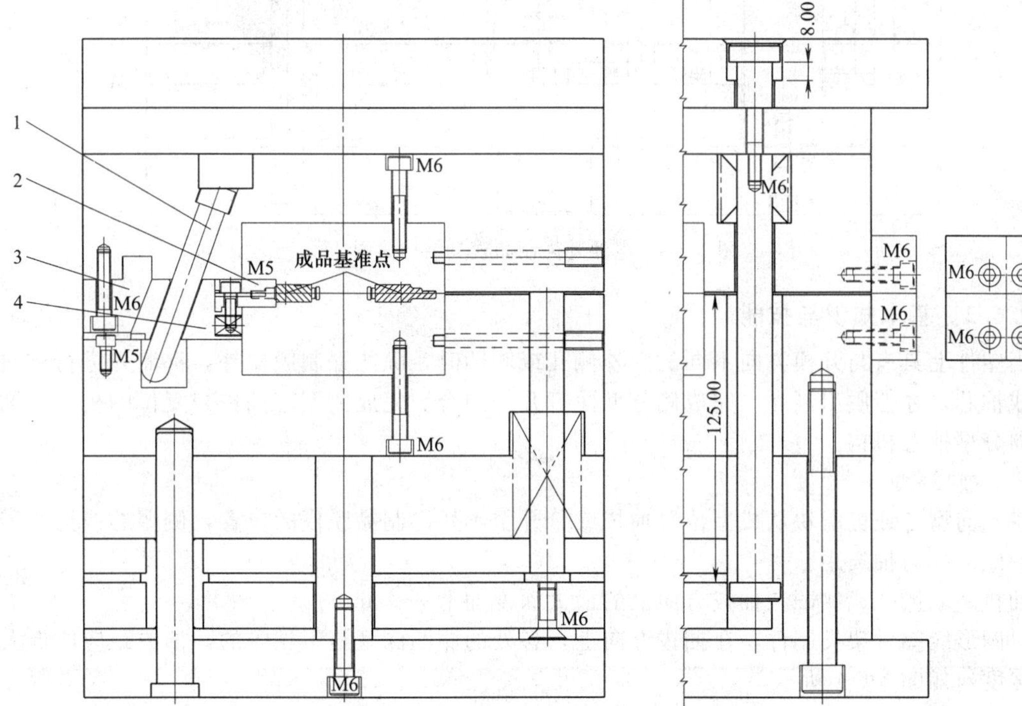

图 3-6-2　电子配件制品模具结构简图

1—斜导柱；2—侧型芯镶块；3—锁紧块；4—滑块

二、斜顶抽芯机构零件图绘制

图 3-6-3 所示为一电池外壳制品模具结构简图，随书盘/模块 3/图片/任务 6/3-6-3 文件夹中附有该模具的生产用模具装配图。模具一模两腔，采用 ABS＋PC 材料。随书盘/模块 3/阅读材料/任务 6/3-6-3 文件夹中附有该模具的全三维文档。读该模具的结构图。

① 该模具共设置有多少斜顶？请在图中对各斜顶进行编号。

② 模具顶出板的最大顶出行程为多少？在最大顶出行程条件下，各斜顶的侧向抽拔距为多少？请在图中加以标注。

③ 参照本任务中“知识与能力的拓展”中介绍的有关零件图的测绘例子，测绘一组斜顶及与之配合的斜顶座的零件图。

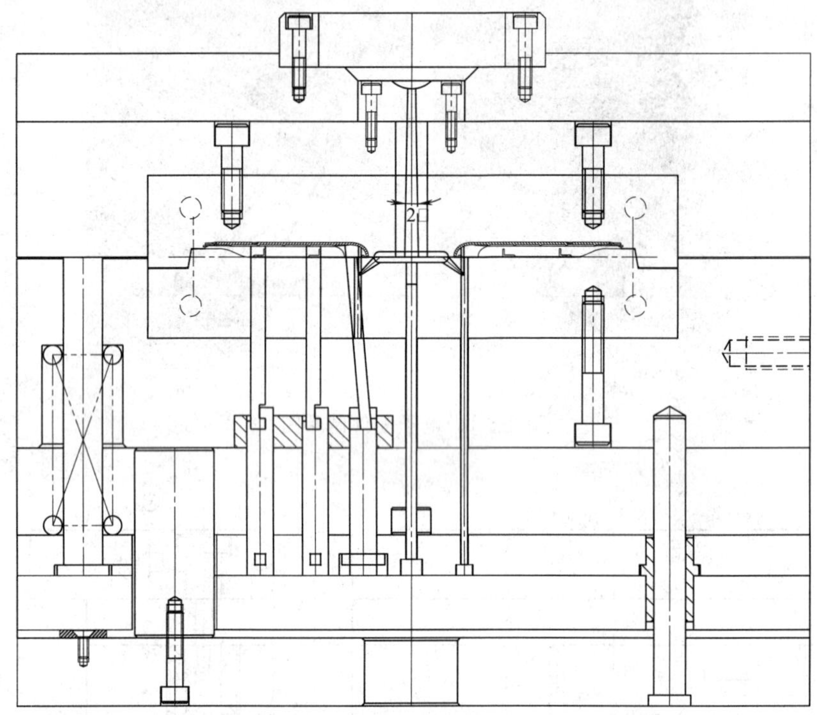

图 3-6-3　电池外壳制品模具结构简图

3.6.2　基本知识与技能

当塑件上具有与开模方向不同的内外侧孔或侧凹时，除能强制脱模外，都需先进行侧向分型或抽芯，才能脱出制品。完成侧分型面打开与闭合、完成侧型芯抽拔与复位的机构统称为侧向分型抽芯机构。

一、抽拔距

将侧向型芯或侧滑块从成型位置抽拔或分开至不妨碍制品脱模的位置，侧型芯或滑块需移动的距离称为抽拔距。

抽拔距取侧孔或侧凹在抽拔方向上的最大深度加上 2～3mm。

对圆形线圈骨架类制件，在抽拔方向上，各处的侧凹深度是不相等的，抽拔距应取最大侧凹深度，如图 3-6-4 所示。

$$S=\sqrt{R^2-r^2}+k \tag{3-6-1}$$

式中　S——抽拔距，mm；

R——圆形线轴最大轮廓半径，mm；

r——圆形线轴心轴半径，mm；

k——抽芯安全系数，常取 2～3mm。

二、斜导柱侧向分型抽芯机构

斜导柱侧向分型抽芯机构结构紧凑，制造方便，动作可靠，适用于抽拔距与抽拔力不太大的情况。

1．机构的结构组成

斜导柱侧向分型抽芯机构的结构如图 3-6-5 所示，由斜导柱、滑块、锁紧装置、导滑装置、定位装置等构成。

斜导柱安装在定模中间板上，用于驱动滑块运动。滑块可在动模边的导滑槽（图中未标出）中沿抽芯方向滑动。滑块上安装有耐磨板。锁紧块对滑块进行锁紧。定位钢球用于对滑块进行定位。

模具的分模面 PL_1、PL_2 用于脱针点浇口凝料。当 PL_3 面打开时，斜导柱驱动滑块进行抽芯，达到抽芯距后，斜导柱与滑块脱开，定位钢球对滑块进行定位。

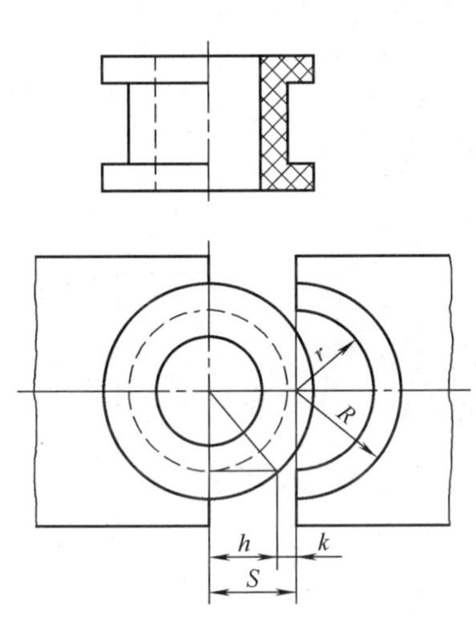

图 3-6-4　圆形线轴抽拔距

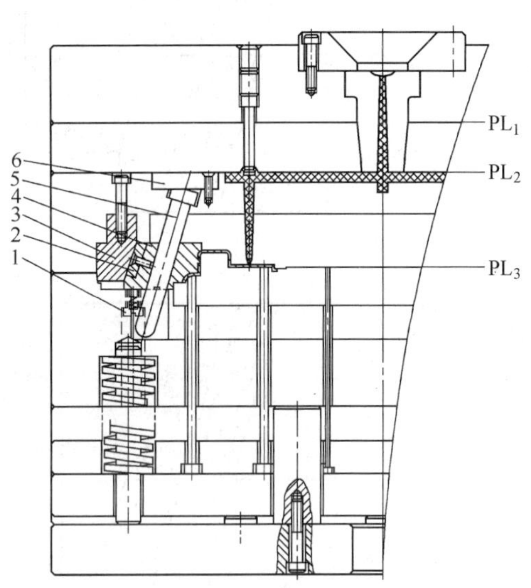

图 3-6-5　斜导柱侧向分型抽芯机构的结构组成

1—定位钢球；2—耐磨块；3—锁紧块；4—滑块；5—斜导柱；6—挡板

（1）斜导柱　斜导柱的典型结构如图 3-6-6 所示。

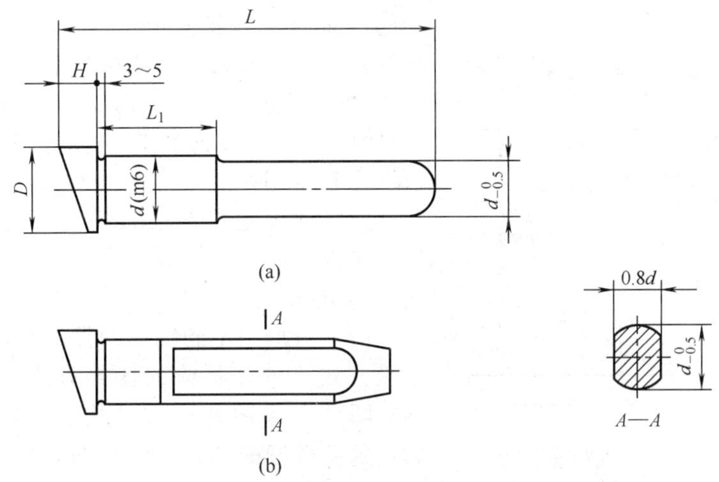

图 3-6-6　斜导柱的典型结构

斜导柱的安装形式如图 3-6-7 的所示。(a) 图适宜用于模板较薄，且上固定板与定模板不分开、配合面较长的情况，稳定较好；(b) 图宜用于模板较厚、模具空间较大的情况，且两板模、三板模均可使用，配合面 $L \geqslant 1.5D$（D 为斜导柱直径），稳定性较好；(c) 图宜用于模板较厚的情况，且两板模、三板模均可使用，配合面 $L \geqslant 1.5D$（D 为斜导柱直径），但稳定性不好，加工困难；(d) 图宜用于模板较薄，且上固定板与定模板可分开，配合面较长的情况，稳定性较好。

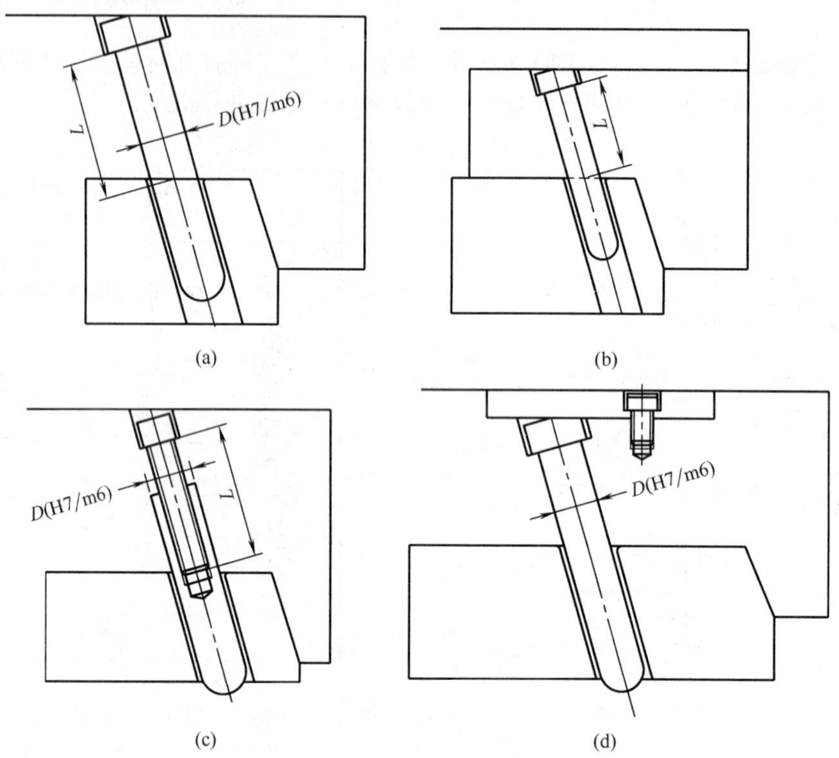

图 3-6-7 斜导柱的安装形式

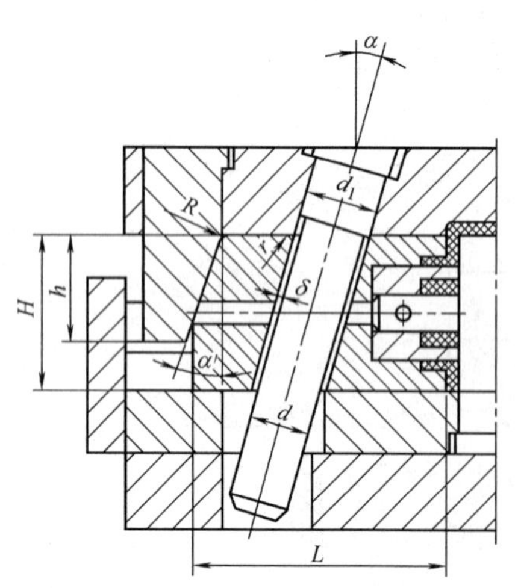

图 3-6-8 斜导柱的结构参数

斜导柱的结构参数如图 3-6-8 所示。斜导柱与开模方向的夹角 α 的选取，要兼顾抽拔距和斜导柱受的弯曲力，一般为 15°～20°，不超过 25°。斜导柱的倾斜角 α 太大会加剧导柱磨损。斜导柱的材料多用 T8、T10 以及 20 钢渗碳处理，淬火硬度达 55HRC 以上。表面粗糙度要求 $Ra1.6$。SUJ2 及 SK2 也较常用。

斜导柱固定段与模板的配合为 H7/m6，斜导柱工作段与滑块呈较松的配合，有时需保持 0.5～1.0mm 的间隙。

(2) 滑块 不同结构的滑块与侧型芯镶件间的连接方式不同，具体的连接方式如图 3-6-9 所示。(a) 图滑块采用整体式结构，一般适用于型芯较大，强度较好的场合。(b) 图采用燕尾连接，用于型芯较大的场合。(c) 图采用螺钉固定形式，用于型芯呈方形结构且型芯不大的场合。(d) 图采用销钉固定，用于薄型芯的固定。(e) 图用螺钉固定，用于圆形小型芯的固定。(f) 图采用压板固定，用于多个型芯的固定。

为提高模具的耐磨性，常在滑块与锁紧块间设置耐磨板，如图 3-6-10 所示。

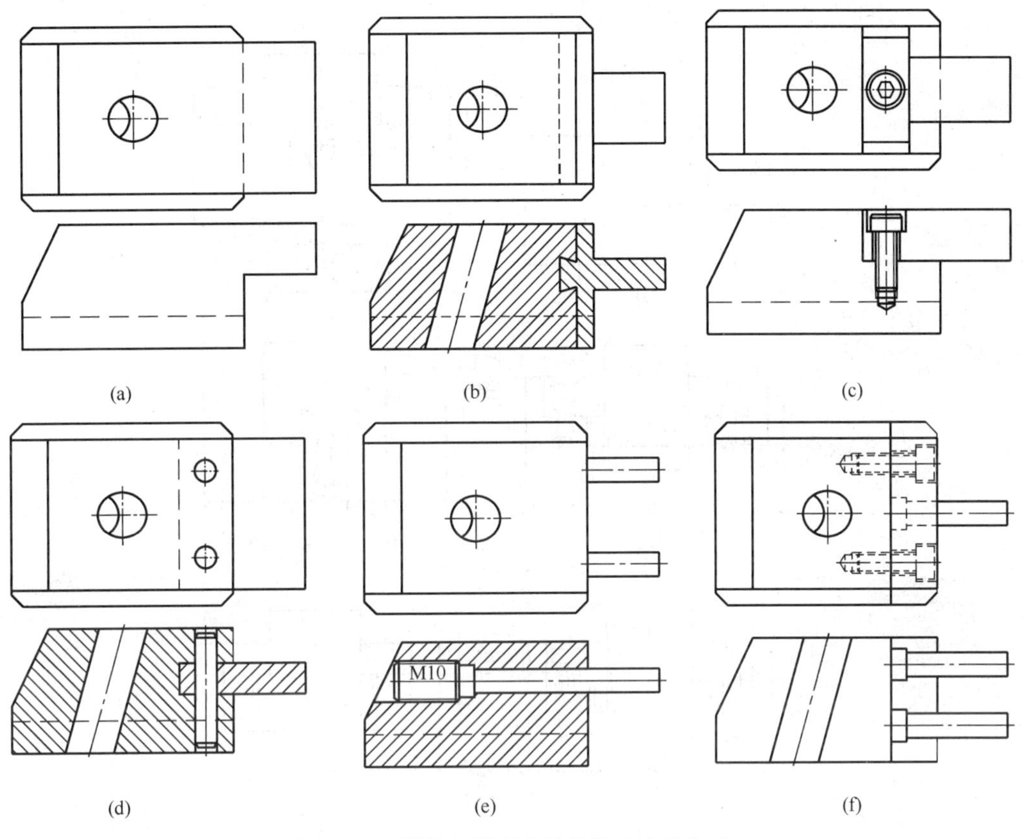

图 3-6-9　滑块与侧型芯镶件间的连接方式

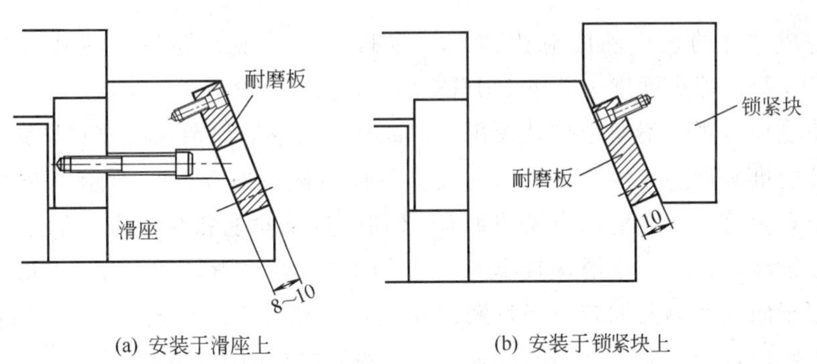

(a) 安装于滑座上　(b) 安装于锁紧块上

图 3-6-10　耐磨板

(3) 导滑槽　导滑槽系对滑块进行运动导向的结构。要求滑块在导滑槽内运动平稳，无上下左右窜动和卡死现象。滑块与导滑槽之间在上下方向、左右方向应各有一配合面，采用 H8/f7 的配合，其余各面应留有 0.5～1.0mm 的间隙。常见导滑槽的结构如图 3-6-11 所示。(a) 图为整体式，加工困难，一般用在模具较小的场合。(b) 图采用压板、中央导轨形式，一般用在滑块较长和模温较高的场合下。(c) 图采用矩形压板形式，加工简单，强度较好，应用广泛。压板规格可查标准零件表。(d) 图采用”T”形槽，且装在滑块内部，一般用于容间较小的场合，如内滑块。(e) 图采用”7”字形压板，加工简单，强度较好，一般要加销孔定位。(f) 图采用镶嵌式的 T 形槽，稳定性较好，但加工困难。

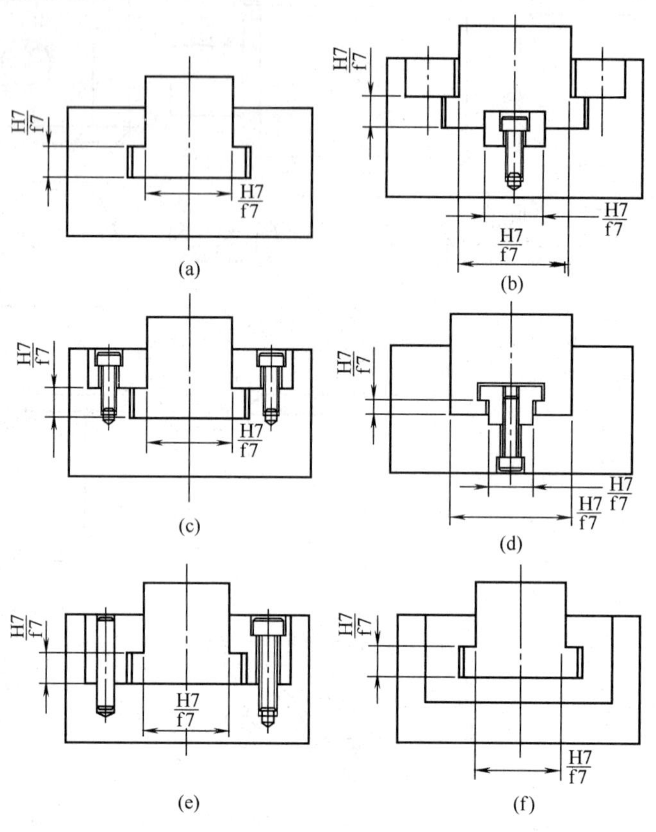

图 3-6-11 常见导滑槽的结构

导滑槽组成零件的表面硬度应达到 52～56HRC，一般在导滑槽易磨损部位镶耐磨板（材料 T8、T10 等，淬火硬度为 52～56HRC），以方便更换。

(4) 滑块定位装置 滑块定位装置用于保证开模后滑块停留在脱离斜导柱的位置上，合模时使斜导柱能准确地进入滑块上的斜孔内。各种结构如图 3-6-12 所示。(a) 图结构利用弹簧螺钉定位，弹簧推力为滑块质量的 1.5～2 倍，用于向上和侧向方向的定位；(b) 图的结构依靠弹簧钢球定位，用于滑块较小侧向抽芯的场合，当滑块质量小于 3kg 时采用；(c) 图所示结构用于向上及侧向抽芯，当弹簧的安装长度超过 51mm 时采用该结构；(d) 图所示结构用挡板定位，用于向下抽芯的场合；(e) 图结构利用模板槽内的挡板、弹簧、与滑块的沟槽配合定位；(f) 图利用弹簧、挡板定位，用于滑块较大、向上及侧向抽芯的场合。在开模过程中，如果斜导柱始终不脱开滑块，则可不设置滑块定位装置。

(5) 楔紧块 楔紧块的作用，一是锁紧滑块，防止注射过程中因塑料熔体的压力而产生位移；另一个作用是保证滑块的最终复位。楔紧块的常见结构形式如图 3-6-13 所示。楔紧块的形式视滑块受力大小、磨损情况及塑件的精度要求而定。

楔紧块的楔角 α'必须大于斜导柱的斜角 α，只有这样，开模时，楔紧块才能让开滑块，否则斜导柱将无法带动滑块作抽芯运动。一般 $\alpha'=\alpha+(2°\sim3°)$，如图 3-6-14 所示。

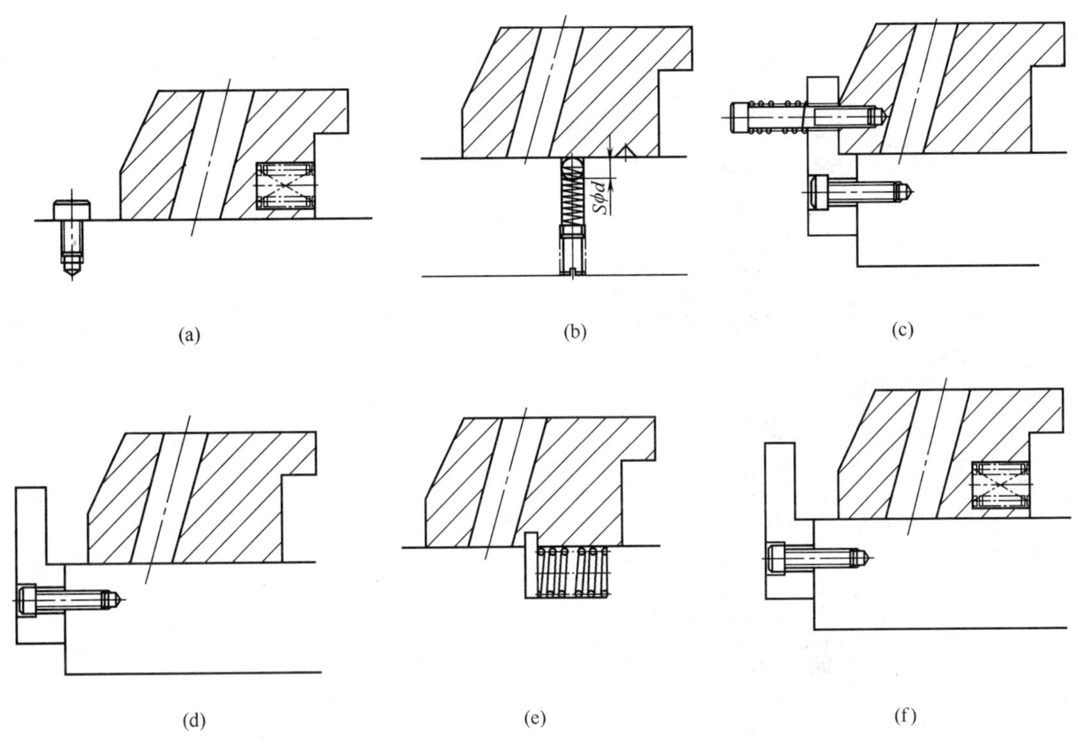

图 3-6-12　滑块定位装置

2. 机构的动作分析

图 3-6-15 所示是斜导柱在定模、滑块在动模的一种形式。(a) 图为合模状态，注射时，由楔紧块 2 对滑块 3 锁紧。当 PL 面打开时，斜导柱 1 驱动滑块 3 在导滑槽中滑动抽芯。完成抽芯后，滑块脱离斜导柱，并由弹簧 4 与定位螺钉 5 进行定位，如图 (b) 所示。再由动模边的脱模机构顶出制品，如图 (c) 所示。合模时，由斜导柱驱动滑块复位，滑块 3 的最终位置由楔紧块 2 确定。

设计斜导柱在定模、滑块在动模的结构，应避免推出装置与滑块在复位过程中出现干涉现象。

图 3-6-16 所示为斜导柱在动模，滑块在定模的结构形式。其主要特点是型芯 9 和动模板 5 之间采用浮动连接形式。以防止开模时侧型芯将塑件卡在定模边而无法脱模。开模时，在弹簧 8、顶销 6 的作用以及塑件对型芯 9 的包紧力的作用下，先从 A—A 面分型，滑块 12 在斜导柱 10 的作用下在定模板上的导滑槽中滑动，抽出侧芯。继续开模，动模板 5 与型芯 9 的台阶接触，型芯随动模板一起后退，塑件包紧型芯，制品与浇注系统凝料从凹模及流动衬套中脱出，B—B 面分型。最后由推件板 4 将塑件从型芯上脱下。

如图 3-6-17 所示结构为斜导柱在定模底板，滑块在定模中间板上的结构，其定距螺钉 6 固定在定模板上。合模时弹簧被压缩。弹簧的设计应考虑到弹簧压缩后的回复力要大于由斜导柱驱动侧型芯滑块侧向抽芯所需要的开模力（忽略摩擦阻力）。开模时，在弹簧 7 的作用下 A—A 面先分型，斜导柱 2 驱动侧型芯滑块 1 作侧向抽芯，侧抽芯结束，定距螺钉 6 限位。动模继续向左移动，B—B 面分型，制件留在动模型芯上。继续开模，由推杆 8 推动推件板 4 将塑件从凸模 3 上脱出。

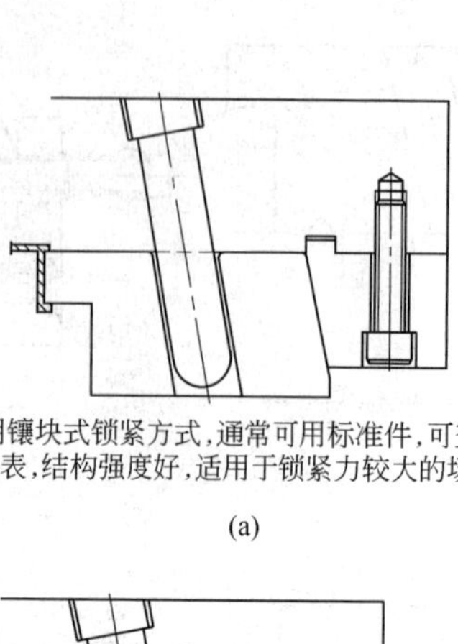

滑块采用镶块式锁紧方式，通常可用标准件，可查标准零件表，结构强度好，适用于锁紧力较大的场合

(a)

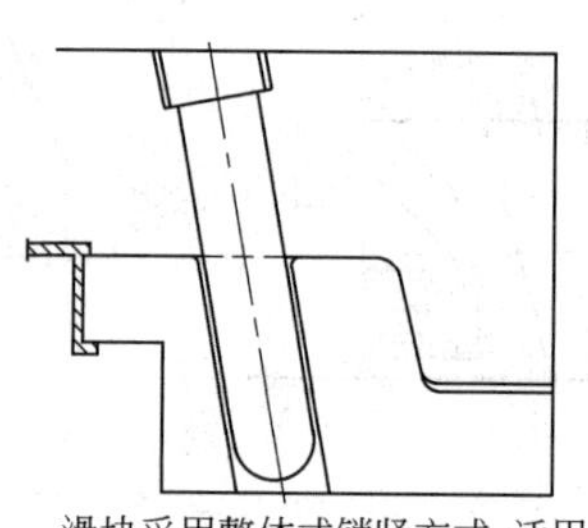

滑块采用整体式锁紧方式，适用于大型塑件和锁紧面积较大的场合

(b)

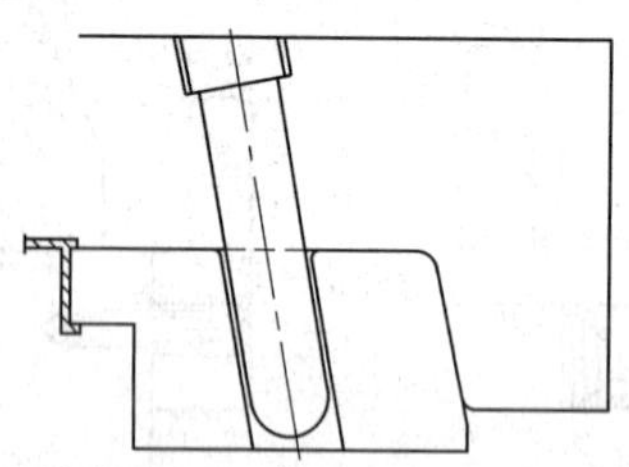

滑块采用整体式锁紧方式，结构刚性好，但加工困难，脱模距小。适用于小型模具

(c)

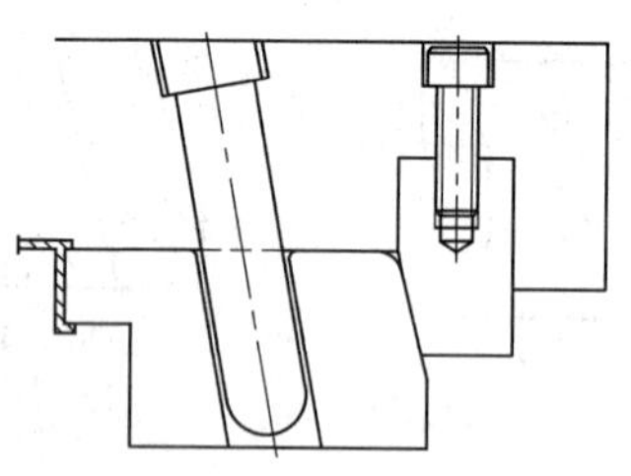

采用镶入式锁紧方式，适用于较宽的滑块

(d)

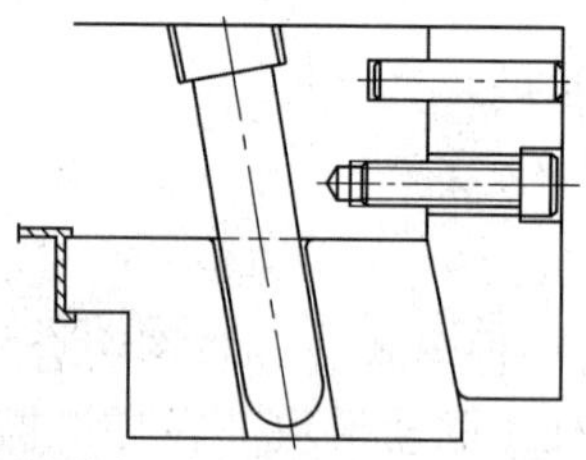

滑块采用镶块式锁紧方式，结构简单，但刚性差，易松动。适用于小型模具

(e)

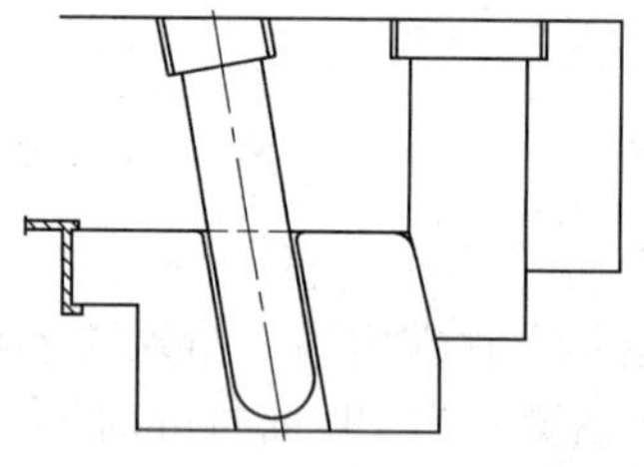

采用镶入式锁紧方式，适用于较宽的滑块

(f)

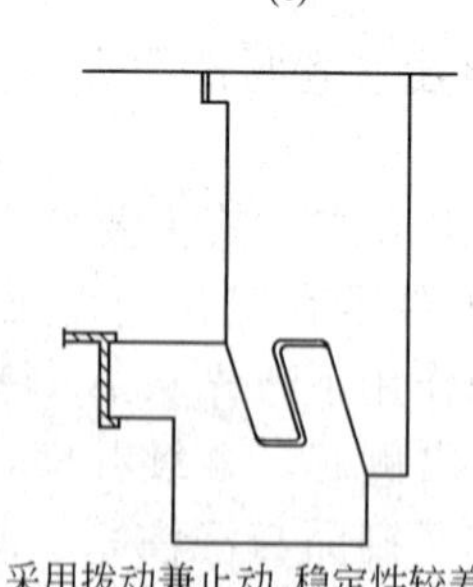

采用拨动兼止动，稳定性较差，一般用在滑块空间比较小的情况下

(g)

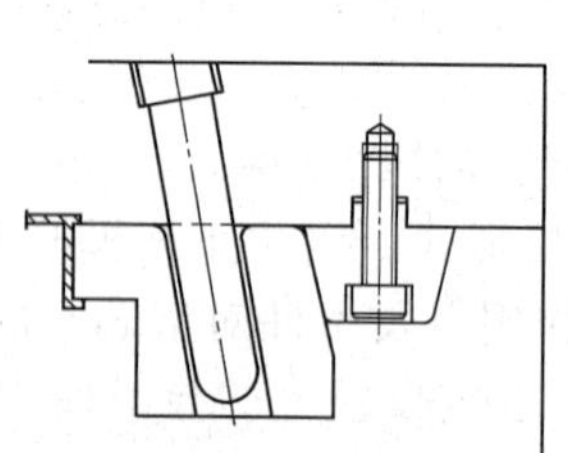

采用镶入式锁紧方式，刚性较好，一般适用于空间较大的情况

(h)

图 3-6-13　楔紧块的常见结构形式

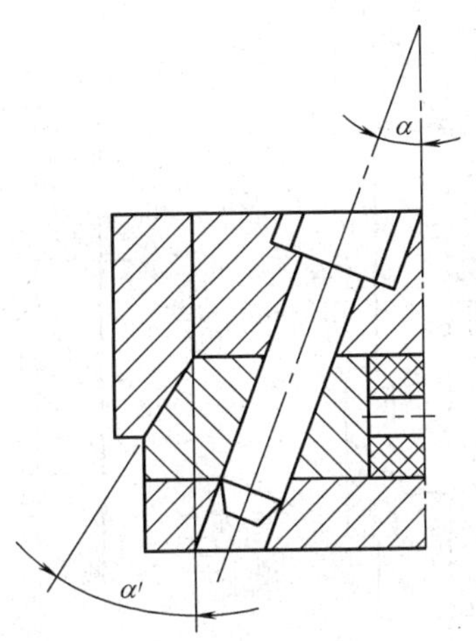

图 3-6-14　楔紧块的楔角 α′

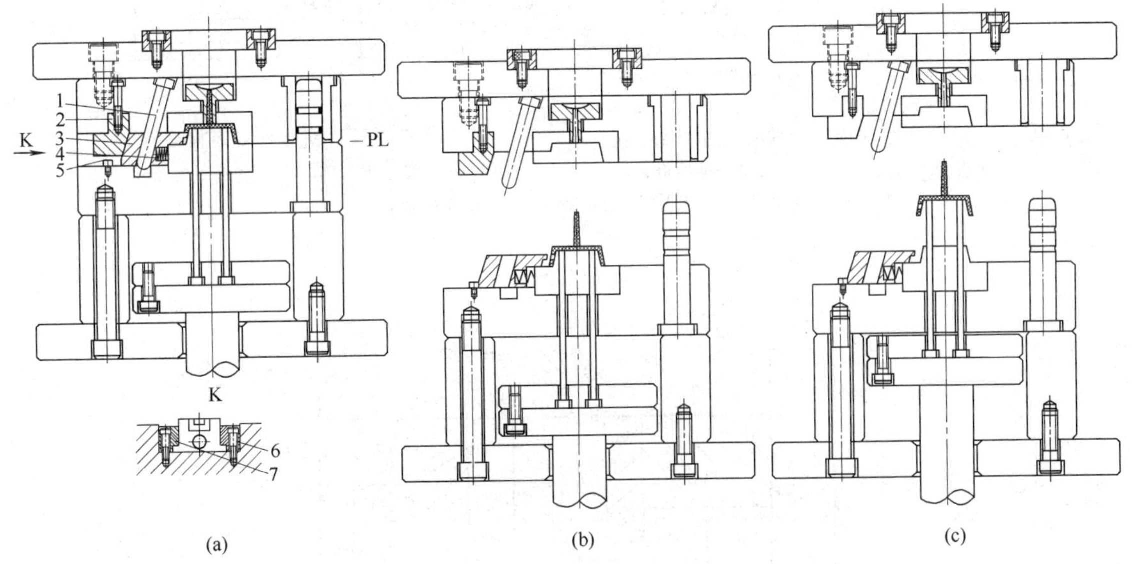

图 3-6-15　斜导柱在定模、滑块在动模的结构

1—斜导柱；2—楔紧块；3—滑块；4—弹簧；5—定位螺钉；6,7—导滑槽压盖

如图 3-6-18 所示结构，斜导柱固定在动模板上，侧型芯滑块安装在推件板的导滑槽内，靠设置在定模板上的楔紧块锁紧。开模时，侧型芯滑块和斜导柱一起随着动模部分后退。当推出机构工作时，推杆推动推件板使塑件脱模，同时，侧型芯滑块在斜导柱的作用下在推件板的导滑槽内向两侧滑动进行侧向抽芯。该结构中，因斜导柱与滑块同在动模一侧，设计中可适当加长斜导柱，使侧抽芯过程中斜滑块不脱离斜导柱，不需设置滑块定位装置。该结构主要适用于抽拔力与抽拔距均不太大的场合。

三、弯销侧向分型抽芯机构

弯销侧向分型抽芯机构的工作原理与斜导柱侧向分型抽芯机构工作原理类似，不同的是以矩形截面的弯销代替了斜导柱，因此，抽芯机构仍由导滑、锁紧、定位等结构组成。图 3-6-19 所示为弯销侧向分型抽芯的典型结构。开模时，动模部分后退，在弯销 3 的作用下侧型芯滑块 4 作侧向抽芯，抽芯结束后，侧型芯滑块由弹簧拉杆及挡板定位装置定位。塑件由推管推出。

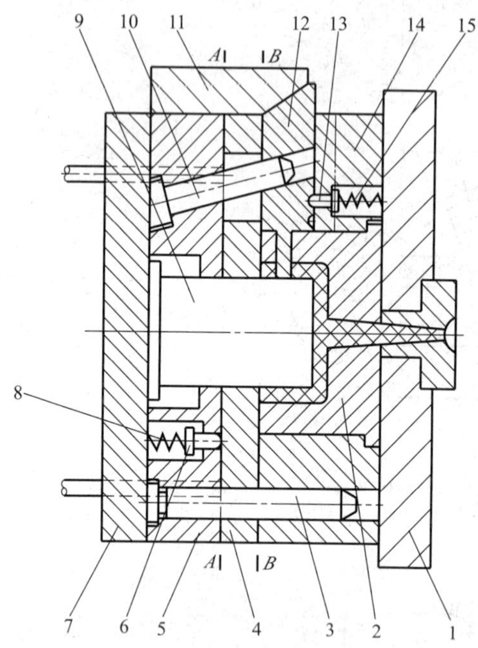

图 3-6-16　斜导柱在动模、滑块在定模的结构

1—定模底板；2—型腔；3—导柱；4—推件板；5—动模板；6—顶销；7—动模垫板；8—弹簧；9—型芯；10—斜导柱；11—楔紧块；12—滑块；13—定位挡销；14—定模板；15—弹簧

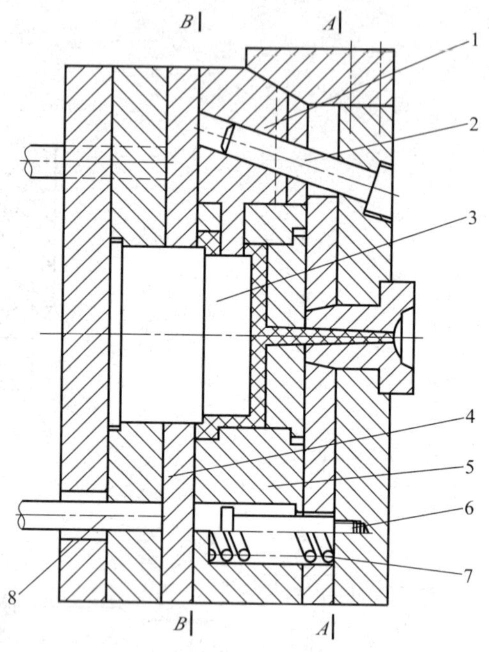

图 3-6-17　斜导柱在定模底板、滑块在定模中间板上的结构

1—侧型芯滑块；2—斜导柱；3—凸模；4—推件板；5—定模板；6—定距螺钉；7—弹簧；8—推杆

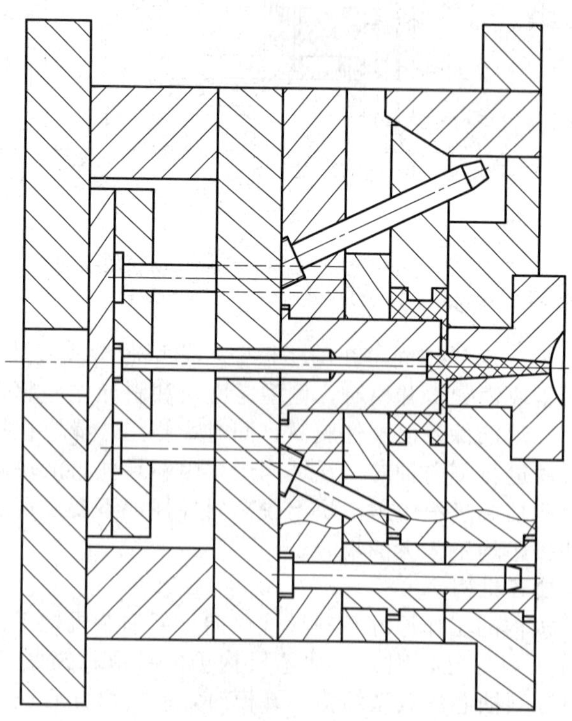

图 3-6-18　斜导柱在动模底板、滑块在动模推件板上的结构

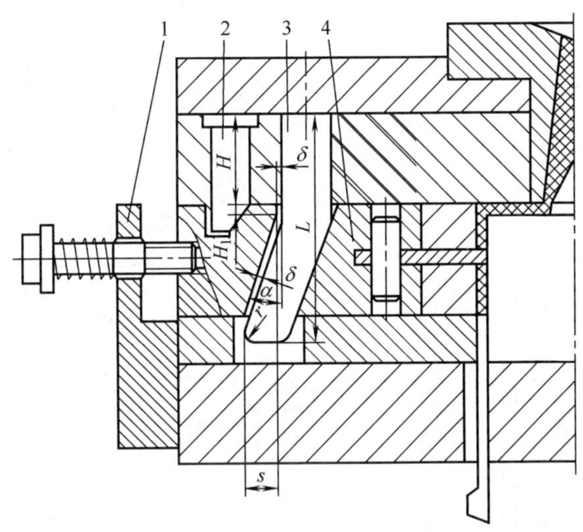

图 3-6-19　弯销侧向分型抽芯机构

1—挡板；2—锁紧块；3—弯销；4—侧型芯滑块

四、斜顶抽芯机构

当制品的侧凹较浅，抽拔力不大，浅侧凹较多时，采用斜顶抽芯机构使矩形截面的斜顶在模板的斜孔内滑动，达到侧向分型抽芯的目的。图 3-6-20（a）为斜顶抽芯的典型结构。由斜顶、斜顶座、耐磨块等构成。斜顶用于侧抽芯，斜顶座用于对斜顶进行导滑，耐磨块用于提高模具的寿命。

图 3-6-20（b）为斜顶抽芯的开模状态，图 3-6-20（c）图为斜顶抽芯的顶出状态。

斜顶的导滑形式如图 3-6-21 所示。

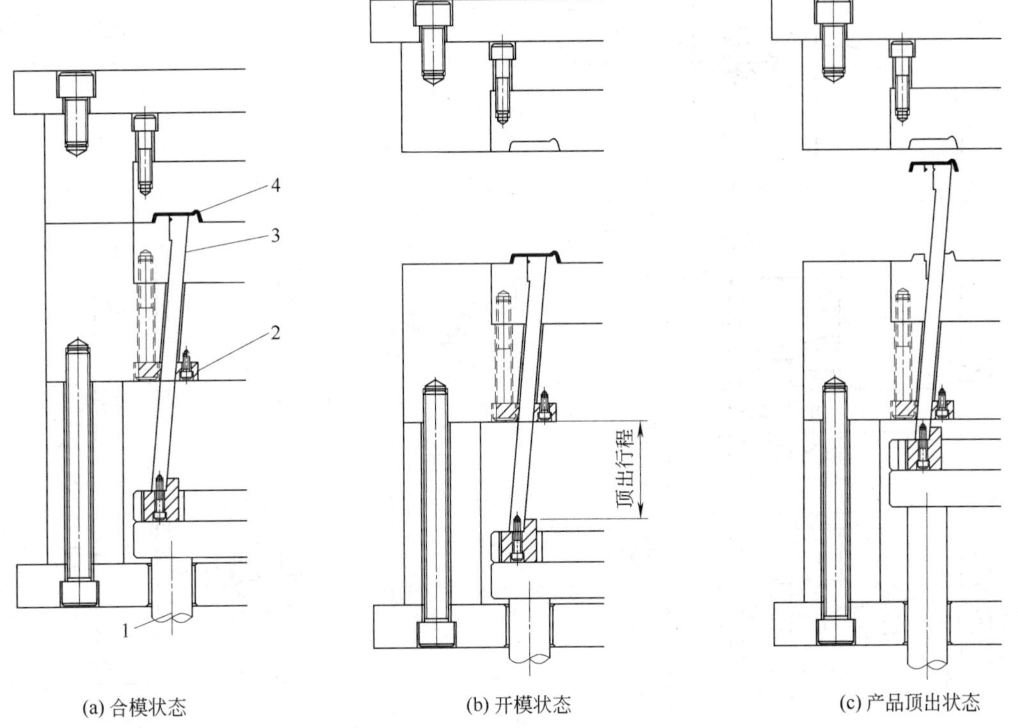

图 3-6-20　斜顶抽芯的运动原理

1—注射机顶杆；2—耐磨块；3—斜顶；4—产品

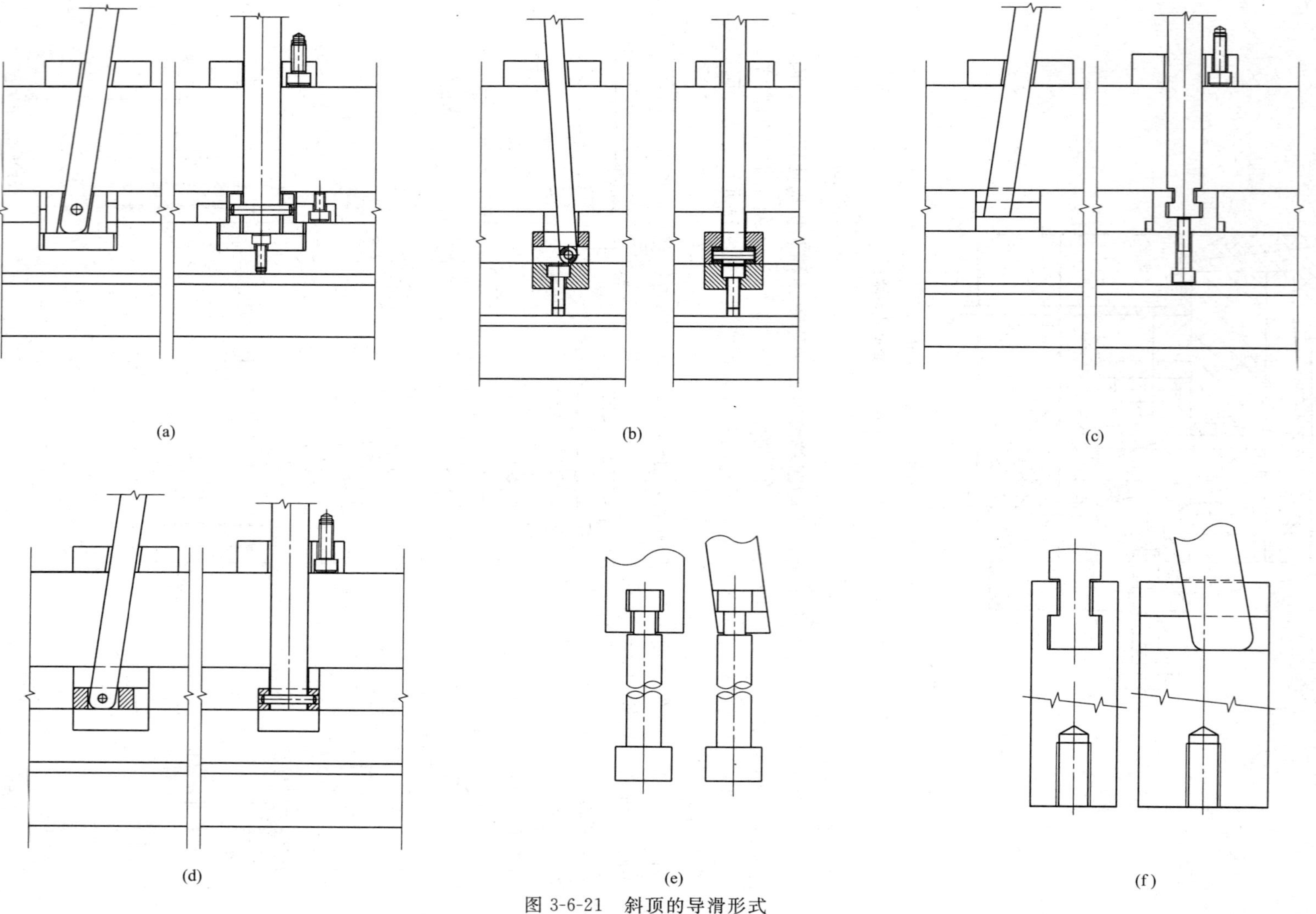

图 3-6-21 斜顶的导滑形式

五、斜滑块侧向分型抽芯结构

斜滑块侧向分型抽芯结构利用斜滑块外侧面的凸耳与锥形模套内壁对应的斜向滑槽滑动配合，达到凹模侧向分型与复位的目的。

图 3-6-22 所示为推杆驱动的斜滑块外侧分型与抽芯，制品为线圈骨架，凹模由两块斜滑块组成。斜滑块 2 在推杆 3 的作用下，沿斜滑槽移动的同时向两侧分型，并使制品脱离主型芯。滑块推出高度一般不超过导滑槽的 2/3，否则会影响复位，滑块斜度以不超过 30°为宜。限位螺钉 6 是为防止斜滑块在推出时从动模板中滑出而设置的。合模时，斜滑块的复位是靠定模板推动斜滑块的上端面进行的。

如果制品对定模型芯包紧力较大，开模时定模有可能将斜滑块带出，应在定模边设置弹簧顶销 6，防止滑块被黏附在定模上，如图 3-6-23 所示。

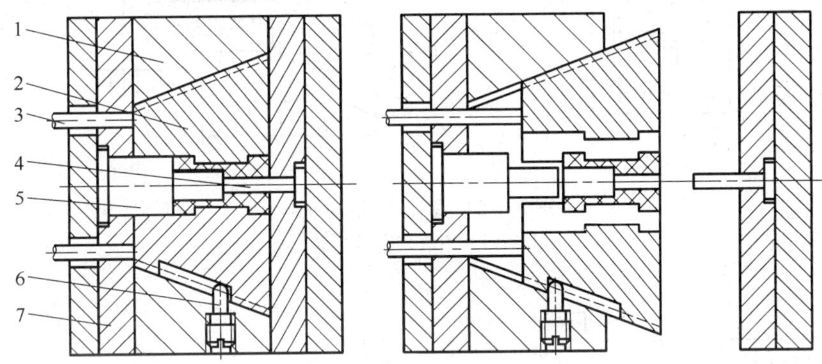

图 3-6-22　推杆驱动的斜滑块外侧分型与抽芯

1—动模板；2—斜滑块；3—推杆；4—定模型芯；5—动模型芯；6—限位螺钉；7—动模型芯固定板

六、斜槽侧向抽芯机构

将驱动滑块运动的弯销用导板上的斜滑槽代替，让滑块尾部的导销沿滑槽滑动，从而构成斜槽侧向分型抽芯机构，斜角一般小于 25°，最大不超过 30°。

如图 3-6-24 所示，斜槽 4 固定在定模，滑块 2 在动模，由于型芯 1 贯穿滑块 2，因此开模后必须将型芯 1 脱离滑块 2 的孔之后才允许进行抽芯动作，故将斜槽 4 的第一段做成平行于轴线的结构，以实现延迟抽芯。此处斜槽兼起锁紧作用。

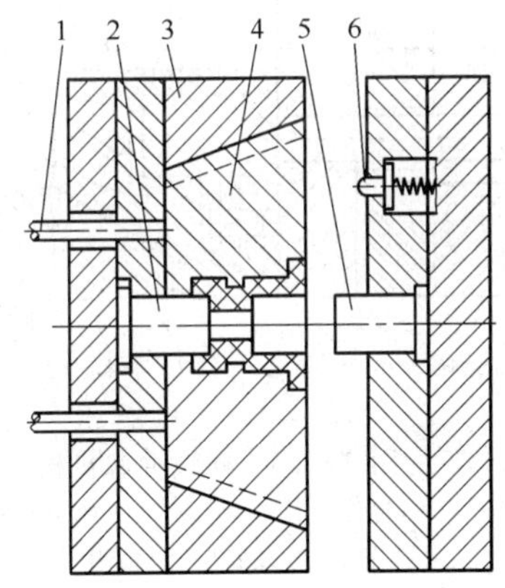

图 3-6-23　弹簧顶销止动装置

1—推杆；2—动模型芯；3—动模板；4—斜滑块；5—定模型芯；6—弹簧顶销

七、楔块侧向分型抽芯机构

如图 3-6-25 所示，楔块 4 固定在定模板 5 上，滑块 2 可在推件板 1 的 T 型导滑槽中滑动。开模时在楔块 4 外侧斜面作用下，使滑块 2 移动，完成抽芯动作。合模时，由锁紧块 3 使滑块 2 复位。该结构一般应用于抽拔力大，抽拔距小的场合。

八、弹簧侧向分型抽芯机构

弹簧侧向分型抽芯机构结构简单，但易产生疲劳失效，一般应用于抽拔力及抽拔距不大的场合。

如图 3-6-26 所示为弹簧定模抽芯机构。侧型芯 4 在定模，主型芯作成浮动结构。开模时，顶销 1 在弹簧作用下推开分型面，由于主型芯与型芯固定板 2 为浮动结构，此时滚轮 3 与侧型芯 4 脱开，进行侧抽芯，主型芯与制品在此过程中固定不动。侧抽芯完成后，主型芯由型芯固定板带动左移，将制品从凹模中脱出，继续开模，由推件板将制品脱出。合模时，滚轮 3 使侧型芯 4 复位并锁紧。

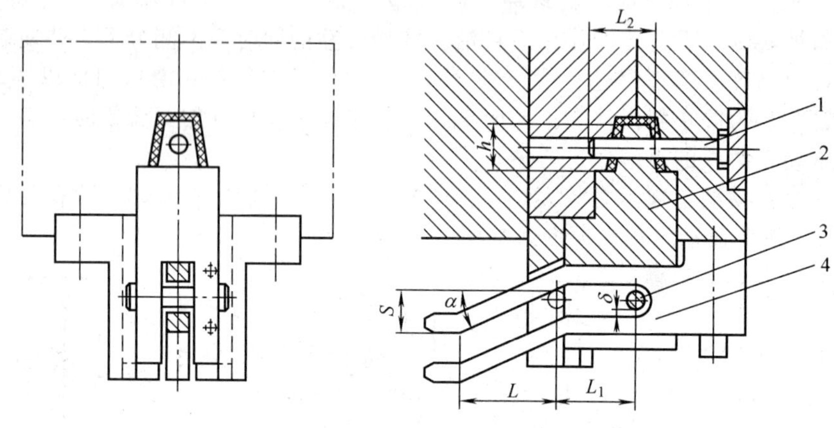

图 3-6-24 斜槽式抽芯机构

1—型芯；2—滑块；3—轴；4—斜槽

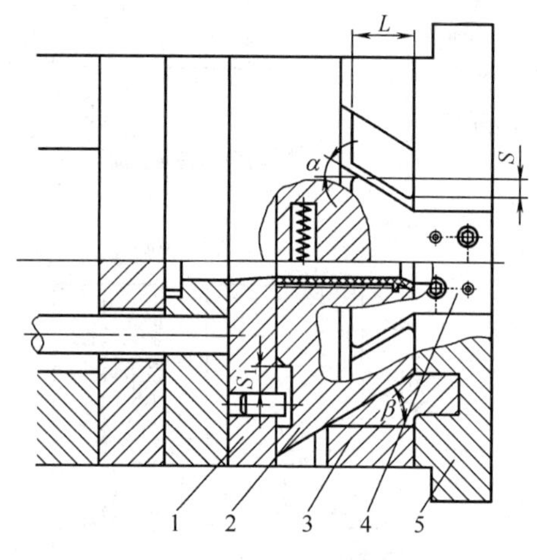

图 3-6-25 楔块抽芯机构

1—推件板；2—滑块；3—锁紧块；4—楔块；5—定模板

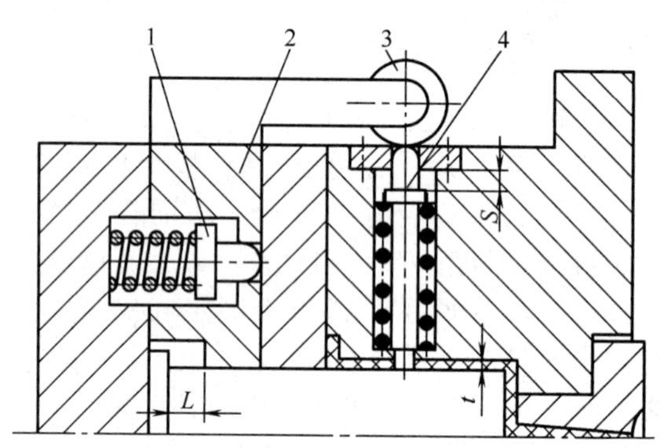

图 3-6-26 弹簧定模抽芯机构

1—顶销；2—型芯固定板；3—滚轮；4—侧型芯

九、齿轮齿条侧向抽芯机构

齿轮齿条侧向抽芯机构具有抽拔力大、抽拔距大的特点，但由于结构复杂，制造麻烦，常用于倾斜型芯和弧形型芯的抽拔。

如图 3-6-27 所示为顶出式齿轮齿条抽芯机构。顶出过程中，齿条 1 带动齿轴 3，再带动齿条 2，从而完成抽芯。侧型芯抽出后，再由顶出机构将制品脱出。合模过程中，压杆 5 迫使齿条 1 后退并带动齿轴 3 和齿条 2，使型芯复位，并起锁紧作用。

十、手动式侧抽芯机构设计

手动侧抽芯机构多用于试制和小批量生产塑料制品的模具。

如图 3-6-28 所示为模外手动抽芯的例子。将镶块或型芯同制品一起脱出模外，然后用人工或简单省力机械，将镶块或型芯与制品分离。设计时要注意取件方便，镶块在模内可靠定位，防止充模产生位移。

十一、液压式侧向分型与抽芯机构设计

通过液压装置，实现侧向分型或抽芯的机构。液压抽芯机构的特点是抽拔距长，抽拔力大，抽芯时间不受开模或推出时间的限制，运动平衡而且灵活。

如图 3-6-29 所示为液压外侧抽芯的机构，液压缸 8 通过支架 7 固定于动模板 5，液压缸 8 的活塞杆通过连接器 6 与拉杆 4 相接，拉杆 4 与侧型芯 2 连接。开模时，锁紧块 3 脱开侧型芯 2，此时借助液压缸 8 中活塞的往复运动使侧型芯 2 进行抽芯或复位，合模后，锁紧块 3 进入侧型芯 2 的凹槽内，对侧型芯 2 进行限位锁紧。

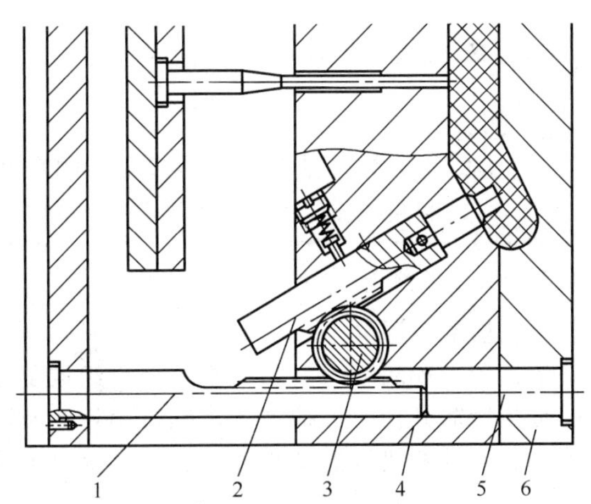

图 3-6-27　顶出式齿轮齿条抽芯机构

1,2—齿条；3—齿轴；4—动模板；5—压杆；6—定模板

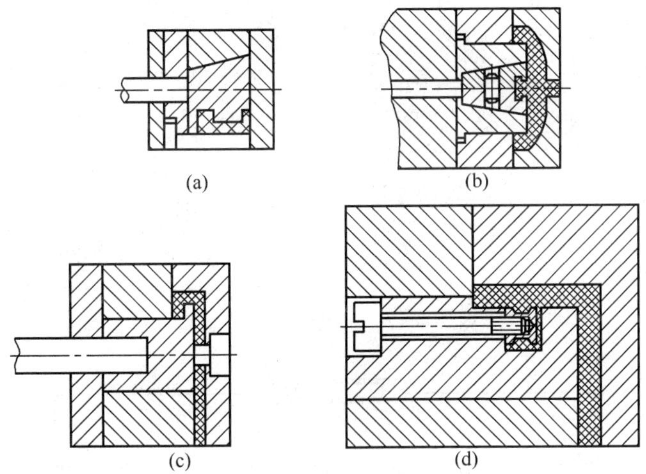

图 3-6-28　模外手动抽芯

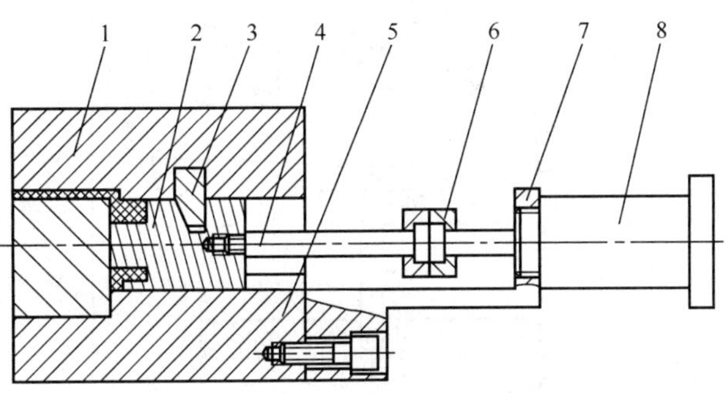

图 3-6-29　液压外侧抽芯机构

1—定模板；2—侧型芯；3—锁紧块；4—拉杆；5—动模板；6—连接器；7—支架；8—液压缸

学习活动(3-6)

实操:

1. 绘制斜导柱抽芯机构组成零件的零件图。
2. 绘制斜顶抽芯机构组成零件的零件图。

3.6.3 总结与提高

一、总结与评价

请按照本模块学习目标的要求，小组成员互相检查，总结斜导柱抽芯机构抽拔距、定位距、抽拔所需开模距、抽拔角、锁模角标注及斜导柱、滑块、侧型芯镶块、锁紧块的零件图测绘，斜顶抽芯机构的斜顶编号、顶出板最大顶出行程标注、斜顶的侧向抽拔距标注、斜顶

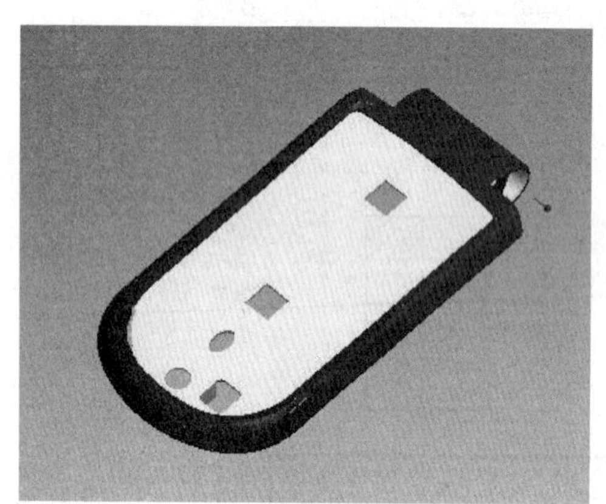

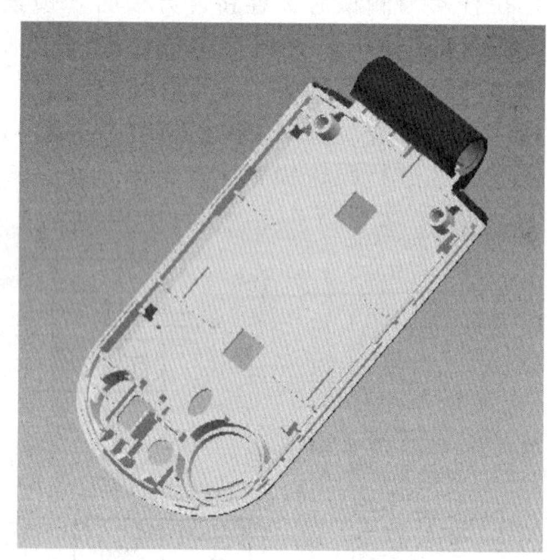

图 3-6-30 手机外壳翻盖制品

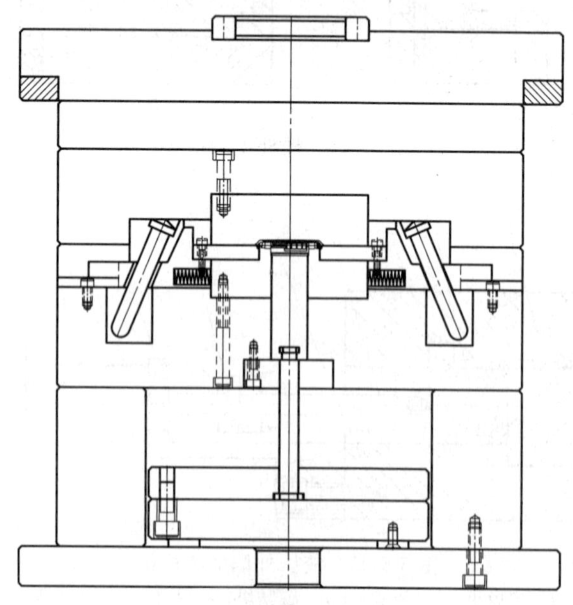

图 3-6-31 手机外壳翻盖制品模具图

及与之配合的斜顶座的零件图测绘等工作任务完成情况。用文字简要进行自我评价，并对小组中其他成员的任务完成情况加以评价。你和小组其他成员，哪些方面完成得较好，还存在哪些问题？

二、知识与能力的拓展——抽芯机构组成零件的零件图绘制

滑块、侧芯、锁紧块，斜顶等零件尺寸标注一般采用坐标标注的形式。其标注基准一般选用模具中心线或成品基准线。模具上的其他零件的尺寸标注基准也选用模具中心线或成品基准线。这种标注方法可减小模具加工与装配的误差。

如图 3-6-30 所示制品为手机外壳的翻盖。用 ABS+PC 材料。设置两个针点浇口。共设置七个侧滑块（SL1～SL7），由三根斜导柱驱动抽芯。设置一个斜顶，用于抽出内侧凹。制品用推杆、推管推出。其中，Φ2.30×2.60 推管 2 根，Φ5.00、Φ2.50 推杆各 1 根，Φ4.00

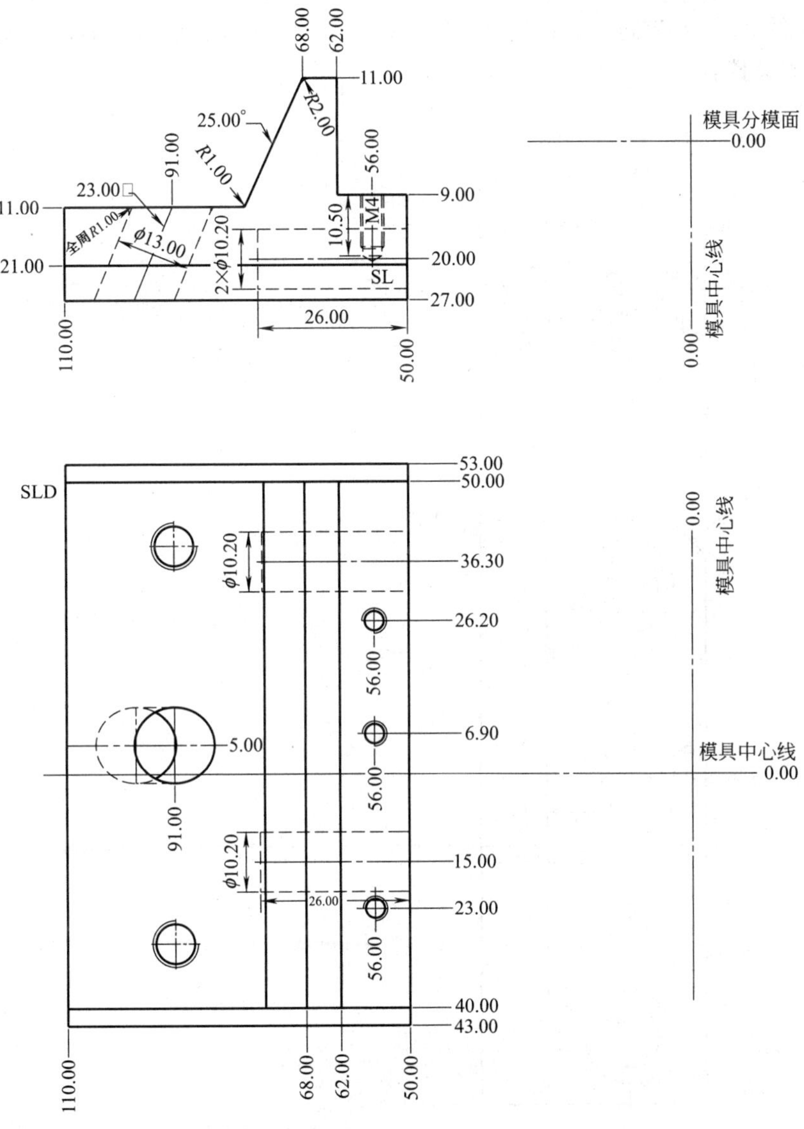

图 3-6-32　滑块 9

推杆 9 根，Φ2.00 推杆 3 根，Φ1.50 推杆 6 根。用热循环油作介质控制模温。模具装配简图如图 3-6-31 所示，随书盘/模块 3/阅读材料/任务 6/3-6-31.dwg 为该模具结构的完整工程图，该图中有各组成零件编号。现以图 3-6-31 所示模具完整工程图为例，说明模具零件图绘制。

(1) SLA（SL1、SL3、SL5）组　该组侧向分型抽芯机构由件 7、8（1，2）、9、10、11、12、53、54 组成。滑块 9 的零件图如图 3-6-32 所示。锁紧块 7 的零件图如图 3-6-33 所示。斜导柱 12 的零件图如图 3-6-34 所示。滑槽压板 53、54 的零件图如图 3-6-35 所示。侧型芯 8（2）及其安装座块 8（1）的零件图如图 3-6-36 所示。SL3、SL5 的零件图如图3-6-37 所示。

(2) SLB（SL2、SL4、SL6）组零件图　该组侧向分型抽芯机构由件 22、23、25（1，2）、26、27、28、61、62 组成。件 22 与件 12 相同，件 23 与件 7 相同，件 26 与件 9 相同，件 61、62 与件 53、54 相同。请在随书盘/模块 3/阅读材料/任务 6/SLB 文件夹中打开阅读各组成零件的文档。

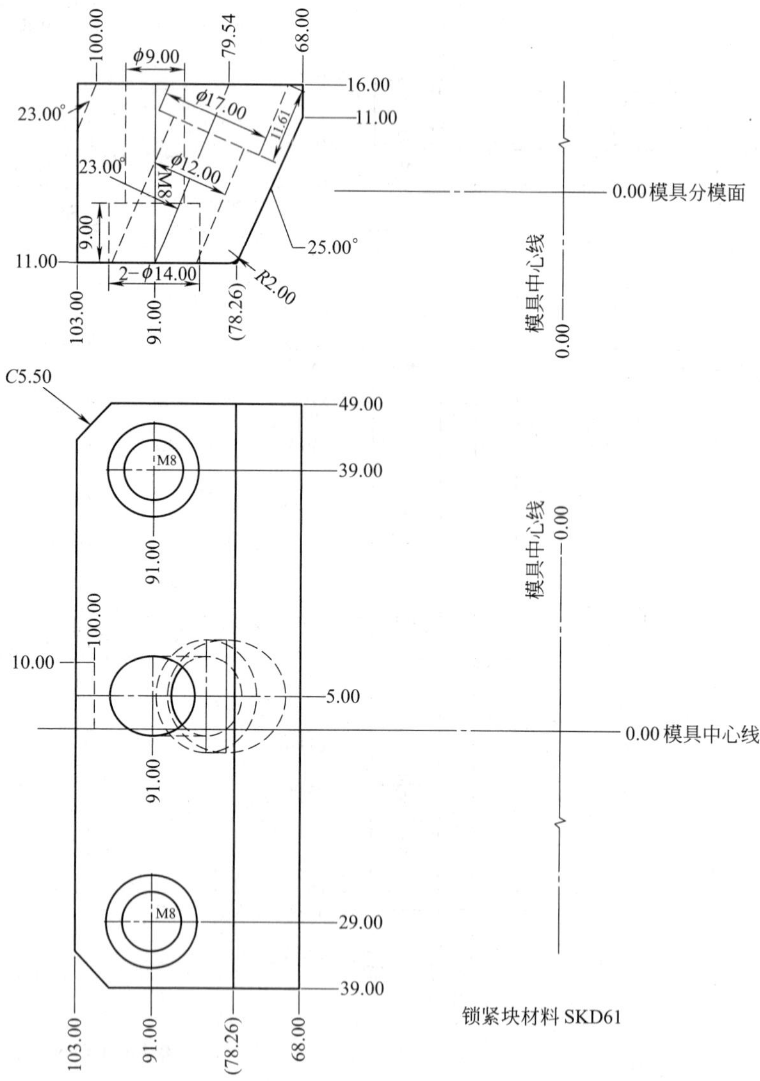

图 3-6-33　锁紧块 7

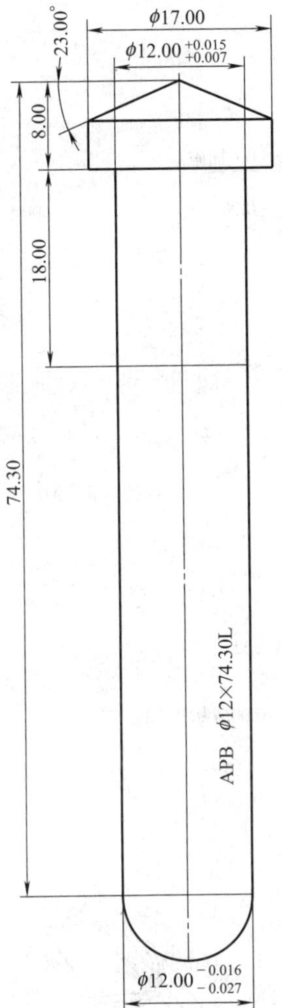

图 3-6-34　斜导柱 12

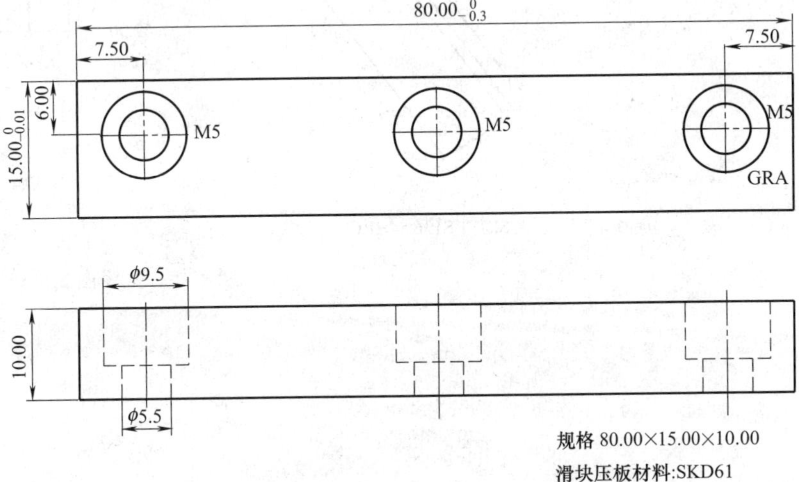

图 3-6-35　滑槽压板 53、54

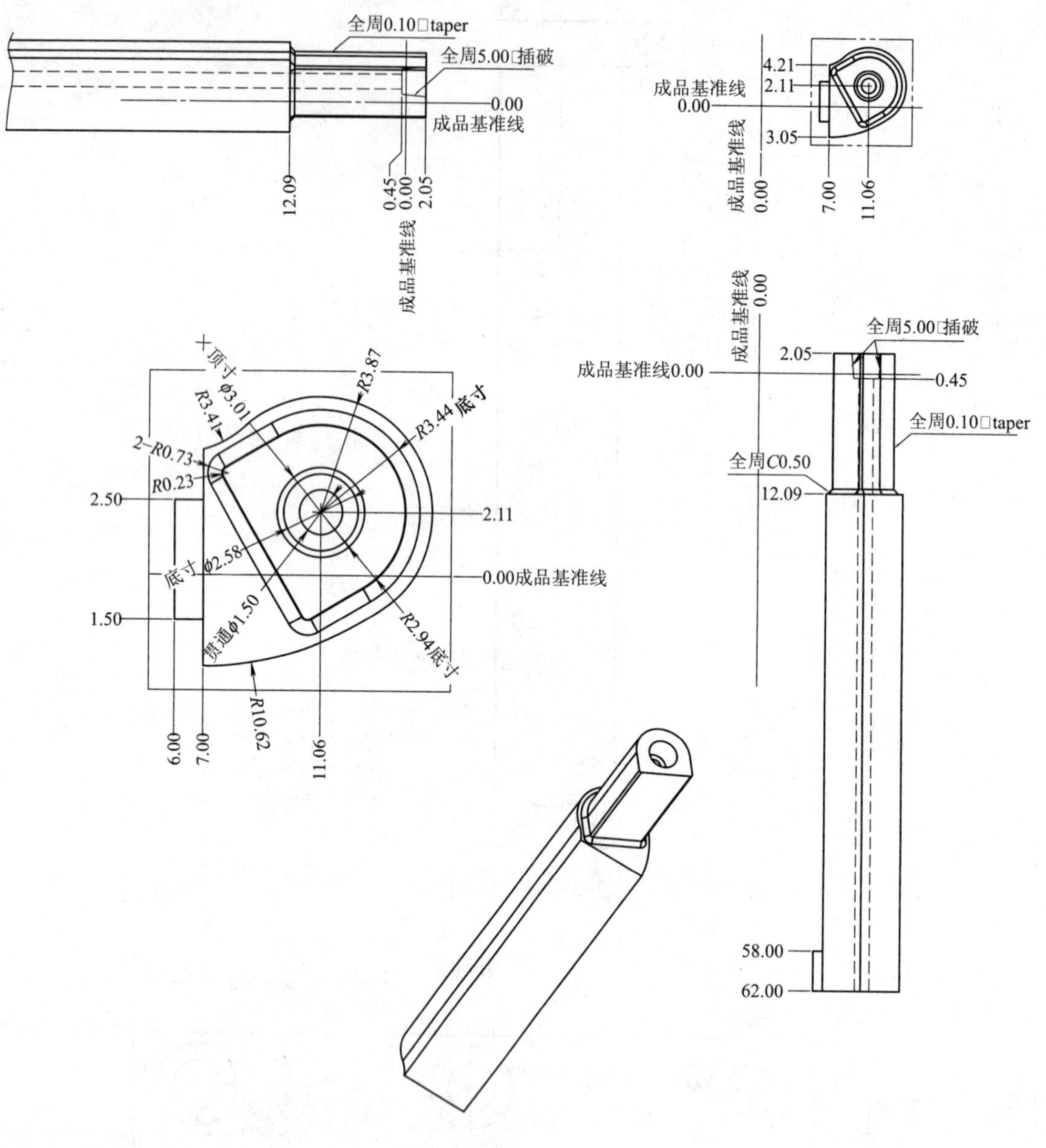

SL1-1 S136 54HRC

图 3-6-36 侧型芯 8（2）

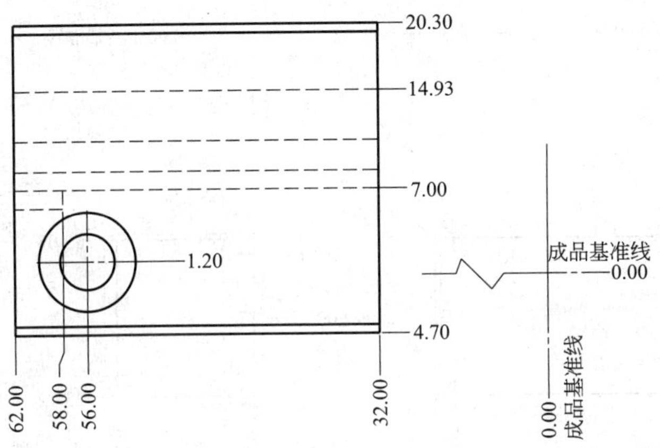

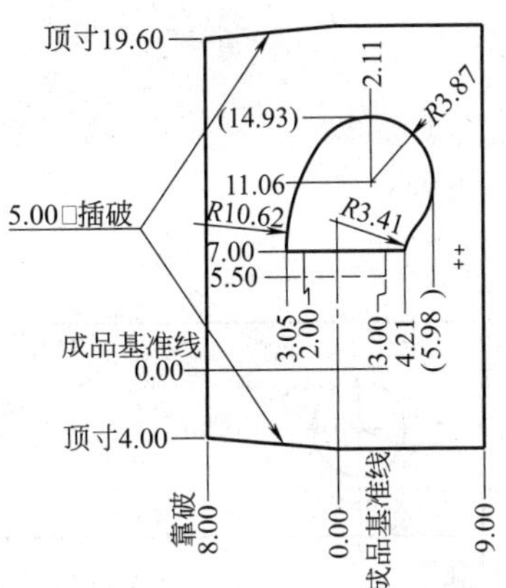

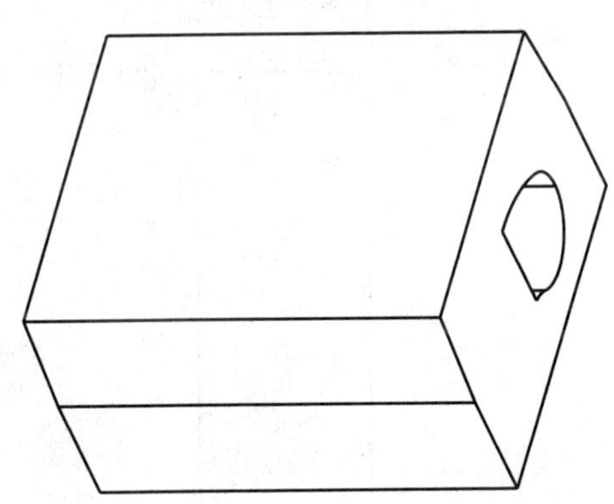

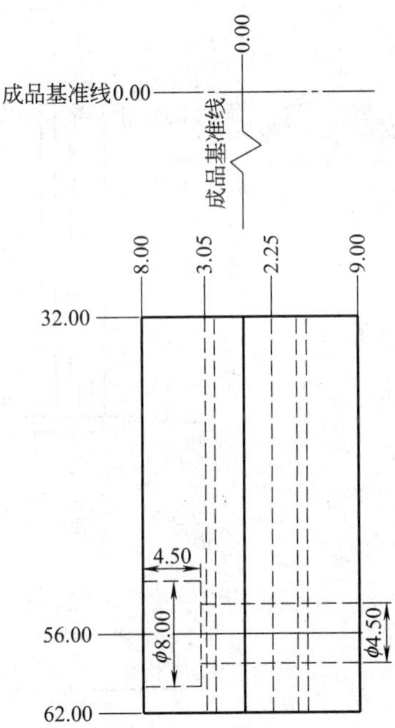

SL1-2 S136 54HRC

及其安装座块 8（1）

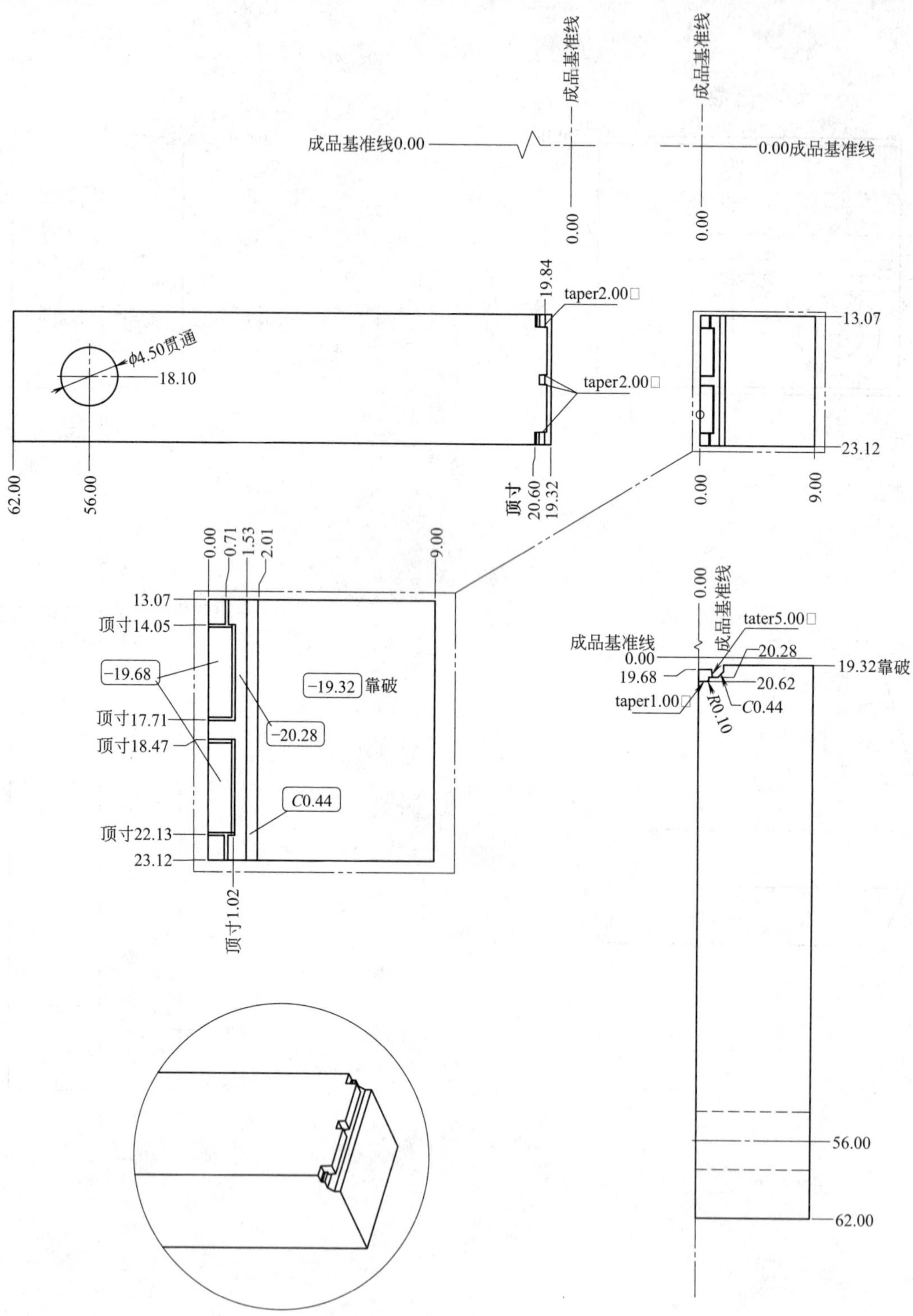

SL3 S135 54HRC

图 3-6-37 SL3、

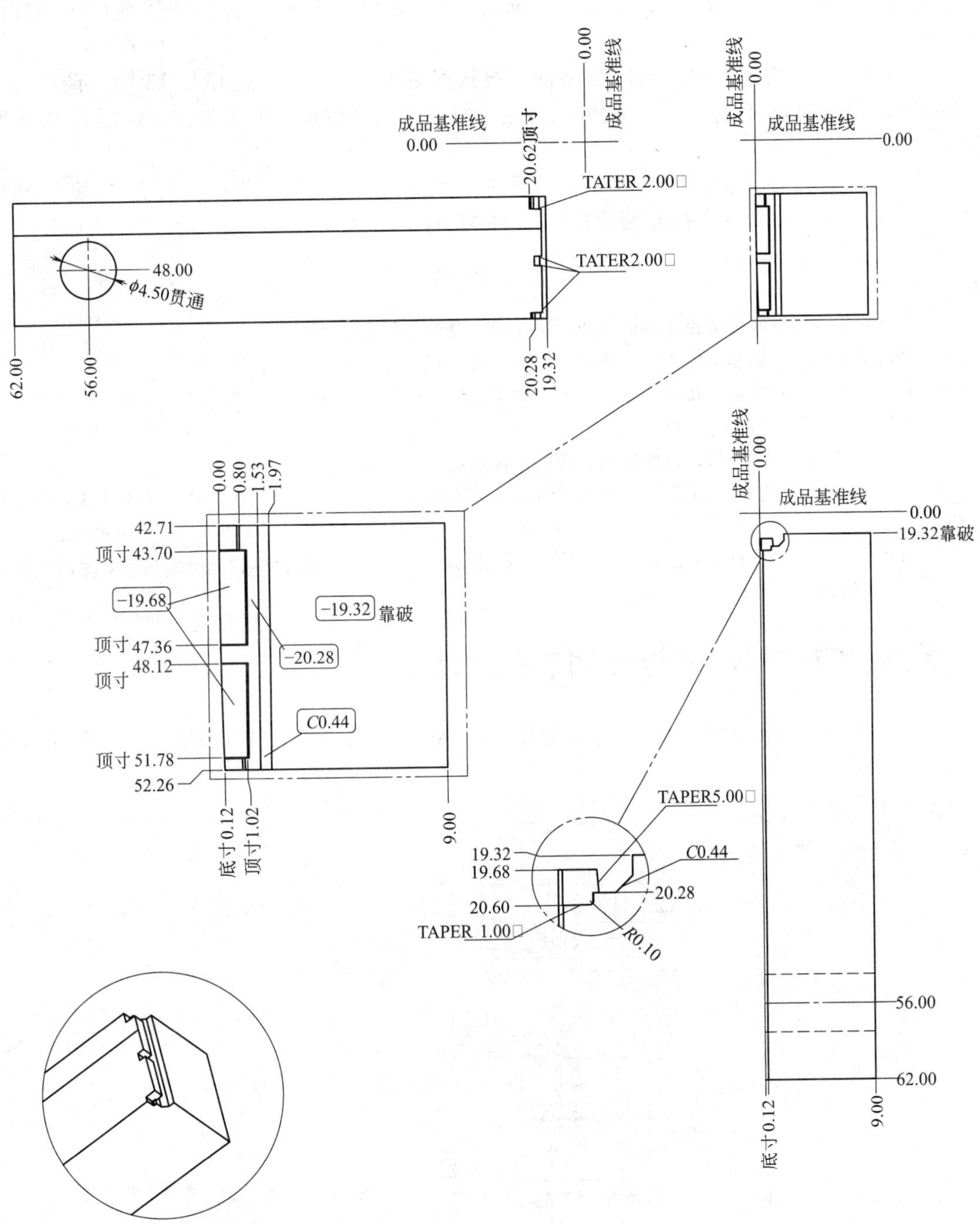

SL5 S135 54HRC

SL5

(3) SLC (SL7) 组零件图 该组侧向分型抽芯机构由件 45、46、47、48、49、50、51、52 组成。请在随书盘/模块 3/阅读材料/任务 6/SLC 文件夹中打开阅读各组成零件的文档。

(4) 动、定模板零件图 侧向分型抽芯机构安装于动模板 5、定模板 15 中。请在随书盘/模块 3/阅读材料/任务 6/动定模板文件夹中打开阅读动模板 5 的零件图、定模板 15 的零件图及顶针布置图。

(5) 斜顶零件图 斜顶抽芯机构由斜顶 57、斜顶座 58 组成。请在随书盘/模块 3/阅读材料/任务 6/斜顶文件夹中打开阅读件 57、件 58 的零件图。

思 考 题

1. 斜导柱分型抽芯机构由哪几部分组成？各组成部分的作用是什么？
2. 如何避免斜导柱抽芯机构与推出机构的干涉？写一篇避免干涉现象的综述。
3. 斜导柱分型抽芯机构有几种结构形式？各种结构形式的特点是什么？
4. 弯销分型抽芯机构有何特点？
5. 斜导柱、斜滑块、斜顶、斜槽抽芯机构的抽拔角最大为多少？
6. 请选取随书盘/模块 3/阅读材料/任务 6 中的抽芯机构生产图文件夹中的装配图，用文字描述其工作原理。
7. 请在 AutoCAD 中以随书盘/模块 3/阅读材料/任务 6/思考题 7 中的合模状态图为基础，绘制其抽芯完成后的开模状态图。

3.7 工作任务 7：温度调节系统设计

设备与材料准备：每个学习者备 1 台安装有 AutoCAD2004 及 Pro/E2.0 以上版本的计算机。

3.7.1 工作任务

冷却系统零件图绘制

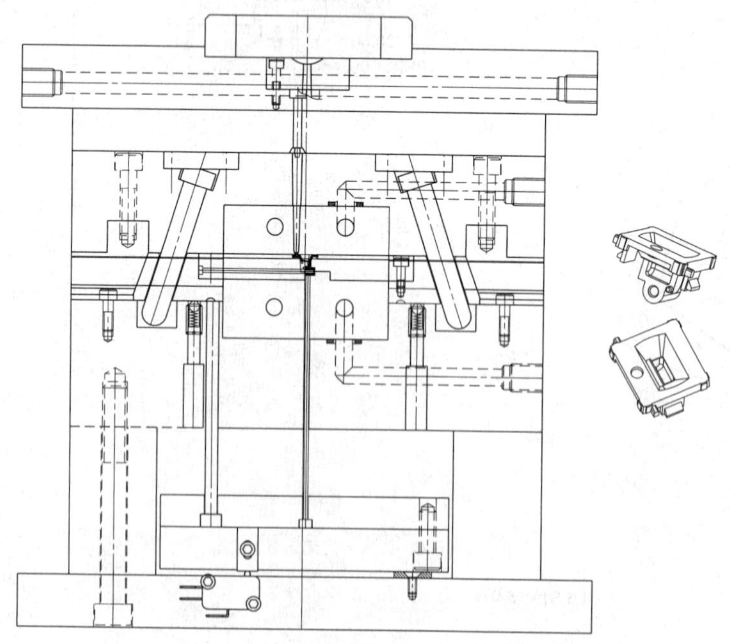

图 3-7-1 电子产品配件注射模装配简图

图 3-7-1 所示为电子产品配件注射模装配简图，随书盘/模块 3/阅读材料 /任务 7/3-7-1 文件夹中附有该模具 2d 生产用装配图及模具全 3d 结构文档。请打开阅读材料中该模具结构文档，读模具装配图。

1. 该模具设置有几条冷却通道？请将每条冷却通道进行编号。画出每一冷却通道的冷却介质流动简图。

2. 测绘分布有冷却通道的模具零件的零件图。

3.7.2　基本知识与技能

模具温度调节系统直接影响到制品的质量和生产效率。因不同材料的性能和成型工艺要求不同，对模具温度的要求也不相同。对大多数要求较低模温的塑料，模具需设置冷却系统；对模温超过 80℃的模具及大型注射模具，需设置加热装置。

一、模温调节的重要性

1. 模温调节对塑件质量的影响

模温调节对塑件质量的影响主要表现在以下几方面。

① 改善树脂的成型性　每一种塑料都有适宜的成型模温。模温过低会降低塑料熔体的流动性，使塑件轮廓不清，甚至充模不满。

② 稳定成型收缩率　模温恒定，能有效减小塑件成型收缩率的波动，保证塑件的尺寸精度，提高塑件的合格率。

③ 减小塑件变形　模具型芯与凹模温差过大，会使塑料收缩不均，导致塑件翘曲变形，对形状复杂和壁厚不均的塑件尤甚。采用合适的冷却回路，确保模温均匀，可有效减少或消除塑件翘曲变形。

④ 增加尺寸稳定性　对结晶性塑料，使用高模温有利于结晶过程的进行，避免存放和使用过程中，尺寸发生变化。

⑤ 改善力学性能　适当的模温，可使塑件力学性能得到改善，过低的模温会使塑件内应力增大或产生明显的熔接痕。采用适当的高模温，可使其应力开裂大大降低。

⑥ 改善外观质量　适当提高模温能有效改善塑件外观质量，过低的模温可能会产生明显的银纹，云纹等缺陷，使塑件表面粗糙无光泽。

2. 温度调节对生产效率的影响

塑料熔体冷却时放出的热量，约有 5%以辐射、对流方式散发到大气中，余下的 95%由模具冷却介质带走。注射成型的生产效率主要取决于模具冷却介质的热交换效果。采取下列措施有利于缩短冷却时间，从而提高生产效率。

① 提高传热系数。当冷却介质温度和冷却管道直径不变时，提高冷却介质流速，改变冷却介质的流动状态，可提高传热系数，缩短冷却时间。

② 降低冷却介质的温度，有利于缩短冷却时间。

③ 增大冷却面积。在模具上开设尽可能大、尽可能多的冷却通道以缩短冷却时间。

二、设计冷却系统应遵循的原则

（1）热量集中区加强冷却　如图 3-7-2 所示，(a) 图的冷却效果比（b）的差。

（2）壁厚较薄处、滞流区及波前对接处避开冷却。如图 3-7-3 所示，制品中心部位壁厚较薄，冷却通道应避开此区。图 3-7-4 所示制品，凹陷区有滞流，此区域上方不能布置水道。

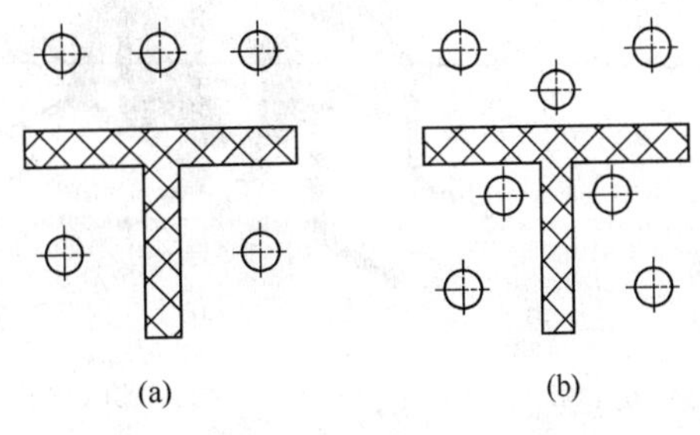

图 3-7-2　热量集中区加强冷却

（3）水管的长度不能太长，冷却液从水管进口到出口的温度变化控制在5℃以内，较精密的产品控制在3℃以内。

（4）在用热浇道成型的模具中，需加强对热浇道的冷却。图3-7-5（a）所示结构，最初设计时，没有设计热浇道的冷却水路。在定模侧热浇道附近温度较高，达90℃（进水温度设为50℃）。在热浇道的周围加冷却水路后，热浇道附近温度明显降低，温度为78℃，如图3-7-5（b）所示。

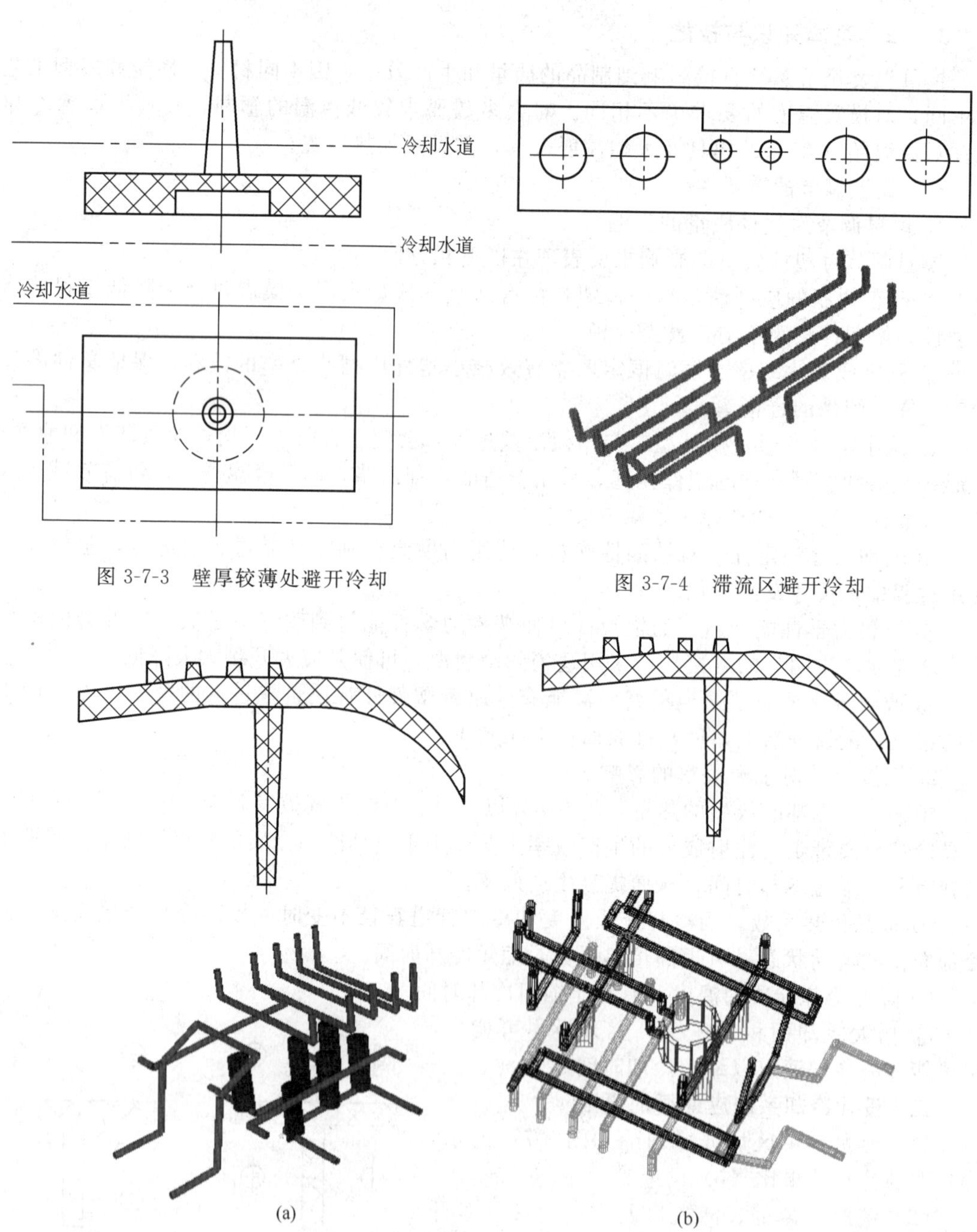

图3-7-3　壁厚较薄处避开冷却

图3-7-4　滞流区避开冷却

图3-7-5　加强对热浇道的冷却

（5）冷却水孔数量应尽量多，这样有利于模温均匀。如图3-7-6（a）所示的水路排列，模仁温差较大，达22℃；按图（b）布置水路，则温差较小，温差11℃。

（6）一般水孔的直径可根据制品的平均壁厚来确定。平均壁厚为 2mm 时，水孔的直径取 8～10mm；平均壁厚为 2～4mm 时，水孔的直径取 10～12mm；平均壁厚为 4～6mm 时，水孔的直径取 10～14mm。确定冷却水孔的直径应注意的问题是，无论多大的模具，水孔的直径一般不大于 14mm，否则冷却难以形成紊流状况。

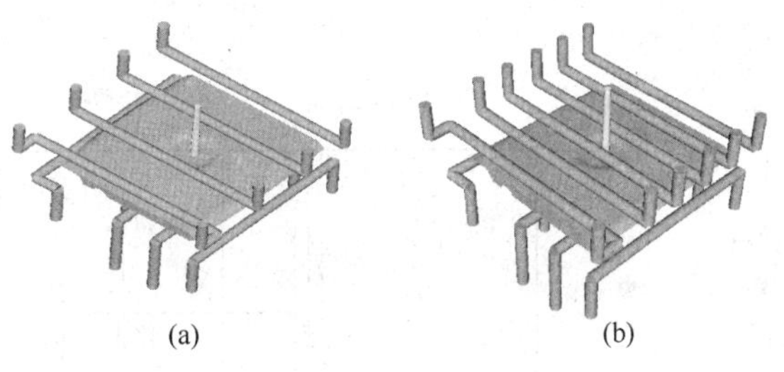

图 3-7-6　冷却水孔数量应尽量多

三、冷却回路布置

（一）常见冷却结构形式

① 直通式冷却水道　如图 3-7-7、图 3-7-8 所示。这类冷却水道适用于模板的冷却和大型平板类塑件的冷却。

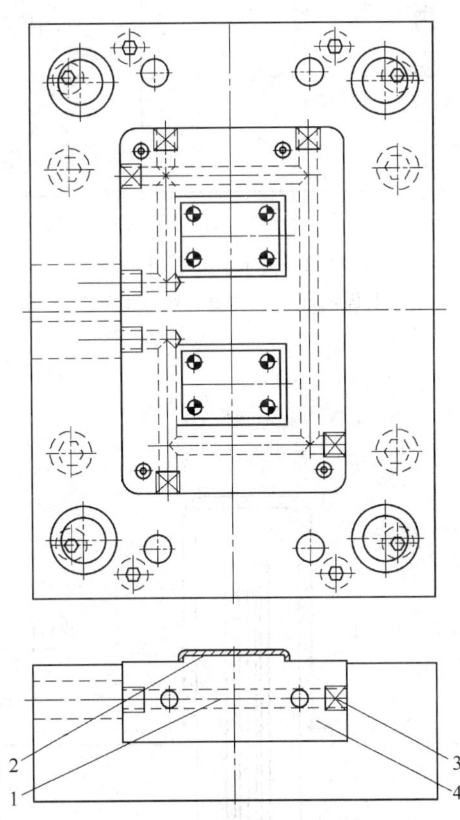

图 3-7-7　直通式冷却水道之一

1—冷却水道；2—塑件；3—喉塞；4—模仁

② 喷水管式冷却　如图 3-7-9、图 3-7-10 所示。这类冷却水道适用于细长型芯的冷却。

③ 螺旋式冷却水道　如图 3-7-11 所示。这类冷却水道适用于型芯较长的场合。冷却效果好，但加工复杂，成本高。

④ 隔板式冷却水道　如图 3-7-12、图 3-7-13 所示。隔板式冷却水道用于普通高型芯模具，冷却效果好，加工方便。

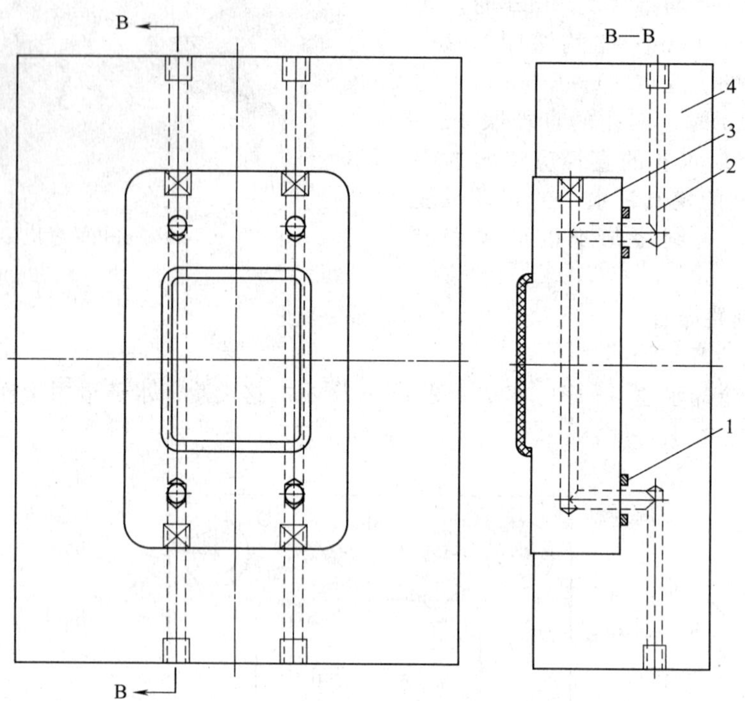

图 3-7-8 直通式冷却水道之二

1—密封圈；2—冷却水道；3—模仁；4—模板

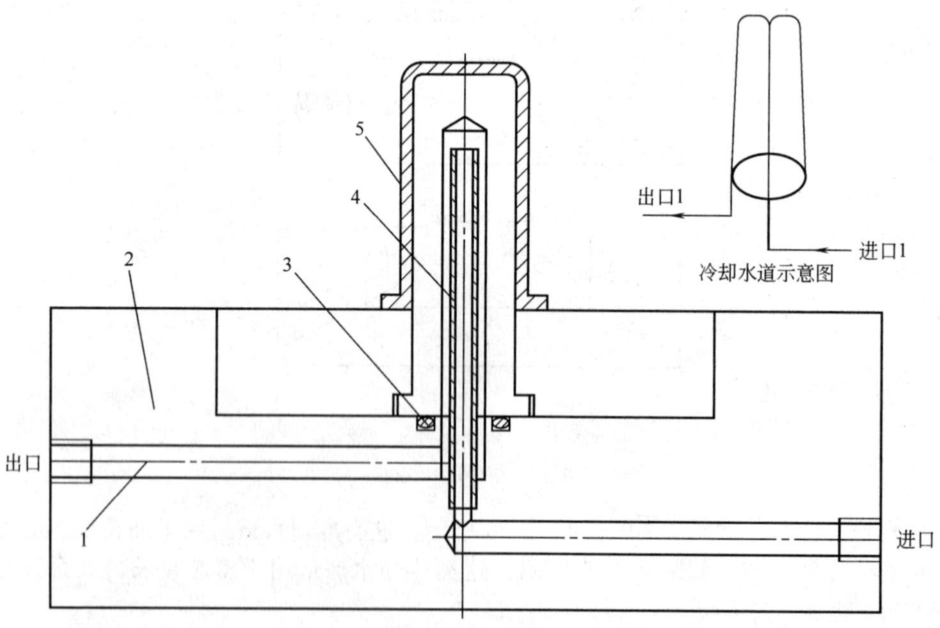

图 3-7-9 喷水管式冷却之一

1—冷却水道；2—模板；3—密封圈；4—喷水管；5—型芯

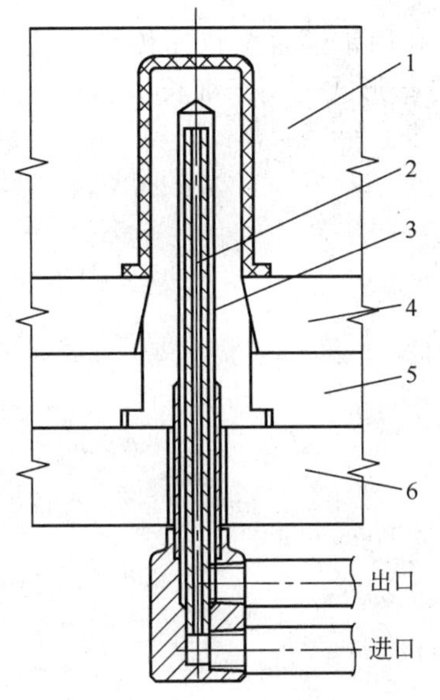

图 3-7-10　喷水管式冷却之二

1—型腔；2—喷水管；3—型芯；4—推板；
5—型芯固定板；6—型芯固定板

图 3-7-11　螺旋式冷却水道

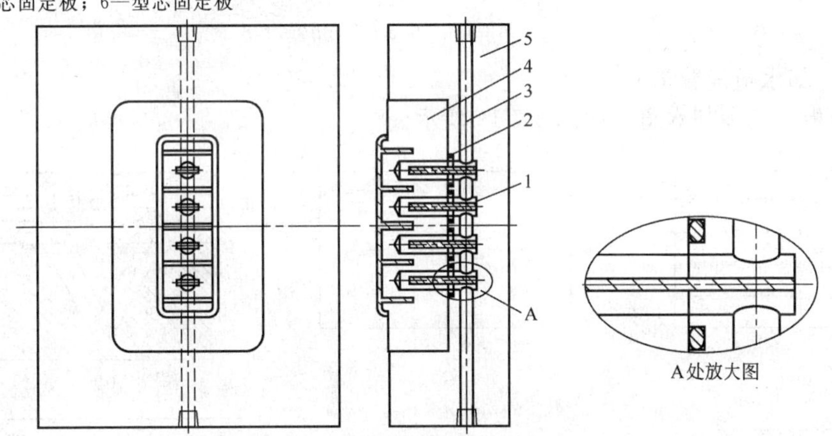

图 3-7-12　隔板式冷却水道之一

1—隔板；2—密封圈；3—冷却水道；4—模仁；5—模板

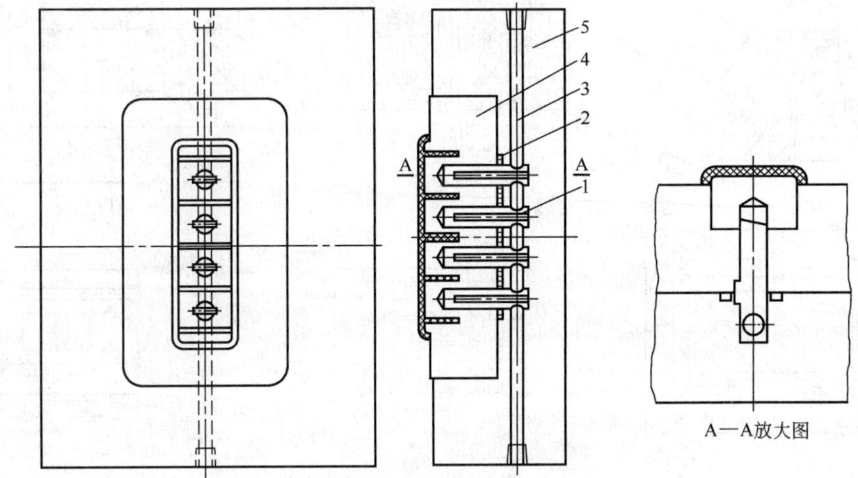

图 3-7-13　隔板式冷却水道之二

1—隔板；2—密封圈；3—冷却水道；4—模仁；5—模板

⑤ 铍铜针冷却水道　如图 3-7-14 所示。这种冷却形式利用铍铜合金快速传热特性，将型芯热量迅速传至冷却端，再由冷却介质将热量带走。该冷却形式适用丁细长型芯。

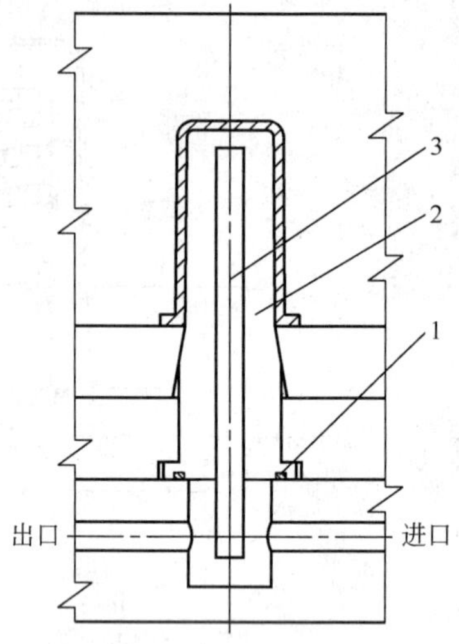

图 3-7-14　铍铜针冷却水道

1—密封圈；2—型芯；3—铍铜针

（二）冷却水道配置举例

（1）模板上的冷却水道　如图 3-7-15 所示。

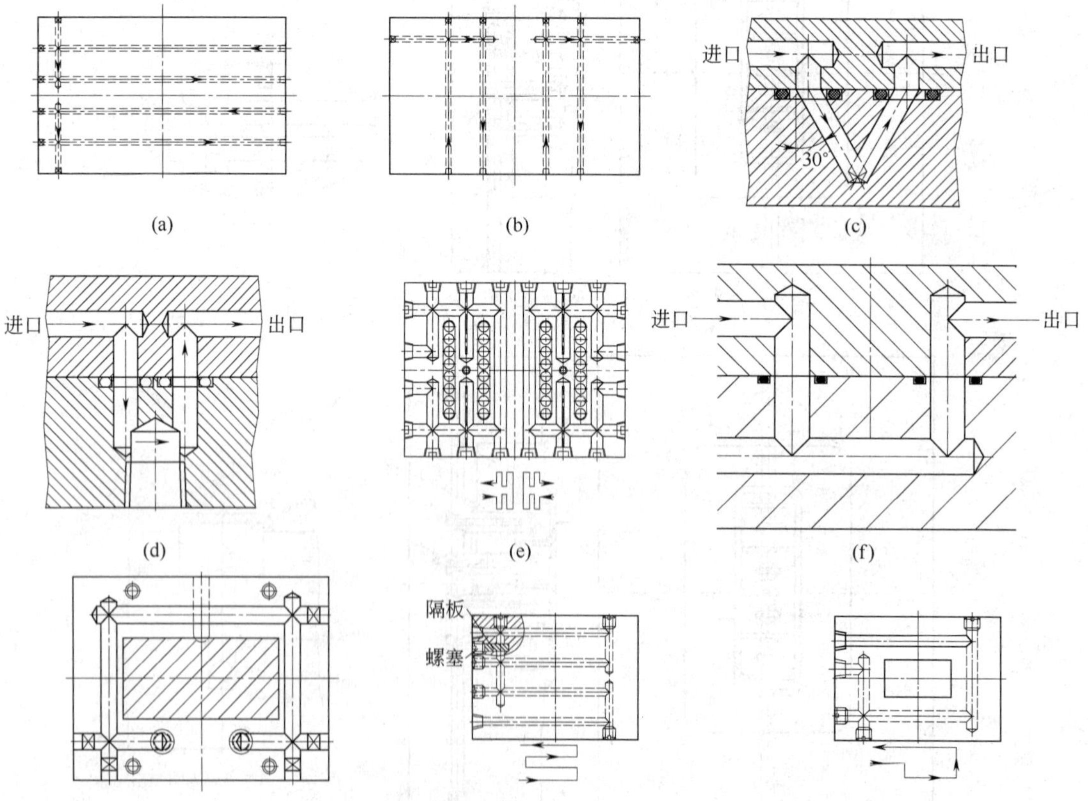

(a) (b) (c) (d) (e) (f) (g) (h) (i)

图 3-7-15　模板上的冷却水道

（2）型腔上的冷却水道　如图 3-7-16～图 3-7-20 所示。

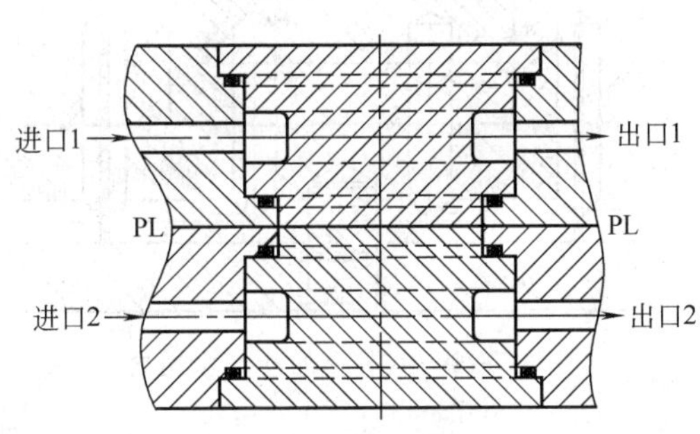

图 3-7-16　型腔上的冷却水道之一

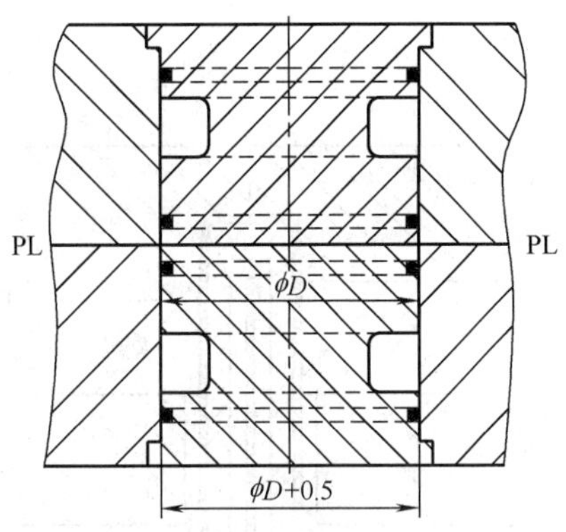

图 3-7-17　型腔上的冷却水道之二

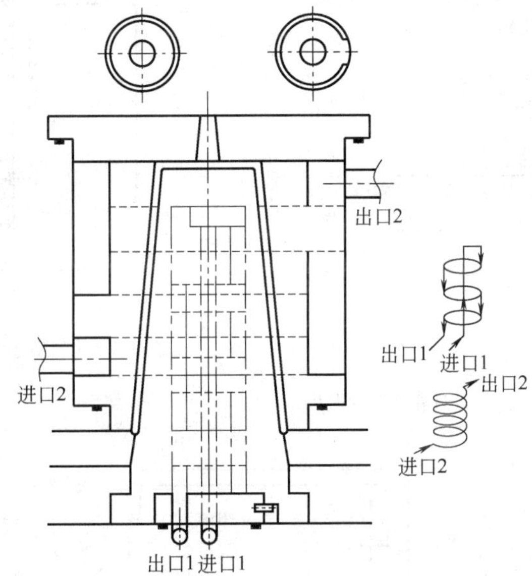

图 3-7-18　型腔上的冷却水道之三

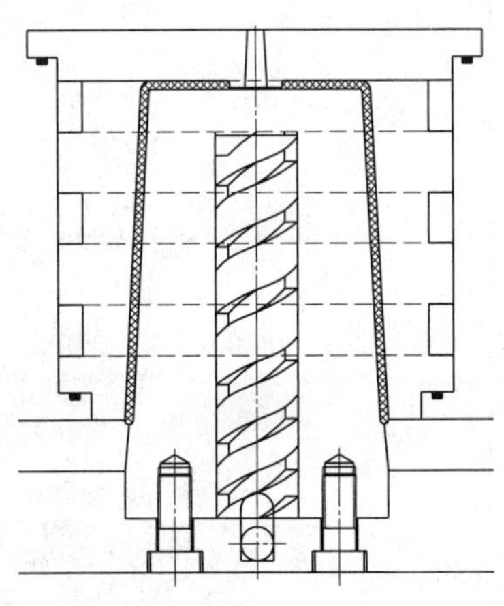

图 3-7-19　型腔上的冷却水道之四

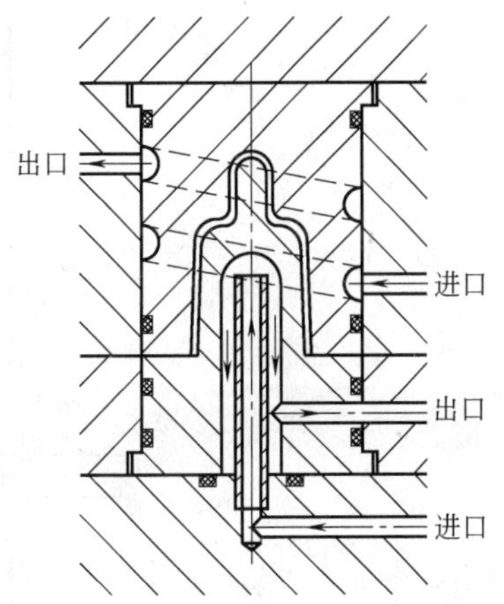

图 3-7-20　型腔上的冷却水道之五

(3) 型芯上的冷却水道　如图 3-7-21～图 3-7-23 所示。

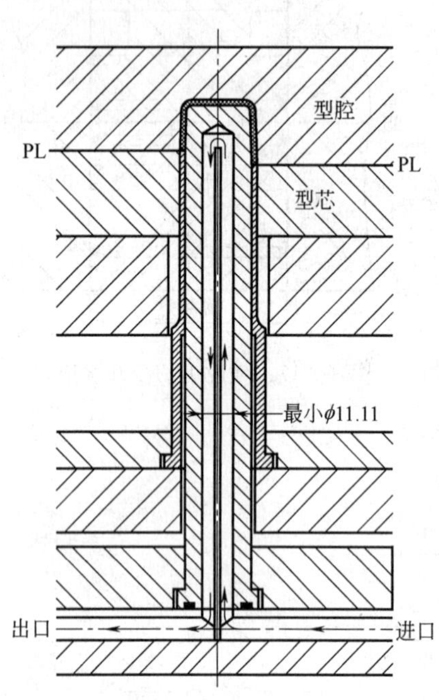

图 3-7-21　型芯上的冷却水道之一

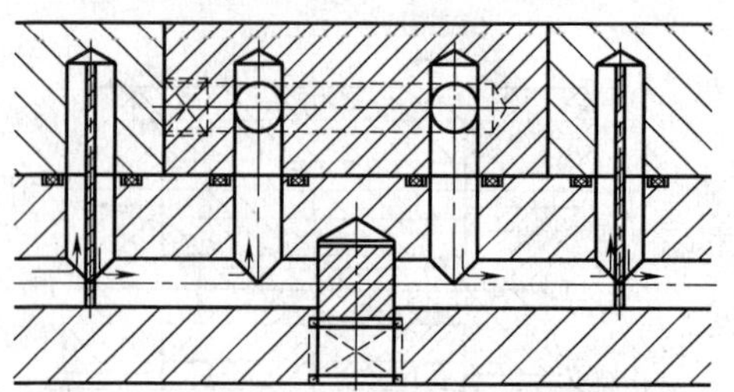

图 3-7-22　型芯上的冷却水道之二

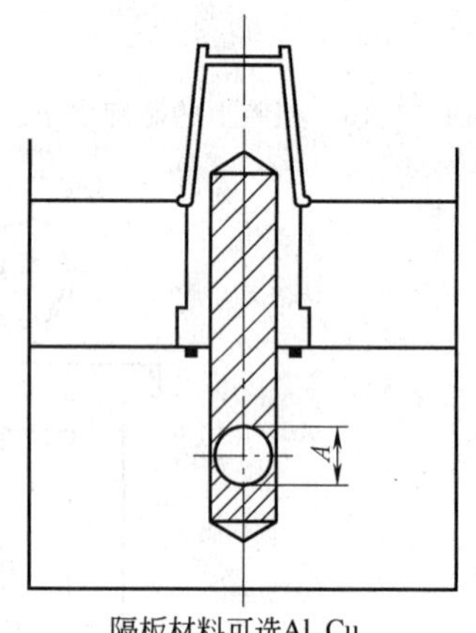

图 3-7-23　型芯上的冷却水道之三

(4) 滑块上的冷却水道　如图 3-7-24 所示。

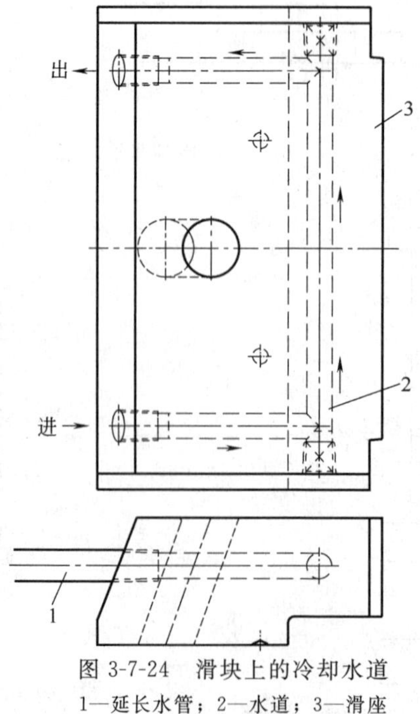

图 3-7-24　滑块上的冷却水道

1—延长水管；2—水道；3—滑座

图 3-7-25 所示为一深腔制件的注射模，在浇口板 2 上开设冷却水道对浇口板进行强制冷却。在型芯 3 中镶入冷却镶件 1，对型芯进行冷却。在凹模镶件 4 上开设冷却水道对凹模进行冷却。

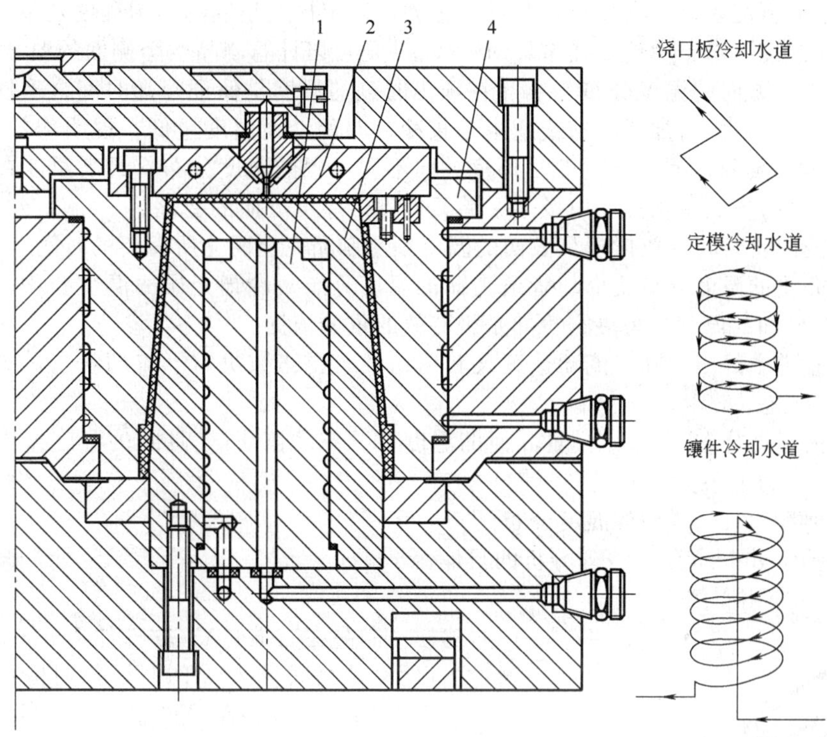

图 3-7-25　冷却水道实例

1—冷却镶件；2—浇口板；3—型芯；4—凹模镶件

学习活动（3-7）

实操：

1. 将冷却通道进行编号。画出每一条冷却通道的冷却介质流动简图。
2. 测绘分布有冷却通道的模具零件的零件图。

3.7.3　总结与提高

一、总结与评价

请按照本模块学习目标的要求，小组成员互相检查，总结冷却通道编号、冷却通道冷却介质流动简图、模具零件绘制等工作任务完成情况。用文字简要进行自我评价，并对小组中其他成员的任务完成情况加以评价。你和小组其他成员，哪些方面完成得较好，还存在哪些问题？

二、知识与能力的拓展——模流分析应用、高光无痕模具简介

1. 模流分析在冷却系统设计中的应用

冷却水道的设计除灵活运用上述有关设计原则外，还可借助模流分析的有关软件进行辅助分析，达到优化设计的目的。

MPI/Cool 通过对模具、制品、冷却系统的传热分析，可为用户提供以下模拟结果。

① 冷却时间　为保证制品在脱模时有足够的强度，以防止脱模后发生变形，要确定合

适的冷却时间。MPI/Cool 能够计算制品完全固化或用户设定的固化百分比所需要的冷却时间。

② 型腔表面的温度分布　型腔表面温度对制品质量具有重要影响。MPI/Cool 能够模拟注射成型周期内型腔表面温度分布，帮助工艺人员确定模具温度的均匀程度及是否达到材料所要求的模具温度。对于中性面模型，MPI/Cool 还可以计算制品两个侧面的温度差别。

③ 制品厚度方向的温度分布　制品在顶出时刻的温度是保证冷却时间合理性的重要因素。如果温度过高，则需加强冷却或适当延长冷却时间，而温度过低，说明冷却时间太长。MPI/Cool 能够预测制品在顶出时刻沿厚度方向不同位置的温度分布，最高温度在厚度方向的位置，沿厚度方向的平均温度以及某一单元温度沿厚度方向的变化。

④ 制品的固化时间　依据模具表面的温度预测制品完全固化所需要的时间。

⑤ 冷却介质的温度分布及冷却管道表面的温度分布　冷却介质的温度变化、冷却管道表面与冷却介质间的温度差是决定冷却是否有效的重要依据。

⑥ 冷却管道中的压力降、流动速度及其雷诺数　雷诺数决定了流动状态，应保证冷却介质处于紊流状态。

⑦ 镶块的温度分布、镶块/模具界面的温度差分布　镶块/模具间的温度差别反映了热量通过界面的阻力大小。

⑧ 分型面和模具外表面的温度分布。

下面是利用 Moldflow 作冷却分析的具体例子。

MPI/Cool 应用实例

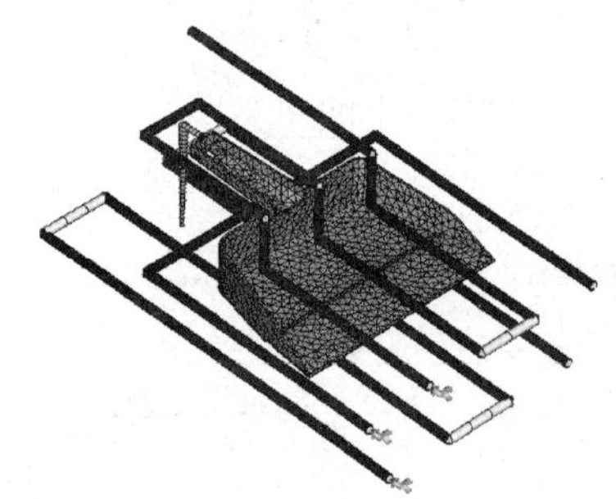

图 3-7-26　冷却系统和浇注系统模型

(1) 建模　制品在三维 CAD 软件如 Pro/E、UG 中建模，通过 STL 文件格式读入 MPI，划分网格，冷却系统和浇注系统在 MPI 中创建。制品模型、冷却系统和浇注系统如图 3-7-26 所示。

(2) 工艺条件　制品材料选用 Montell Australia VMA617，其工艺参数为：熔体温度 225℃，型腔温度 40℃。冷却管道的直径为 10mm，冷却介质为水，温度为 25℃，入口雷诺数为 10000。整个注塑成型周期为 20s，其中注射、保压及冷却时间为 15s，用于顶出的时间为 5s。

(3) 模拟结果　按照上述工艺条件，对制品的冷却过程进行了模拟分析，得到的部分模拟结果如图 3-7-27 所示。

随书盘/ 模块 3/阅读材料/任务 7/模流分析案例文件夹中附一制品的模流分析例子，请打开阅读。

2. 高光无痕模具简介

高光无痕注塑成型技术（rapid heating cycleMolding，RHCM）是一种新兴的注塑技术。其工艺原理是在注塑成形时将高温蒸汽通入模具温度控制通道，瞬间将模具型腔的温度升高。为了提高生产效率，在塑料填充模腔后，将高温加热的模具型腔表面迅速冷却。上述升温与冷却在极短的时间内完成，是急速冷却与急速加热过程（简称急冷急热过程），其工艺过程如下：合模→输入高温水蒸气→注塑→排出水蒸气→注入冷却水（冷却）→用高压空气清除冷却水→开模→顶出→合模。

高光无痕注塑成型技术的特点如下：①在高模温条件下，当模温高于成型材料的热变形温度时，能提高制品的光泽度。②能消除传统注塑成型工艺存在的制品熔接痕问题。③能避免产品二次加工，从而节约成本（如喷漆成本），并具有节能环保的特点。④采用普通的注

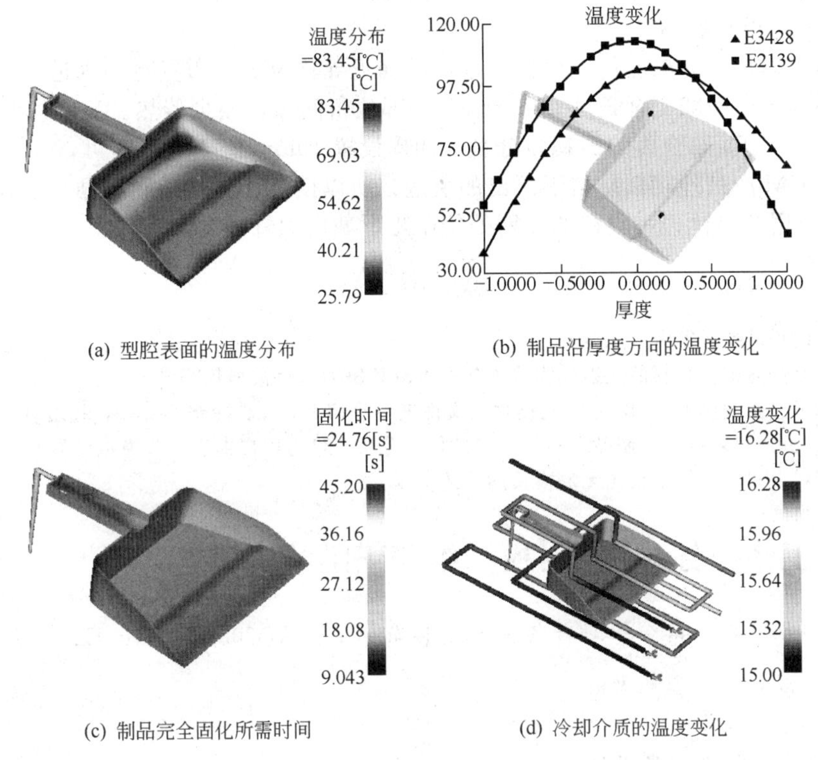

(a) 型腔表面的温度分布　(b) 制品沿厚度方向的温度变化

(c) 制品完全固化所需时间　(d) 冷却介质的温度变化

图 3-7-27　冷却过程模拟结果

塑成型技术，当加入 GF（Glass Fiber，玻璃纤维）、CF（Carbon Fiber，碳纤维）、MF（Metal Fiber，金属纤维）后，尽管能增强产品的性能，但制品外观质量不佳，而采用高光无痕注塑成型技术，由于模具表面温度高，使成型材料表面结晶比率增加，制品表面效果非常好，并能增加制品表面硬度。

高光无痕模具、高光塑料材料和急冷急热控制系统是高光无痕注塑成型技术的三个主要组成部分，其中高光无痕模具是该技术的关键和核心部分。目前，PC、ABS＋PC、PC＋PMMA、ABS＋PMMA、PC＋GF 等材料在高光无痕注塑技术中常用。高光无痕（RHCM）模具设计制造要点如下：

（1）模具水路设计

① 水道直径 ϕ6～8mm。

② 水道边缘离模腔表面距离 6～8mm。距离太大则模具升温时间较长，距离太小则影响模具的强度。

③ 模具水道接头必须设计在模具上下侧端或后侧端；操作侧（站人一侧）不允许有水道进出口或水管排布，避免管子破裂烫伤操作人员。

④高光模具的水道不仅要均匀而且要有足够的数量，从而保证模具快速升温。采用加长水管直接将模芯水道引出，避免采用密封圈，从而防止模具长期在高温下作业导致密封圈老化，降低模具维修成本。用水波纹管须耐 250℃高温和 1.6MPa 高压，以防止高温高压下水管爆裂。圆型产品采用环形水道，长条形产品采用平行水道，深腔产品采用水井式水道，异形产品采用与产品外型一致的三维水道。

（2）模具隔热系统

① 模具动定模型芯镶块四面要做掏空处理，除支撑部分外，模框与型芯镶块其余部位

要有单面 1mm 的间隙，减少模芯于模框的接触面，从而减少热能损耗；模芯与模框间用隔热材料（如石棉板）隔热。

② 为防止模仁中的热能传至模框，模板内靠近导柱位置，布置冷却水道。

③ 导柱与导套间隙配合长度 25mm，其余部位留间隙，减少传热。

(3) 减少分型面贴合面的面积，分型面四周设置 10mm 配合宽度即可。

(4) RHCM 产品外观极易留下顶出的痕迹，所以模具顶出设计除遵循一般设计原则外，应尽量避免使用圆顶针；一般在加强筋处使用矩形截面顶针顶出。

思　考　题

1. 冷却系统设计要遵循哪些原则？
2. 为什么有些热塑性塑料的注射模需要加热？可以理解为塑料被加热吗？
3. 打开随书光盘阅读材料/模块 3/阅读材料文件夹中冷却 1.dwg、冷却 2.dwg，找出对应的冷却通道。
4. MPI/Cool 通过对模具、制品、冷却系统的传热分析，可为用户提供哪些模拟结果？
5. 查阅资料，写一篇关于高光无痕模具的综述。

3.8　工作任务 8：注射模二维与三维结构设计

设备与材料准备：每个学习者备 1 台安装有 AutoCAD2004 及 Pro/E2.0 以上版本的计算机。

3.8.1　工作任务

一、电子产品配件模具设计

如图 3-8-1 所示为一电子产品配件，选用 POM 材料，制品表面不允许留下明显的进浇痕迹。大批量生产。

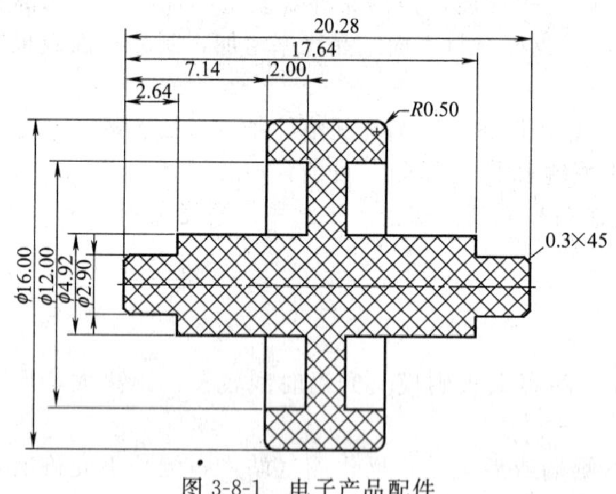

图 3-8-1　电子产品配件

① 请选择合适的注射机；

② 绘制排样图；

③ 利用 MPI 做模具流动分析；

④ 选择合适的标准模架；

⑤ 绘制模具报价图；

⑥ 在 AutoCAD 中绘制模具装配图；

⑦ 在 Pro/E 中做三维分模；

⑧ 在 AutoCAD 中测绘模具组成零件的零件图。

二、听筒装饰板模具设计

如图 3-8-2 所示为听筒装饰板，随书盘/模块 3/阅读材料/任务 8/3-8-2 文件夹中附该制品的三维 .prt 文档。采用 ABS 材料，大批量生产。

① 请选择合适的注射机；

② 绘制排样图；

③ 利用 MPI 做模具流动分析；

④ 选择合适的标准模架；

⑤ 绘制模具报价图；

⑥ 在 AutoCAD 中绘制模具装配图；

⑦ 在 Pro/E 中做三维分模；

⑧ 在 AutoCAD 中测绘模具组成零件的零件图。

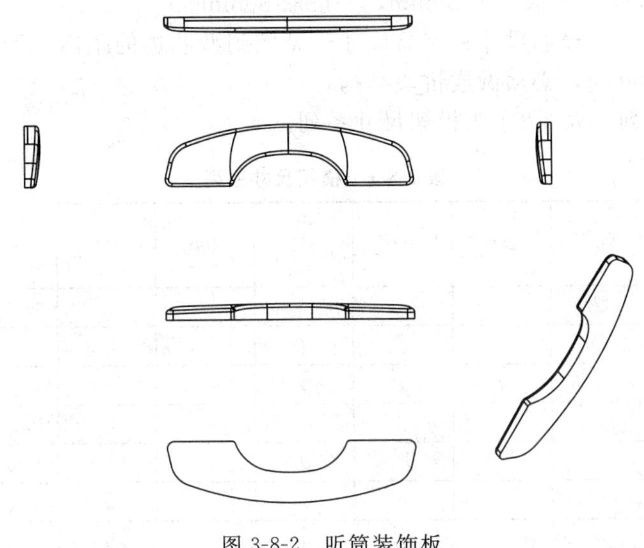

图 3-8-2　听筒装饰板

3.8.2　基本知识与技能

一、注射模设计步骤

注射模设计步骤如下。

（一）模具设计的前期工作

模具设计者应以模具设计任务书为依据进行设计。任务书由塑料制品生产部门提供，或由订货方与供货方双方协商确定。任务书包括对模具设计的各项要求和限定，是模具设计的依据，也是模具设计审核的依据。任务书一般有如下内容。

① 经过审签的正规制品图样，并注明所采用的塑料牌号、透明度要求等。若为仿制件，最好能附上样品。

② 塑料制品说明书及技术要求。

③ 塑料制品的生产数量。

④ 注射模主要结构要求，交货期限及价格。

设计者除看懂制品图样、熟悉设计任务书外，还应充分了解制品的用途，制品的各组成部分在该用途下的作用，明确制品的成型收缩率范围，透明度要求，尺寸精度及表面粗糙度允许范围等问题。然后对制品进行成型工艺性检查，以确认制品的各个细节是否符合注射成型的工艺性要求。

（二）模具设计

1. 标准模架的选用

(1) 平面尺寸的确定　图 3-8-3 给出了模架有关平面尺寸。

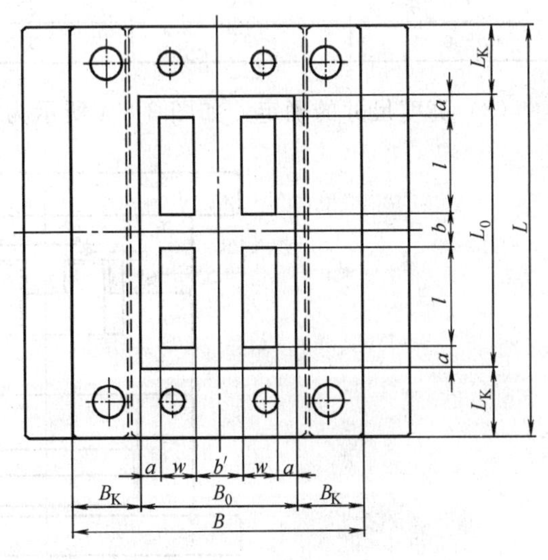

图 3-8-3　模架选用

型腔到型芯边的距离：$a=0.2\times1+17$，

对模芯边设置冷却水道的深腔模具或带侧抽芯的模具，a 可适当增加。

型腔之间的距离 b：$b \geqslant a/2$，一般取 12～20mm。对于特别小的制品，b 可取 3mm。型腔之间布置有流道时，b' 可取 25～30mm，一般取 30mm。

模芯尺寸 $B_0 \times L_0$：模芯尺寸＝制品尺寸＋型腔到型芯边的距离＋型腔之间的距离，模芯尺寸超过 200×200 时，必须做成拼块结构。

① 模架尺寸系列　表 3-8-1 为模架尺寸系列。

表 3-8-1　模架尺寸系列　mm

B \ L	150	200	250	300	350	400	450	500	550	600
150	√	√	√							
200		√	√	√						
250			√	√	√	√				
300				√	√	√	√			
350					√	√	√	√		
400						√	√	√		
450							√	√	√	
500								√	√	√

② 模架成型范围　表 3-8-2 为模架成型范围。

表 3-8-2　模架成型范围

B	B_K	B_0	L_K	L_0
150	35	80	35	$L_0 = L - 2L_K$
200	45	110	40	
250	55	140	45	
300	65	170	50	
350	65	220	55	
400	75	250	55	
450	85	280	60	
500	95	310	60	

（2）高度尺寸的确定　如图 3-8-4 所示为模架高度尺寸参数图。

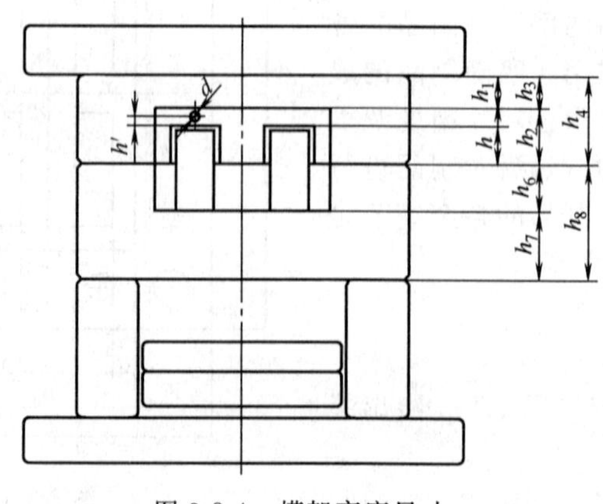

图 3-8-4　模架高度尺寸

前模部分：表 3-8-3 所示为 h_1 和 d 的尺寸关系。

① h_1 与冷却水孔的布置及制品的平面投影面积有关。无冷却水孔或制品较小时，h_1 取 15～20mm。冷却水孔边到型腔的距离取 1.5d，或取 10～15mm。

② h_3＝25～35mm。

③ h_2＝h＋h_1。

④ h_4＝h_2＋h_3。

表 3-8-3　h_1 和 d 的尺寸

制品平面投影面积/cm^2	h_1/mm	d/mm
＜40	20～25	6
40～77	25～32	8
77～116	32～38	10
116～154	38～50	12
154～193	44～64	16
＞193	50～76	20

后模部分：

① h_6 部分主要起固定型芯的作用，一般取 20～35mm。

② h_7 部分主要承受来自型腔的注射压力，可以查选标准托板厚度，如表 3-8-4 所示；或者根据强度与刚度计算确定（详见模块三 3.5 节）。

③ h_8＝h_6＋h_7。

表 3-8-4　h_7 的尺寸确定

B/cm	15、20	25	30、35	40	45、50
h_7/mm	30	35	45	50	60

2. 模具结构设计

① 确定型腔数目。

② 选定分型面。

③ 型腔的配置　型腔配置关系到模具总体方案的确定，因为型腔布置完毕，浇注系统的走向和类型便相应确定。冷却系统和脱模机构在型腔配置时也必须加以充分注意，若冷却通道布置与推杆孔、螺孔发生冲突时，要在型腔布置中进行协调。当型腔、浇注系统、冷却系统、脱模机构的初步位置确定后，模板的外形尺寸便基本上已确定。在此基础上可以选择合适的标准模架。

④ 确定浇注系统。

⑤ 确定脱模方式。

⑥ 冷却系统与脱模机构的结构协调设计。

⑦ 确定凹模和型芯的结构及固定方式。

⑧ 确定排气方式。

⑨ 绘制模具的结构草图　总体结构应力求简单，切忌过于复杂。结构草图完成后，应与工艺设计及产品设计、模具制造及使用人员共同研究确定最终方案。

⑩ 注射机的参数校核。

⑪ 模具有关零件的强度与刚度校核。

⑫ 绘制模具装配图　装配图应包括各零件的装配关系，必要的尺寸（如外形尺寸，定

位圈尺寸、安装尺寸、极限尺寸等)，零件编号及明细表，技术要求等。技术要求包含如下内容：对模具某些结构的性能要求，如对脱模机构、抽芯机构的装配要求；对模具装配工艺的要求；模具的使用说明；防氧化处理；模具编号、刻字、油封及保管等要求；有关试模及检验方面的要求。

⑬ 绘制模具零件图　由模具装配图拆绘零件图的顺序为：先内后外；先复杂后简单；先成型零件，后结构零件。

⑭ 编写说明书　设计说明书中除了编入设计任务书、注射成型工艺卡外，还应包含以下校核和设计计算的内容：注射机参数校核；型腔数目的计算；浇注系统、冷却系统的有关计算；成型零件的工作尺寸计算；成型零件的力学计算；脱模力的计算；侧向抽拔的有关计算。

⑮ 设计审核　审核工作由技术主管或项目小组承担并作审核记录。审核内容如下：模具质量与寿命、制品质量是否符合用户要求；注射机选用是否正确；模具结构是否合理，各个系统和机构能否正常可靠地工作；装配图和零件图表达是否清楚，尺寸及公差标注是否准确；技术要求是否全面、合理；模具零件结构是否有利于加工，模具装配是否方便，易损件更换是否方便。

3. 2D 设计步骤

2D 设计是指在 AutoCAD 中设计模具的结构，其步骤如下：

① 根据模具编号建立子目录；

② 成品图绘制　依据成品成型的综合分析，作出成品六个视图及必要的剖视图，并乘以缩水值，进行模具结构讨论；

③ 确定塑料材料、选用适当的成型机；

④ 排样图绘制　将结构图作镜像；模仁排样，成品基准、模具中心、模板 PL 面的坐标数值要成整数排列，以便模具制作；将绘制好的动、定模仁（型芯、型腔）以及模仁组立视图用 WBLOCK 命令作成块；

⑤ 组立图绘制及审核；

⑥ 绘制零件明细表；

⑦ 绘制零件图；

⑧ 绘制模板加工图；

⑨ 设计结案交接；

⑩ 试模后修正。

4. 3D 分模及全 3D 设计步骤

3D 分模是指在 Pro/E 中分出模具型芯与型腔。全 3D 设计是指在 Pro/E EMX 中设计出模具的全 3D 结构。

(1) 设计草图

① 在进行分模及用 EMX 绘制 3D 模具图之前，先进行草图设计，并对设计出来的草图进行审核。审核确认后，再进行分模及后继工作。目的是在草图审核环节中处理好有关问题，使后续的绘图工作更有效率。

② 绘制设计草图时，以设计意图表达清楚，绘图量最少为佳。

③ 审查时，如有修改或补充，审查者必须将修改或补充的内容清楚无误地画在草图上。若设计者直接将确认后的草图及修改内容表现在 3D 分模文档和 3D 模具文档上，则不再修改草图。

④ 设计草图时可用 AutoCAD。为了提高绘图效率，可用 AutoCAD 标准件图形数据库(可自行开发)。

（2）3D分模

① 在设计草图审查时，可以先按分型指引分模（与客户讨论提出）。

② 分模前，先将成品的相对精度改为绝对精度，设置精度为0.003mm（参考值）。也可以输出IGES格式，以利于修改有问题的面。

③ 分模中或分模后，需要对一些不稳定的零件进行固定化处理，固定化处理的目的是使整个模芯组合在重生时不出现问题。这一点在EMX3D组装时尤其重要。固定化有以下几种主要方法：将零件复制到一个新目录，重新组装一次，去除组装参考关系。将零件以STEP格式输出，再输入进来，去除父子关系。将全部组装的FEATURE去除（不建议使用）。

④ 分模时，将螺纹、顶针、冷却水道留在EMX3D组装中做。型芯镶件也可以留在EMX中做。

⑤ 分模时，行位（侧抽芯装置）、斜顶等只做胶位部分。其他部分在EMX组装中做。

（3）EMX 3D模具结构组装

① 在进行EMX组装之前，审核者尽可能最终确定设计草图。确认无修改必要之后，再进行EMX的组装，因为在PRO/E中修改模图是很浪费时间的。

② 在进行EMX组装之前，要确认模芯已是稳定的（即重生已无问题），否则进行EMX组装时再返回修改模芯将浪费大量时间，且十分麻烦。

③ EMX组装或借用基准时，要用最顶端的基准，目的是尽可能减少不必要的父子关系，减少重生的问题。可以删除某些参考基准。

④ 重生不成功的主要原因常见有以下几种。

a. 所借用的基准已丢失，或父子关系重生顺序颠倒。

b. 原来所设定的尺寸，后经过修改，但重生时产生了矛盾。

c. 某些零件被删除或丢失。

d. 成品的一些面或其他的分型面产生了问题，如小尖角、小间隙黏合不成功等（如果只有一两个星点，可暂时用CUT命令作一个凹槽，或做一个规则面替代星点，使分模成功，再补好凹槽或恢复原形）。

⑤ 当遇到EMX的某些零件不稳定时，用手动调整或绘制此零件。

⑥ 当零件库中没有所需要的零件时，先绘制此零件。再将此零件加入零件库。

⑦ 当零件库的零件装入不顺利时，可在零件库的目录中复制一份到工作目录，修改尺寸后再装入。

⑧ 遇到某些零件不稳定时，可以考虑将其固定化（如将其基准改变）。

⑨ 装入一个零件后，接着输入该零件的材料表数据。也可以在完成组装后一次性输入，但这种方法会导致在2D中修改尺寸和备注的不稳定。

⑩ 如果认为某些地方有改善的必要，可以提出来参考。

（4）2D组装图

① 开始2D装配图的制作前，确认3D组装已经完成、零件的材料表数据已输入；并检查所需的中心轴是否做齐，前模、后模是否已分好，所需的视图及视角是否已准备好（在3D中准备要方便得多）。

② 设置好参数并存盘。

二、设计举例

（一）皮带轮模具2D+3D设计

如图3-8-5所示皮带轮（随书盘/模块3/阅读材料/任务8/文件夹3-8-5中附有制品三维结构.prt文档），要求有一定的机械强度，抗冲击，尺寸稳定性好。制品大批量生产。设计该制品的注射模。

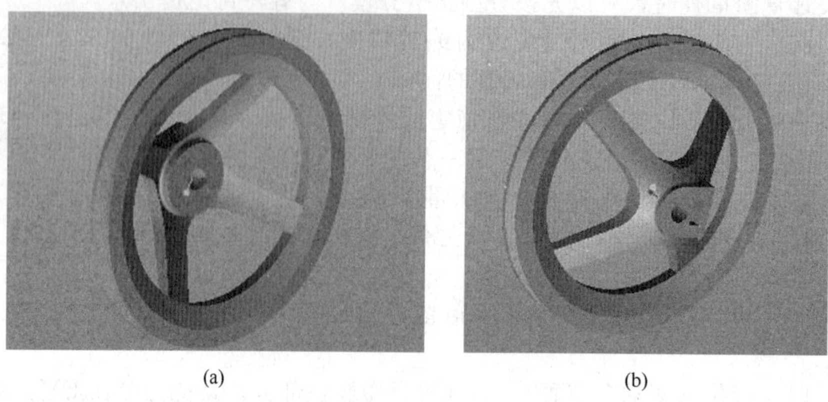

图 3-8-5 皮带轮

设计步骤如下：根据制品的使用要求，选择 ABS【GE Plastics（USA)】原料。

1. 成型机的选择

在 Pro/Engineer Wildfire2.0（或以上版本）中读取随书光盘中所附的制品三维结构.prt 文档，Pro/E 软件自动计算出制件的体积为 $165cm^3$，浇注系统体积初设为 $3cm^3$。因制件轴孔有一定的尺寸精度要求（SJ 1372—1978 的四级精度），综合考虑制件的结构及精度要求，采用一模一腔的模具结构。塑料材料为 ABS，其密度为 $1.08g/cm^3$。则模具每次所需的注射量为：

$$G=(165+3)\times1.08=181g$$

根据制件质量，初选 FLT-180A 型号注射机。注射机的参数如下：

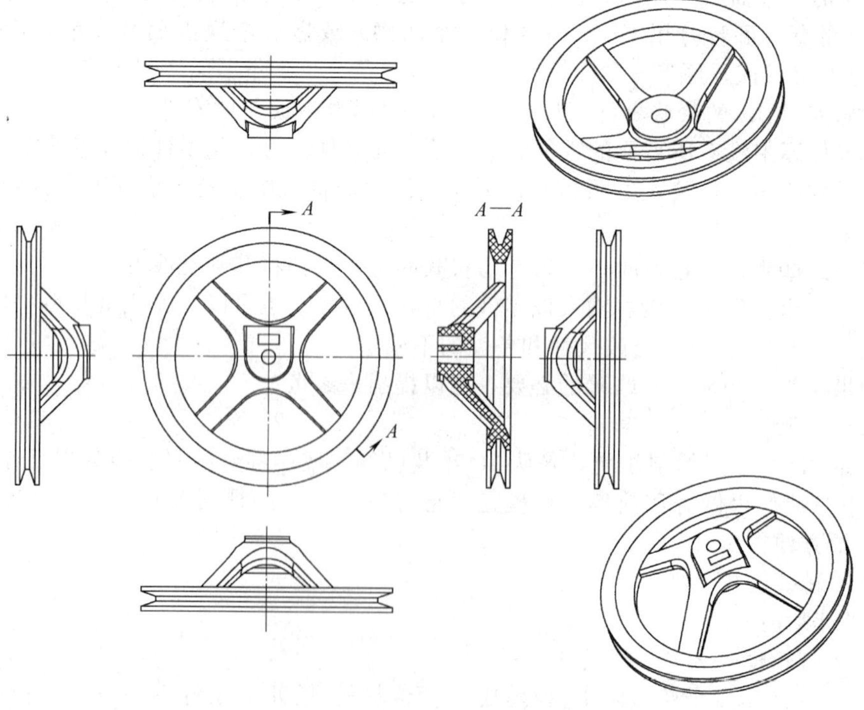

图 3-8-6 皮带轮二维结构图

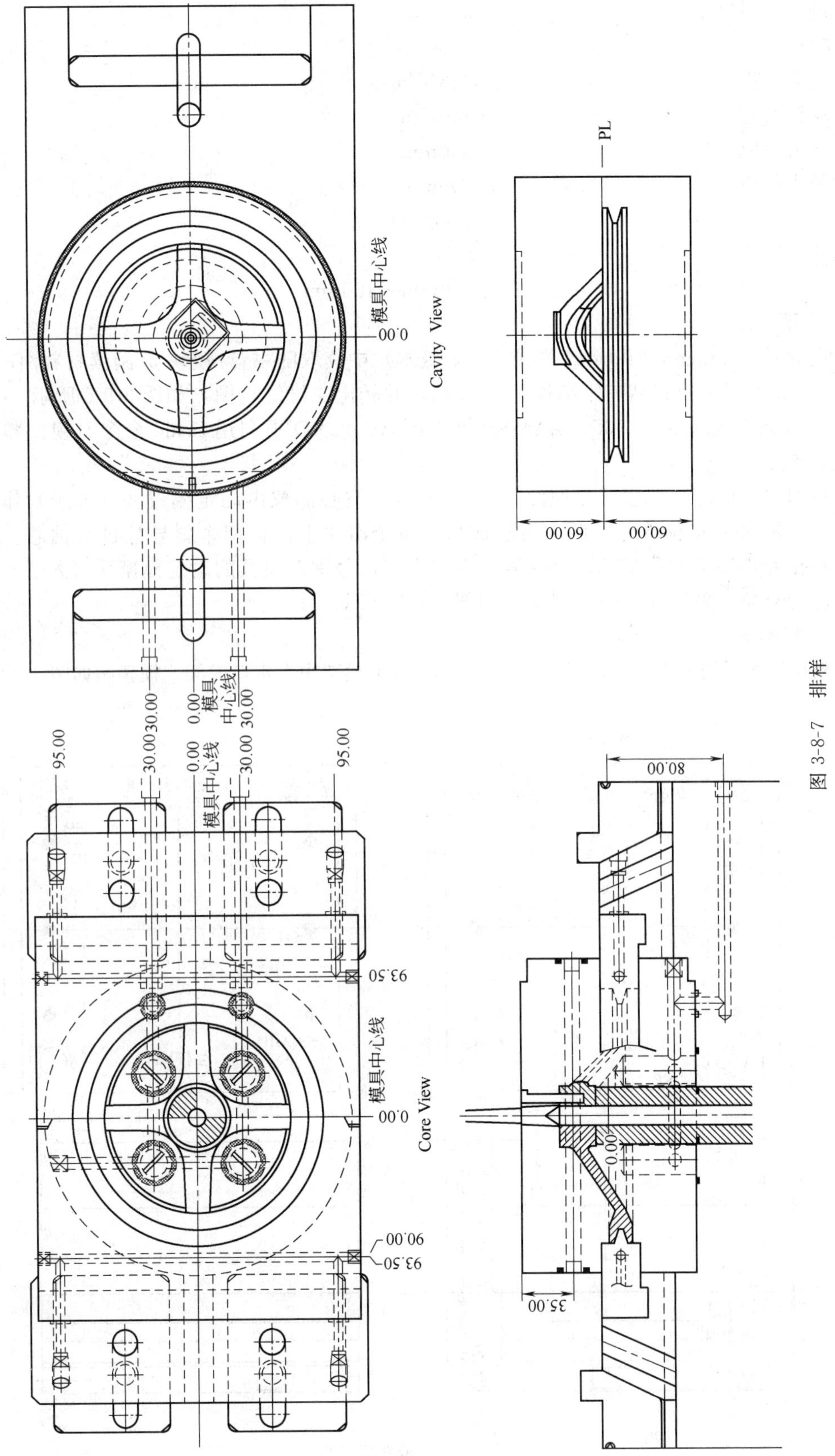
Cavity View
模具中心线
0.00
PL
60.00
60.00
95.00
30.00
30.00
0.00
模具中心线
30.00
30.00
95.00
93.50
Core View
90.00
93.50
80.00
35.00

图 3-8-7　排样

理论注射容量	334cm³
锁模力	1800kN
注射压力	216MPa
移模行程	440mm
最大模厚	450mm
最小模厚	200mm
模具定位孔直径	ϕ160mm
喷嘴球半径	SR15
拉杆内间距	480mm×460mm

2. 排样设计

在 Pro/Engineer Wildfire2.0（或以上版本）中读取随书盘/模块 3/阅读材料/任务 8/文件夹 3-8-5 中所附的制品三维结构 . prt 文档，并转出二维结构图，如图 3-8-6 所示。

取 ABS 的缩水值 1.005，并将图 3-8-6 在 AutoCAD 中利用 Scale 命令对视图整体放大 1.005 倍。

采用圆环形浇口。模具分型面为 PL。轮毂的空心部位由动定模镶块（入子）作成靠破设计。带轮的 V 形槽部分用两个滑块成型，每个滑块上设计两个斜导柱进行抽芯。另设计一中心孔型芯和小方孔型芯。设有四个冷却水道，分别对模具的动定模镶块（入子）及两个滑块进行冷却。采用推管脱出制品。如图 3-8-7 所示。

3. 模架选用

根据排样图的大小，选用富得巴（Futaba）标准模架中大水口模架，模架图如图 3-8-8 所示。

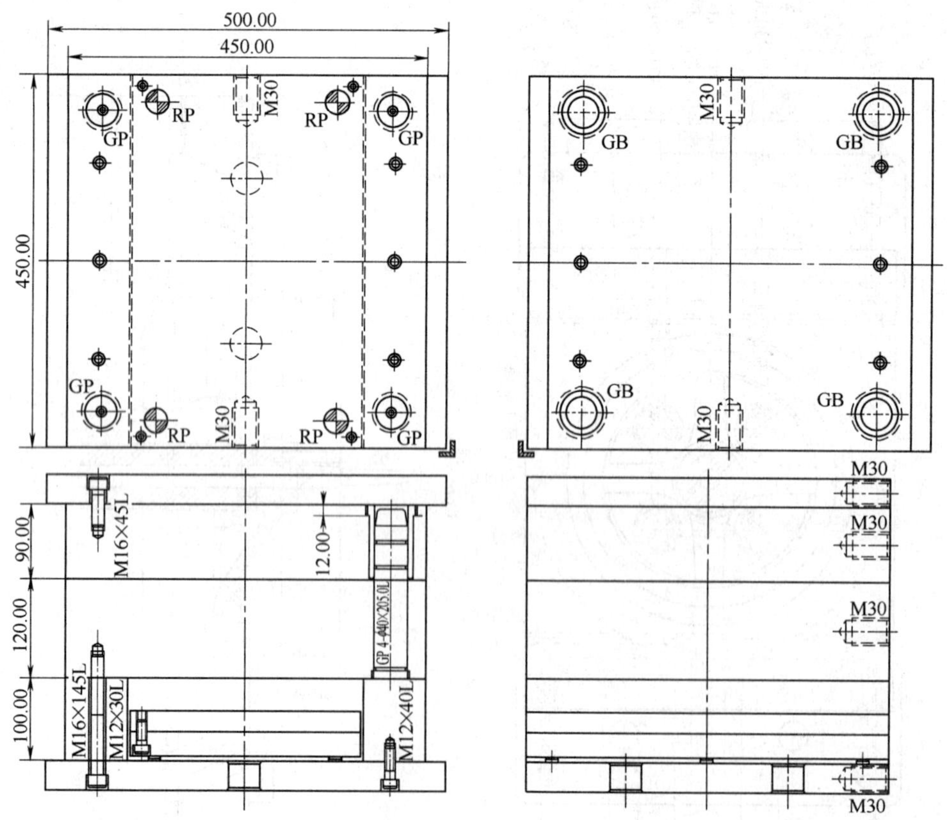

图 3-8-8　带轮模架图

4. 总装图绘制

在 AutoCAD 中将图 3-8-7 中的排样图以块的方式插入到模架图 3-8-8 中，在外挂模块中分别调出定位环，顶出导向装置，顶出回程装置，导柱辅助器等，插入模架的相应部位。补齐斜导柱抽芯装置的锁紧及定位、导滑等结构。标注各部分的尺寸。模具装配图如图 3-8-9（见书后彩图）所示。

5. 三维拆模

在 Pro/ENGINEER WiLdfire2.0（或以上版本）中根据模具二维结构图进行三维拆模。缩水值取 1.005。模具型腔由两个侧滑块，一个中心孔型芯，一个方孔型芯，一个凹模镶块，一个凸模镶块，一个推管组成，共需建六个分模面，如图 3-8-10～图 3-8-15 所示。

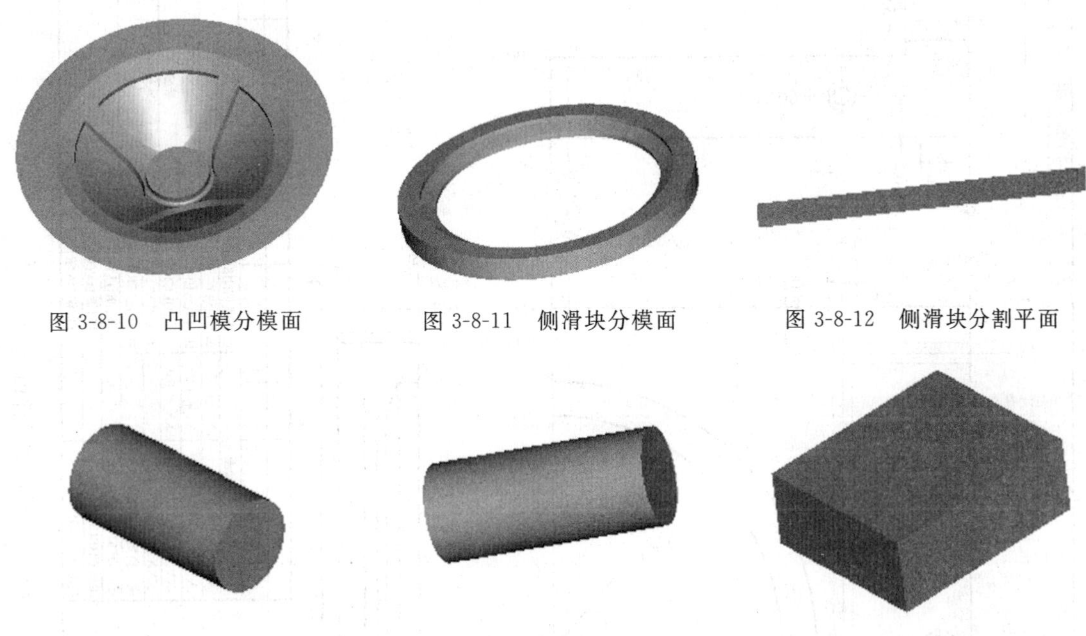

图 3-8-10　凸凹模分模面　　图 3-8-11　侧滑块分模面　　图 3-8-12　侧滑块分割平面

图 3-8-13　中心轴孔分模面　　图 3-8-14　推管分模面　　图 3-8-15　方孔型芯分模面

以分模面作出型腔空间，生成的成型零件组合状态如图 3-8-16（见书后彩图）所示。随书光盘/模块 3/阅读材料/任务 8/ pidl 文件夹中附有分模过程的录像，请打开阅读。

6. 转二维零件图

由三维零件图转出的主要成型零件二维工程图如图 3-8-17～图 3-8-20 所示。图 3-8-21 所示为中心型芯与推管组立图。

7. 模流分析报告

模流分析可模拟出如下内容：①各冷却管路的吸热效率，型芯型腔表面的温度差异；②塑料的流动状况，填充时间及压力，最后充满型腔的部位；③制品收缩情况，锁模力状况及所需最大锁模力；④因设计、成型、冷却不良造成的变形量（X，Y，Z 方向的趋势）。

在 MOLDFLOW（MPI）中作该模具的模流分析，分析结果如图 3-8-22（见书后彩图）所示。模流分析报告指出，图 3-8-9 所示模具结构，在成型中应改善填充条件，以增加熔接强度。应优化冷却条件、保压条件、注射工艺参数，以改善冷却过程。

（二）记忆棒全 3D 模具设计

如图 3-8-23 所示 U 盘外壳由四个零件装配组成。四个零件如图 3-8-24～图 3-8-27 所示。随书盘/模块 3/图片/任务 8/文件夹 3-8-23 中有图 3-8-24～图 3-8-27 的三维 . prt 文档，请在 Pro/ENGINEERING（2.0 或以上版本）中打开。在同一副模具中成型图 3-8-24～图 3-8-27 所示的四个制品。制品大批量生产。

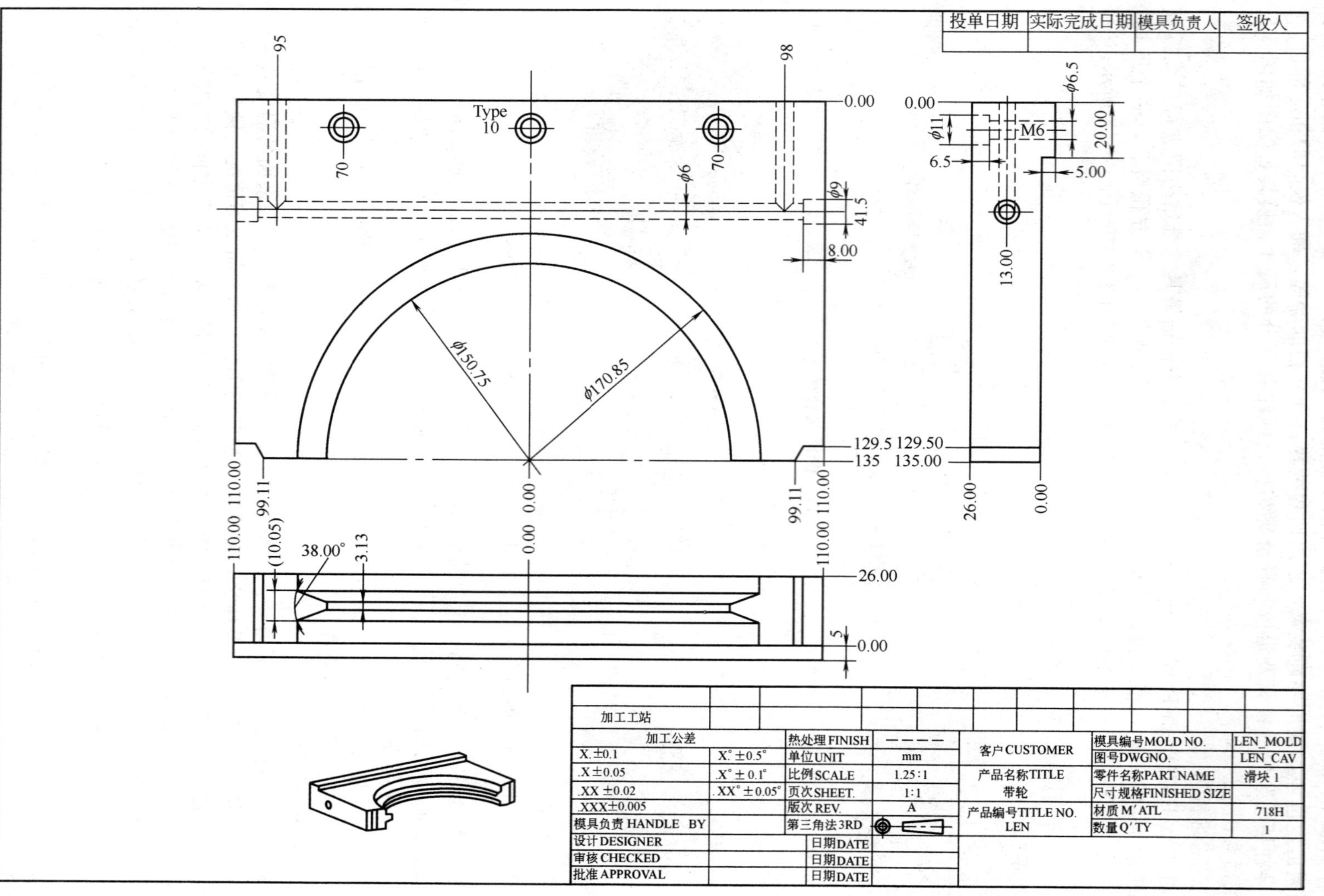

图 3-8-17 滑块 1 零件图

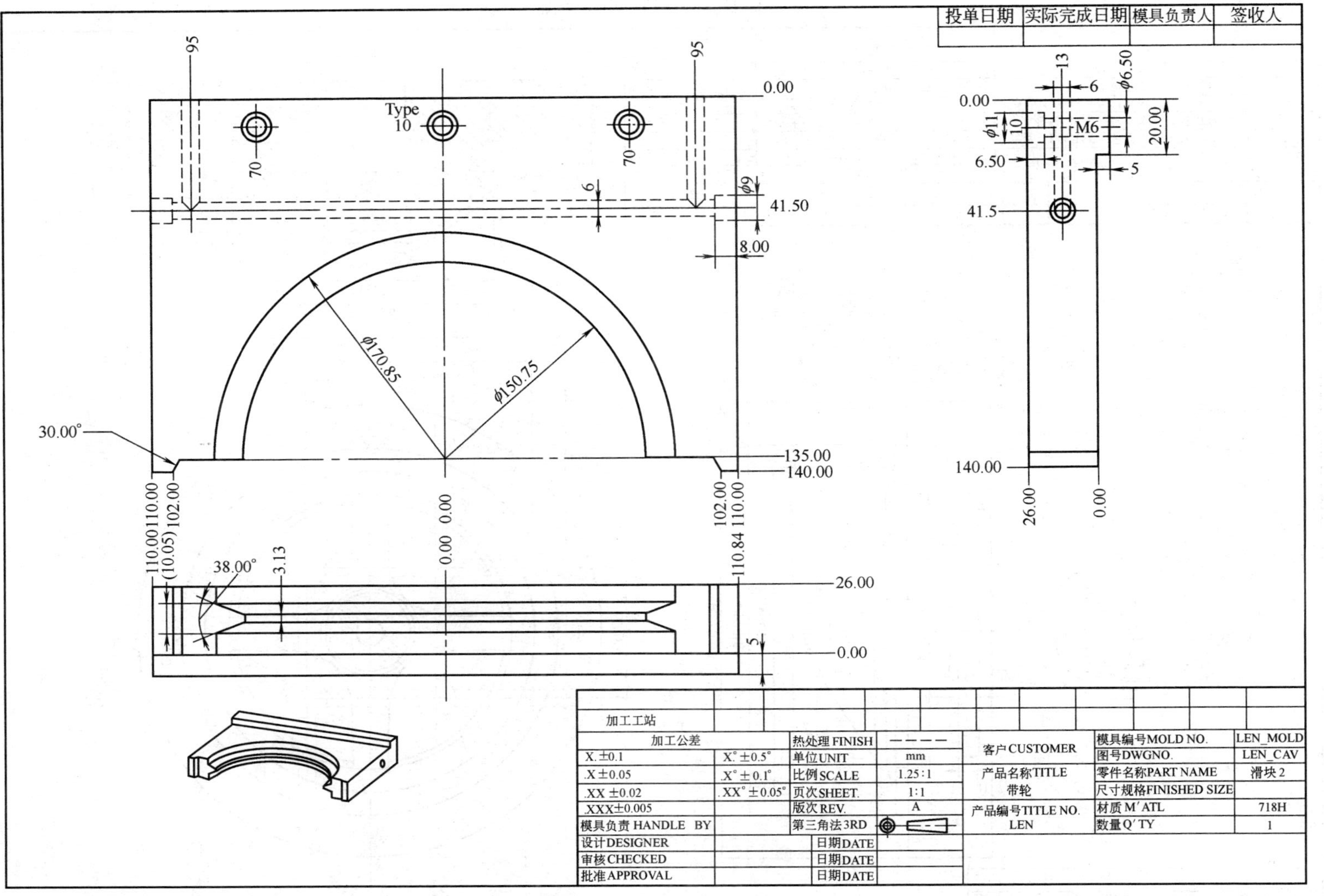

图 3-8-18　滑块 2 零件图

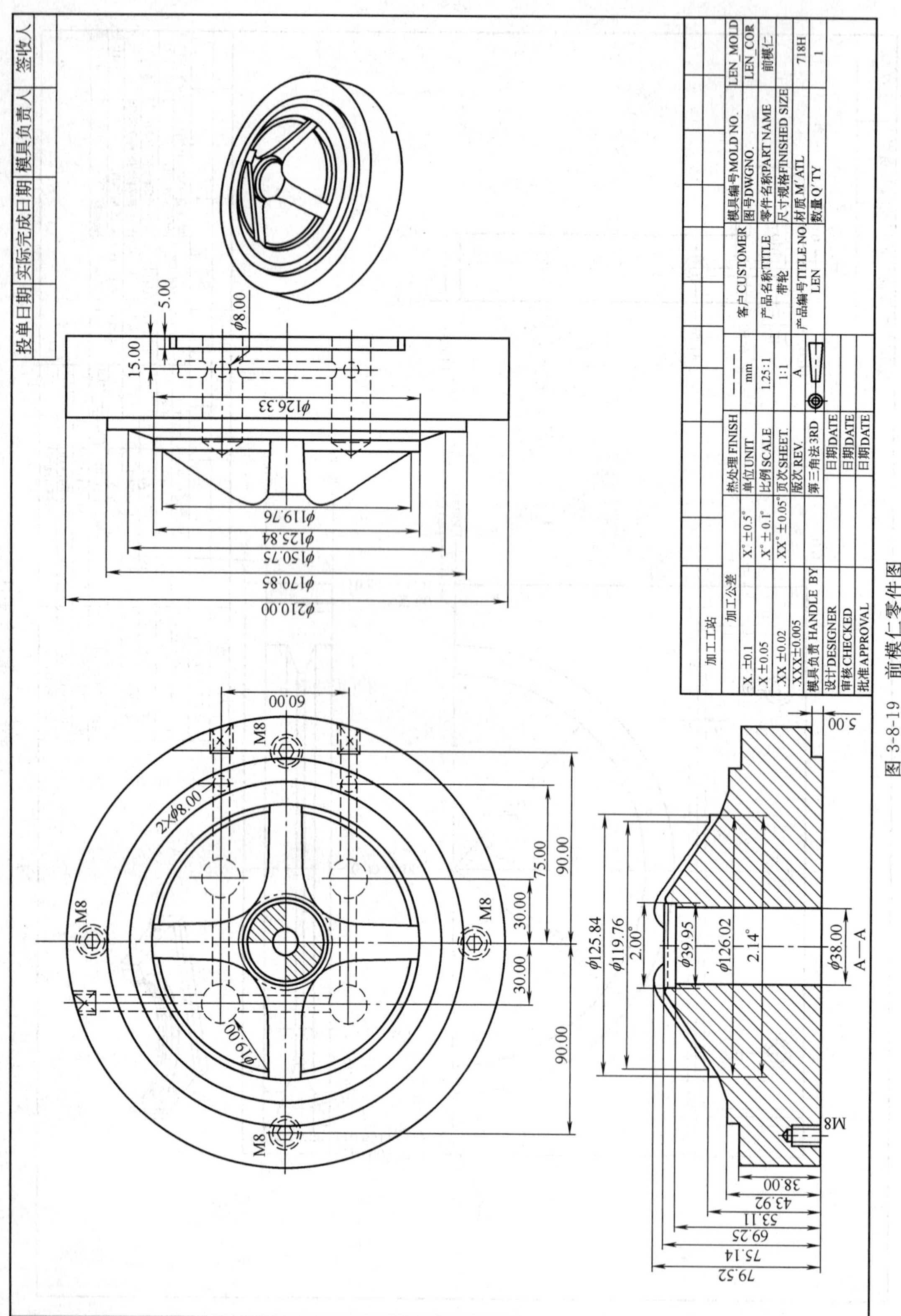

图 3-8-19 前模仁零件图

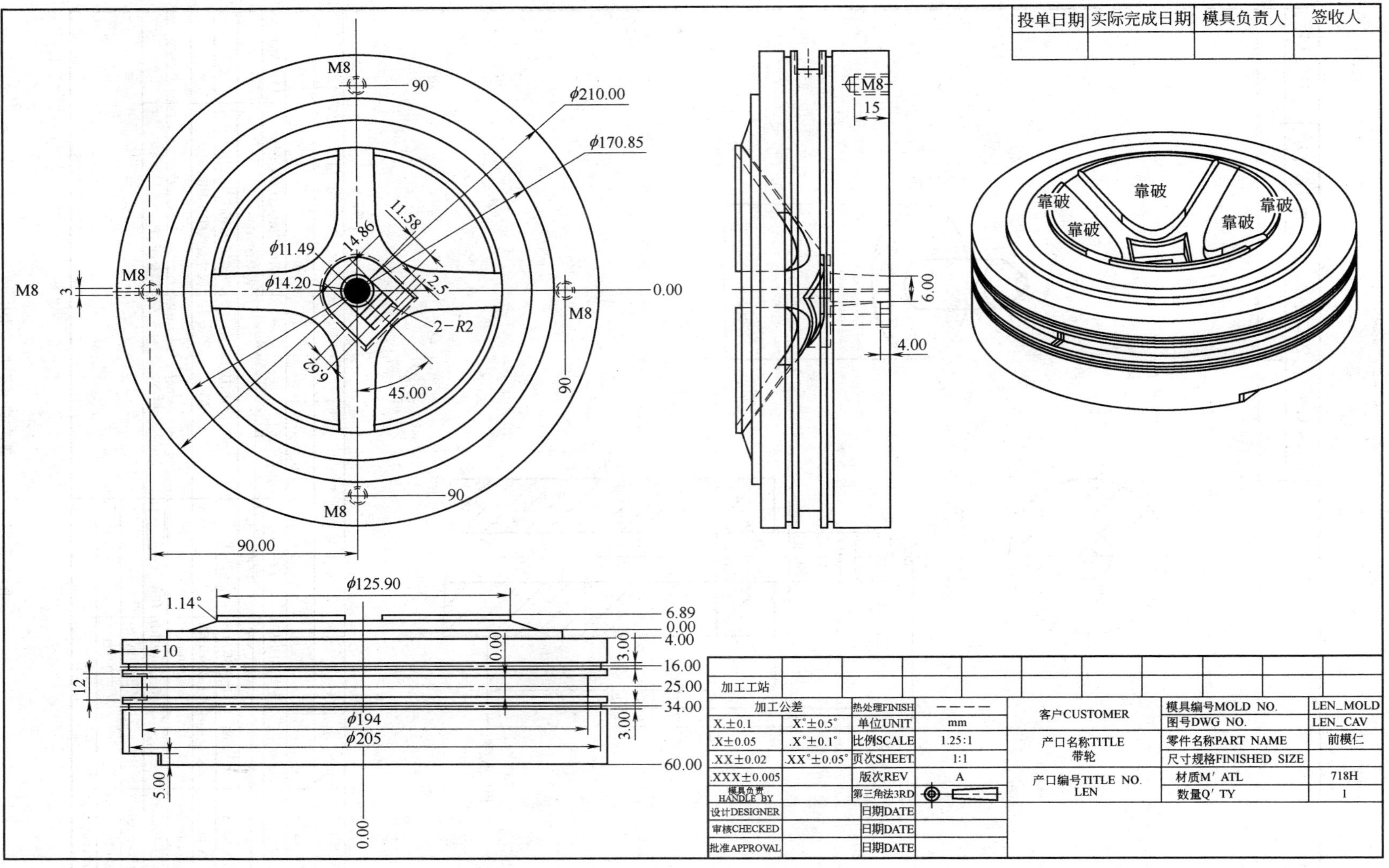

图 3-8-20　后模仁零件图

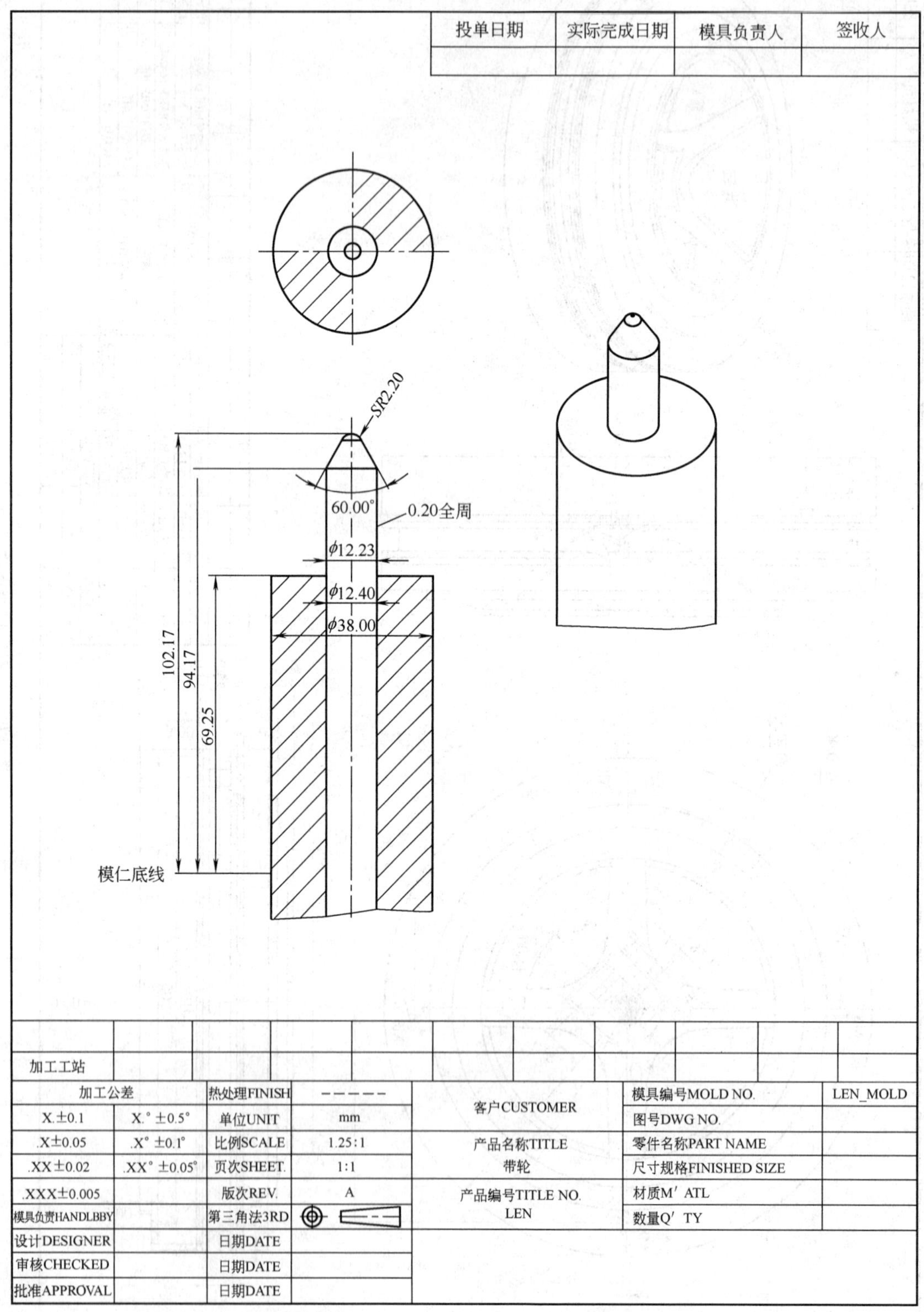

图 3-8-21 中心型芯与推管组立图

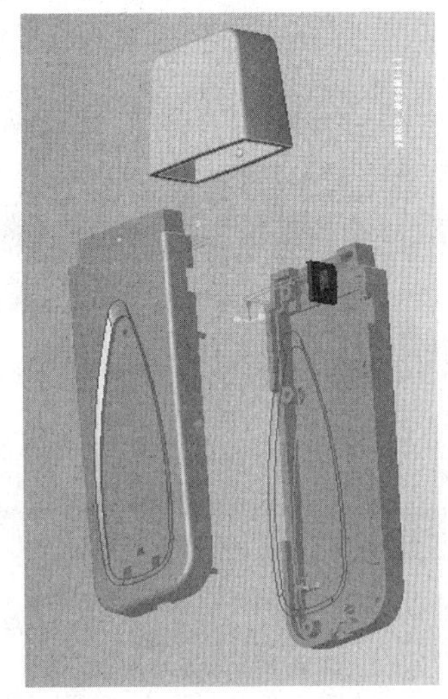

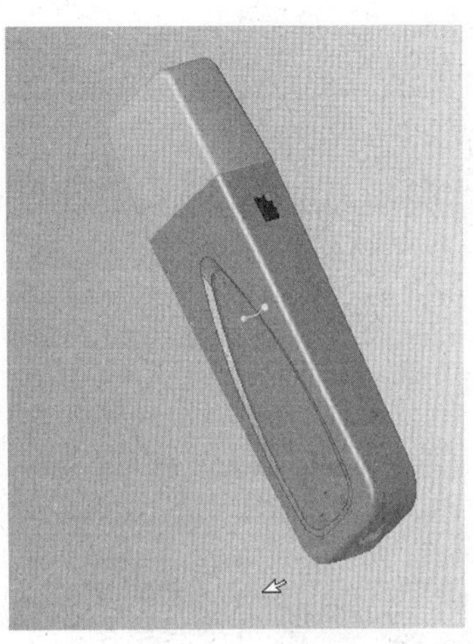

图 3-8-23　U 盘外壳

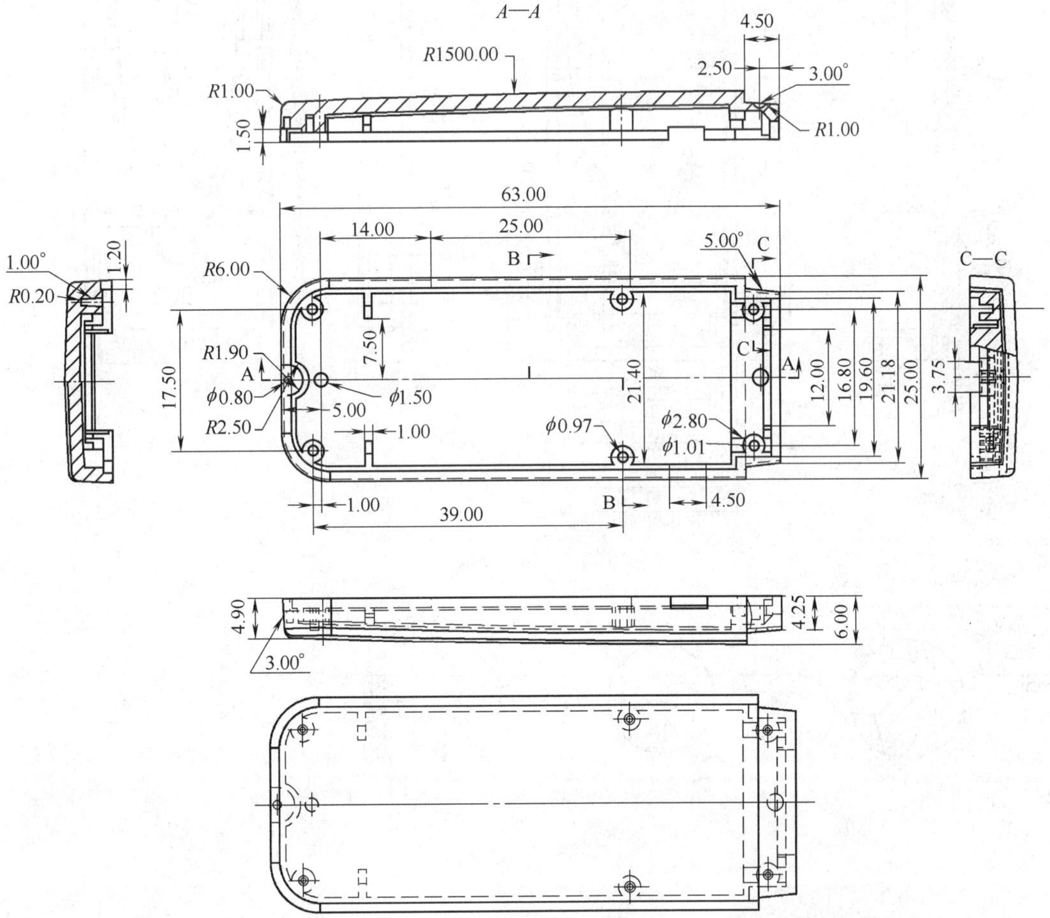

图 3-8-24　下盖

A—A
B—B
C
5:1
D
4:1
63.00
58.50
36.52
38.12
26.00
25.00
21.18
19.60
18.40
12.00
8.40
15.48
14.60
18.00
22.52
R1.90
R2.46
R0.40
R4.00
R25.00
R2.50
R0.20
R1.00
φ1.00
φ0.97
φ1.01
5.00°
2.00°
3.00°

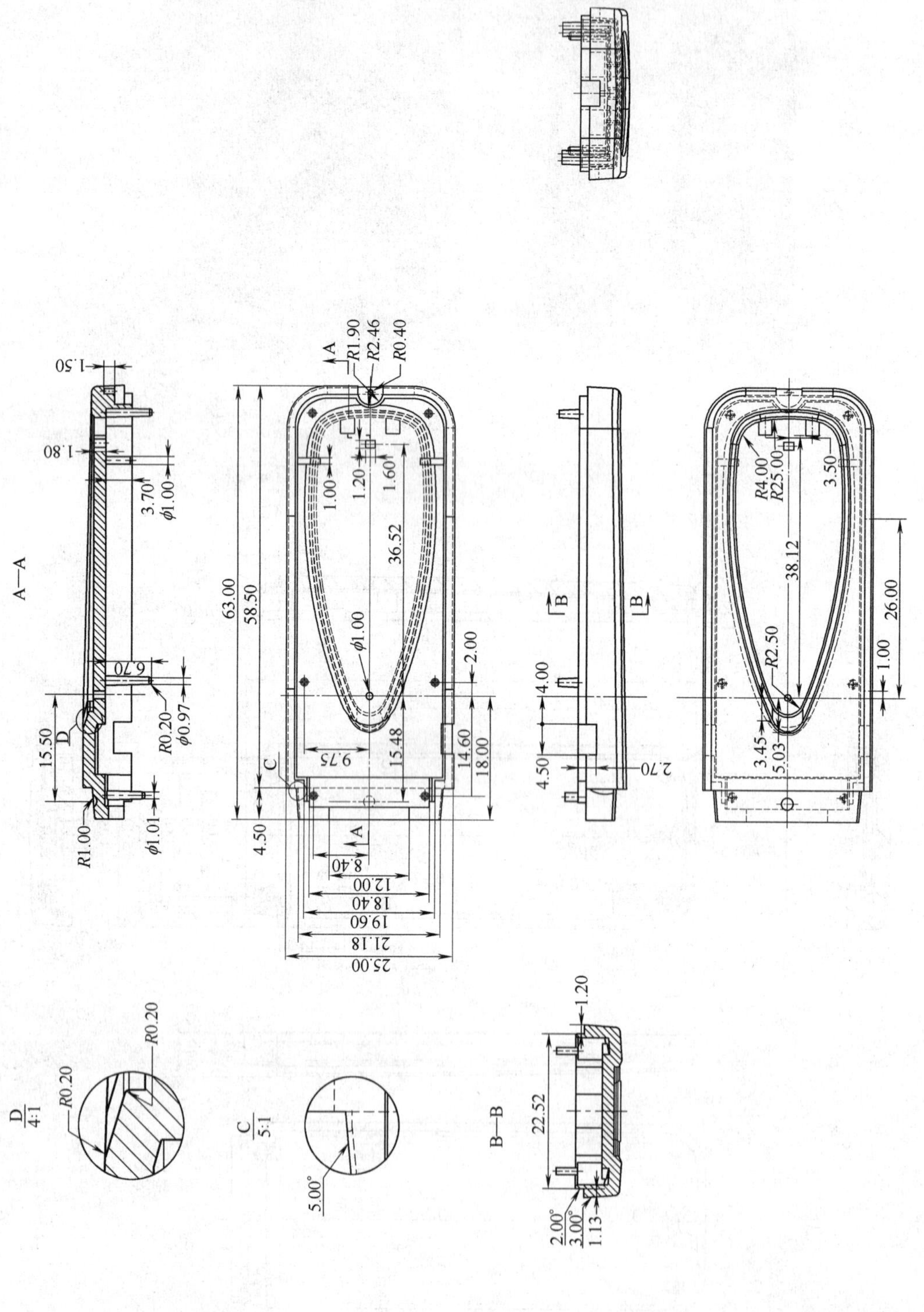

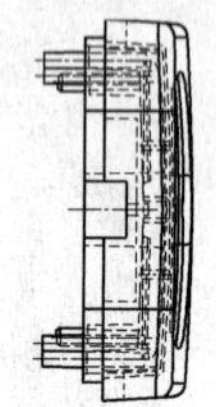

图 3-8-25　上盖

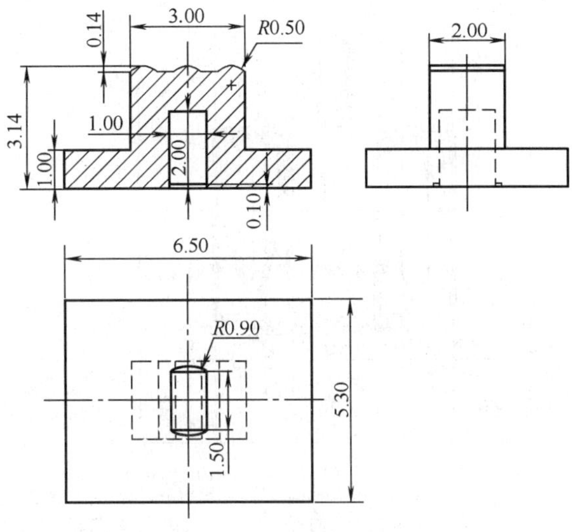

图 3-8-26　拨锁

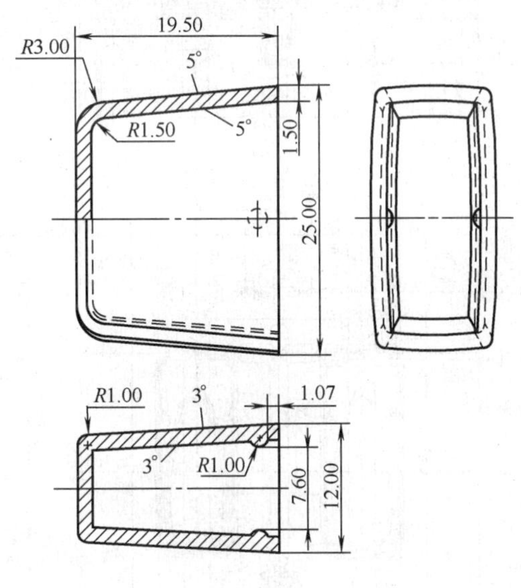

图 3-8-27　端盖

1. 排样

与用户讨论后确定成品分型位置、进浇点位置、顶出位置、排气方式，以此为依据作排样。作排样图时应注意确定模具的中心线及成品中心。成品中心相对于模具中心的坐标取整。U 盘上盖、U 盘下盖采用潜伏式浇口进浇；拨锁采用侧浇口进浇；U 盘端盖采用搭接式浇口进浇。上盖用 12 支顶针顶出，下盖用 10 支顶针顶出，端盖用 2 支顶针顶出，拨锁用 2 支顶针顶出。排样图如图 3-8-28 所示。

2. 流动分析

根据排样图确定的模腔位置及流道与浇口位置，在 Moldflow（MPI）中作流动分析。分析结果如图 3-8-29～图 3-8-38 所示（见书后彩图）。图 3-8-38 表明，端盖侧壁处有气泡，此处型腔较深，应在型芯上开排气槽。

60.00
25.00
10.00
0.00
10.00
25.00
60.00
模具中心线
70.00
53.00
33.00
0.00
42.00
70.00
成品基准点

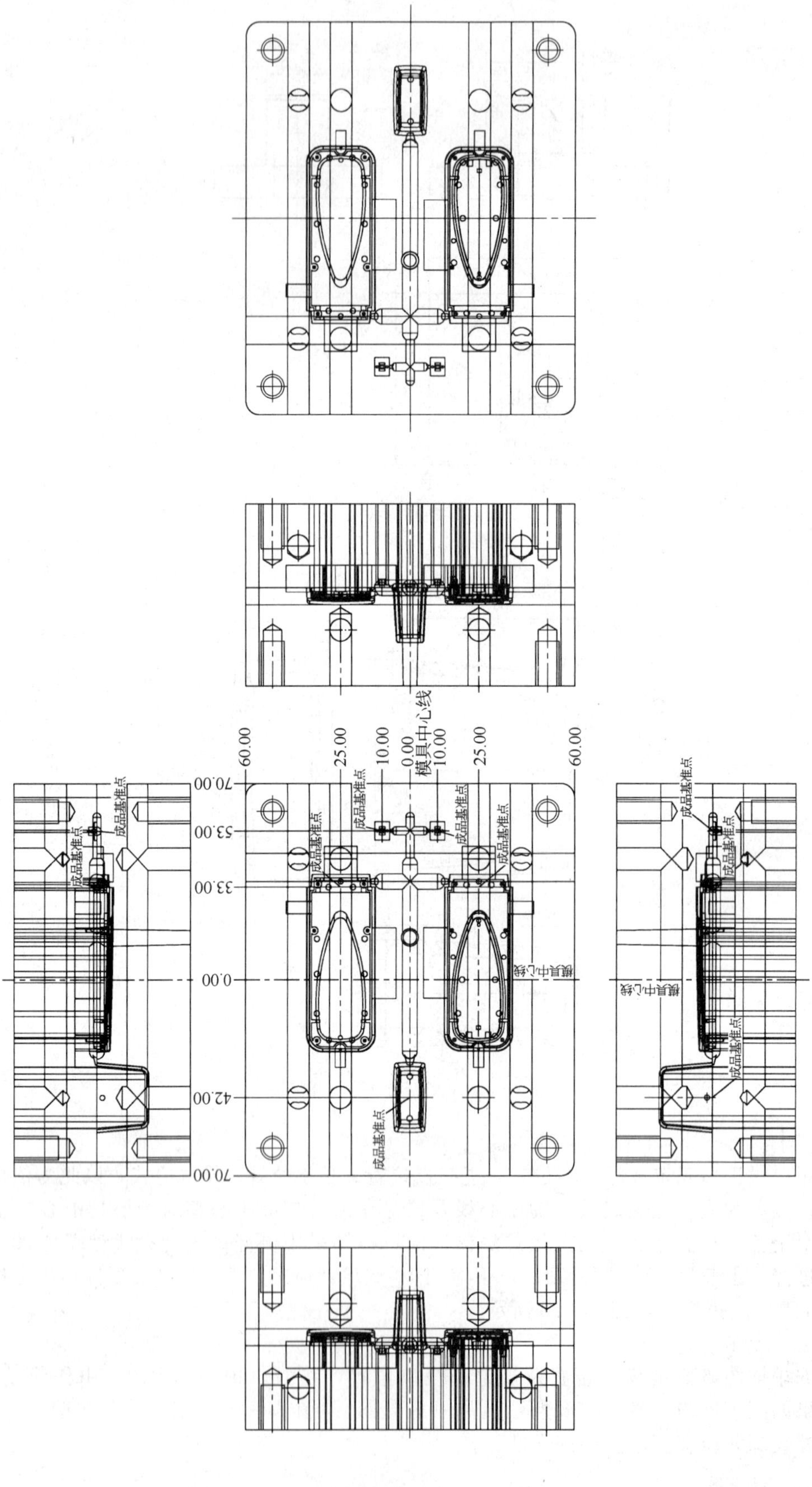

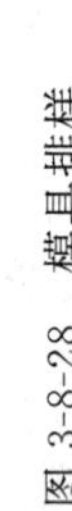

图 3-8-28 模具排样

3. 三维拆模

三维拆模的步骤如下。此处仅列出简要步骤，详细过程请在随书盘/模块 3/阅读材料/任务 8/up/“分模”中调阅。

(1) 调入制品并排样 根据二维排样图作三维排样。

(2) 创建毛坯　设定收缩率为 0.005，缩水值为 1.005。在 PRO/E 中做尺寸缩放时，对一模多腔的情况，为保证各成品中心相对于模具中心的坐标为整数，应采用 by scale 命令作尺寸缩放。

创建流道：包含主流道的创建、分流道的创建、U 盘上盖和下盖的潜伏式口的创建。

(3) 创建分模面

① 创建主分模面　结果如图 3-8-39 所示。

② 创建 U 盘上盖顶针分模面。

③ 创建 U 盘下盖顶针分模面。

④ 创建 U 盘端盖顶针分模面。

⑤ 创建两个拨锁顶针分模面。

(4) 分割体积块

① 分割凸凹模。

② 分割 U 盘上盖顶针。

③ 分割 U 盘下盖、端盖和拨锁顶针。

(5) 生成模具零件　结果如图 3-8-40 所示。

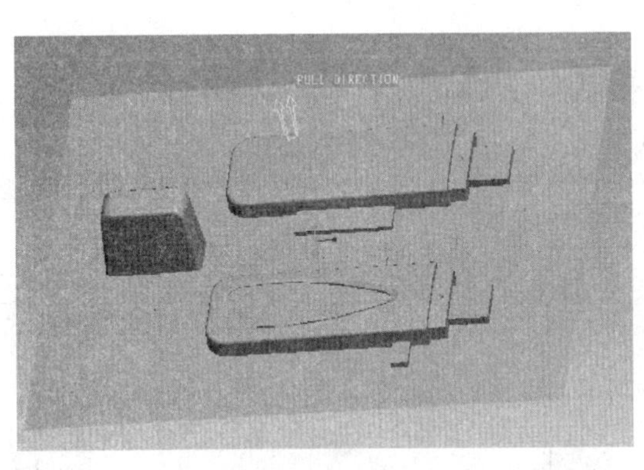

图 3-8-39　主分模面

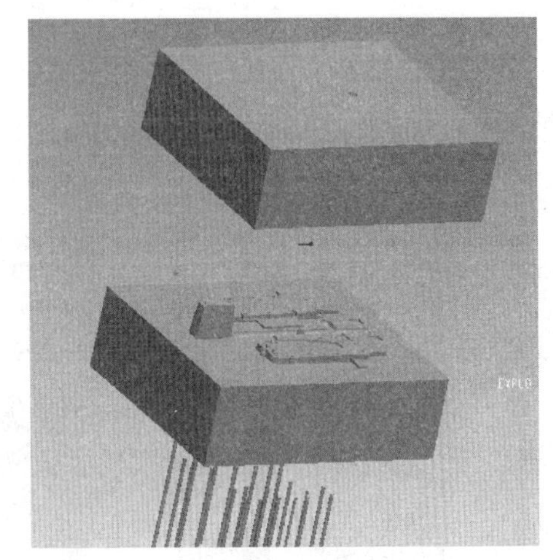

图 3-8-40　模具零件

(6) 打开模具零件，并作修改。

① 修改凹模。

② 修改凸模　在端盖型芯上开 0.02mm 的排气槽。

(7) 打开装配文件，将所有的镶件按缺省方式装配起来。

三维拆模结果 PRO/E. asm 文档见随书光盘/模块 3/阅读材料/任务 8/三维拆模。模仁爆炸图如图 3-8-41（见书后彩图）所示。

4. EMX 模具设计

步骤 1：切换工作根目录

在 PRO/E 系统中选下拉菜单文件（file）下的设置工作目录（set working Directory）选择目录，然后单击确定（ok）。

步骤 2：更改模座项目的设项目单位

在下拉菜单 EMX 4.0 下选择帮助（help)→选项（options)，如图 3-8-42 所示。

图 3-8-42　选项

弹出配置选项对话框→单击对话框下角的 UNIT：inch，将其改为 UNIT：mm，单击保存（save)。单击结束（End)，如图 3-8-43 所示。

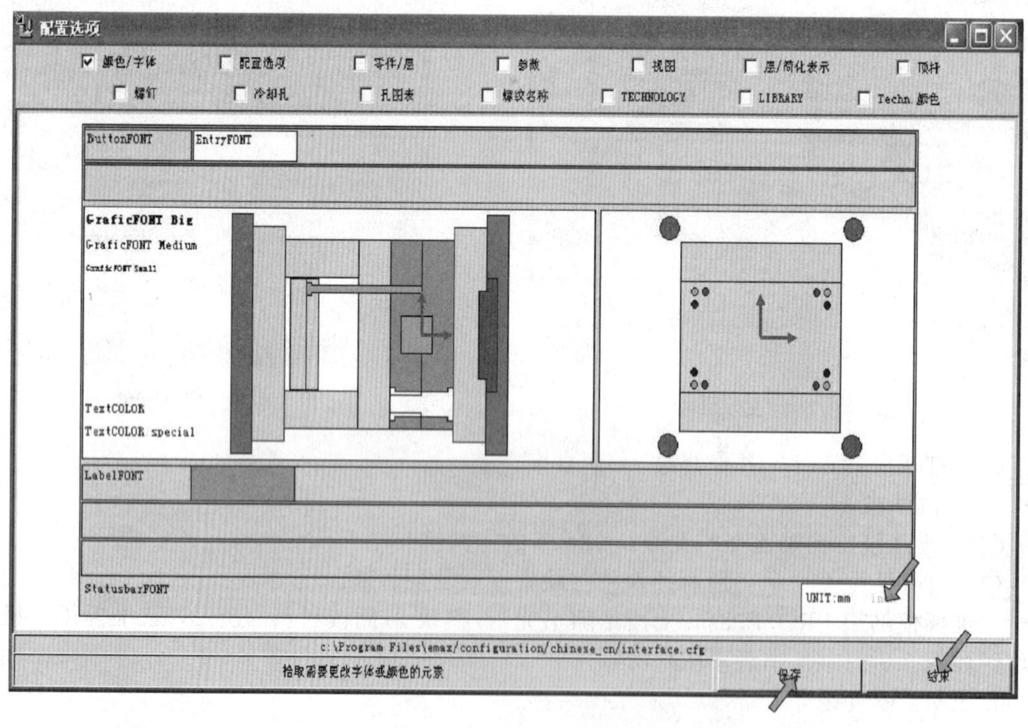

图 3-8-43　配置选项对话框

创建一个模座项目

单击窗口的左侧创建新项目图标，如图 3-8-44 所示。

弹出定义新项目对话框→在项目名称文本框中输入项目名称：u-pan，并在零件前缀文本框中输入零件名的前缀：u（该项目文件在保存后，所有文件名前均会被自动加注的字符），然后单击确定（ok），如图 3-8-45 所示。

系统产生一个 u-pan 的组件文件，画面显示坐标系，基准平面 MOLDBASE-X-Y、MOLDBASE-X-Z、MOLDBASE-Y-Z，基准轴 RETURN-PIN、RETURN-PIN-1、RETURN-PIN-2、RETURN-PIN-3、PULLER-PIN，如图 3-8-46 所示。

步骤 3：创建基准模座

单击窗口左边的创建模座的图标（其使用的命令为 EMX 4.0/模具基准/组件定义）→弹出模具组件定义对话框→单击载入/保存组件，如图 3-8-47 所示。

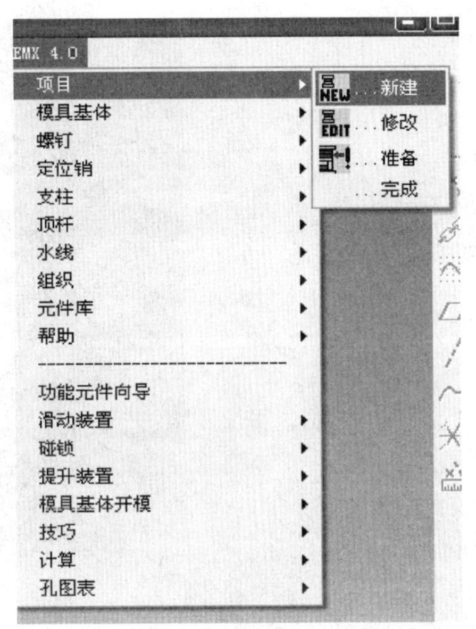

图 3-8-44　新建项目

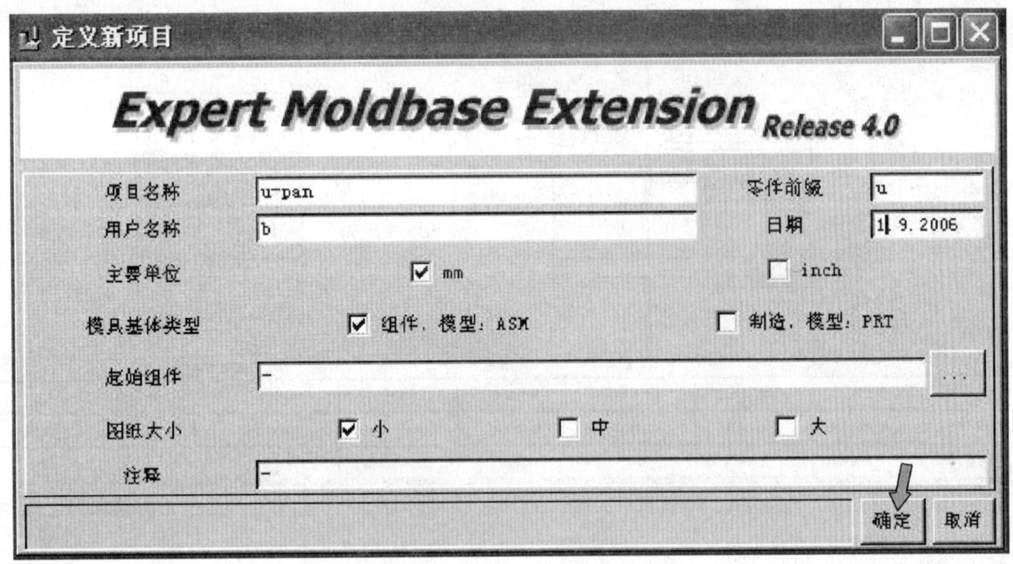

图 3-8-45　定义新项目对话框

→弹出组件对话框，模座的厂家选 Futaba-2p →模座的类型选 SC-Type→单击载入将模座载入，然后单击确定（如图 3-8-48 所示）。

→单击模具组件定义对话框右上角的尺寸，将模座的尺寸大小设为 230mm×250mm，然后单击确定。如图 3-8-49 所示。

步骤 4：查看夹持孔的参数设定值

单击夹持孔按钮（或在模座示意图上直接单击鼠标左键两下）（如图 3-8-50 所示）。

→弹出夹持孔位置对话框，查看各参数是否符合要求（注意：系统预设夹持孔的数量为 4，如图 3-8-50 所示），单击确定接受系统预设值。→单击确定退出模具组件定义对话框→经过一段时间计算后，系统会将模座导入，如图 3-8-51 所示。

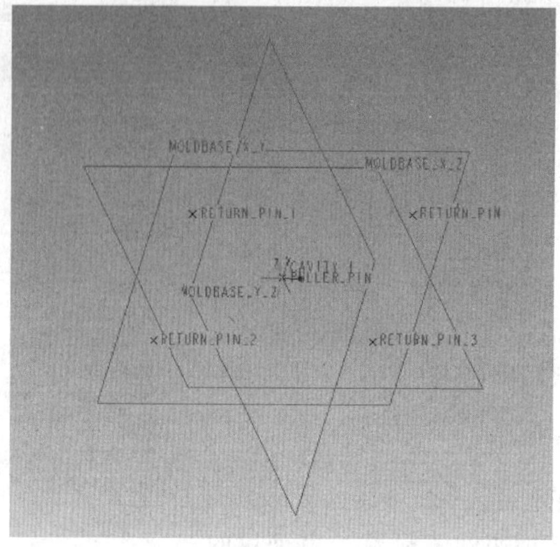

图 3-8-46 坐标系

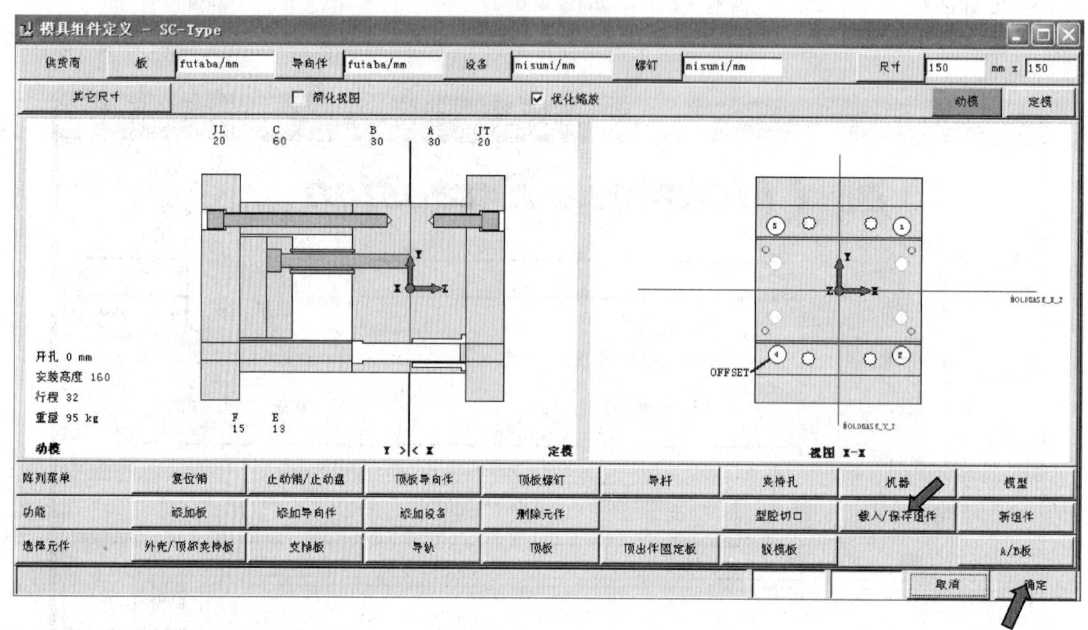

图 3-8-47 模具组件定义对话框（一）

若想更改各个零件的尺寸及材料等设置，可以直接用鼠标在模座示意图中单击两个零件，之后便会弹出该零件的设置对话框，供用户修改数据。

加入定位环：再次单击创建模座图标 （其使用的命令为 EMX 4.0/模具基准/组件定义），加入定模侧的定位环 →单击添加设备以加入新的设备→单击定模侧的定位环以加入定模侧的定位环，如图 3-8-52 所示。

→弹出定模侧定位环的对话框，做如下设置，如图 3-8-53 所示。

① 定位环的类型：LRJS；

② 定位环的高度：15；

③ 定位环的直径：100；

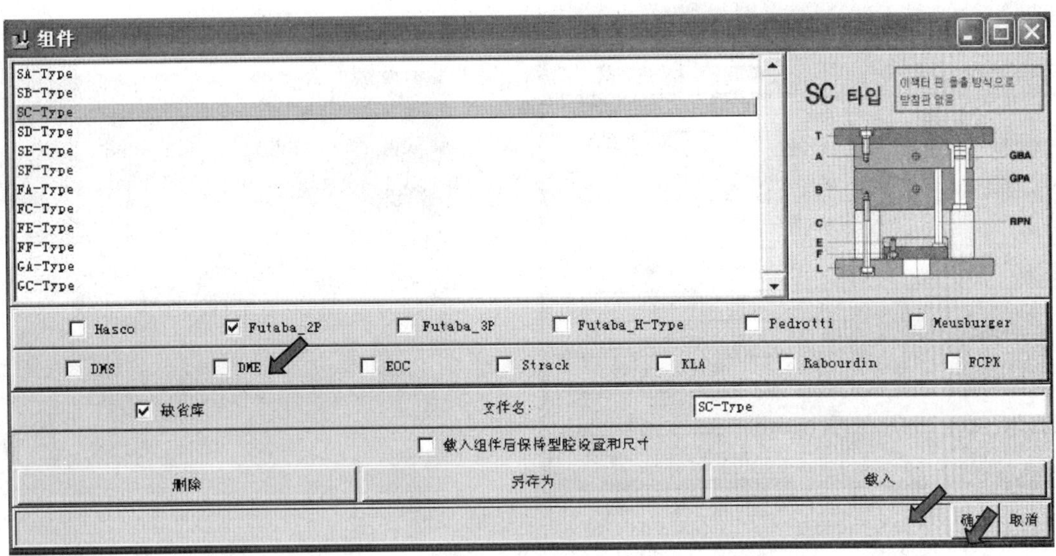

图 3-8-48　组件对话框

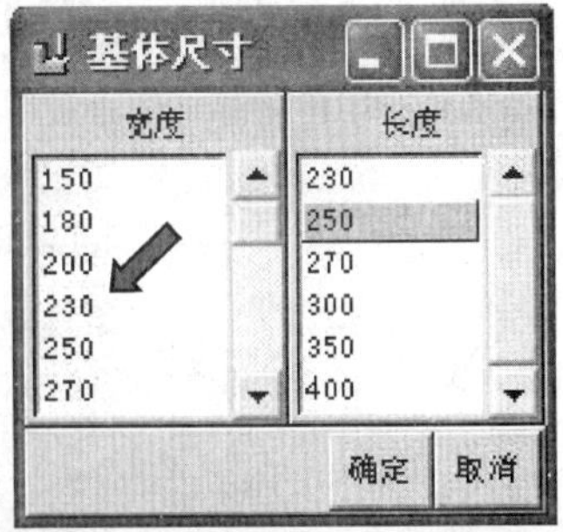

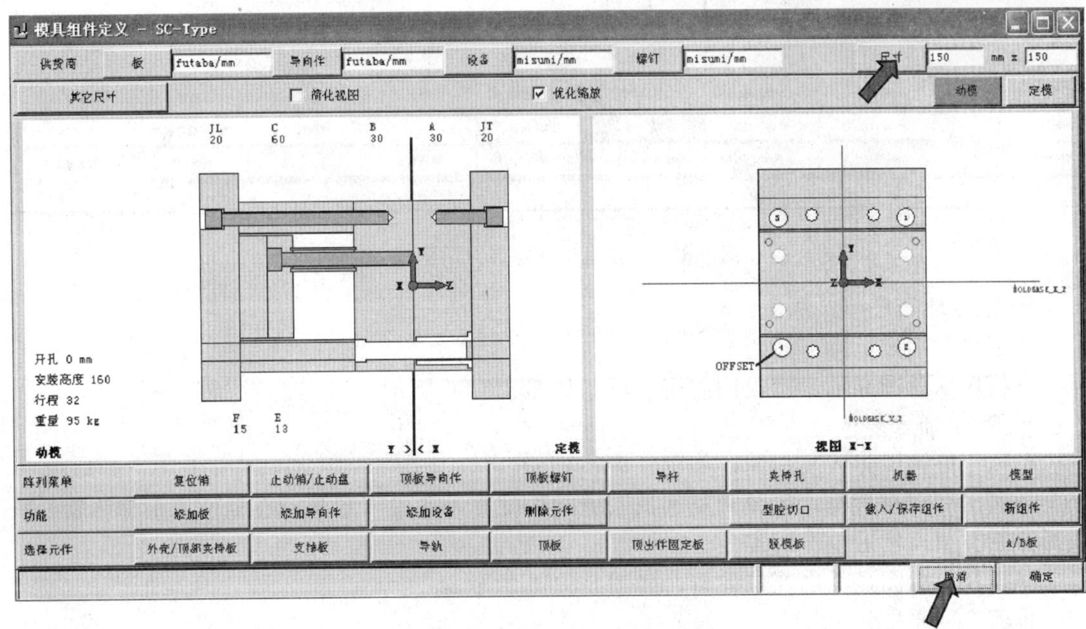

图 3-8-49　模具组件定义对话框（二）

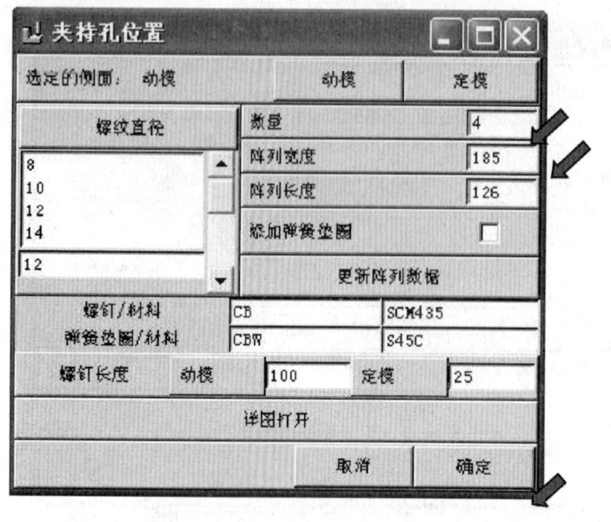

图 3-8-50 夹持孔位置对话框

图 3-8-51 模座示意图（一）

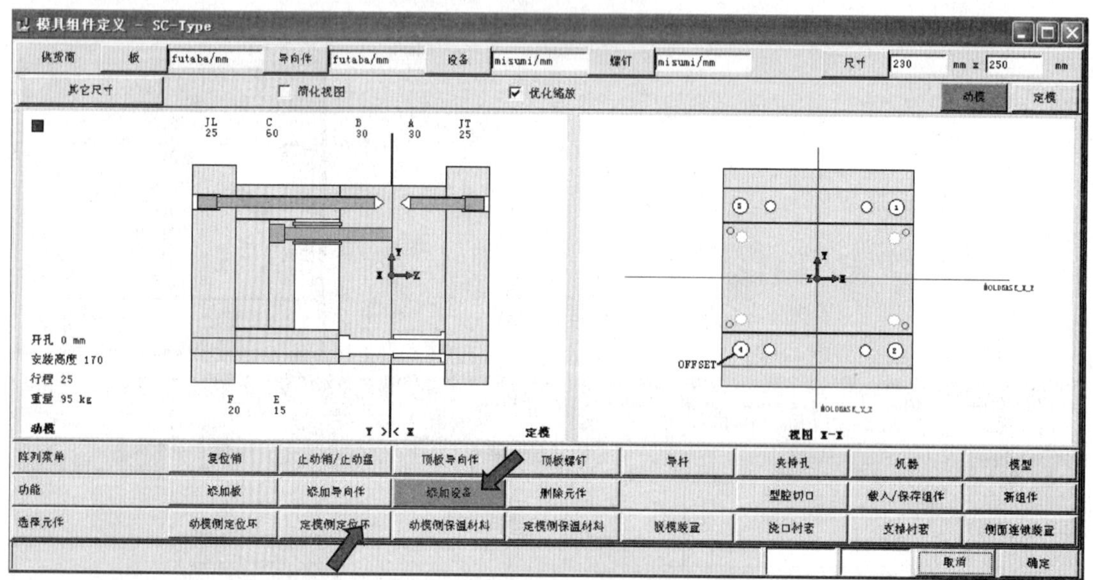

图 3-8-52 模具组件定义对话框（三）

④ 定位环的定位口深度：5。

然后单击确定。

→模座示意图显示出定模侧的定位环，如图 3-8-54 所示。

步骤 5：加入复位销

单击复位销以加入复位销，如图 3-8-55 所示。

→弹出后销对话框，带弹簧复选框系统默认设置为选中（意义：在复位销上加弹簧）→选择弹簧类型，然后单击确定。

→模座示意图显示出复位弹簧，如图 3-8-56 所示。

步骤 6：加入止位销

单击止位销/止位盘，以加入止位销，如图 3-8-57 所示。

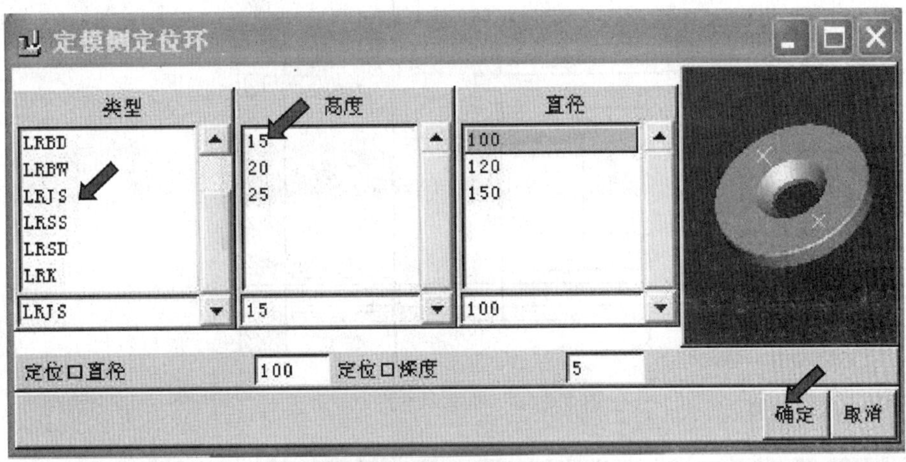

图 3-8-53　定模侧定位环对话框

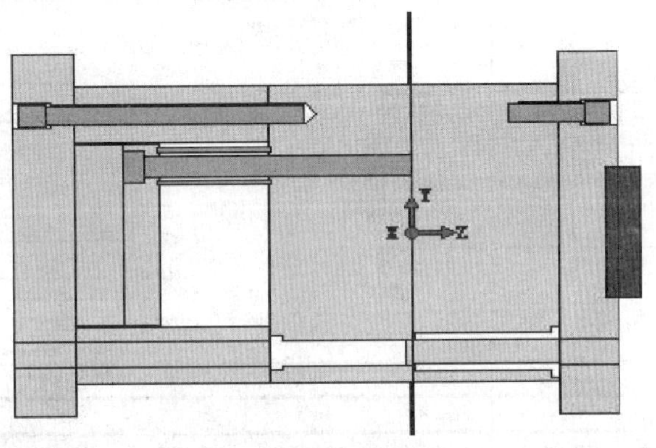

图 3-8-54　定模侧定位环

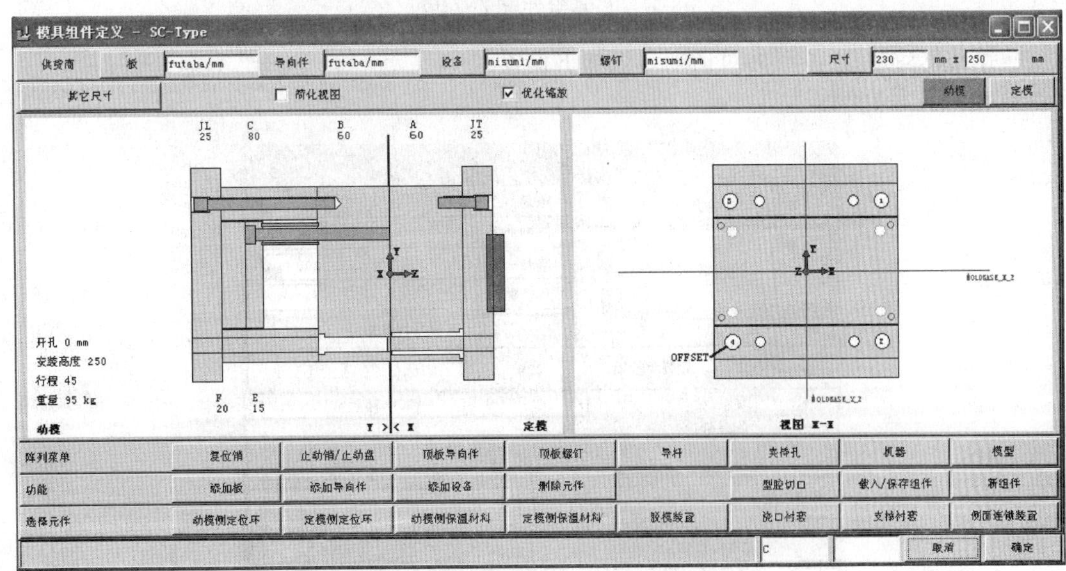

图 3-8-55　模具组件定义对话框（四）

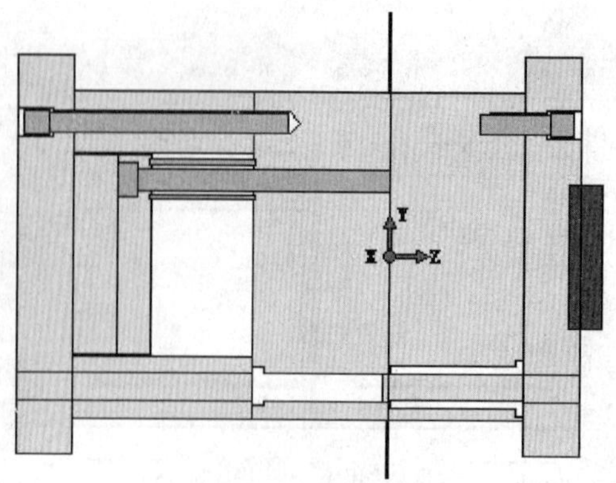

图 3-8-56　模座示意图（二）

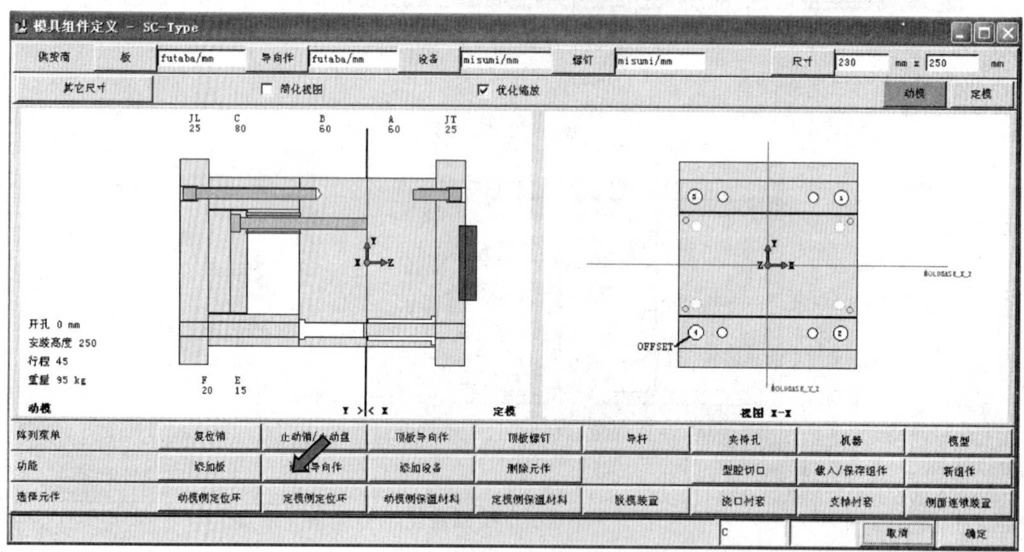

图 3-8-57　模具组件定义对话框（五）

→弹出止动销/止位盘的对话框，做如下设置：

① 螺纹直径：20；

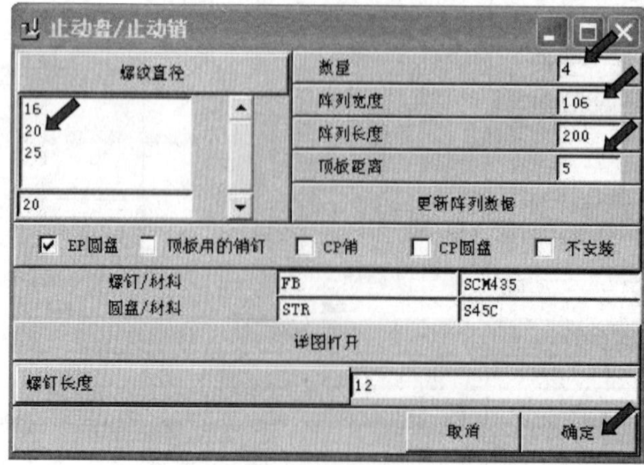

图 3-8-58　止动盘/止动销对话框

② 数量：4；

③ 止动销分布阵列的宽度：106；

④ 止动销分布阵列的长度：200。

→然后单击确定。如图 3-8-58 所示。

→模座示意图显示出止位销，如图 3-8-59 所示。

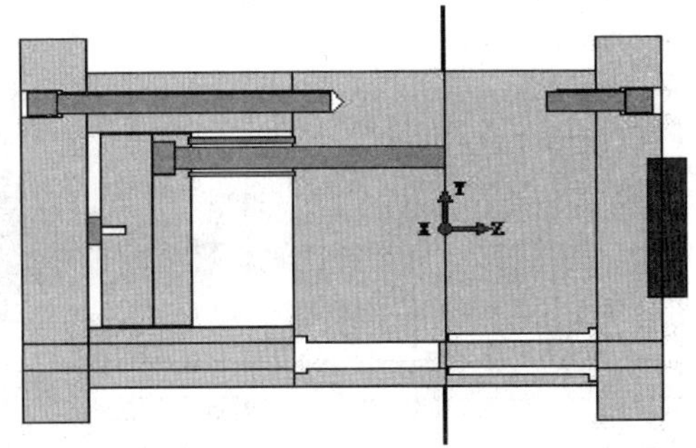

图 3-8-59　模座示意图（三）

步骤 7：加入浇口衬套

单击对话框中的添加设备，再单击浇口衬套以加入浇口衬套，如图 3-8-60 所示。

→弹出浇口衬套对话框，做如下设置：

① 浇口衬套的类型：SBBF；

② 浇口半径：20.0；

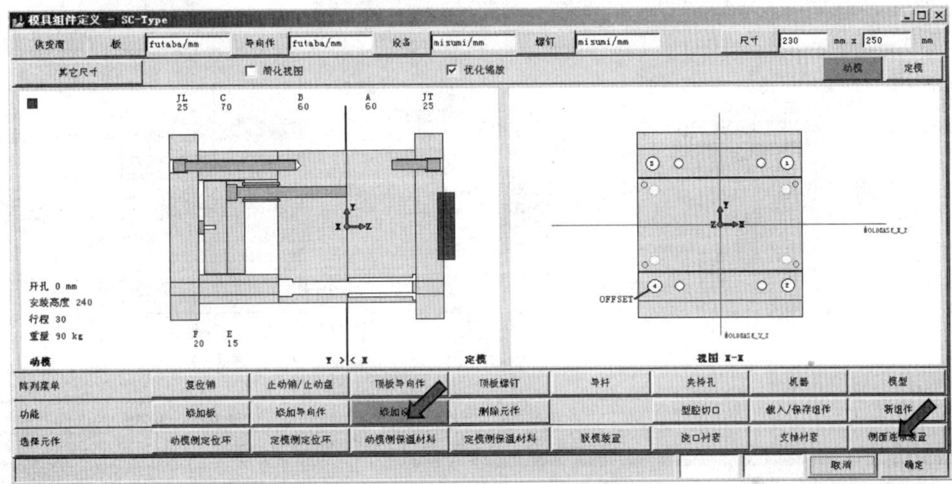

图 3-8-60　模具组件定义对话框（六）

③ 注道的外部直径：20；

④ 注道的内部直径：30；

⑤ 注道的长度：25。

→然后单击确定。如图 3-8-61 所示。

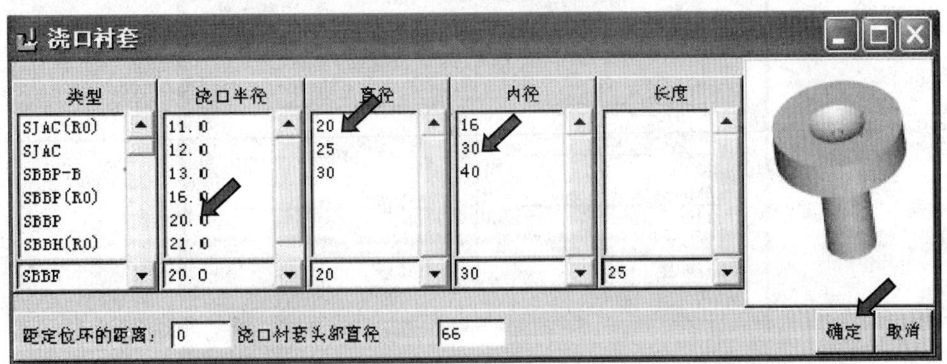

图 3-8-61　浇口衬套对话框

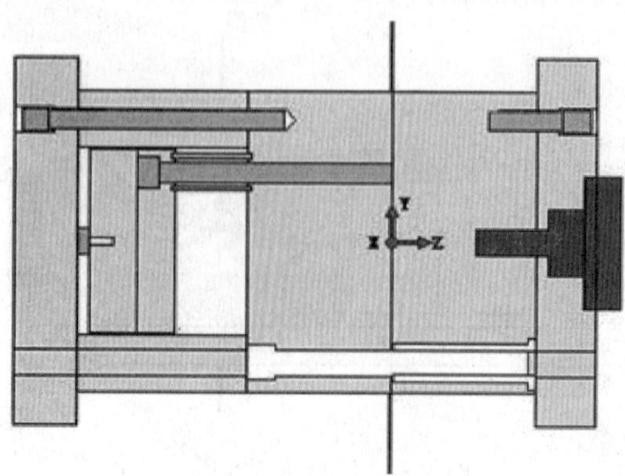

图 3-8-62 模座示意图（四）

→模座示意图显示浇口衬套的位置，如图 3-8-62 所示。

步骤 8：在模座中开出放置型腔的凹槽

单击对话框中的型腔切口，如图 3-8-63 所示，以进行将型腔从模板中切出的操作。

→弹出型腔嵌件对话框，选中右上角的矩形嵌件，展开对话框后做如下设置：

① 定模侧的挖出深度：35；

② 在定模侧的嵌件长度：140；

③ 在凹模侧的嵌件宽度：120；

④ 动模侧的挖出深度：25；

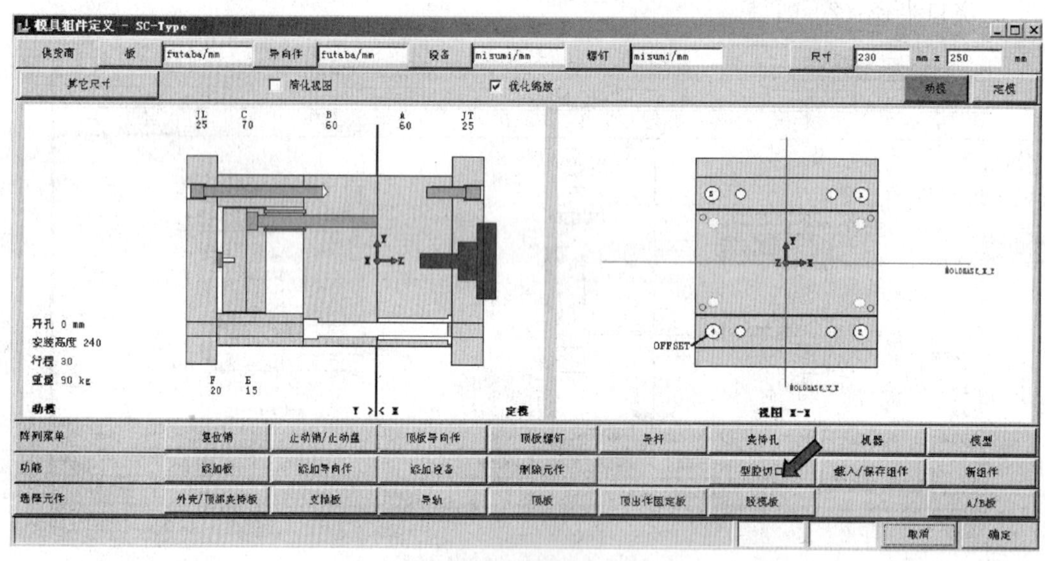

图 3-8-63 模具组件定义对话框（七）

⑤ 动定模侧的嵌件长度：140；

⑥ 动定模侧的嵌件宽度：120；

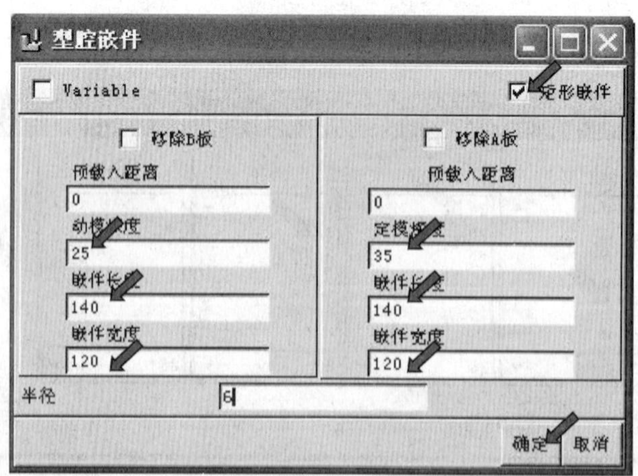

图 3-8-64 型腔嵌件对话框

⑦ 圆角半径：6。

→然后单击确定。如图 3-8-64 所示。

→模座示意图将显示出放置型腔的凹穴→单击对话框右下角的确定，如图 3-8-65 所示。

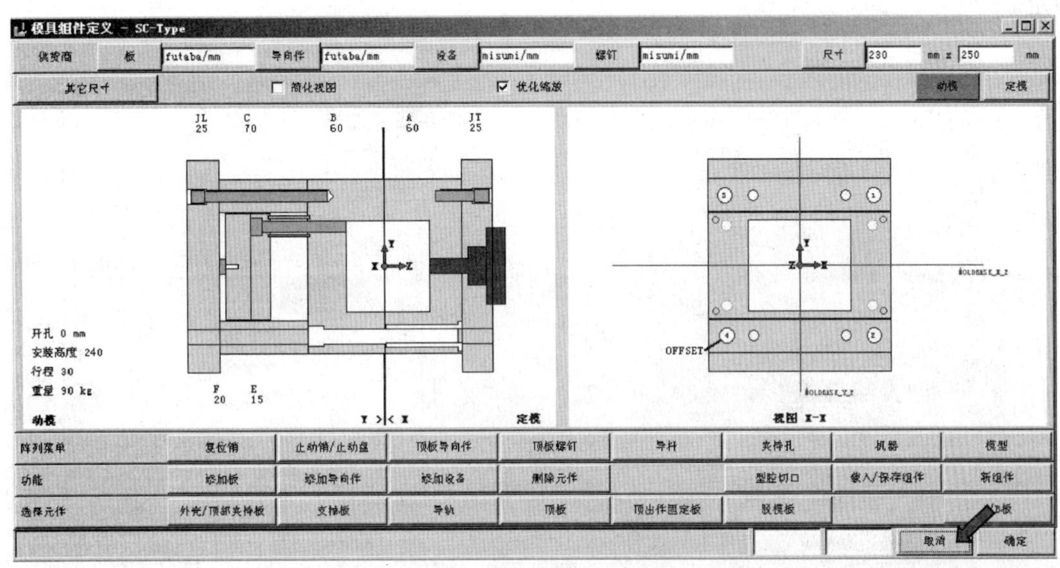

图 3-8-65　模具组件定义对话框（八）

→单击确定退出模具组件定义对话框→经过一段时间计算后，系统会将模座导入，如图 3-8-66 所示。

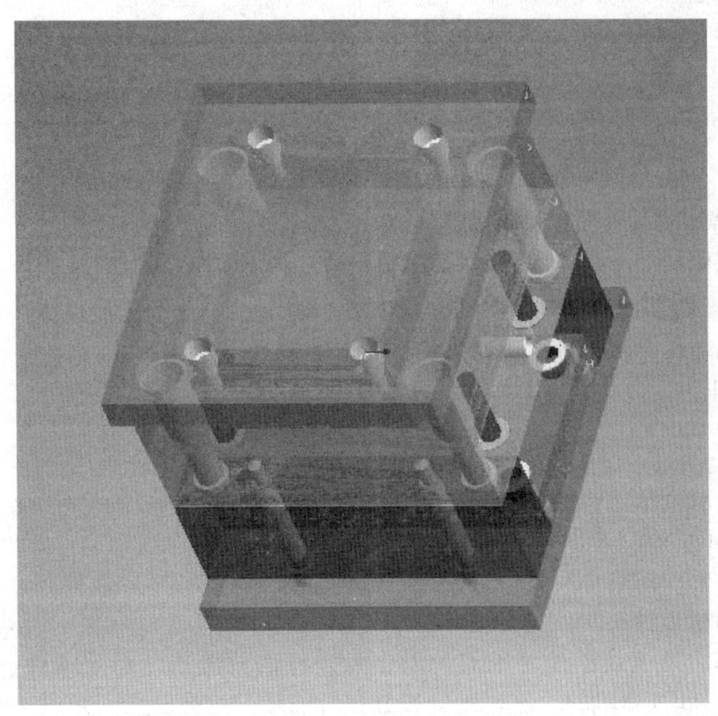

图 3-8-66　模座示意图（五）

步骤 9：将型腔导入该项目

单击添加元件至组件图标；

选取型腔组件：mould-asm，然后单击打开；

弹出元件对话框，采用装配的方式将模仁装入模座中。如图 3-8-67 所示。然后单击确定。

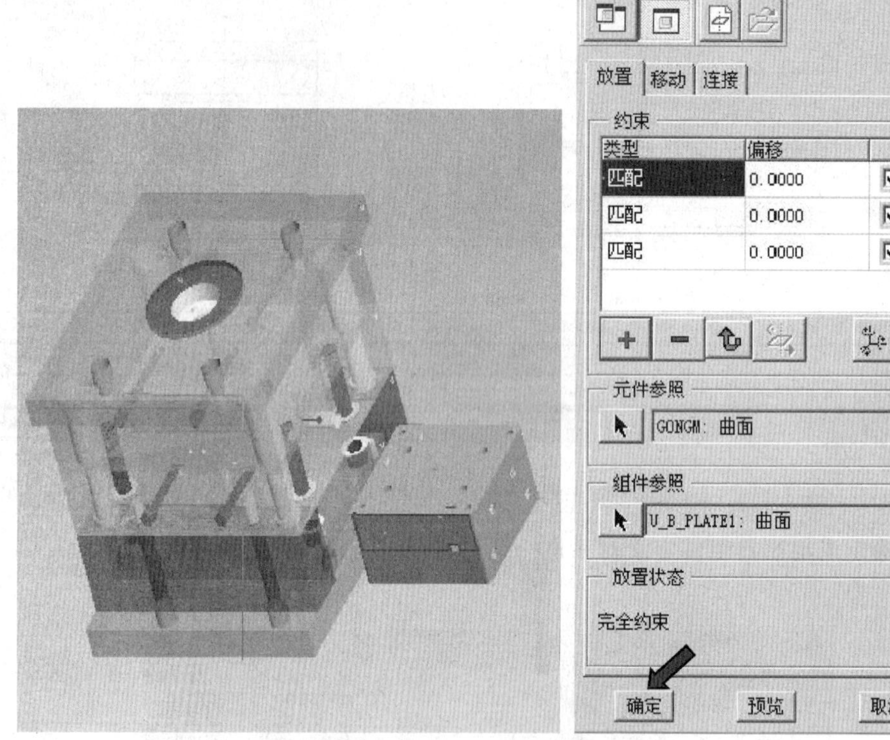

图 3-8-67 元件放置对话框

步骤 10：将型腔的各元件进行分类

单击窗口左侧的准备零件图标。(其使用的命令为 EMX 4.0/项目/准备)

→弹出准备零件对话框，将型腔的各个零件做如下分类：

① 参考零件 -MOLD-REF 自动归为 REF-MODEL；

② 工件 -WORK 归为工作；

③ 凹模 MUMO 归为定模侧的抽模；

④ 凸模 GOMCN 归为动模侧的抽模；

⑤ 成型件归为其他。

然后单击确定。如图 3-8-68 所示。

步骤 11：创建顶杆

(1) 调出型芯及镶块创建基准点，以作为顶杆的放置点。隐藏零件→在模型树中将 up-an ASM及 mold ASM 展开 →单击 →按住鼠标右键，选择隐藏。如图 3-8-69 所示。

除 GONGM. PRT、XIANGKUAI-01. PRT，XIANGKUAI-02. PRT、XIANGKUAI-03. PRT 以外，其他所有零件都以相同的方法隐藏。结果如图 3-8-70 所示。

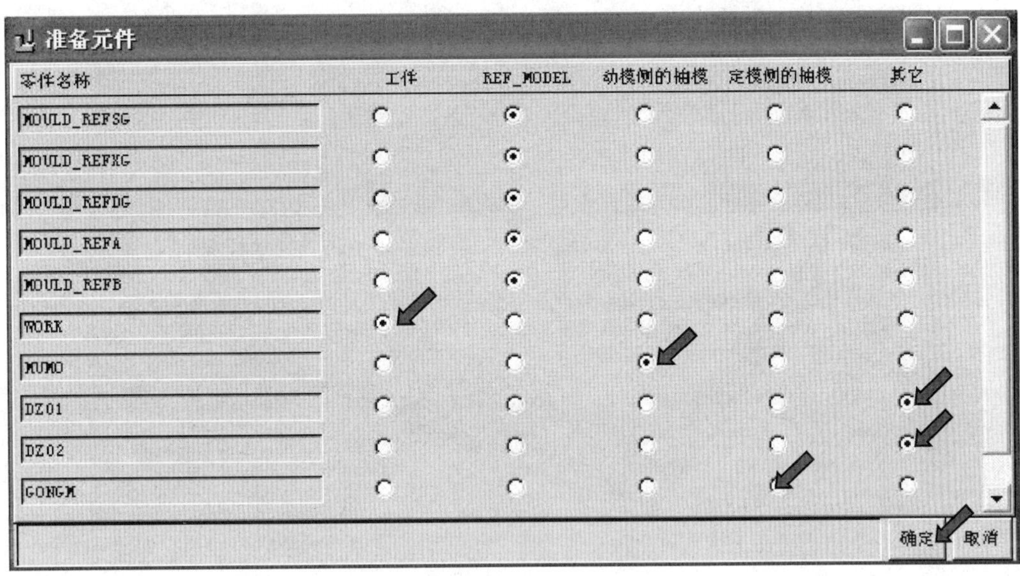

图 3-8-68　准备元件对话框

创建参照轴→单击草绘的基准点工具图标 。

以下面的方式做一个临时基准轴：单击图标 →选取顶针孔曲面，如图 3-8-71 所示。→单击确定。

以同样的方法创建所有顶针孔的轴。

创建基准点→单击草绘的基准点工具图标 。

以顶针孔的轴和型芯顶针所在的曲面为参照创建点，然后单击新点。如图 3-8-72 所示。

以同样的方式创建其他所有点；创建完成的基准点如图 3-8-73 所示。

(2) 在模座组件上创建顶杆

单击在现有点上创建顶杆的图标 （其使用的命令为 EMX4.0/顶杆/定义/在现有点上）→选取上一步所创建的基准点 POINT（如图 3-8-74 所示）作为顶杆的放置点，系统自动选取其余各点。

→弹出顶杆对话框，做如下设置：①将供应商/单位修改为 hasco/mm；②确定顶杆的类型为 CYI Head；③顶杆的名称：Z41；④顶杆的直径：2.0；→然后单击确定。如图 3-8-75 所示。

图 3-8-69　模型树

其他两种型号（ϕ0.8，ϕ4.0）的顶针用同样的方法做。

步骤 12：显示零件

单击显示元件图标 。（其使用的命令为 EMX4.0/模具基体/装配元件）

→弹出装配元件对话框，如图 3-8-76 所示→单击选中左下角的全部显示按钮，然后单击确定。→画面上显示所有元件，如图 3-8-77 所示。

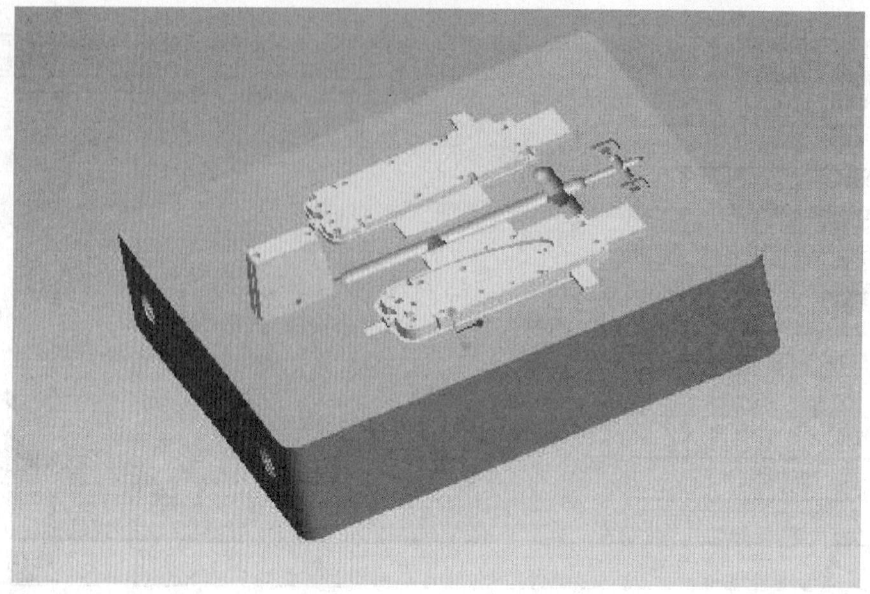

图 3-8-70 动模型芯组合

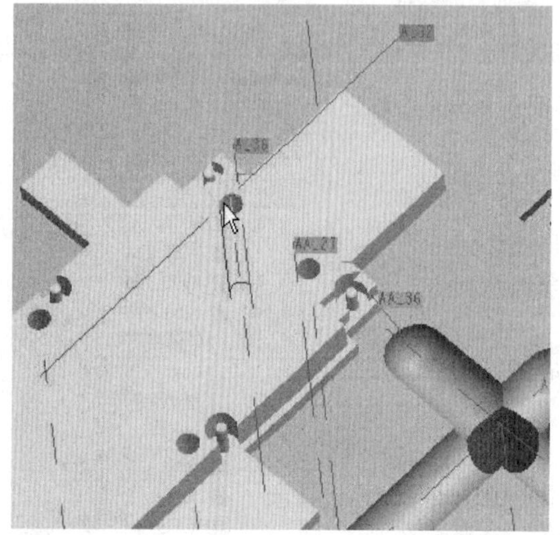

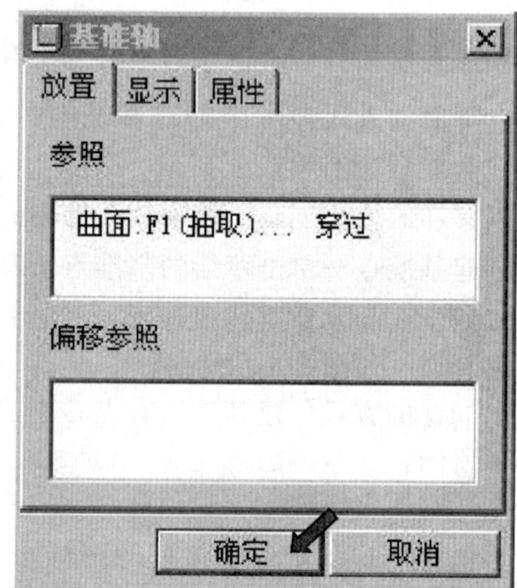

图 3-8-71 创建基准轴

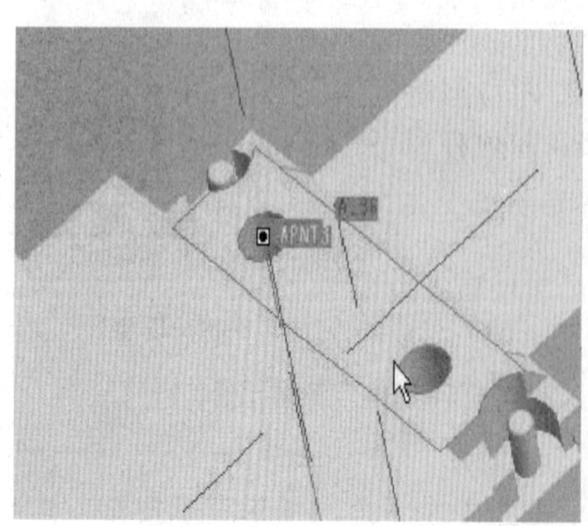

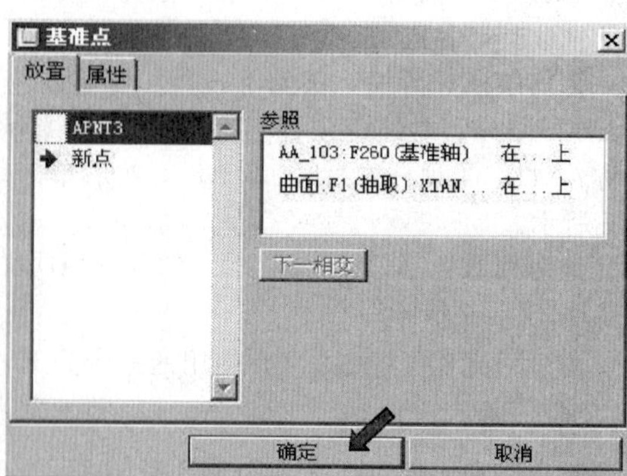

图 3-8-72 创建基准点

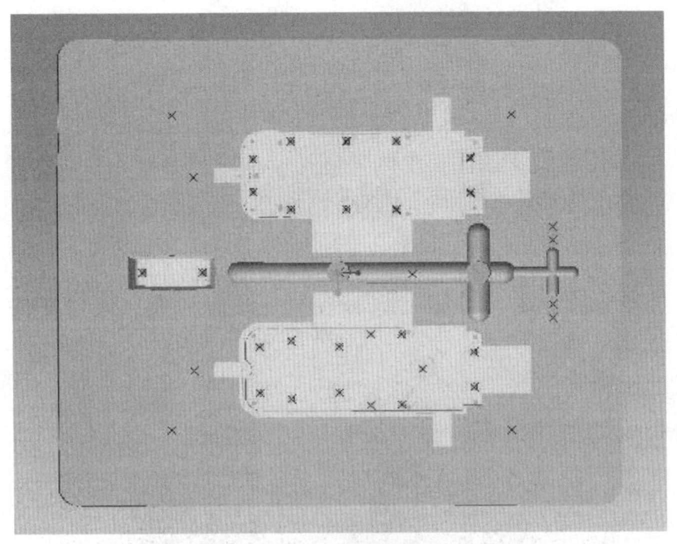

图 3-8-73　完成的基准点

图 3-8-74　创建的基准点

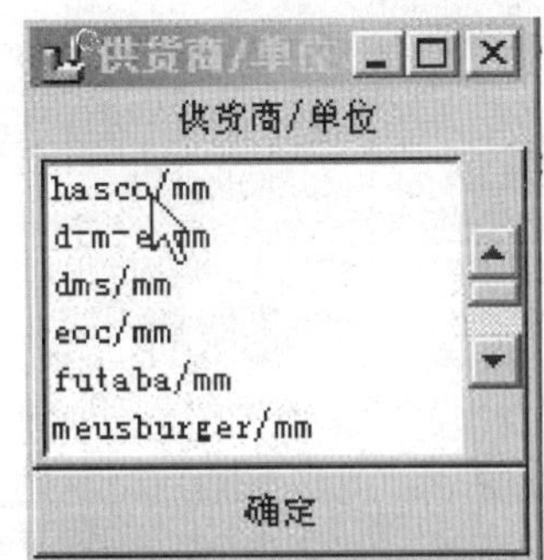

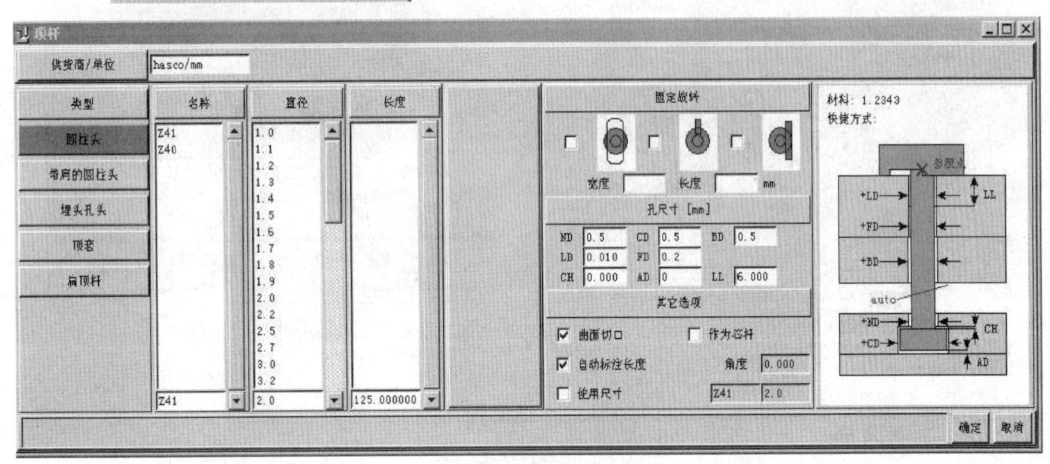

图 3-8-75　顶杆对话框

步骤 13：创建支撑柱

(1) 创建基准点。支撑柱的轴线一般布置在进浇点的对应位置上→单击草绘的基准点工具图标 。

以动模座板为草绘曲面，以与其垂直的侧面为参照面，如图 3-8-78 所示。然后单击草绘，如图 3-8-79 所示。

图 3-8-76 装配元件对话框

图 3-8-77 模具组立图

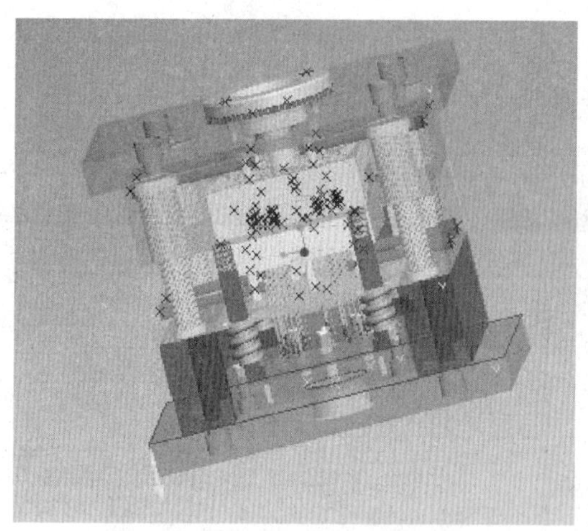

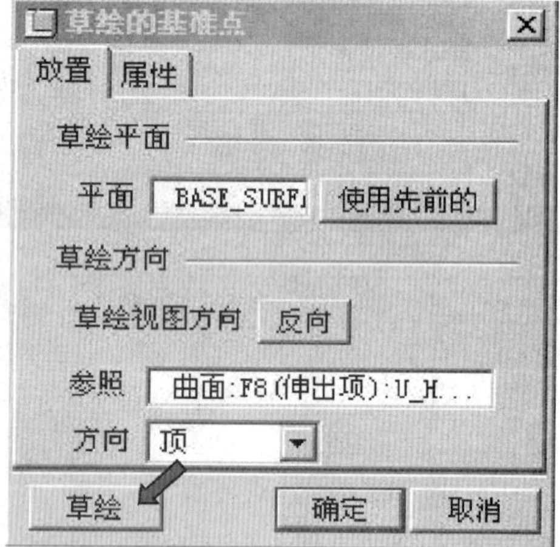

图 3-8-78 创建基准点

（2）创建支撑柱 →单击草绘的基准点工具图标→选取上面所创建的点，再选取动模座板的一个曲面为起始面，型芯固定板的下曲面为终止面。如图 3-8-80 所示。

单击确定→弹出下列对话框，选做如下设置。①将供应商/单位修改为 HASCO/mm；②确定支柱的类型为通孔；③顶杆的名称：Z571；④支柱的直径：20.0；⑤支柱的长度：70.0。如图 3-8-81 所示。

单击确定，在模座中显示出支撑柱。如图 3-8-82 所示。

步骤 14：查看模板及零件配置图 →单击，分别选择 FRONT、LEFT 及 TOP 视图，即可看到如图 3-8-83 和图 3-8-84 所示的模板及零件配置图。

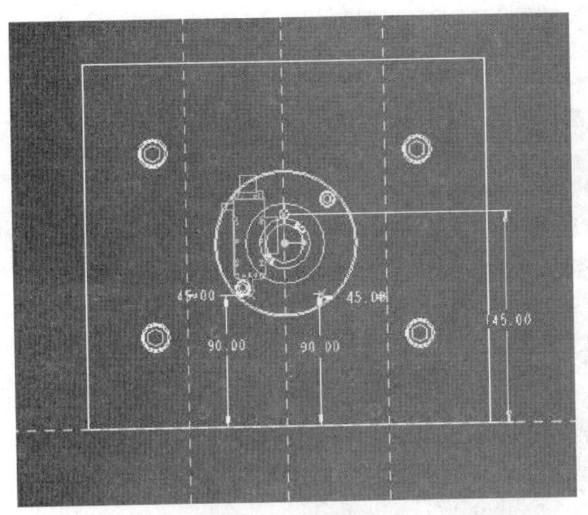

图 3-8-79　基准点

图 3-8-80　模具支撑座

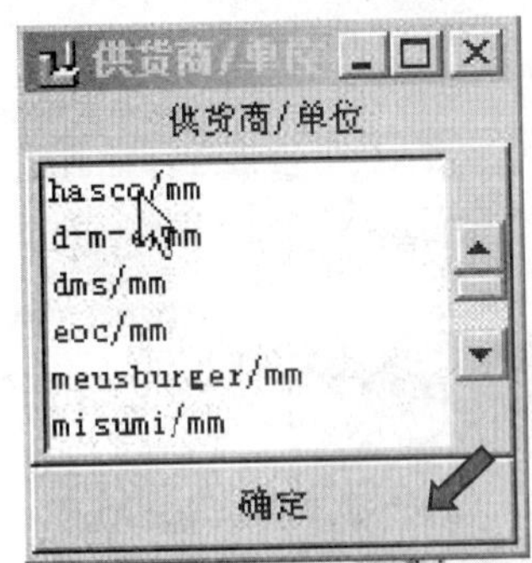

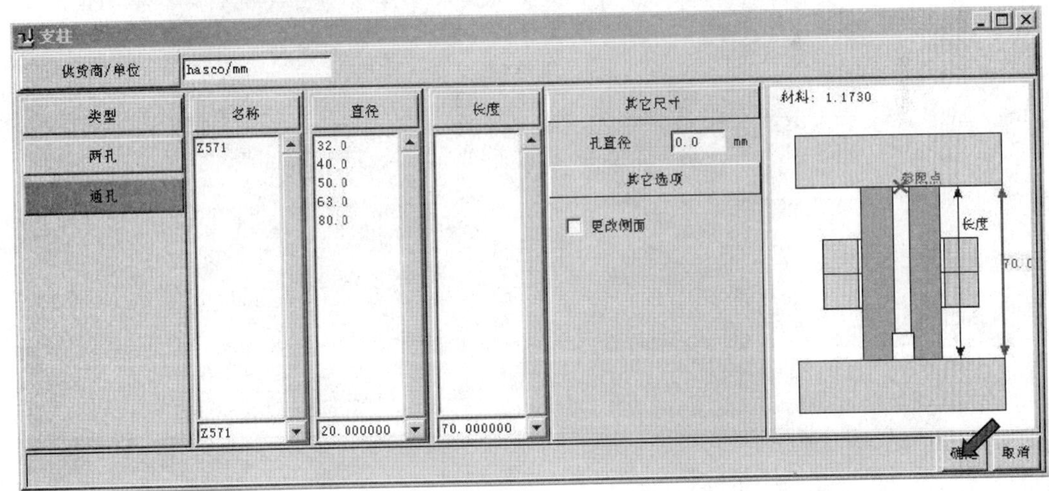

图 3-8-81　支柱对话框

步骤 15：保存文件后退出

单击工具栏中的保存文件图标→单击以接受预设的文件名称→选择下拉菜单窗口下的关闭。完成的 EMX 全 3D 模具文档（UP-EMX）存放于随书光盘/模块 3/阅读材料/任务 8/UP-EMX 文件夹中，请在 PRO/E2.0 及以上版本中打开阅读。

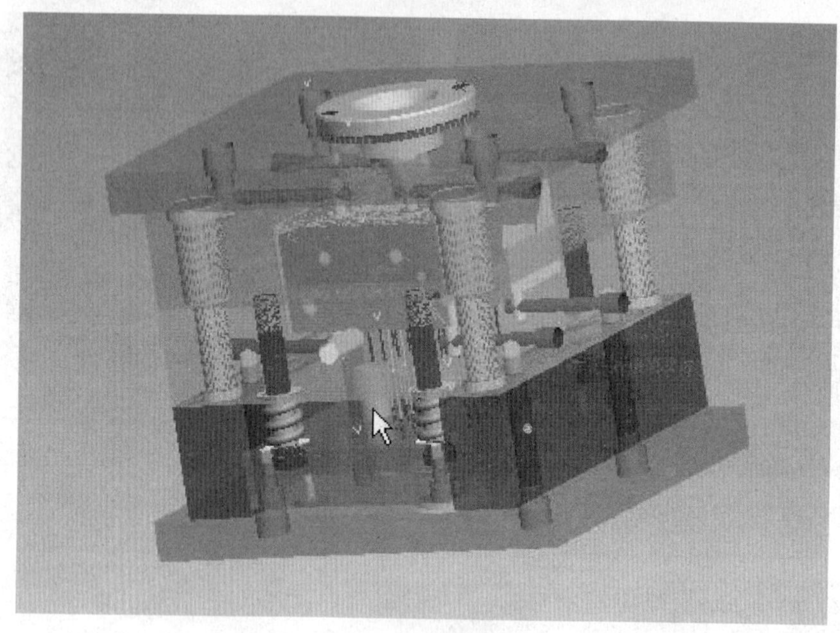

图 3-8-82 支撑柱

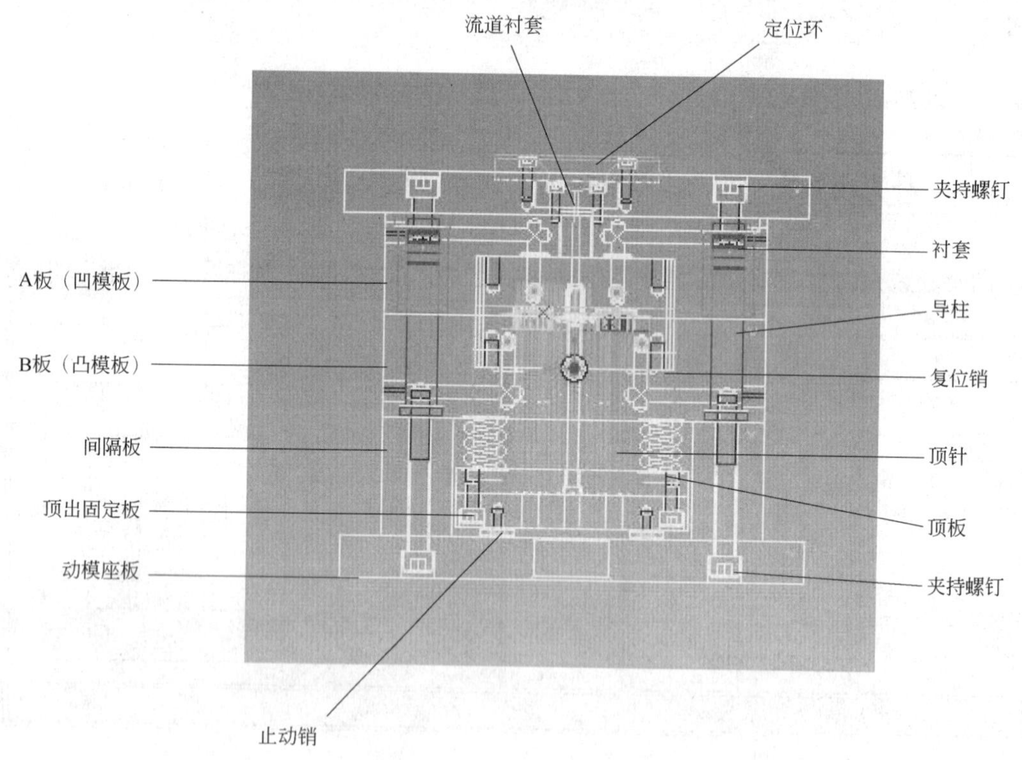

图 3-8-83 模板及零件配置图 1

随书光盘/模块 3/阅读材料/任务 8/中，附有皮带轮的三维分模 AVI 文档，记忆棒三维分模 Word 文档、EMX 设计 Word 文档、MPI 文档。请打开阅读。另附有记忆棒模具全 3D 设计的第二种设计方案的 Pro/E. asm 文档及 EMX. ppt 文档（up2），请将两种设计方案作对比。

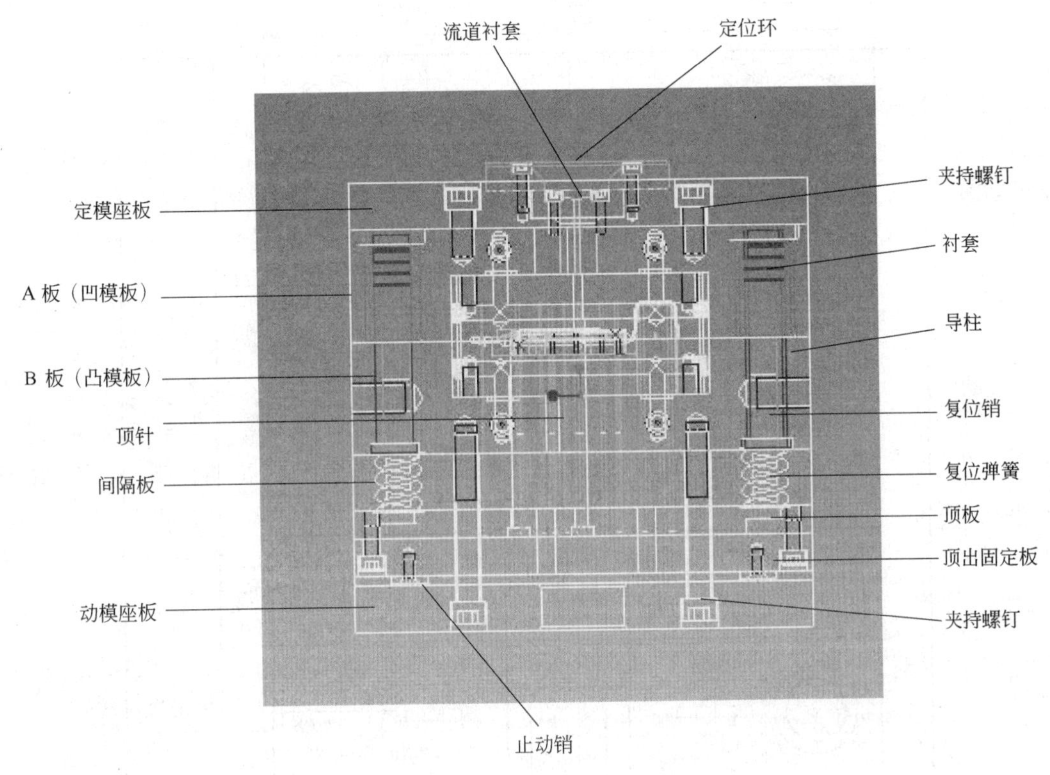

图 3-8-84　模板及零件配置图 2

学习活动（3-8）

实操：

1. 设计电子产品配件模具。
2. 设计听筒装饰板模具。

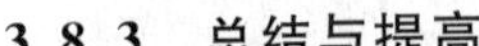

3.8.3　总结与提高

一、总结与评价

请对照本模块学习目标的要求，小组内成员相互之间检查注射机选择、排样图绘制、模具流动分析、标准模架选择、模具报价图绘制、模具装配图绘制、三维分模及模具组成零件的零件图测绘等工作任务完成情况。每一小组推选一位代表，在班级介绍本组工作任务成果。并对各组任务方案进行评价。

二、知识与能力的拓展——报价图的绘制及订料单的确定

1. 报价图

模具报价图应反应以下几方面的内容：①根据模腔数及流动分析，进行塑件排位；②确定塑件进浇形式，选择模具类型（两板模或三板模）；③绘制模具机构的形状及位置要求，如抽芯机构倾斜角、抽拔距离及锁紧机构等；④根据制品顶出所需距离确定垫铁高度；⑤标示模具动、定模最大板厚要求；⑥适当调整模具外形尺寸（长×宽×高），使模具能在最经济（较小）的注射设备上生产。

如图 3-8-85 所示为一非通框模具报价图。

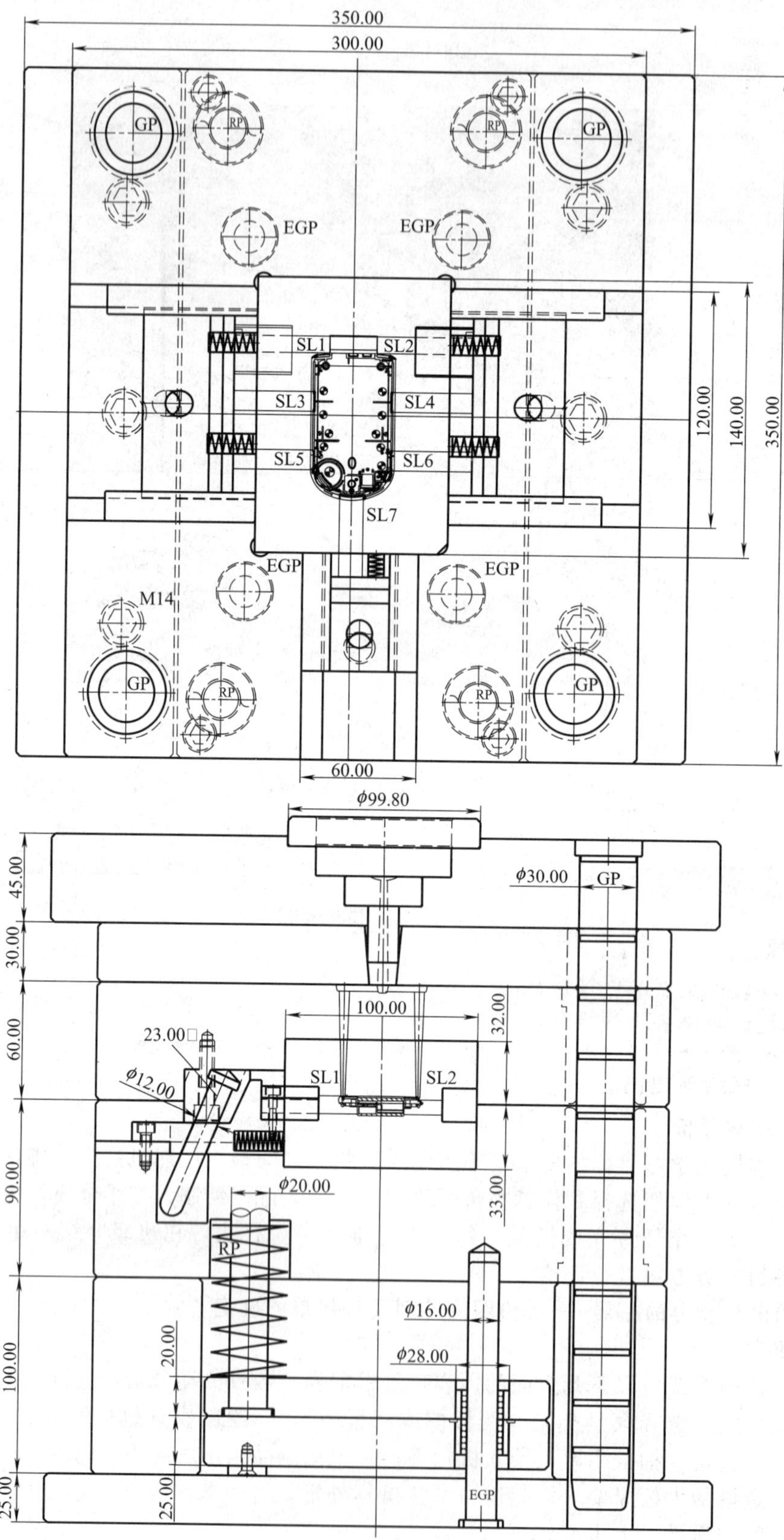

图 3-8-85 非通框模具报价图

2. 订料单

在报价图的基础上，绘制模胚简图，填写订料单。

作模胚简图和订料单时应注意以下几点：①为使模坯简图和订料单清晰，简图和料单中的数值（除特殊值外）以整数表示；②模胚简图只反应模胚制作公司所做的内容，报价图中其它结构内容都须删去；③注明模具动、定模型腔板的开框要求：如开精框或开粗框，开通框或开非通框；对加工非对称框的情况，简图中必须详细加以标注；④吊环孔制作：对型腔模板厚≥100mm，外形尺寸≥400mm×400mm的模具，四个边框中间位置制作吊环孔；对型腔模板厚<100mm，外形尺寸<400mm×400mm的模具，只在长度方向两边中间位置制作吊环孔；⑤模具镶件的料厚，应预留加工余量，在报价图厚度尺寸上加厚1～2mm。

模胚简图如图3-8-86所示。

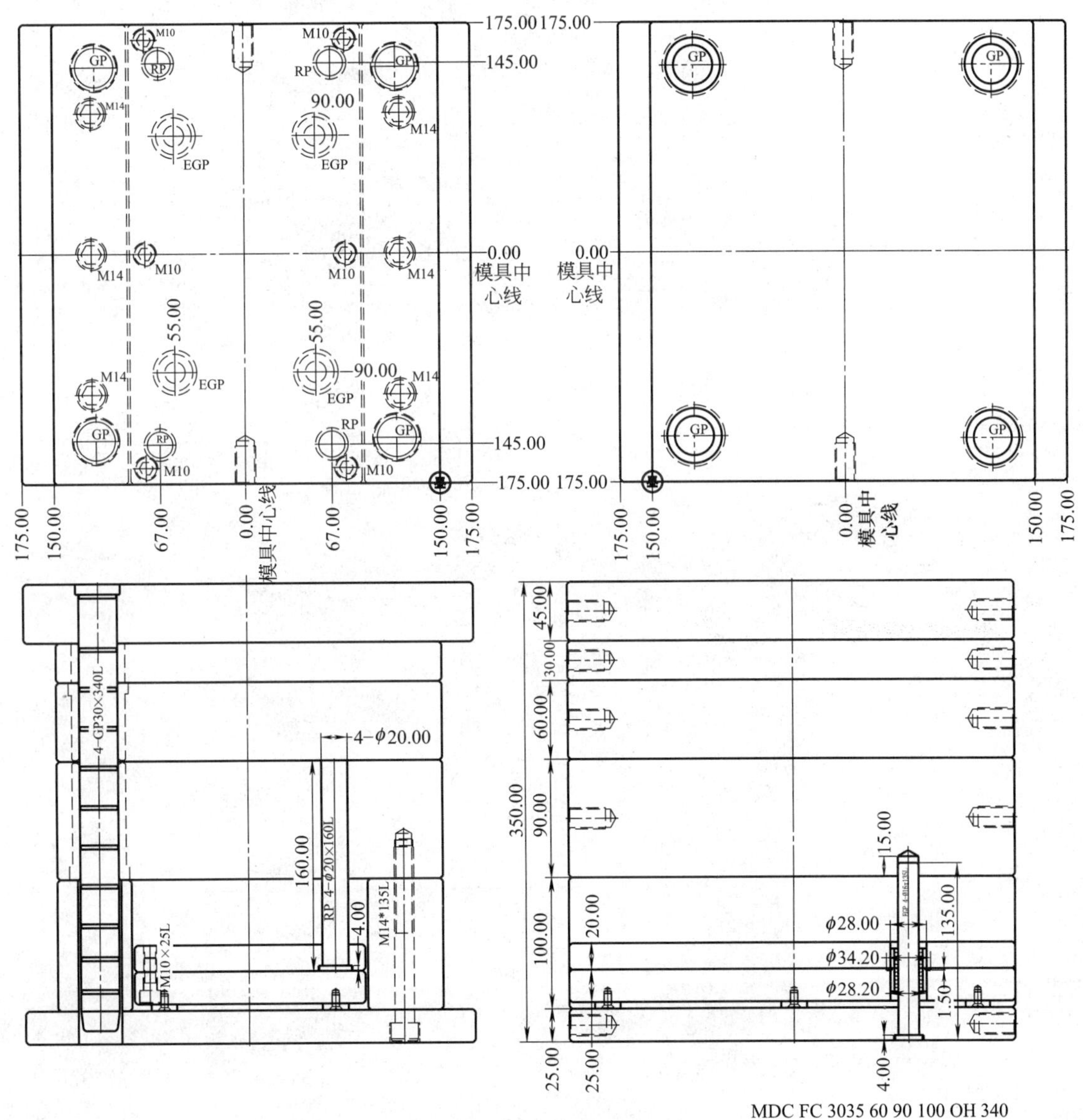

图 3-8-86　模胚简图

思 考 题

1. 随书光盘图/模块3/阅读材料/任务8/习题/1文件夹中附有电子插座盖的.prt文档，请分别用2D+3D、全3D设计的方法，设计该成品的模具。

2. 随书光盘图/模块3/阅读材料/任务8/习题/2文件夹中附有一模具二维结构组立文档。请在AutoCAD中拆出各模板的零件图。

模块四 挤出模具设计

【模块描述】

工程部根据用户提供的塑料挤出制品技术要求及生产批量，确定挤出模具的结构形式、冷却方式、配套使用的挤出机型号。经用户、模具设计、模具制造、成型人员共同讨论确认后交由设计部设计模具装配结构文档与零件图文档。设计文档经设计主管审核后，交由设计文员整理全套技术文档。打印模具装配图与零件图，交由模具制造部制造模具。

本模块选取挤出模具、吹塑模具的设计作为工作任务，分别设计挤出与吹塑模具。请按照企业工作规范，除完成各工作任务的技术文件外，还应特别注意任务完成的时间、资料编号与归档、工具的使用与维护、环境保护、安全操作及与人合作等问题。

学习目标

知识目标

1. 熟悉挤出模具的结构种类，如管材挤出模具、吹塑薄膜挤出模具等；
2. 了解管材挤出模具的结构组成与参数；
3. 了解吹塑薄膜挤出模具的结构组成与参数。

能力目标

1. 能根据挤出模具装配图测绘模具零件图；
2. 能编写模具装配步骤；
3. 能设计管材挤出模具；
4. 能设计吹塑薄膜挤出模具；
5. 能规范整理设计文档。

素质目标

1. 具有团队合作与沟通能力；
2. 具备自主学习、分析问题的能力；
3. 具有安全生产意识、质量与成本意识、规范的操作习惯；
4. 环境保护意识；
5. 具有创新意识。

4.1 工作任务1：管材挤出模具设计

设备与材料准备：管材挤出模具装配图及系列规格尺寸表；每个学习者备一台安装有AutoCAD2004及以上版本的计算机。

4.1.1 工作任务

挤出管材模具装配图的绘制。

图4-1-1所示为ϕ80mm以下硬管挤出模具的结构，表4-1-1所示为该结构对应的尺寸。请选取其中一种规格，以1∶1比例绘制该模具的装配图，并测绘口模的零件图。说明该硬管挤出模具各零部件的装配顺序。

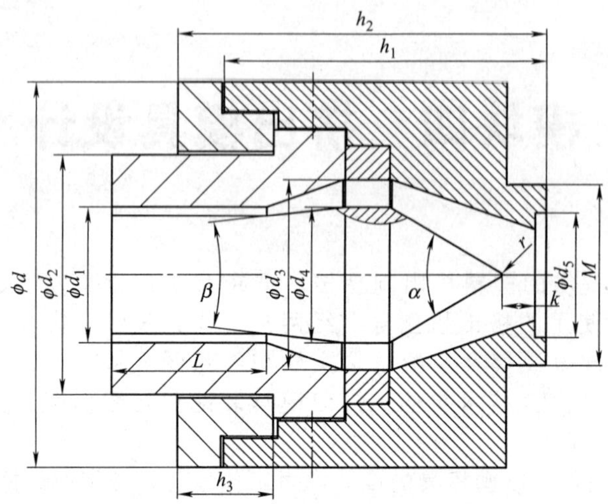

图 4-1-1 ϕ80mm 以下硬管挤出模具的结构

表 4-1-1 ϕ80mm 以下硬管挤出模具的尺寸

ϕd_1	ϕd_2	ϕd_3	ϕd_4	L	α	ϕd	h_1	h_2	h_3
ϕ20	ϕ80	ϕ64	ϕ44	30		ϕ140	105	120	35
ϕ25	ϕ80	ϕ64	ϕ44	30		ϕ140	105	120	35
ϕ30	ϕ80	ϕ64	ϕ44	30		ϕ140	105	120	40
ϕ35	ϕ80	ϕ70	ϕ46	40		ϕ160	120	135	40
ϕ40	ϕ80	ϕ70	ϕ46	40		ϕ160	120	135	40
ϕ45	ϕ100	ϕ80	ϕ50	40		ϕ160	120	135	40
ϕ50	ϕ100	ϕ80	ϕ50	50	60°	ϕ160	120	135	40
ϕ55	ϕ110	ϕ80	ϕ55	50		ϕ170	145	165	40
ϕ60	ϕ110	ϕ84	ϕ60	70		ϕ170	145	165	40
ϕ65	ϕ110	ϕ90	ϕ65	70		ϕ180	145	165	40
ϕ70	ϕ120	ϕ94	ϕ70	80		ϕ180	145	165	40
ϕ75	ϕ120	ϕ98	ϕ75	80		ϕ180	145	165	40
ϕd_5＝多孔板直径		M 根据挤出机尺寸确定	$\alpha=30°\sim60°$（低黏度料）；$\alpha=30°\sim80°$（高黏度料）		$\beta=14°\sim50°$		k＝10～25mm	$r\leqslant$2.5mm	调节螺钉 4～8 个

4.1.2 基本知识与技能

无论是管材挤出模具的设计与制造，还是管材挤出模具的调试，都必须看懂管材挤出模的结构。

一、管材挤出模具的结构

常用的管材挤出模具有三种结构形式：直通式、直角式、旁侧式。图 4-1-2～图 4-1-4 所示分别为这三种管材挤出模具的结构。

① 直通式管材挤出模具与挤出机螺杆、管材三者同轴。机头物料的挤出方向与挤出机中物料的流动方向一致。这类机头多用于 SPVC、HPVC、PE、PA、PC 等管材的生产，适用于生产小口径管材。

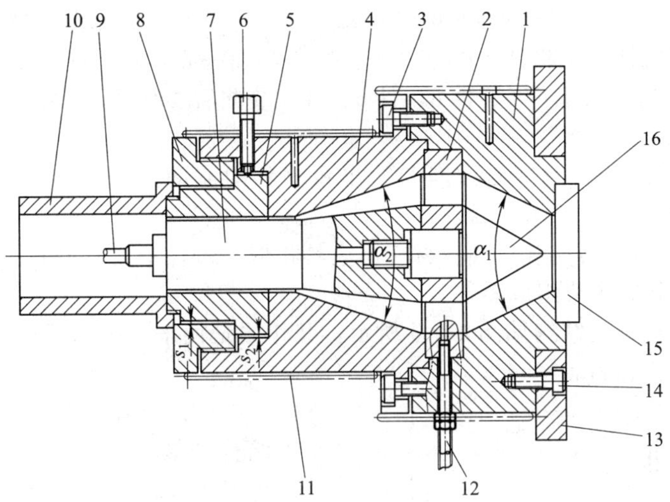

零件表

序号	名称	数量	材料	热处理	备注
1	机头体	1	50	260～290HB	调质
2	分流锥支架	1	45	260～290HB	调质
3	内六角螺钉	1	45	260～290HB	调质
4	机头体	1	50	260～290HB	调质
5	口模	1	45	260～290HB	调质
6	调节螺钉	6	45	40～45HRC	头部
7	芯棒	1	50	260～290HB	调质
8	锁母	1	A5		
9	接头	1	A3		
10	定径套	1	A3		
11	加热装置	1			
12	气嘴	1	A3		
13	铰链板	1	A5		
14	内六角螺钉	6	45	40～45HRC	头部
15	过滤板	1	45	260～290HB	调质
16	分流锥	1	45	260～290HB	调质

图 4-1-2　直通式管材挤出模具

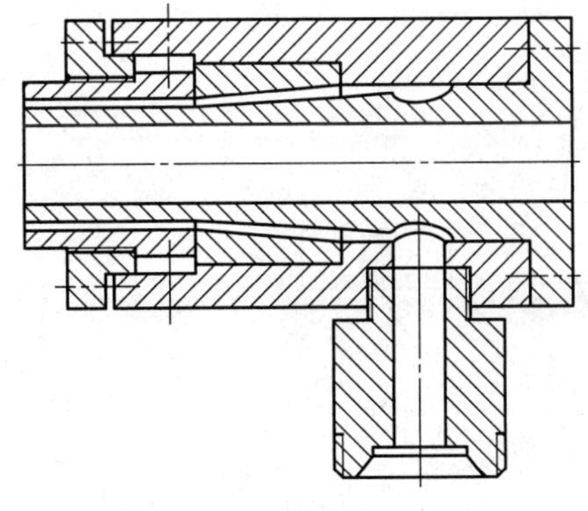
图 4-1-3　直角式管材挤出模具

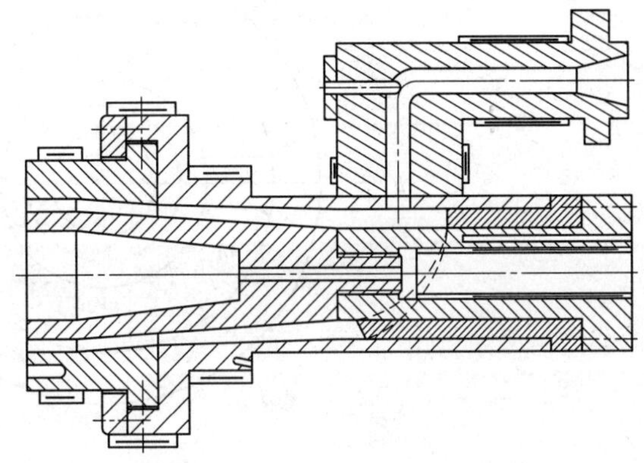
图 4-1-4　旁侧式管材挤出模具

图 4-1-2 为 ϕ40mmHPVC 管材挤出机头。流道的压缩角 α_2 要小于扩张角 α_1，主要零件有分流锥支架 2、机头体 4、口模 5、芯棒 7、分流锥 16 等，这些零件需抗 HCl 的腐蚀。物料从进口到出口的截面积逐渐缩小，使熔融物料产生一定压力，保证生产的管材内部组织密实。零件的装配顺序如下：先将件 16、件 2、件 7 装配在一起，然后放入件 1 内；再装上件 4，拧上件 3；随后按次序装上件 5、件 8、件 6。件 5 装配后要与件 4、件 8 间留有适当缝隙 s_1 和 s_2。

② 直角式管材挤出模具的挤出方向与挤出机物料的流动方向垂直，这种机头适用于 PE、PP、PA 等管材。

③ 旁侧式管材挤出模具与直角式管材挤出模具相似，适合于大口径管材的高速挤出。

二、管材挤出模具的主要组成零件

(1) 分流锥　分流锥的结构如图 4-1-5 所示，其作用是使来自挤出机的熔融物料逐渐变成环状，并进一步塑化物料。

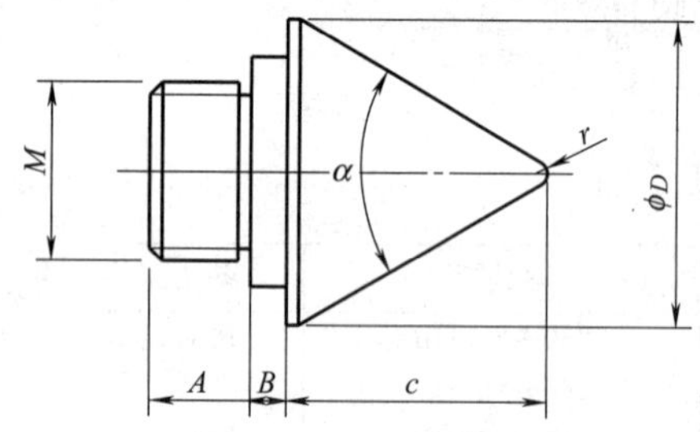

A□ 螺纹段；B□ 定位段；C□ 分流锥有效高；D□ 外径；r□ 圆角

图 4-1-5　分流锥

(2) 分流锥支架　分流锥支架的结构如图 4-1-6 所示，其作用是支承分流锥及芯棒，在小机头中，分流锥与分流锥支架可作成整体。分流锥上的筋数应尽量减少，小型机头采用 3 根，中型机头采用 4 根，大型机头采用 6 根或 8 根。分流锥支架上设有进气孔，用于通入压缩空气。

(3) 口模　口模是用于成型管材外表面的零件，其结构形式如图 4-1-7 所示。口模的平直部分与芯棒的平直部分组成管材机头的成型部分。

(4) 芯棒　芯棒是管材内表面的成型零件。芯棒的结构形式很多，图 4-1-8 所示为芯棒的常见结构。

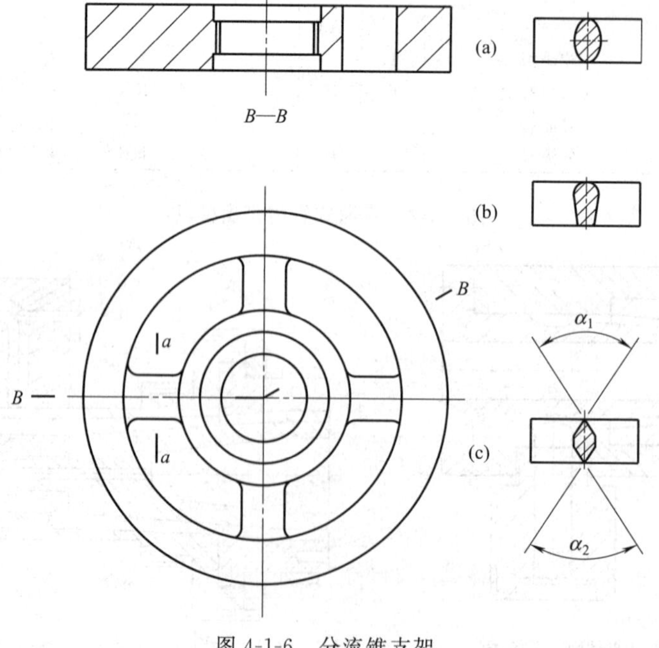

图 4-1-6　分流锥支架

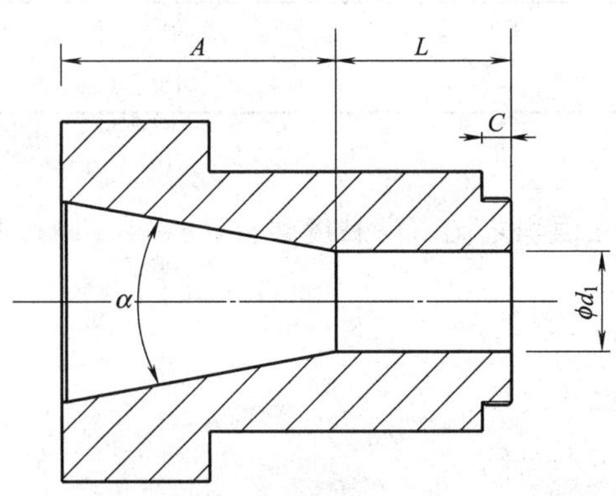

A—压缩段；*L*— 平直部分；*C*□ 与水套配合段；
α□ 压缩角；d_1□ 口模内径

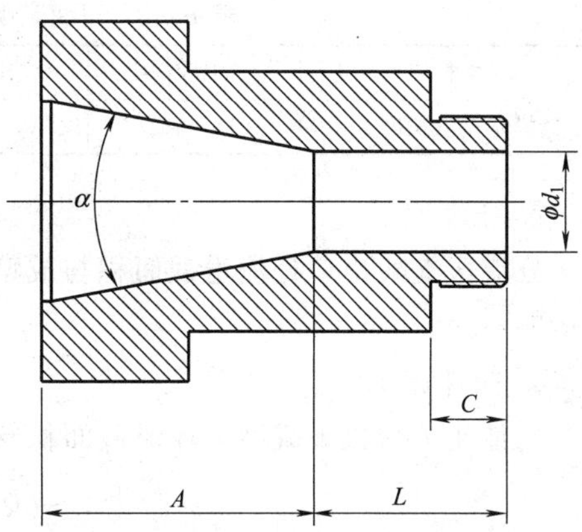

A□ 压缩段；*L*— 平直部分；*C*— 与水套连接段；
α— 压缩角；d_1—口模内径

图 4-1-7　口模

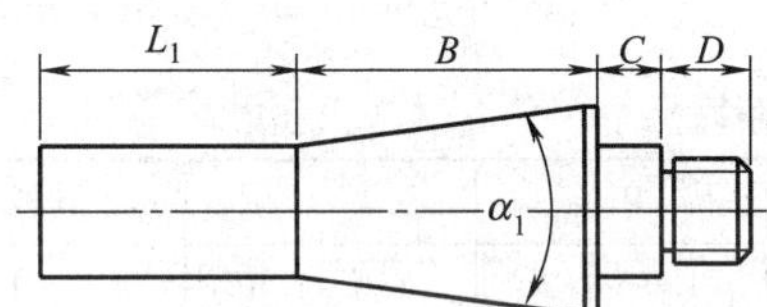

L_1—平直部分；*B*— 压缩段；*C*—定位段；
D— 连接段；α_1—收缩角

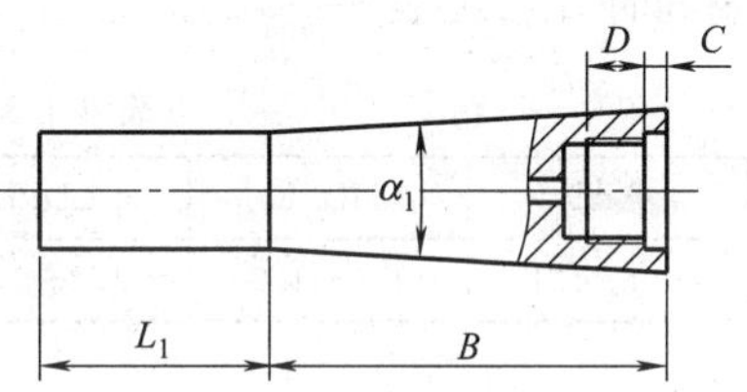

L_1—平直部分；*B*— 压缩段；*C*—定位段；
D—连接段；α_1—收缩角

图 4-1-8　芯棒

学习活动（4-1）

实操：

1. 绘制挤出管材模具装配图。
2. 测绘口模零件图。
3. 编制模具各零部件的装配顺序。

4.1.3　总结与提高

一、总结与评价

请对照本模块学习目标及工作任务的要求，小组成员间互相检查机头装配图的绘制、口模零件图的测绘、模具各零部件装配顺序的编制等工作任务完成情况。用文字简要进行自我评价，并对小组中其他成员的任务完成情况加以评价。你和小组其他成员，哪些方面完成得较好，还存在哪些问题?

二、知识与能力的拓展——管材挤出模具主要结构参数的确定

1. 口模定型段长度

如图 4-1-7 所示，*L* 为口模定型段长度。如有材料的流变参数可供选用，可用流变学计算方法确定口模定型段长度。一般情况下用经验法确定口模定型段长度，如表 4-1-2 所示。

表 4-1-2 口模定型段长度 L 与管材壁厚 t 的关系

物料	HPVC	SPVC	PA	PE	PP
口模定型段长度 L	$(18\sim33)t$	$(15\sim25)t$	$(13\sim23)t$	$(14\sim22)t$	$(14\sim22)t$

2. 压缩比 ε

分流区支架出口处流道截面积与成型区环形截面积之比。高黏度塑料，$\varepsilon=4\sim10$；低黏度塑料，$\varepsilon=3\sim6$。

3. 拉伸比 I

拉伸比 I 为机头成型区环形截面积与管材截面积之比。

$$I=(R_0^2-R_i^2)/(r_0^2-r_i^2)$$

式中 R_0——口模内径；

R_i——芯模外径；

r_0——管材公称外半径；

r_i——管材内径。

管材拉伸比参见表 4-1-3。

表 4-1-3 常见塑料管材拉伸比

塑料	ABS	HDPE	LDPE	PA	PP	PVC	其他
I 值	1.0～1.1	1.0～1.2	1.2～1.5	1.4～3.0	1.0～1.2	1.0～1.5	1.0～1.2

随书盘/模块 4 /阅读材料/任务 1/挤出口模 3D 文件夹中附管材挤出口模全 3D 结构，请在 Pro/E2.0 及以上版本中打开阅读。

思 考 题

1. 直通式管材挤出模具适宜于生产哪些类型的管材？
2. 直角式管材挤出模具适宜于生产哪些类型的管材？
3. 旁侧式管材挤出模具适宜于生产哪些类型的管材？
4. 请查阅资料写一篇关于挤出管材定型套设计的综述。

4.2 工作任务 2：吹塑薄膜挤出模具设计

设备与材料准备：吹塑薄膜挤出模具装配图及系列规格尺寸表；每个学习者备一台安装有 AutoCAD2004 及以上版本的计算机

4.2.1 工作任务

吹塑薄膜挤出模具装配图绘制。

图 4-2-1 所示为芯棒式吹塑薄膜挤出模具的结构。表 4-2-1 为芯棒式吹塑薄膜挤出模具规格系列尺寸。

① 试选取其中一种规格，绘制模具装配图；

② 测绘口模的零件图；

③ 编制模具各零部件的装配顺序。

表 4-2-1　芯棒式吹塑薄膜挤出模具规格系列尺寸　mm

d_1	d_2	D_1	D_2	$\alpha/(°)$	h_1	h_2	H	n_1	n_2
ϕ80	ϕ16	ϕ170	ϕ100	60	28	12	190	3	3
ϕ100	ϕ16	ϕ190	ϕ100	60	28	14	200	3	3
ϕ120	ϕ16	ϕ210	ϕ110	60	30	14	210	6	6
ϕ140	ϕ18	ϕ230	ϕ110	60	30	15	220	6	6
ϕ160	ϕ18	ϕ250	ϕ110	60	35	15	230	6	6
ϕ180	ϕ18	ϕ270	ϕ120	60	35	18	240	6	6
ϕ200	ϕ20	ϕ280	ϕ120	60	35	18	250	6	6
ϕ220	ϕ20	ϕ300	ϕ130	60	40	18	270	6	6
ϕ240	ϕ20	ϕ320	ϕ130	60	55	18	290	8	8
ϕ260	ϕ20	ϕ340	ϕ130	60	60	18	310	8	8
ϕ280	ϕ20	ϕ360	ϕ130	60	60	20	300	8	8
$\alpha=40°\sim60°$　$\beta=90°\sim120°$									
①PVC　$h=(16\sim30)t$；②PE　$h=(25\sim40)t$；③PA　$h=(15\sim20)t$；④PP　$h=(25\sim40)t$									

4.2.2　基本知识与技能

一、吹塑薄膜挤出模具的结构

吹塑薄膜挤出模具的作用是：熔融物料在机头内受到一定压力后，物料更加密实，从机头挤出后成为一定厚度的膜管。膜管经牵引、卷取后成为薄膜。吹塑薄膜的种类繁多，主要有芯棒式机头和螺旋式机头。

1. 芯棒式吹塑薄膜挤出模具

芯棒式吹塑薄膜挤出模具的结构如图 4-2-2 所示。其工作原理是熔融物料从机头挤出后，通过机颈到达芯棒轴，在芯棒的阻挡下，熔融物料被分成两股料流，沿芯棒分流线流动，在芯棒尖处又重新汇合。汇合后的料流沿机头环形缝隙挤成管胚。芯棒内的压缩空气使管胚吹胀成膜。

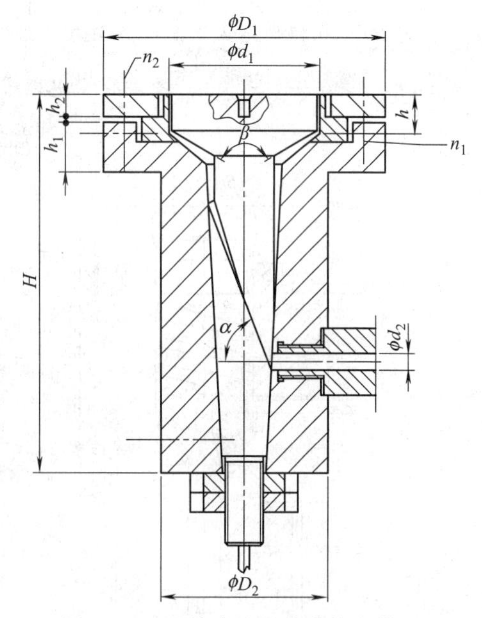

图 4-2-1　芯棒式吹塑薄膜挤出模具

这种模具的优点是：机构简单，拆装方便，制造及清理容易，造价低，只有一条拼缝线。机头内存流少，物料不易过热分解，适宜加工热稳定性差的塑料如 PVC，对 PE、PP、PA 等塑料均适用。缺点是：物料流出口模时各处的流动速度不相等，导致薄膜厚度不均匀；芯棒易偏中，靠近进料一侧薄膜出现单边偏厚的现象。

2. 螺旋式吹塑薄膜挤出模具

螺旋式吹塑薄膜挤出模具的结构如图 4-2-3 所示。其工作原理是：熔融物料从机头中央进入，经过芯棒上的 3～8 个斜槽，分别进入螺纹的流道，沿螺旋沟槽被挤压上升，汇合后进入缓冲槽，然后被均匀的挤出机头。

此类模具的特点是：强度高、使用寿命长、结构简单、无料流接缝、出料均匀、薄膜厚度易控制、薄膜强度较高。缺点是：机头拐角较多，体积较大，不适合吹制大规格口径的薄膜，只适宜于口模直径为 ϕ150～300mm 的机头。一般用于吹塑 PE、PP、PS 等物料，不适用于 PVC 物料。

ϕ60mm芯棒式薄膜机头

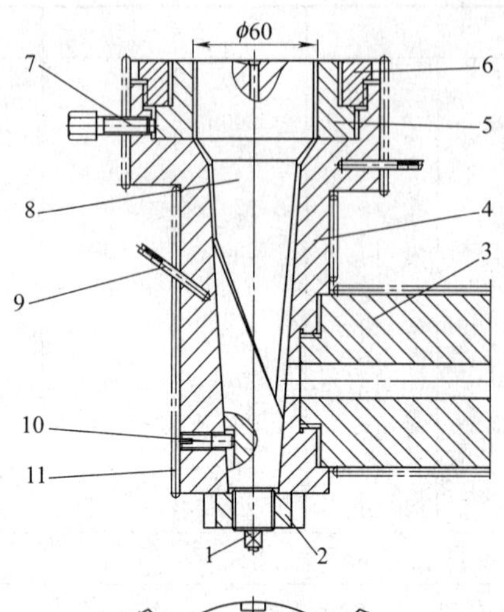

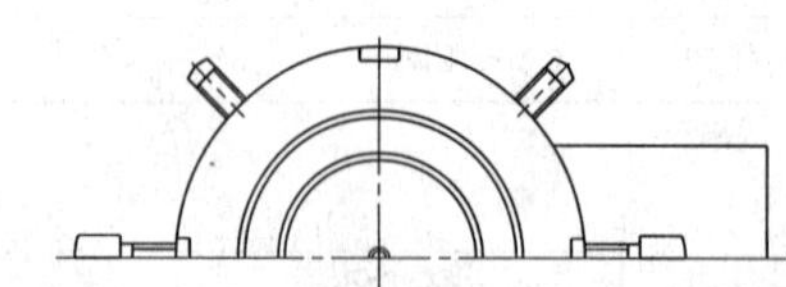

零 件 表

序号	名称	数量	材料	热处理	备注
1	气 门	1	A3		
2	锁 母	1	A5		
3	机 颈	1	45	HB 260～290	调 质
4	机 头 体	1	45	HB 260～290	调 质
5	口 模	1	40Cr	40～45HRC	全 部
6	锁 母	1	A5		
7	调 节 螺 钉	6	45	40～45HRC	头 部
8	芯 棒	1	45	HB 260～290	调 质
9	温 度 计	1			
10	定 位 螺 钉	1	A3		
11	加 热 装 置	1			

图 4-2-2 芯棒式吹塑薄膜挤出模具的结构

螺旋芯棒式平吹塑薄膜机头

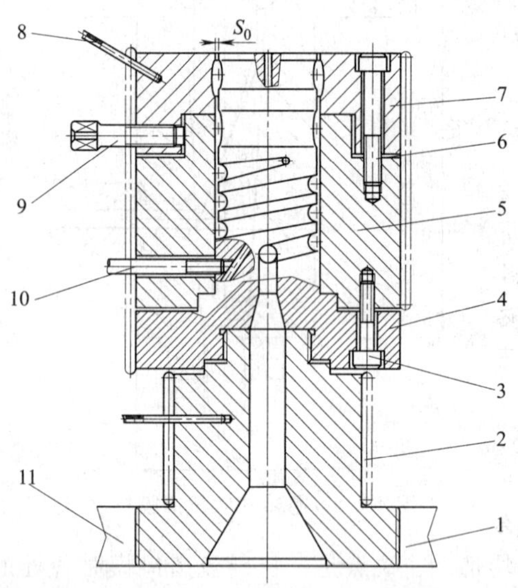

零 件 表

序 号	名 称	数 量	材 料	热 处 理	备 注
1	机 颈	1	45	HB260～290	调 质
2	加热装置	1			
3	内六角螺钉	4	45	RC40～45	头 部
4	螺旋 芯棒	1	45	HB260～290	调 质
5	机 头 体	1	45	HB260～290	调 质
6	内六角螺钉	3	45	RC40～45	头 部
7	口 模	1	40Cr	RC40～45	全 部
8	温 度 计	1			
9	调 节 螺 钉	3	45	RC 40～45	头 部
10	气 嘴	1	A3		
11	铰 链 板	1	A5		

图 4-2-3 螺旋式吹塑薄膜挤出模具的结构

二、吹塑薄膜挤出模具的主要结构参数

1. 吹胀比 ε

吹胀比 ε 指吹胀后的膜管直径与机头口模直径之比。

$$\varepsilon = D/D_0$$

$$D = 2D_w/\pi$$

式中 D——膜管直径，mm；

D_0——口模内径，mm；

D_w——膜管折径，mm。

2. 口模与芯模单边间隙 h

口模与芯模单边间隙 h 一般取 0.5～1.3mm，也可按膜厚选取。

$$h=(18\sim30)t$$

式中　t——管膜厚度，mm。

3. 芯棒的斜角 α 和流道角 β

芯棒式吹塑薄膜挤出模具芯棒的斜角如图 4-2-4 所示。α 角取决于物料流动特性，其值不可取得太小，否则芯棒尖处出料慢，造成过热分解，还易造成芯棒的弯曲变形。一般取 $\alpha=40°\sim60°$。

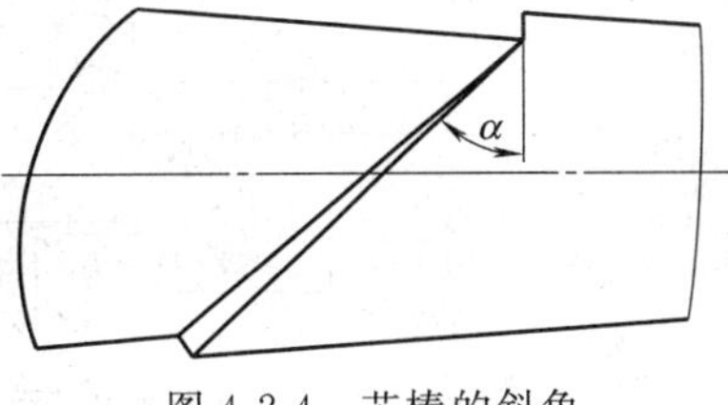

图 4-2-4　芯棒的斜角

芯棒的流道角 β 如图 4-2-5 所示。一般取 $\beta=90°\sim120°$为宜。

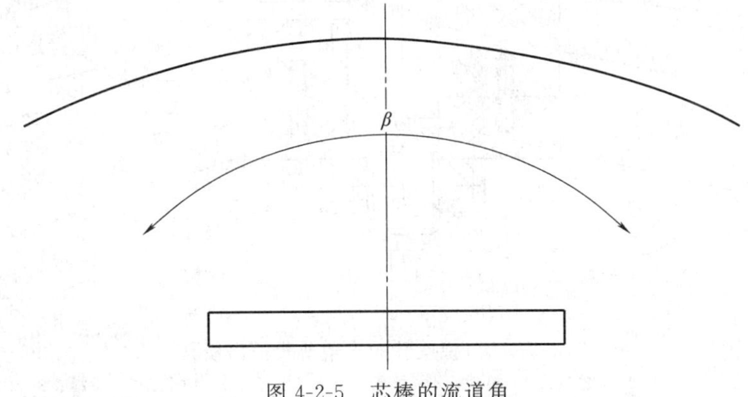

图 4-2-5　芯棒的流道角

4. 口模定型段长度 L

口模定型段长度影响机头的压力，一般根据塑料种类及口模缝隙 h 确定。对 PVC 物料，$L=(16\sim30)h$；对 PE 物料，$L=(25\sim40)h$；对 PA 物料，$L=(15\sim20)h$；对 PP 物料，$L=(25\sim40)h$。

学习活动（4-2）

实操：

1. 绘制吹塑薄膜模具装配图。
2. 测绘口模零件图。
3. 编制模具各零部件的装配顺序。

4.2.3　总结与提高

一、总结与评价

请对照本模块学习目标及工作任务的要求，小组成员间互相检查吹塑薄膜挤出模具装配图的绘制、口模零件图的测绘、各零部件装配顺序的编制等工作任务完成情况。用文字简要进行自我评价，并对小组中其他成员的任务完成情况加以评价。你和小组其他成员，哪些方面完成得较好，还存在哪些问题？

二、知识与能力的拓展——旋转挤出模具、复合挤出模具简介

1. 旋转式吹塑薄膜挤出模具

这类模具的特点是口模与芯棒间能相对旋转，使得圆周上膜厚超差点的位置由固定变为移动，膜厚公差可达 0.0001mm，使薄膜收卷平整。旋转吹塑薄膜挤出模具的结构形式有：外套旋转，内芯棒不动；内芯棒旋转，外套不动；外套与内芯棒同时旋转。如图 4-2-6 所示为口模旋转的结构。

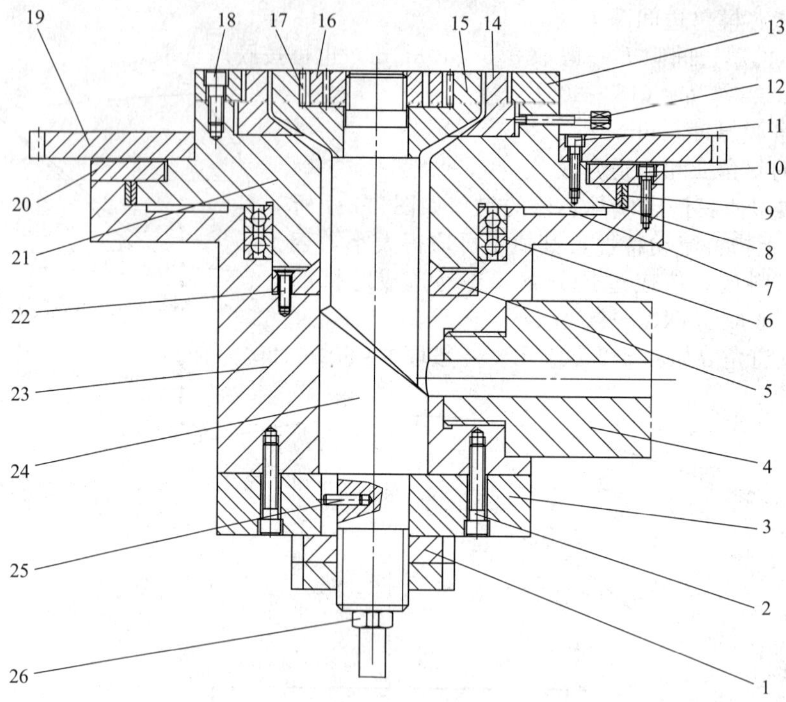

图 4-2-6 口模旋转的吹塑薄膜挤出模具

1—锁母；2,10,11,18,22—螺钉；3—垫块；4—机颈；5—密封环；6—轴承；7—空槽；8—内摩擦环；9—外摩擦环；12—调节螺钉；13—压环；14—外模；15—芯模；16—锁母；17—临时加热器；19—齿轮；20—压环；21—外模旋转体；23—机头体；24—芯棒；25—定位销；26—接头

2. 复合式吹塑薄膜挤出模具

复合式吹塑薄膜挤出模具用于多层薄膜的吹塑。如 PP 材料有良好的耐热性和透明性，LDPE 有较好的低温焊接性及耐冲击性，这两种材料复合在一起，可克服 PP 的低温脆性及 PE 的耐热性差、透气性大的缺点，可作食品包装袋。

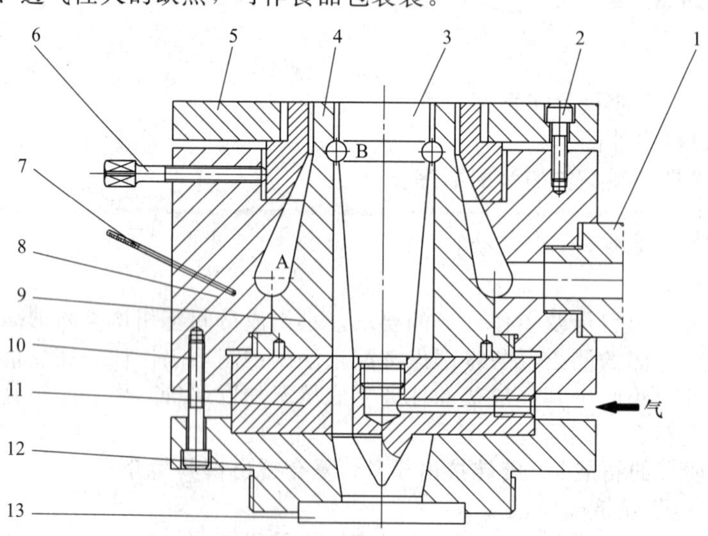

图 4-2-7 PE、PP 模外复合吹塑薄膜挤出模具

1,12—机颈；2,10—内六角螺钉；3—芯棒；4—口模；5—压环；6—调节螺钉；7—温度计；8—机头体；9—内模套；11—支架；13—过滤板

图 4-2-7 所示为 PE、PP 模外复合吹塑薄膜挤出模具。两种材料分别从机颈 1、12 挤入流道，由口模 4 外复合成所需的薄膜。外层物料在 A 处缓冲，内层物料在 B 处缓冲，内外物料经缓冲后即可得到理想的流动速度。

思　考　题

1. 请对照图 4-2-2，说明如何调节口模与芯棒的对中。
2. 螺旋式吹塑薄膜挤出模具为何不能用于 PVC 物料？

模块五　塑料制品的结构工艺性分析

【模块描述】

企业接到塑料制品生产订单后，市场部、模具设计部、成型部有关人员要与用户集体讨论制品的结构及参数，分析其成型工艺性。制品结构工艺性直接关系制品成型的难易程度及模具结构的复杂性，关系制品的成本。在保证制品使用要求的前提下，制品的结构及参数应有利于简化模具结构，有利于模具操作，有利于降低制品生产成本。

学习目标

知识目标

1. 熟悉塑料制品尺寸精度国家标准、部颁标准及有关行业标准；
2. 熟悉塑料制品结构要素的设计原则，如壁厚、脱模斜度、加强筋、孔、螺纹、嵌件等；
3. 了解气体辅助成型制品的设计要点。

能力目标

1. 会使用塑料制品公差数值表；
2. 能确定制品的壁厚；
3. 能确定制品的脱模斜度；
4. 能根据制品的使用要求设计制品的加强筋、孔、螺纹、嵌件等结构；
5. 能将制品结构与模具结构相联系，进行综合分析，优化制品结构，从而优化模具结构。

素质目标

1. 具有团队合作与沟通能力；
2. 具备自主学习、分析问题的能力；
3. 具有安全生产意识、质量与成本意识、规范的操作习惯；
4. 环境保护意识；
5. 具有创新意识。

设备与材料准备：拟设计的塑料制品使用性能要求及生产批量描述；每个学习者备一台安装有 AutoCAD2004 及以上版本的计算机。

5.0.1　工作任务

塑料制品结构设计

设计一塑料漱口杯：根据市场调查确定制品生产批量，确定合适的塑料材料，合理设计制品壁厚、脱模斜度、圆角、支撑结构等结构及文字图案。结合浇注系统设计与制品流动分析，优化制品壁厚，使模内气体顺利排出，使成型的制品外观得到优化。

① 在 AutoCAD 中绘制制品的二维结构 .dwg 文档，在 Pro/E 中制作制品三维 .prt 文档；

② 在 Moldflow 中做制品流动分析（选做）；

③ 制作制品结构工艺性分析 PPT 文档，用于与客户讨论。

5.0.2　基本知识与技能

一、塑件的尺寸精度和表面质量

（一）尺寸精度

目前，我国使用的塑件公差标准有部颁标准和国标两类。部颁标准有 SJ 1372 和 WJ 1266。其中，SJ 1372 标准应用较多，影响较大。国家标准有 GB/T 14486—1993。

1. 部颁标准

SJ 1372 标准如表 5-0-1、表 5-0-2 所示。两个表配合使用，先根据塑料材料类别，由表 5-0-1 选用适宜的精度等级，再由表 5-0-2 查出尺寸公差值。该标准适用于注塑、压缩及传递成型的热塑性与热固性塑件的尺寸公差。

表 5-0-1　塑件精度等级选用（摘自 SJ 1372）

类别	塑件名称	建议采用的精度等级		
		高精度	一般精度	低精度
1	聚苯乙烯 ABS 聚甲基丙烯酸甲酯 聚碳酸酯 聚砜 聚苯醚 酚醛塑料粉 氨基塑料 30%玻璃纤维增强塑料	3	4	5
2	聚酰胺 6、66、610、1010 氯化聚醚 聚氯乙烯(硬)	4	5	6
3	聚甲醛 聚丙烯 聚乙烯(高密度)	5	6	7
4	聚氯乙烯(软) 聚乙烯(低密度)	6	7	8

注：1. 其他材料可按加工尺寸的稳定性，参照本表选择精度等级。
2. 1、2 级精度为精密级，只在特殊条件下才采用。
3. 当沿脱模方向两端尺寸均有要求时，应考虑脱模斜度对精度的影响。

表 5-0-2　SJ1372 公差数值表　mm

基本尺寸	精度等级							
	1	2	3	4	5	6	7	8
	公差数值							
≤3	0.04	0.06	0.08	0.12	0.16	0.24	0.32	0.42
>3～6	0.05	0.07	0.08	0.14	0.18	0.28	0.36	0.56
>6～10	0.06	0.08	0.10	0.16	0.20	0.32	0.40	0.64
>10～14	0.07	0.09	0.12	0.18	0.22	0.36	0.44	0.72
>14～18	0.08	0.10	0.12	0.20	0.24	0.40	0.48	0.30
>18～24	0.09	0.11	0.14	0.22	0.28	0.44	0.56	0.82
>24～30	0.10	0.12	0.16	0.24	0.32	0.48	0.64	0.94

续表

基本尺寸	精度等级							
	1	2	3	4	5	6	7	8
	公差数值							
>30～40	0.11	0.13	0.18	0.26	0.36	0.52	0.72	1.00
>40～50	0.12	0.14	0.20	0.28	0.40	0.56	0.80	1.20
>50～65	0.13	0.16	0.22	0.32	0.46	0.64	0.92	1.40
>65～80	0.14	0.18	0.24	0.38	0.52	0.76	1.04	1.60
>80～100	0.16	0.22	0.30	0.44	0.60	0.88	1.20	1.80
>100～120	0.18	0.25	0.34	0.50	0.68	1.00	1.36	2.00
>120～140	0.20	0.28	0.38	0.56	0.76	1.12	1.52	2.20
>140～160	0.23	0.31	0.42	0.62	0.84	1.24	1.68	2.40
>160～180	0.25	0.34	0.46	0.68	0.92	1.36	1.84	2.70
>180～200	0.27	0.37	0.50	0.74	1.00	1.50	2.00	3.00
>200～225	0.30	0.41	0.56	0.82	1.10	1.64	2.20	3.30
>225～250	0.33	0.45	0.62	0.90	1.20	1.80	2.40	3.60
>250～280	0.36	0.50	0.68	1.00	1.30	2.00	2.60	4.00
>280～315	0.39	0.55	0.74	1.10	1.40	2.20	2.80	4.40
>315～355	0.43	0.60	0.82	1.20	1.60	2.40	3.20	4.80
>355～400	0.48	0.65	0.90	1.30	1.80	2.60	3.60	5.20
>400～450	0.53	0.70	1.00	1.40	2.00	2.80	4.00	5.60
>450～500	0.58	0.80	1.10	1.60	2.20	3.20	4.40	6.40

SJ1372 标准将塑件分成 8 个精度等级，每种材料可选用其中 3 个精度等级。1、2 级精度要求较高，一般不采用或很少采用。表 2-0-2 中只给出公差值，分配上下偏差时，可根据塑件配合性质确定。对塑件上无配合要求的自由尺寸，建议采用表中的 8 级精度。对孔类尺寸，取表中数值冠以“+”号，作为上偏差，下偏差取零；对轴类尺寸，取表中数值冠以“−”号，作为下偏差，上偏差为零；对中心距尺寸，取表中数值之半，并冠以“±”号表示。模具活动部分对塑件精度影响较大，其公差值应为表中数值与附加值之和。2 级精度附加值为 0.05mm，3～5 级精度的附加值为 0.10mm，6～8 级精度的附加值为 0.20mm。

2. 国家标准

国家标准 GB/T 14486—1993 如表 5-0-3、表 5-0-4 所示。该标准根据塑料收缩特性值划分公差等级。收缩特性值指料流方向收缩率的绝对值与料流方向和垂直于料流方向收缩率之差的绝对值之和。按此原则，如某种塑料的收缩特性值在 0～1%之间（如 ABS、PC 等），则归为第 1 类材料，塑件公差等级可选为 MT2，MT3，MT5；如收缩特性值 S 在 1%～2%之间，则归为第 2 类材料，塑件公差等级可选择 MT3，MT4，MT6。依此类推，将常用塑料分成 4 大类 7 个公差等级。

一般情况下，推荐使用“一般精度”，塑件精度要求较高者，可选用“高精度”。未注尺寸公差采用表中比其对应的“一般精度”低两个公差等级的尺寸公差。MT1 级一般不采用，仅供设计精密塑件时参考。表 5-0-4 所列公差值，可根据塑件使用要求，将公差分配成各种极限偏差。一般情况下，孔类尺寸采用单向正偏差，轴类尺寸采用单向负偏差，长度尺寸与孔间距采用双向等值偏差。

表 5-0-3　常用材料分类和公差等级选用（摘自 GB/T 14486—1993）

<table>
<tr><th rowspan="3">材料类别</th><th colspan="2">材料名称</th><th rowspan="3">收缩特性值 S /%</th><th colspan="3">公差等级</th></tr>
<tr><th rowspan="2">代号</th><th rowspan="2">模塑件材料</th><th colspan="2">标注公差的尺寸</th><th rowspan="2">未注公差的尺寸</th></tr>
<tr><th>高精度</th><th>一般精度</th></tr>
<tr><td>一</td><td>ABS
AS
EP
UF/MF
PC
PA
PPO
PPS
PS
PSU
RPVC
PMMA
PDAP
PETP
PBTP
PF</td><td>丙烯腈/丁二烯/苯乙烯
丙烯腈/苯乙烯
环氧树脂
尿醛/三聚氰胺/甲醛塑料(无机物填充)
聚碳酸酯
玻纤填充尼龙
聚苯醚
聚苯硫醚
聚苯乙烯
聚砜
硬聚氯乙烯
聚甲基丙烯酸甲酯
聚邻苯二甲酸二烯丙酯
玻纤填充 PETP
玻纤填充 PBTP
无机物填充酚醛塑料</td><td>0～1</td><td>MT2</td><td>MT3</td><td>MT5</td></tr>
<tr><td>二</td><td>CA
UF/MF
PA
PBTP
PETP
PF
POM
PP</td><td>醋酸纤维素
尿醛/三聚氰胺/甲醛塑料(有机物填充)
聚酰胺(无填料)
聚对苯二甲酸丁二醇酯
聚对苯二甲酸乙二醇酯
酚醛塑料(有机物填充)
聚甲醛(尺寸≤150mm)
聚丙烯(无机物填充)</td><td>1～2</td><td>MT3</td><td>MT4</td><td>MT6</td></tr>
<tr><td>三</td><td>POM
PP</td><td>聚甲醛(尺寸≥150mm)
聚丙烯</td><td>2～3</td><td>MT4</td><td>MT5</td><td>MT7</td></tr>
<tr><td>四</td><td>PE
SPVC</td><td>聚乙烯
软聚氯乙烯</td><td>3～4</td><td>MT5</td><td>MT6</td><td>MT7</td></tr>
</table>

（二）表面质量

塑件的表面粗糙度主要取决于模具成型零件表面，也与成型工艺条件有关。因工艺参数控制不当引起的银丝、气泡、斑点、凹陷、波纹等会使表面粗糙度数值增大。塑件材料中增强剂类型及含量也影响塑件表面粗糙度，长玻璃纤维增强的塑件，表面粗糙度数值较大；短玻璃纤维增强的塑件，其表面粗糙度数值较小；不含增强剂的塑件，表面粗糙度数值会更小些。模具成型表面的拉毛或锈蚀，会使塑件粗糙度数值变大。因此，应精心护理模具表面。为保证塑件的表面质量，模具型面粗糙度数值应小于对应塑件要求的一个等级。此外，透明制品要求型芯和型腔的表面粗糙度相同。

二、壁厚

制品壁厚应保证制品的强度与刚度。此外，应有足够的壁厚，使塑料熔体能顺利地充满模腔。制品各部位的壁厚还应尽量均匀一致。一般而言，减小制品壁厚，则有利于节省塑料材料、有利于缩短成型周期。

表 5-0-4　国家标准塑件尺寸公差（摘自 GB/T 14486—1993）

公差等级	公差种类	基本尺寸																								
		大于	0	3	6	10	14	18	24	30	40	50	65	80	100	120	140	160	180	200	225	250	280	315	355	400	450
		到	3	6	10	14	18	24	30	40	50	65	80	100	120	140	160	180	200	225	250	280	315	355	400	450	500
标注公差的尺寸允许偏差																										
1	A		0.07	0.08	0.10	0.11	0.12	0.13	0.15	0.16	0.18	0.20	0.23	0.26	0.29	0.33	0.36	0.39	0.42	0.46	0.49	0.54	0.58	0.64	0.70	0.78	0.84
	B		0.14	0.16	0.20	0.21	0.22	0.23	0.25	0.26	0.28	0.30	0.33	0.36	0.39	0.43	0.46	0.49	0.52	0.56	0.59	0.64	0.68	0.74	0.80	0.88	0.94
2	A		0.10	0.12	0.14	0.16	0.18	0.20	0.22	0.24	0.26	0.30	0.34	0.38	0.42	0.46	0.50	0.54	0.60	0.66	0.70	0.76	0.84	0.92	1.00	1.10	1.20
	B		0.20	0.22	0.24	0.26	0.28	0.30	0.32	0.34	0.36	0.40	0.44	0.48	0.52	0.56	0.60	0.64	0.70	0.76	0.80	0.86	0.94	1.02	1.10	1.20	1.30
3	A		0.12	0.14	0.18	0.20	0.22	0.26	0.28	0.32	0.36	0.40	0.46	0.52	0.58	0.66	0.72	0.78	0.86	0.92	1.00	1.10	1.20	1.30	1.44	1.60	1.74
	B		0.32	0.34	0.38	0.40	0.42	0.46	0.48	0.52	0.56	0.60	0.66	0.72	0.78	0.86	0.92	0.98	1.06	1.12	1.20	1.30	1.40	1.50	1.64	1.80	1.94
4	A		0.16	0.20	0.24	0.28	0.30	0.34	0.38	0.42	0.48	0.56	0.64	0.72	0.84	0.94	1.04	1.14	1.24	1.36	1.48	1.62	1.78	1.96	2.20	2.40	2.60
	B		0.36	0.40	0.44	0.48	0.50	0.54	0.58	0.62	0.68	0.76	0.84	0.92	1.04	1.14	1.24	1.34	1.44	1.56	1.68	1.82	1.98	2.16	2.40	2.60	2.80
5	A		0.20	0.24	0.28	0.34	0.38	0.44	0.48	0.56	0.64	0.74	0.86	1.10	1.16	1.30	1.46	1.60	1.76	1.94	2.10	2.30	2.60	2.80	3.10	3.50	3.90
	B		0.40	0.44	0.48	0.54	0.58	0.64	0.68	0.76	0.84	0.94	1.06	1.30	1.36	1.50	1.66	1.80	1.96	2.14	2.30	2.50	2.80	3.00	3.30	3.70	4.10
6	A		0.26	0.32	0.40	0.48	0.54	0.62	0.70	0.80	0.94	1.10	1.28	1.48	1.72	1.96	2.20	2.40	2.60	2.90	3.20	3.50	3.80	4.30	4.70	5.30	5.80
	B		0.46	0.52	0.60	0.68	0.74	0.82	0.90	1.00	1.14	1.30	1.48	1.68	1.92	2.16	2.40	2.60	2.80	3.10	3.40	3.70	4.00	4.50	4.90	5.50	6.00
7	A		0.38	0.48	0.58	0.68	0.76	0.88	1.00	1.14	1.32	1.54	1.80	2.10	2.40	2.80	3.10	3.40	3.70	4.10	4.50	4.90	5.40	6.00	6.70	7.40	8.20
	B		0.58	0.68	0.78	0.88	0.96	1.08	1.20	1.34	1.52	1.74	2.00	2.30	2.60	3.00	3.30	3.60	3.90	4.30	4.70	5.10	5.60	6.20	6.90	7.60	8.40
未注公差的尺寸允许公差																										
5	A		±0.10	±0.12	±0.14	±0.17	±0.19	±0.22	±0.24	±0.28	±0.32	±0.37	±0.43	±0.55	±0.58	±0.65	±0.73	±0.80	±0.88	±0.97	±1.05	±1.15	±1.30	±1.40	±1.55	±1.75	±1.95
	B		±0.20	±0.22	±0.24	±0.27	±0.29	±0.32	±0.34	±0.38	±0.42	±0.47	±0.53	±0.65	±0.68	±0.75	±0.83	±0.90	±0.98	±1.07	±1.15	±1.25	±1.40	±1.50	±1.65	±1.85	±2.05
6	A		±0.13	±0.16	±0.20	±0.24	±0.27	±0.31	±0.35	±0.40	±0.47	±0.55	±0.64	±0.74	±0.86	±0.98	±1.10	±1.20	±1.30	±1.45	±1.60	±1.75	±1.90	±2.15	±2.35	±2.65	±2.90
	B		±0.23	±0.26	±0.30	±0.34	±0.37	±0.41	±0.45	±0.50	±0.57	±0.65	±0.74	±0.84	±0.96	±1.08	±1.20	±1.30	±1.40	±1.55	±1.70	±1.85	±2.00	±2.25	±2.45	±2.75	±3.00
7	A		±0.19	±0.24	±0.29	±0.34	±0.38	±0.44	±0.50	±0.57	±0.66	±0.77	±0.90	±1.05	±1.20	±1.40	±1.55	±1.70	±1.85	±2.05	±2.25	±2.45	±2.70	±3.00	±3.35	±3.70	±4.10
	B		±0.29	±0.34	±0.39	±0.44	±0.48	±0.54	±0.60	±0.67	±0.76	±0.87	±1.00	±1.15	±1.30	±1.50	±1.65	±1.80	±1.95	±2.15	±2.35	±2.55	±2.80	±3.10	±3.45	±3.80	±4.20

注：A—不受模具活动部分影响的尺寸的公差；B—受模具活动部分影响的尺寸的公差。

热固性塑件的壁厚一般在1～6mm，一般不超过13mm，最薄可达1mm以下，如玻璃纤维增强的酚醛塑件的壁厚可达0.8mm左右。热塑性塑件的壁厚一般为2～4mm，小塑件取偏小值，中等塑件取偏大值，大塑件可适当加厚。热塑性塑件的最小壁厚取决于塑料的流动性，如流动性好的尼龙、聚乙烯等塑件，其最小壁厚为0.2～0.4mm；流动性较差的聚氯乙烯、聚碳酸酯等塑件，其最小壁厚为1mm。表5-0-5为热塑性塑料与热固性塑料制品壁厚的常用范围。

表5-0-5　热塑性塑料与热固性塑料制品壁厚的常用范围

热固性塑料				热塑性塑料			
塑料制品材料	最小壁厚	最大壁厚	推荐壁厚	塑料制品材料	最小壁厚	最大壁厚	推荐壁厚
醇酸树脂(玻璃纤维填充)	1.0	12.7	3.0	聚甲醛(POM)	0.4	3.0	1.6
醇酸树脂(矿物填充)	1.0	9.5	4.7	丙烯腈-丁二烯-苯乙烯(ABS)	0.75	3.0	2.3
邻苯二甲酸二烯丙酯(DAP)	1.0	9.5	4.7	丙烯酸类	0.6	6.4	2.4
环氧树脂(玻璃纤维填充)	0.76	25.4	3.2	醋酸纤维素(CA)	0.6	4.7	1.9
三聚氰胺甲醛树脂(纤维素填充)	0.9	4.7	2.5	乙基纤维素(EC)	0.9	3.2	1.6
氨基塑料(纤维填充)	0.9	4.7	2.5	氟塑料	0.25	12.7	0.9
酚醛塑料(通用型)	1.3	25.4	3.0	尼龙(PA)	0.4	3.0	1.6
酚醛塑料(棉短纤填充)	1.3	25.4	3.0	聚碳酸酯(PC)	1.0	9.5	2.4
酚醛塑料(玻璃纤维填充)	0.76	19.0	2.4	聚酯(PET)	0.6	12.7	1.6
酚醛塑料(织物填充)	1.6	9.5	4.7	低密度聚乙烯(LDPE)	0.5	6.0	1.6
酚醛塑料(矿物填充)	3.0	25.4	4.7	高密度聚乙烯(HDPE)	0.9	6.0	1.6
聚硅氧烷(玻璃纤维填充)	1.3	6.4	3.0	乙烯-醋酸乙烯共聚物(EVA)	0.5	3.0	1.6
聚酯预混物	1.0	25.4	1.8	聚丙烯(PP)	0.6	7.6	2.0
				聚砜(PSU)	1.0	9.5	2.5
				改性聚苯醚	0.75	9.5	2.0
				聚苯醚(PPO)	1.2	6.4	2.5
				聚苯乙烯(PS)	0.75	6.4	1.6
				改性聚苯乙烯	0.75	6.4	1.6
				苯乙烯-丙烯腈共聚物(SAN)	0.75	6.4	1.6
				硬质聚氯乙烯(RPVC)	1.0	9.5	2.4
				有机玻璃(372*)	0.8	6.4	2.2
				氯化聚醚(CPT)	0.9	3.4	1.8
				聚氨酯(PU)	0.6	38.0	12.7

塑件壁厚应尽量均匀，否则会导致各部分固化收缩不均匀，使塑件上产生气孔、裂纹及变形等缺陷，并导致内应力集中。塑件相邻两壁厚应尽量相等，需要有差别时，设相邻两壁厚分别为S_1和S_2，则应满足如下条件：热塑性塑件，$S_1/S_2\leqslant 1.5\sim 2$；热固性塑件，$S_1/S_2\leqslant 3$。图5-0-1为壁厚设计实例。

三、脱模斜度

为便于脱模，塑料制品在脱模方向上应设计脱模倾斜。形状复杂不易脱模的制品，应选用较大的脱模斜度；塑料材料收缩率大，则其制品的斜度也应加大；制品壁厚大，其脱模斜度也应大。制品精度要求越高，其脱模斜度应越小；尺寸大的制品，应采用较小的脱模斜度。增强塑料制品宜选大斜度，具有自润滑性的塑料制品可用小斜度。表5-0-6为热塑性塑料制品的最小脱模斜度。

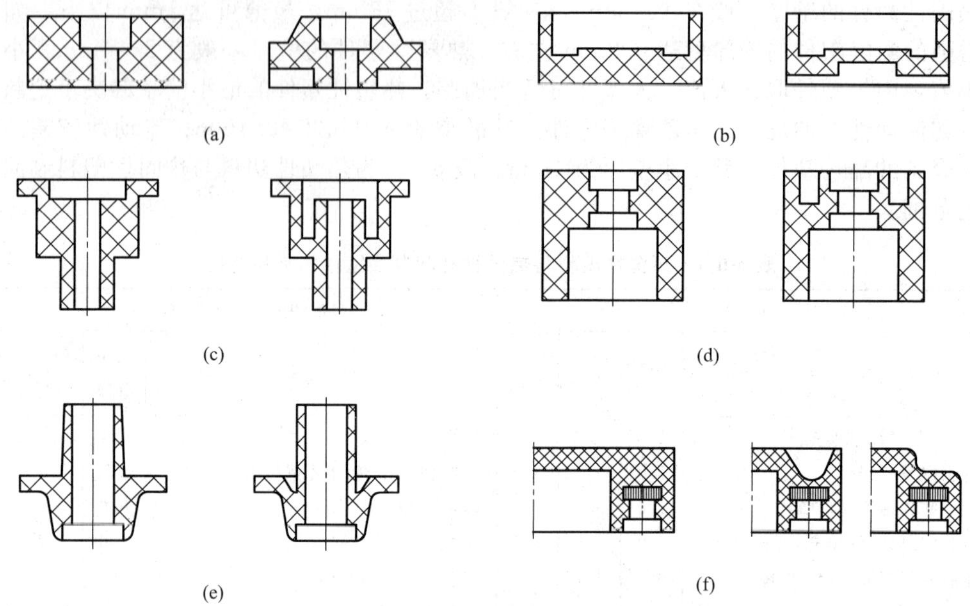

图 5-0-1 壁厚设计实例

表 5-0-6 热塑性塑料制品的最小脱模斜度

塑料名称	斜度	
	型腔	型芯
聚酰胺(尼龙)	25′～40′	20′～40′
聚乙烯	25′～45′	20′～45′
聚苯乙烯	35′～1°30′	30′～1°
聚甲基丙烯酸甲酯(有机玻璃)	35′～1°30′	30′～1°
ABS	40′～1°20′	35′～1°
聚碳酸酯	35′～1°	30′～50′
氯化聚醚	25′～45′	20′～45′
聚甲醛	35′～1°30′	30′～1°

四、加强筋

加强筋的作用是：①在不加大制品壁厚的条件下，增强制品的强度和刚性，以节约塑料用量，减轻重量，降低成本。②克服制品壁厚不均匀引起的应力集中所造成的制品翘曲变形。③在充模过程中，对塑料熔体的流动起导流作用。图 5-0-2 为计算机显示器支座，该制品结构中设计有加强筋。随书盘中附有该制品的动画，请在随书盘/模块 5/阅读材料/图 5-0-2中打开阅读。

设计加强筋后，可能在其背面引起凹陷。但只要尺寸设计得当，就可以有效地予以避免。图 5-0-3 为加强筋的尺寸比例关系。

五、圆角

制品的相交面之间应尽可能以圆弧过渡。这种作法有以下好处：① 圆角能减小塑料制品转角处的内应力；② 有利于塑料熔体的流动，③ 改善制品壁厚的均匀性；④ 改善模具成型零件的强度，并减小热处理过程中模具成型零件的开裂。从减小制品内应力角度出发，制品壁厚 T 与圆角半径 R 的关系为：

$$1/4 \leqslant R/T \leqslant 3/5$$
$$R \geqslant 0.4$$

图 5-0-2　加强筋

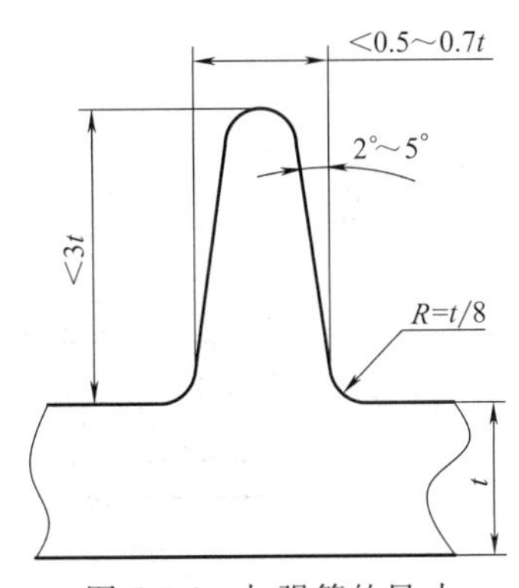

图 5-0-3　加强筋的尺寸

六、孔

塑件上的孔有简单孔与复杂孔，通孔与不通孔，斜孔和螺纹孔等。孔的设计，除满足使用要求、有利于成型外，还要保证塑件有足够的强度。

(1) 孔的极限尺寸　孔的极限尺寸如表 5-0-7 所示。

表 5-0-7　孔的极限尺寸推荐值　mm

成型方法	塑料名称	孔的最小直径 d	最大孔深		孔边最小厚度 b
			不通孔	通孔	
压塑成型与传递成型	压塑粉	3	压塑成型时,$2d$ 传递成型时,$4d$	压塑成型时,$4d$ 传递成型时,$8d$	$1d$
	纤维塑料	3.5			
	碎布塑料	4			
注塑成型	尼龙	0.2	$4d$	$10d$	$2d$
	聚乙烯 软聚氯乙烯				$2.5d$
	有机玻璃	0.25	$3d$	$8d$	$2.5d$
	氯化聚醚 聚甲醛 聚苯醚	0.3			$2d$
	硬聚氯乙烯 改性聚苯乙烯	0.25 0.3			
	聚碳酸酯	0.35	$2d$		$2.5d$
	聚砜				$2d$

(2) 孔的成型方法　塑件上的通孔与盲孔，可用整体型芯或组合型芯成型。对于易弯曲的细长型芯，须附设支承柱。图 5-0-4 为常见孔设计及其成型方法，图 5-0-5 为复杂孔成型实例。

(3) 侧孔结构及其改进　成型有侧孔或侧凹的注射件，需在模具结构中设计侧向抽拔机构，如图 5-0-6 所示。这种结构使模具制造成本提高。如不影响使用，可对制品的结构进行修改，以避免侧向抽拔，如图 5-0-7 所示。该结构系在图 5-0-6 的制品基础上，将制品侧壁给出一定脱模斜度的结构。

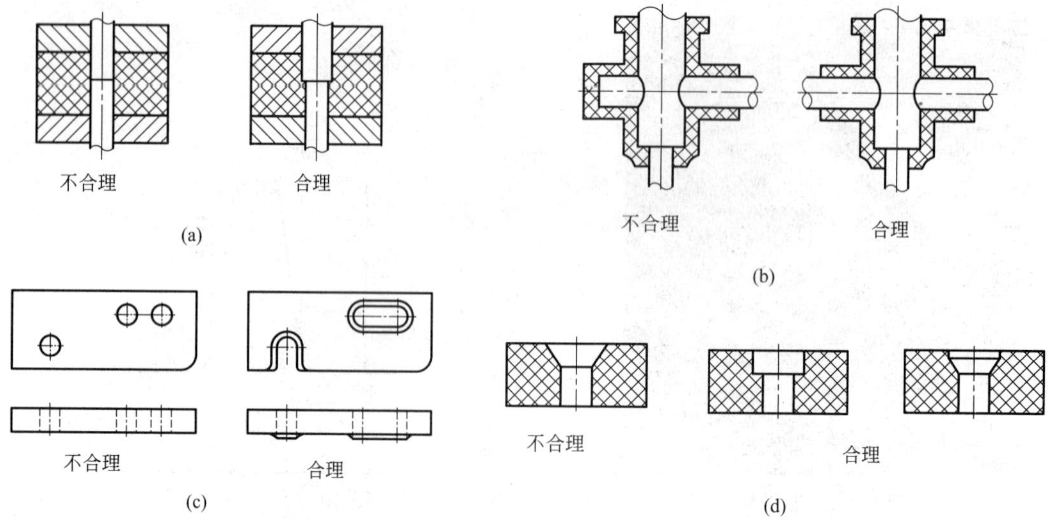

不合理 合理

(a)

不合理 合理

(b)

不合理 合理

(c)

不合理 合理

(d)

图 5-0-4 常见孔设计及其成型方法

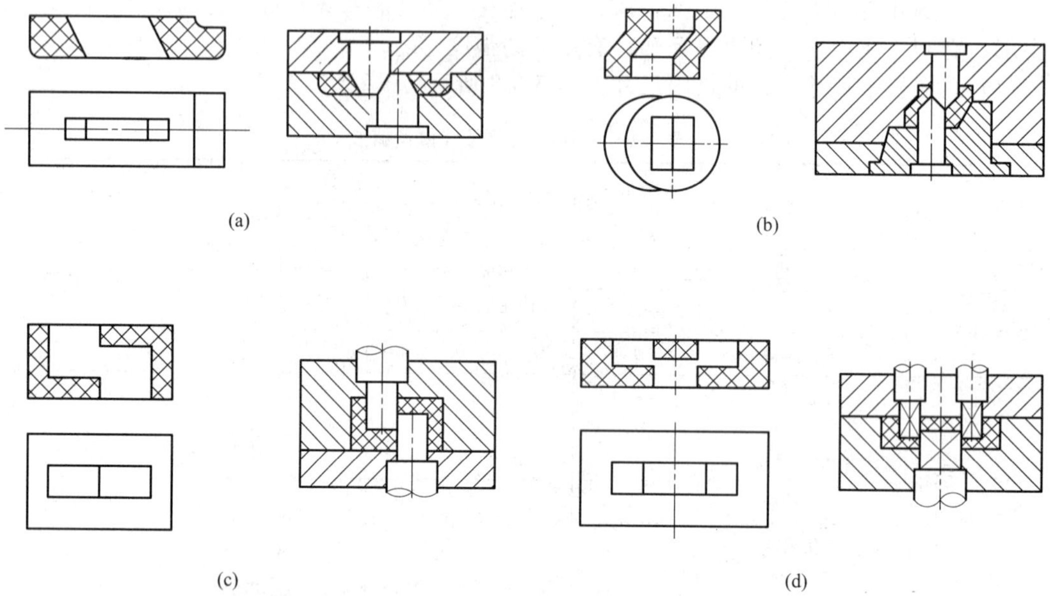

(a)

(b)

(c)

(d)

图 5-0-5 复杂孔成型实例

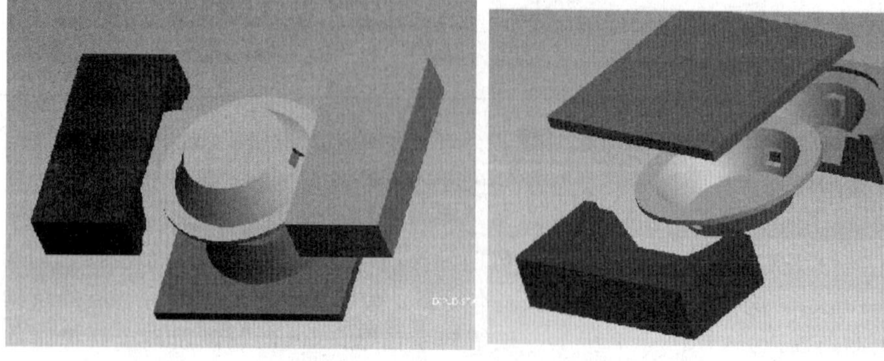

图 5-0-6 侧凹结构之一

随书盘中附有几个典型制品的侧凹结构的修改实例，请在随书盘/模块 5/阅读材料/图 5-0-7 中打开阅读。

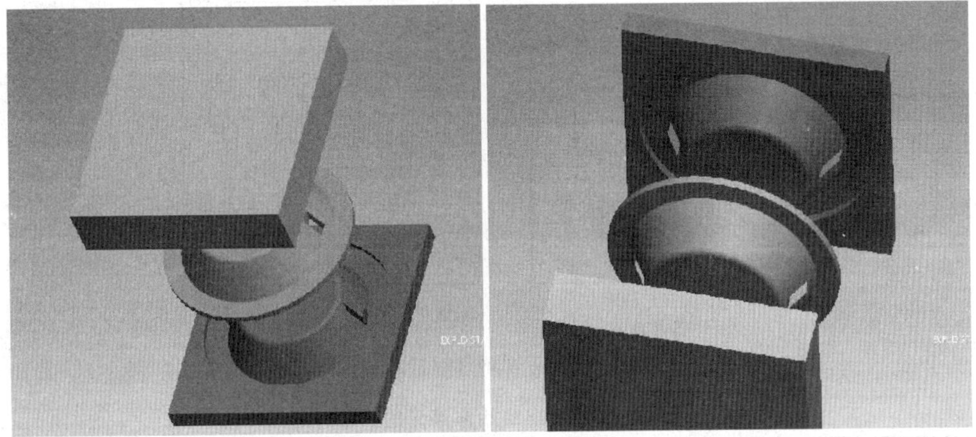

图 5-0-7　侧凹结构之二

七、螺纹

塑件螺纹加工方法如下：

（1）直接成型　采用螺纹型芯（成型内螺纹）和螺纹型环（成型外螺纹）成型，成型后使制件与型芯（环）间相对旋转脱出制品。对外螺纹也可采用哈夫模成型。对要求不高的软塑料成型的内螺纹，可强制脱螺纹。

（2）机械加工　对生产批量不大的塑件，采用后加工的方法加工螺纹。

（3）采用金属螺纹嵌件　该结构用于经常拆装、精度要求较高和受力较大的场合。

螺纹直径小于 6mm 者，不宜选用细牙螺纹。模塑螺纹精度，一般低于 IT8 级。

螺纹设计要点如下。

（1）塑料螺纹与金属螺纹的配合长度，不应大于螺纹直径的 1.5 倍。

（2）外螺纹与内螺纹塑件应分别设计成图 5-0-8（a）、（b）所示的结构，以便于装配并提高螺牙强度。L 值按表 5-0-8 选取。

（3）同一塑件上前后两段螺纹，应尽可能使其螺距相等、旋向相同，以便脱模。否则模具结构复杂，须采用两次脱模装置，如图 5-0-9 所示。

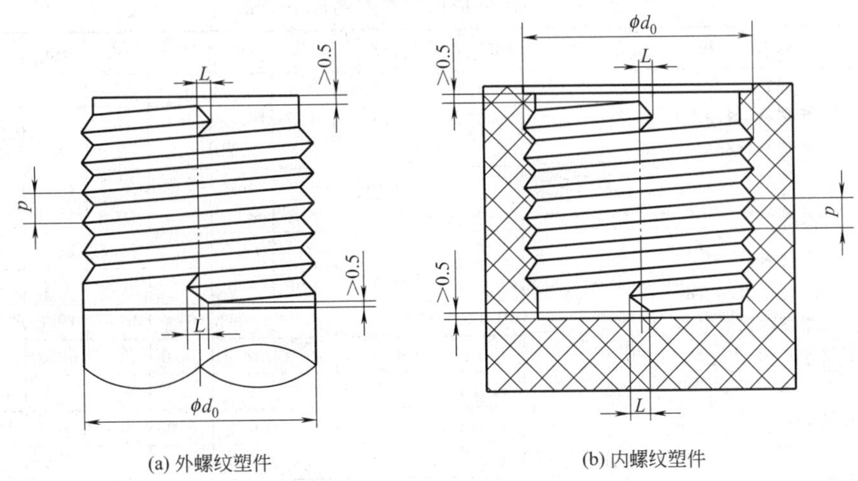

图 5-0-8　内外螺纹塑件的结构

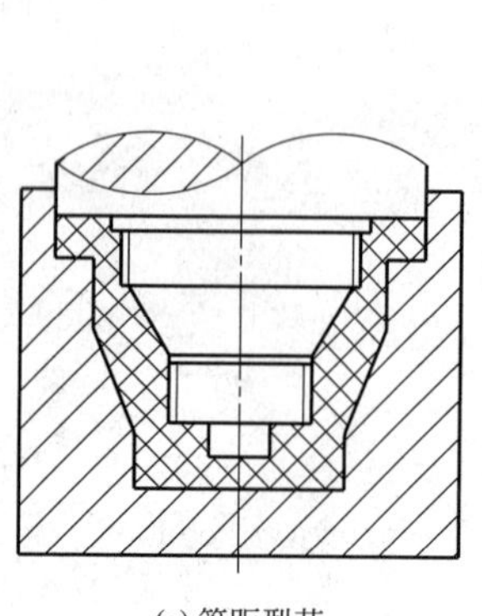

(a) 等距型芯

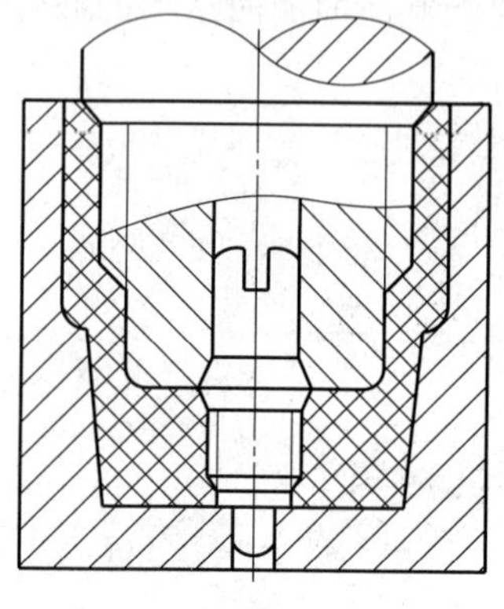

(b) 不等距型芯

图 5-0-9 同轴螺纹的结构

表 5-0-8 螺纹始末部分的尺寸 mm

螺纹直径 d_0	螺距 P		
	<1	>1～2	>2
	L		
≤10	2	3	4
>10～20	3	4	6
>20～34	4	6	8
>34～52	6	8	10
>52	8	10	12

八、嵌件

在塑件成型过程中，直接将金属或非金属零件嵌入塑件中，构成不可拆卸的整体，这些被嵌入的零件称为嵌件。嵌件也可用后加工的方法装入塑件中。嵌件材料一般为金属、陶瓷、玻璃、塑料、木材等，使用最多的为各种功能性的嵌件。

嵌件的作用是：提高塑件力学性能和磨损寿命；起导电、导磁作用；提高制件的尺寸稳定性和尺寸精度；起紧固、连接作用。

（1）嵌件周围覆盖的塑料层　嵌件周围覆盖的塑料层，有其最低要求，以防止冷却过程中收缩破裂。嵌件周围塑料层厚度的推荐值如表 5-0-9 所示。

表 5-0-9 嵌件周围塑料层的最小壁厚 mm

嵌件直径		3.2	6.4	9.5	13	19.0	25	32	38	44	51
热固性塑料	酚醛塑料(一般)	2.4	4.0	4.8	5.6	8.0	8.7	9.6	10.3	11.0	12.0
	酚醛塑料(耐冲击)	1.6	3.2	3.6	4.8	6.4	7.1	7.9	8.7	9.5	10.3
	酚醛塑料(耐热)	3.2	4.8	5.6	6.4	8.7	9.5	10.3	11.1	11.9	12.7
	尿素塑料	2.4	4.0	4.8	5.6	8.0	8.7	9.5	10.3	11.1	12.0
	三聚氰酰胺	3.2	4.8	5.6	8.0	8.7	9.5	10.3	11.1	12.0	12.7
热塑性塑料	醋酸纤维素	3.2	6.4	9.5	12.7	19.0	25.4	31.8	38.0	44.5	51.0
	乙基纤维素	1.6	2.4	3.2	4.0	4.8	5.6	6.4	7.1	8.0	8.7
	聚甲基丙烯酸甲酯	2.4	3.2	4.8	4.8	5.6	6.4	16.0	19.0	22.2	25.4
	聚苯乙烯	4.8	9.5	14.3	19.0	28.6	38.0	47.6	57.2	66.7	76.2
	聚乙烯	1.6	2.4	3.2	4.0	4.8	5.6	6.4	7.1	8.0	8.7
	尼龙 6	2.4	3.2	4.0	5.6	6.4	8.0	8.7	10.3	11.1	12.0
	尼龙 66	1.6	2.4	3.2	4.0	4.8	5.6	6.4	7.1	8.0	8.7
	氯化醋酸乙烯	2.4	3.2	4.8	6.4	9.5	12.7	16.0	19.0	22.2	25.4

（2）常见嵌件的形式　常见嵌件的形式如图 5-0-10 所示。(a) 图所示为柱状嵌件；(b) 图所示为管状嵌件；(c) 图所示为板片形嵌件；(d) 图所示为细杆形嵌件；(e) 图所示为其他异形结构嵌件；(f) 图所示为塑料嵌件。

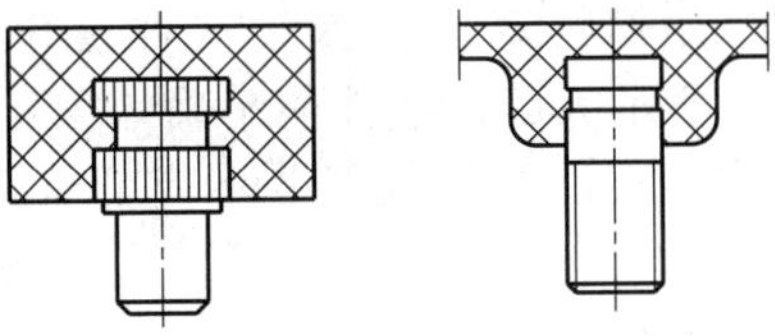

(a) 柱形

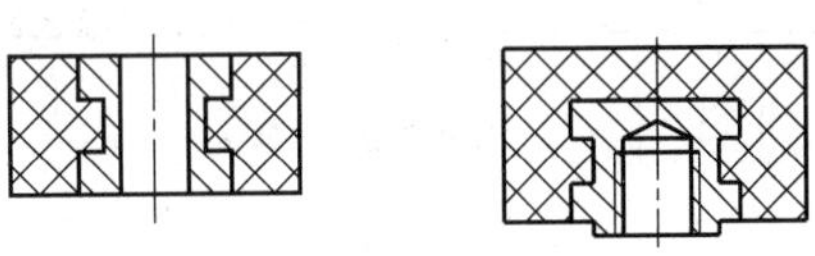

(b) 管形

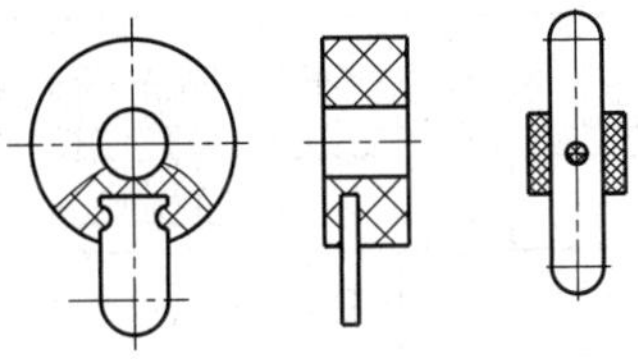

(c) 板片形

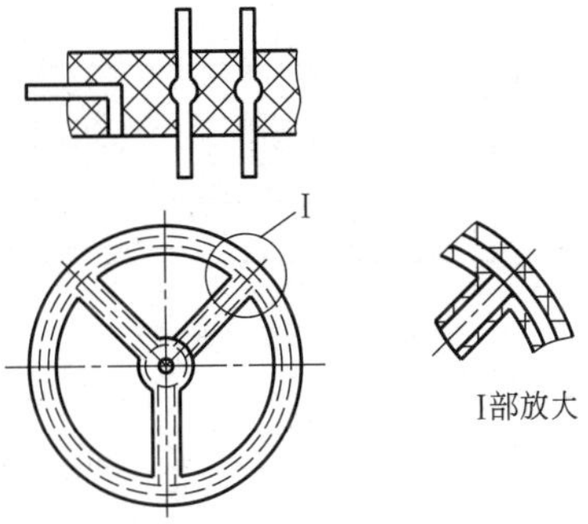

I

I部放大

(d) 细杆形

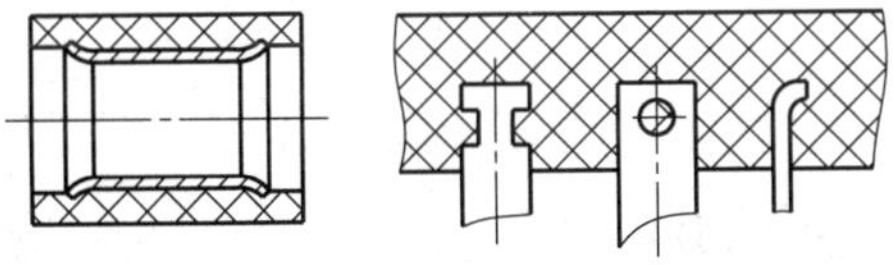

黑色ABS

(e) 其他形

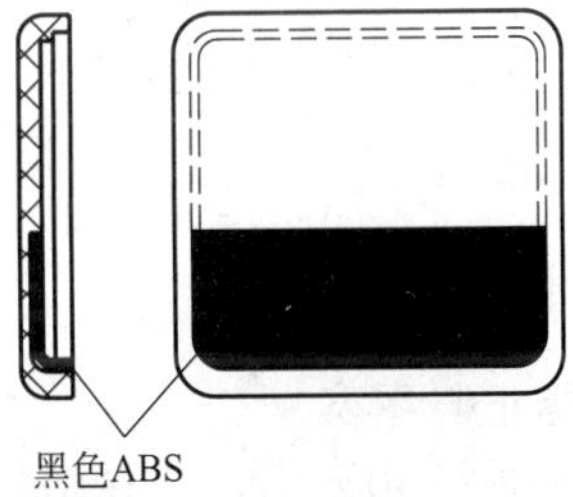

(f) 塑料嵌件

图 5-0-10　常见嵌件的形式

（3）嵌件的嵌合　小型圆柱形嵌件可采用开槽或滚花结构，滚花槽深 1～2mm。小型嵌件受力很小时，可采用菱形滚花，而不需开槽，其结构如图 5-0-11（a）所示。对板片状嵌件，可采用图 5-0-11（b）所示的嵌合方法。圆杆形嵌件，可将其中间压扁起嵌合作用，如图 5-0-11（c）所示。

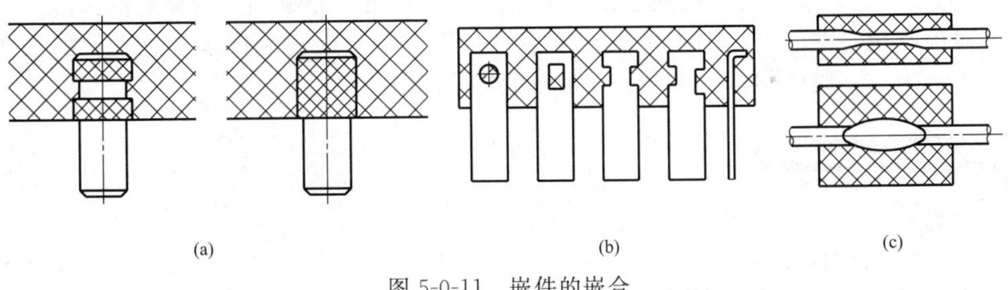

(a)　(b)　(c)

图 5-0-11　嵌件的嵌合

（4）嵌件的固定　图 5-0-12（a）所示为内螺纹嵌件。图 5-0-12（b）所示结构，成型时如果直接将螺纹嵌件套在光杆上进行固定，须在嵌件端面上加盖一帽形零件。嵌件固定应有

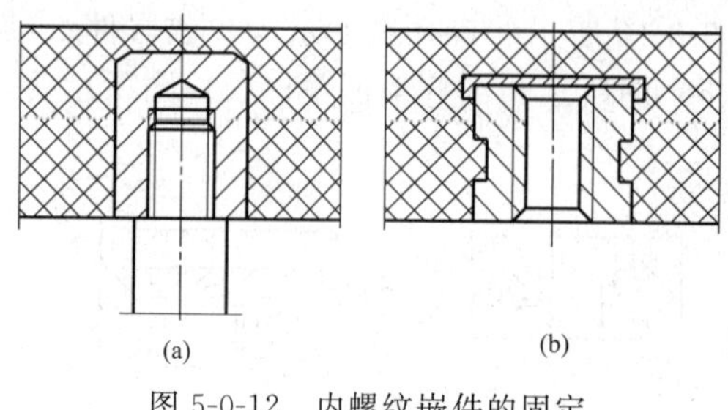

图 5-0-12　内螺纹嵌件的固定

利于模塑充模流动，如图 5-0-13 所示，图（a）为模具上有 1.5～2.0mm 的凸环，有利于嵌件在模具中的固定；图（b）是将嵌件突出塑件外，用模具定位孔保证嵌件定位的结构；图（c）所示为确保嵌件能精确地固定于模腔中的结构，嵌件的定位部分不应低于 IT8 级精度；图（d）为外形呈六角形或其他形状的嵌件，须将其定位部分设计成圆形，以利于模具制造；对细长杆状嵌件，须用销轴支承，以防止料流冲弯嵌件，如图 5-0-13（e）所示。

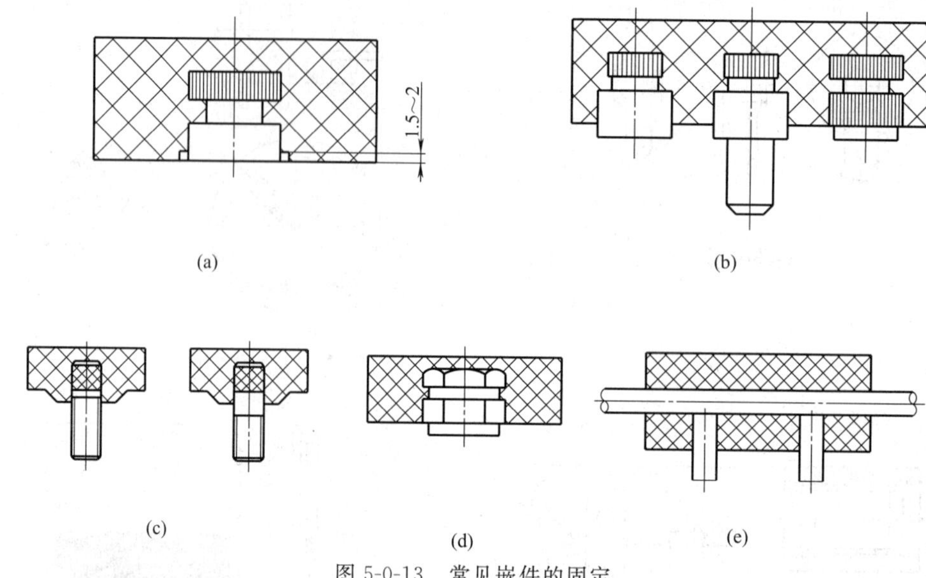

图 5-0-13　常见嵌件的固定

九、标记与图案

因装潢或使用要求，需在塑件上设计文字、符号等标记。为了改善塑件的表面质量，增加塑件的外形美观，常对塑件表面加以装饰，在塑件表面上设计凹槽纹、皮革纹、橘皮纹、木纹等装饰图案。

塑件图案花纹设计应遵循如下原则。

① 花纹不得影响脱模，花纹应顺着脱模方向，且沿脱模方向应有斜度。花纹条纹高度不小于 0.3～0.5mm，高度不超过其宽度。

② 平面上的花纹，可以是平行的直线花纹，也可以是网状花纹。网状花纹条纹线的夹角为 60°～90°，夹角太小会在制品表面上形成凸起的尖角，影响塑件及模具的强度。

③ 对用照相腐蚀的方法加工模具，在塑料制件的侧壁上得到的装饰性花纹，如果其深度不大于 0.1mm，脱模斜度 $\alpha>4°$时，制品可强制脱模。

学习活动（5）

实操：

塑料制品结构设计：

1. 在 AutoCAD 中绘制制品的二维结构 .dwg 文档，在 Pro/E 中制作制品三维 .prt 文档。
2. 在 Moldflow 中做制品流动分析（选做）。
3. 制作制品结构工艺性分析 PPT 文档，在班级交流展示。

5.0.3 总结与提高

一、总结与评价

请对照本模块学习目标及工作任务的要求，小组成员间互相检查塑料漱口杯设计的工作任务完成情况，互相检查二维结构.dwg文档、制品三维.prt文档、制品流动分析文档、制品结构工艺性分析PPT文档。用文字简要进行自我评价，并对小组中其他成员的任务完成情况加以评价。你和小组其他成员，哪些方面完成得较好，还存在哪些问题？

二、知识与能力的拓展——气体辅助注射成型制品设计要点

气体辅助注射成型的工艺过程如下：首先将部分熔融的塑料注射到模具中，通常称此为“欠料注射”。紧接着再注入一定体积或一定压力的惰性气体（通常为氮气）到熔融塑料流中。由于靠近模具表面部分的塑料温度低、表面张力高，而处在制件壁厚中心部分的塑料熔融体的温度高、黏度低，致使气体易于在制件较厚的部位（如加强筋）形成空腔。而被气体所取代的熔融塑料被推向模具的末端，形成所需成型的制件。

气体辅助注射成型制品设计基本原则：根据制品的结构形状，气体辅助注射成型制品可分为以下几类：①棒类制品，类似把手之类的大壁厚制品；②板类制品，容易产生翘曲变形和局部熔体聚集的大面积制品；③特色制品，用传统注射技术难以成型的制品。

（1）棒类制品　气体辅助注射成型在棒类制品中显示明显的优势。一般采用中空注射气体辅助工艺，气体穿透整个制品的壁厚部位形成气道。制品设计即为气道设计。①气体在气道中穿透形成的中空部分接近圆形，设计的制品截面形状接近圆形可避免制品壁厚不均匀，因此制品截面最好接近圆形。制品结构应尽量避免尖角，而应采用大圆角过渡。②采用矩形截面时，制品截面长短边之比应小于3～5。③制品长度应大于制品截面短边的5倍。④气道截面变化应平缓过渡，以免引起收缩不均。⑤气道入口不应设置在外观面或承受机械外力部位。

（2）板类制品　板类制品常将加强筋等壁厚较厚部位作为气道，常设在制品边缘或壁的转角部位。①制品设计中应避免又细又密的加强筋；②平板部分的壁厚应小于4mm。板类制品的其他设计要点及特色制品的设计要点此处不再赘述。

思 考 题

1. 请在日常生活用品中选一塑料注射件，如塑料水桶、塑料茶杯、手机塑料外壳等。针对选定的制品，回答以下问题：

① 制品用的什么塑料材料？

② 制品各部位的壁厚是多少？

③ 制品沿脱模方向有没有斜度？

④ 制品的转角处有没有圆角？

⑤ 制品结构中有没有加强筋？

⑥ 请构思模具型腔的结构。

2. 请阅读随书盘/模块5/阅读材料/图5-0-2中的制品结构，该制品的球面结构上开有几个不规则的孔，这些孔有何作用？

模块六　模具材料选用

【模块描述】

模具总装配图、各零件图绘制完成后，设计者要征得用户意见，确定模具各零件的制模材料，填写模具零件清单，作为购置制模材料的依据。本模块提供注射模生产文档，供选择模具材料。

学习目标

知识目标

1. 了解塑料模具的工作条件、失效形式及使用要求，能描述模具零件的使用环境；
2. 熟悉常用的塑料模具材料种类及其性能。

能力目标

1. 能根据制品的生产批量、制品成本要求、制品表面质量要求等选择模具组成零件材料，填写模具组成零件材料选用表；
2. 能选择挤出模的制模材料；
3. 能查阅模具材料的市场价格。

素质目标

1. 具有团队合作与沟通能力；
2. 具备自主学习、分析问题的能力；
3. 具有安全生产意识、质量与成本意识、规范的操作习惯；
4. 环境保护意识；
5. 具有创新意识。

设备与材料准备：生产用注射模具装配图及模具零件材料选用表；每个学习者备一台安装有 AutoCAD2004 及以上版本的计算机。

6.0.1　工作任务

填写模具材料表单。

如图 6-0-1 所示为手机翻盖制品模具装配简图。随书盘/模块 6/阅读材料/图 6-0-1 文档附有该模具生产用 2D 装配图、3D 文档及模具流动分析 ppt 文档。表 6-0-1 为该制品模具设计规格表，其中有该制品及模具的有关信息。

① 读模具装配图，将模具零件进行编号；

② 根据制品的生产批量、制品成本要求、制品表面质量要求等，填写表 6-0-2 模具零件材料选用表。

6.0.2　基本知识与技能

塑料模具的结构较复杂。组成模具的零件的作用不同，材料要求也各不相同。选取制模材料时应综合考虑制品采用的塑料材料、制品的使用要求、制品的生产批量、模具的加工要求、模具成本。

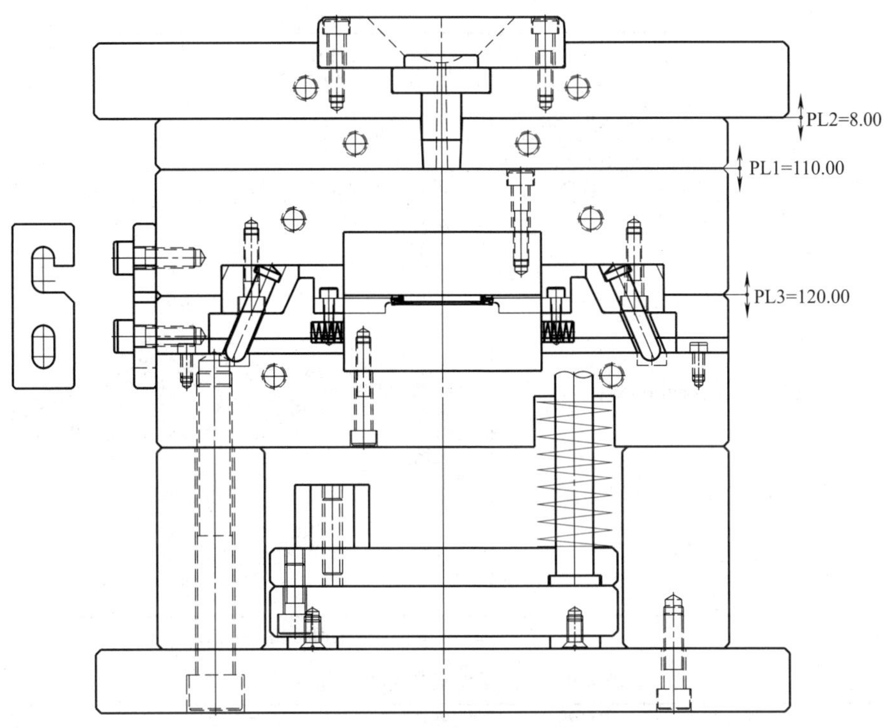

图 6-0-1　手机翻盖制品模具装配简图

表 6-0-1　××××有限公司模具设计规格表

模具编号：×××

<table>
<tr><td>用户名称</td><td>×××</td><td>制品名称</td><td>手机滑盖面板</td><td>制品生产件数</td><td>10 万</td><td>日期</td><td></td></tr>
<tr><td rowspan="4">产品基本资料</td><td>模腔数</td><td colspan="2">1</td><td colspan="2">表面处理</td><td colspan="2">咬花________,镜面，一般</td></tr>
<tr><td>树脂名</td><td colspan="2">PC1414</td><td colspan="2">雕刻处理</td><td colspan="2">有(制品是凸、凹) ， 无✓</td></tr>
<tr><td>收缩率</td><td colspan="2">1.005</td><td colspan="2" rowspan="2">Undercut</td><td colspan="2" rowspan="2">滑块:□有✓ □无
斜销:□有□无
其他________</td></tr>
<tr><td>制品最大尺寸</td><td colspan="2">84.12×41.24×3.10</td></tr>
<tr><td rowspan="3">基本构造</td><td>模具型式</td><td colspan="2">2 板,3 板✓,无浇道,
其他________</td><td colspan="2">顶出预先退回</td><td colspan="2">要✓ ， 不要✓</td></tr>
<tr><td>取出方式</td><td colspan="2">全自动(落下，取出✓)
半自动 ， 手动</td><td colspan="2">微动开关控制</td><td colspan="2">要✓ ， 不要</td></tr>
<tr><td>頂出导引</td><td colspan="2">要✓ ， 不要</td><td colspan="2">顶出方式</td><td colspan="2">圆形 EP✓，方形 EP，套筒，顶板，
顶出块，其他________</td></tr>
<tr><td rowspan="2">冷却关系</td><td>模　具
温度调整</td><td colspan="2">冷却✓,温调,电热棒(ϕ8)
其他________</td><td colspan="2">冷却装置</td><td colspan="2">静模侧(模板✓ ， 模仁)
动模侧(模板✓ ， 模仁)
滑块 (要 ， 不要✓)</td></tr>
<tr><td>冷却孔径</td><td colspan="6">ϕ6 ， ϕ8✓ ， ϕ10 ， Tank ， 其他</td></tr>
<tr><td rowspan="3">浇口流道</td><td>浇口形状</td><td colspan="2">侧式，潜伏式,针点✓，跨越式,直接，其他</td><td colspan="2">流道形状尺寸</td><td colspan="2">RUNNER T4.00</td></tr>
<tr><td>浇口数</td><td colspan="2">3</td><td colspan="2">竖浇道套筒</td><td colspan="2">要✓， 不要</td></tr>
<tr><td>浇口尺寸</td><td colspan="2">ϕ1.00</td><td colspan="2">竖浇道口径</td><td colspan="2">ϕ___3.20___角度___2°___</td></tr>
</table>

续表

<table>
<tr><td>用户名称</td><td>×××</td><td>制品名称</td><td>手机滑盖面板</td><td>制品生产件数</td><td>10万</td><td>日期</td><td></td></tr>
<tr><td rowspan="3">模仁材质</td><td>项目</td><td>材　质</td><td>项目</td><td colspan="4">材　质</td></tr>
<tr><td>静模侧模框\模仁</td><td>STAVAX</td><td>滑块模仁</td><td colspan="4">/</td></tr>
<tr><td>动模侧模框\模仁</td><td>STAVAX</td><td>斜销</td><td colspan="4">/</td></tr>
<tr><td rowspan="3">成形机规格</td><td>成形机式样</td><td>100TON</td><td>最大开模距离</td><td colspan="4">350(mm)</td></tr>
<tr><td>喷嘴接触深度(实际)</td><td>MAX　3.00(mm)</td><td>模厚最大/最小</td><td colspan="4">200～410(mm)</td></tr>
<tr><td>定位环尺寸</td><td>ϕ99.8 (mm)</td><td>型柱间隔</td><td colspan="4">H：410　V：410　(mm)</td></tr>
<tr><td colspan="3">注意事项(模具制作、射出成形)：

型腔成品位抛光至1500#</td><td colspan="5">部品简图：
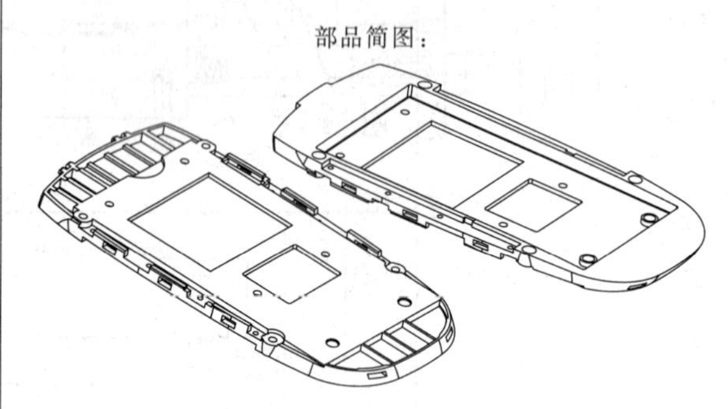</td></tr>
</table>

文件编号：　　　　制作日期：

表 6-0-2　模具组成零件材料选用表

零件编号	零件名称	零件规格	零件件数	零件材料	备注

一、塑料模的工作条件

对成型热固性塑料的模具而言，塑料材料中一般含有固体填充料，其工作温度为200～250℃，受力大、易磨损，易腐蚀。

成型热塑性塑料的模具，受热、受压、受磨损，部分塑料材料中含有无机填充料，有些材料在成型时放出腐蚀性气体。

二、塑料模的失效形式

塑料模的主要失效形式为磨损失效，也有可能产生塑性变形及断裂失效。

磨损主要表现为尺寸磨损超差、粗糙度值因拉毛而变大、表面质量变差。

塑性变形指模具因超载、持速受热、周期受压致使应力分布不均等原因，导致模具表面出现皱纹及凹陷、麻点、棱角塌陷。断裂失效主要发生在形状复杂、多棱角薄边、应力集中的模具中。

三、对塑料模材料的要求

(1) 对塑料模使用性能方面的要求为：①具有一定的强度以抵抗模具塑性变形及断裂。②具有一定的刚度以抵抗其弹性变形。③具有一定的硬度以保证其耐磨性。④具有一定的耐热性以保证模具在高温条件下的强度。⑤具有一定的耐腐蚀性以抵抗腐蚀介质的侵蚀。⑥具有一定的尺寸稳定性以保证制品的精度。

(2) 对塑料模加工性能的要求为：①具有良好的切削加工性，以保证模具零件的切削加工。②具有塑性加工性，以保证小型模具型腔的冷挤压加工。③具有电加工性，以保证模具零件的电火花、线切割加工。④具有良好的热处理性能，以保证零件的淬透性、淬硬性及较小的热处理变形。⑤具有表面镀层性能及表面雕刻性能、镜面加工性能，以保证成型零件表面的花纹雕刻、透明制品模具零件表面的镜面加工。⑥具有可焊接性能，以保证模具在修复时的补焊、堆焊加工。

四、常用塑料模具钢

1. 渗碳钢

常见钢种为：10、20、20Cr、12CrNi3A、18CrMnTi。这类钢有较高的表面硬度和中心部位的韧性。渗碳层厚为0.6～1.2mm。常用于制造厚度大于4mm的成型零件。

2. 氮化钢

常见钢种为：5CrMnMo、4Cr5MoVSi。这类钢经氮化后不需再作热处理，零件变形小，有较高的表面硬度。氮化层深度0.15～0.20mm。

3. 整体淬火钢

常见钢种为：T8A、Cr12Mo、4Cr5MoVSi、Cr12V1。这类钢有较高的硬度、较好的抛光性及电加工性。但有一定的变形及裂纹倾向。主要用于制造形状简单、尺寸不大的成型零件。

4. 耐蚀钢

常见钢种为：1Cr13、2Cr13、3Cr13、4Cr13、9Cr18、Cr18MoV、Cr14Mo、Cr14Mo4V、1Cr7Ni2。这类钢用于制造成型时塑料放出腐蚀性气体的模具。

5. 调质钢

常见钢种为：45、40Cr、5CrMnMo、4CrMnVSi、4Cr5MoVSi。这类钢用于制造塑料制品批量较小的模具。

五、模具材料的选用

对型腔模而言，模具零件的材料选择原则如下。

(1) 模板类零件　此类零件包括动、定模座板，动、定模板，上下顶出板，剥料板等。如无特殊要求，一般选用S55C等中碳钢；如有特殊要求，可选择P20等材料。

（2）无运动板类　此类零件指在模具开模合模过程中没有运动、没有特殊要求的零件。包括定位环，压板等，一般选择 S55C 等中碳钢。

（3）有运动类　此类零件指在模具开模合模过程中有相对运动，磨损较大的零件。如推出机构零件推杆、推管、导向零件、拉杆、回程杆、斜导柱等。一般选择较硬的材料，如推杆零件常用 T10A、SKD61（真空处理 52±2 HRC）、SACM-1（调质处理 42HRC、氮化处理 HV900 以上）、KSA（热处理 60±2HRC）、SKH51（真空处理 60±2 HRC）；推管零件常选用 T10A、GCr15、FDAC（日）（氮化处理 900～1100HV、真空处理 52±2 HRC）。导向零件导柱、导套常用 T8A、T10A、20 钢、Cr2（GCr15）、SK2（日）、SUJ2（日）钢制造。三板模模架的拉杆材料选取与导柱、导套相似，如选用 SUJ2。回程杆常选用 T8A、SUJ2（日）等材料。回程杆常选用 T8A、SUJ2（日）等材料。斜导柱一般用 SUJ2。

（4）特殊类零件　此类零件指动、定模仁，滑块，斜顶等。动、定模仁通常使用 NAK80、S136 等材料；也可选用 SKD61。斜导柱一般使用 FDAC，表面氮化；滑座材料一般选用 P20，如为整体式小滑块，也可选择 FDAC。

根据成型零件的特征、制品所使用的塑料材料、制品的生产批量选取成型零件钢材选用如表 6-0-3 所示。其他零件的钢材选用参见表 6-0-4（每一零件仅给出了一种典型钢材）。表 6-0-5 为我国与主要工业国家钢号对照表。

表 6-0-3　成型零件钢材选用

模具成型零件特征	成型塑料	钢号	热处理及化学处理	HRC(HB、HV)	备注
注射成型模具的凸模和凹模(型芯及型腔)					
截面≤60mm²，简单外形	除 PVC 以外的所有热塑性塑料	T8A 20Cr	淬火＋回火 渗碳(0.8～1.2mm)＋淬火＋回火	46.5～51.5 51.5～56 (770HV)	用于小截面时，硬度取大值
中等复杂的、成型压力≥20MPa		20Cr，10 18CrMnTi、12CrNi3A 40Cr	渗碳(0.8～1.2mm)＋淬火＋回火	46.5～53 51.5～56 46.5～51.5	
形状复杂、深槽、窄条、厚度差明显、高精度		12CrNi3A 18CrMNTi 25Cr2Ni4MoA 5CrMnMo 4CrMoVSi 4Cr5MnVSi	渗碳(0.8～1.2mm)＋淬火＋回火 调质＋氮化(0.15～0.2)	46.5～53 30～34(芯部) (900HV)	小批量生产时，不作氮化处理
中型和大型尺寸		12CrNi3A 18CrMnTi 5CrMnMo 4CrMoVSi 4Cr5MoVSi	渗碳(0.8～1.2mm)＋淬火＋回火 调质＋氮化(0.15～0.2)	46.5～53 30～34(芯部)(900HV)	
大尺寸、形状复杂、强磨损、高应力。	含玻璃纤维填料、矿物填料的热塑性塑料	Cr12V1 Cr12Mo	淬火＋回火 淬火＋回火	61～62 61～62	
形状简单		45 40Cr	调质	192～240HB 240～280HB	小批量生产条件下适用

续表

模具成型零件特征	成型塑料	钢号	热处理及化学处理	HRC(HB、HV)	备注
注射成型模具的凸模和凹模(型芯及型腔)					
在腐蚀介质作用条件下工作	PVC	2Cr13 4Cr213 1Cr13	淬火+回火	41.5～43.5 51.5～55 36.5～39.5	
有浇口分流道的零件	酚醛塑料	Cr12Mo	淬火+回火	>61	
推出件、镶件					
尺寸≤3mm	各种塑料	45、T8A、65Mn、9Cr18	淬火+回火	43.5～49.5	
尺寸>3mm		T8A、45、9Cr18		49.5～53	

表 6-0-4　其他零件的钢材选用

零件名称	材料	硬度(HRC)	零件名称	材料	硬度(HRC)	零件名称	材料	硬度(HRC)
定模座板(T)	S55C S50C	170～220HB	流道衬套	S45C SKD11 SKD61	56±2HRC 52±2HRC	斜导柱	SUJ2	60±2HRC
脱料板(R)			导柱辅助器、	YK30	58～60HRC	滑座	SK3	45～48HRC
定模板(A)			立式0°定位块	SK3	48～50HRC	导滑压板	SKD61	52±2HRC
动模板(B)			圆形定位器	SK3	60±2HRC	耐模板	SK3	45～48HRC
支撑板(U)			水口拉料销	SK2	58±2HRC	锁紧块	SKD61	52±2HRC
间隔板(C)			推管	FDAC	52±2HRC	斜顶	SKD61	52±2HRC
上顶针板(E)			推杆	SKD61	52±2HRC	弯销	SK3	45～48HRC
下顶针板(F)				SKH51	60±2HRC	定位圈	S45C	
动模座板(L)				SACM-1	42HRC	小拉杆	SCM435	38～44HRC
导柱(GP)	SUJ2 SK2	60±2 HRC	支撑柱	S45C				
导套(GB)			回程杆	SUJ2	60±2HRC			

表 6-0-5　我国与主要工业国家钢号对照表

序号	中　国(GB)	美　国(AISI)	俄罗斯(ГОСТ)	日本(JIS)	德国(DIN)	英国(BS)	法国(NF)
1	T7	W1 和 W2	y7	SK6	C70W2	—	Y3 65
2	T8	W1 和 W2	y8	SK6	C80W2	—	Y2 75
3	T9	W1 和 W2	y9	SK5	C90W2	BW1A	Y2 90
4	T10	W1 和 W2	y10	SK4	C105W2	BW1B	Y2 105
5	T11	W1 和 W2	y11	SK3	C110W2	BW1B	Y2 105
6	T12	W1	y12	SK2	C125W2	BW1C	Y2 120
7	9Mn2V	O2	9Г2Ф	SKT6	9MnV8	B02	90MV8
8	CrWMn	O7	ХВГ	SKS31	105WCr6	—	—
9	MnCrWV	O1	—	SKS3	100MnCrW4	B01	—
10	9SiCr	—	9ХС	—	90CrSi5	C4(ESC)	—

续表

序号	中国 (GB)	美国 (AISI)	俄罗斯 (ГОСТ)	日本 (JIS)	德国 (DIN)	英国 (BS)	法国 (NF)
11	Cr2(GCr15)	E52100	X(ⅢX15)	SUJ2	100Cr6	534A99	100C5
12	Cr6WV	A2	X6BΦ	SKD12	X100CrMnV	BA2	Z100CDV5
13	Cr12	D3	X12	SKD1	X210Cr12	BD3	Z200C12
14	Cr12MoV	D2	X12M	SKD11	X165CrMoV12	BD2	Z160CDV12
15	W18Cr4V	T1	P18	SKH2	S18-0-1	BT1	Z80WCV18-04-01
16	W6Mo5Cr4V2	M2	P6M5	SKH51	S6-5-2	BM2	Z85WDCV06-05-04-02
17	6W6Mo5Cr4V	H42	—	—	—	—	—
18	9Cr18	440C	95X18	SUS440C	—	—	Z100CD17
19	9Cr18MoV	440B	—	SUS440B	X90CrMoV18	—	—
20	Cr14Mo	～416	X14M	—	—	En56AM	F1S
21	Cr14Mo4	—	X14M4	—	—	—	—
22	1Cr18Ni9Ti	322	12X18H10T	SUS29	X10CrNiTi 18.9	321S20	Z10CNT18.11
23	5CrNiMo	6F2	5XHM	≈SKT4	55NiCrMoV6	PMLB/1 (ESC)	55NCDV7
24	5CrMnMo	6G	5XrM	SKT5	≈40CrMnMo7	—	—
25	4Cr5MoVSi	H11	4X5MΦC	SKD6	X38CrMoV51	BH11	Z38CDV8
26	4Cr5MoV1Si	H13	4X5MΦ1C	SKD61	X40CrMoV51	BH13	—
27	4Cr5W2VSi		4X5B2ΦC	SKD62	X37CrMnV51	BH12	Z38CDWV5
28	3Cr2W8V	H21	3X2B8Φ	SKD5	X30WCrV93	BH21A	Z30WCV9
29	4Cr3Mo3W2V	H10	—	—	X32CrMoV33	BH10	320CV28
30	4Cr14Ni14W2Mo	EV9(SAE)	4X14H14B2M	SUH31	—	En54	Z45CNWSo14
31	4CrMo	4140	—	SCM4	42CrMo4	708A42	42CD4
32	40CrNiMo	4340	40XH2MA	SNCM439	36NiCrMo4	815M40	35NCD6
33	40CrNi2Mo	4340	40XH2MA	SNCM439	36NiCrMo4	815M40	35NCD6
34	30CrMnSiNi2A	—	30XГCH2A	—	—	—	—
35	10	1010	10	S10C	C10	040A10	CC10
36	20	1020	20	S20C	C22	040A20	CC20
37	30	1030	30	S30C	—	060A30	C30
38	35	1035	35	S35C	C35	060A35	CC35
39	45	1045	45	S45C	C45	060A42	CC45
40	55	1055	55	S55C	C55	06057	CC55
41	12CrNi2	3215	12XH2	SNC415	14NiCr10	—	10NC11
42	12CrNi3	3415(SAE)	12XH3A	SNC815	14NiCr14	655A12	12NC12
43	12Cr2Ni4	E3810	12XH4A	SNC815	14NiCr18	659A15	12NC15
44	20Cr	5120	20X	SCr420	20Cr4	527A19	18C3
45	20Cr2Ni4A	3325(SAE)	20X2H4A	—	—	659M15	20NC14
46	40Cr	5140	40X	SCr440	41Cr4	530A40	42C4
47	3Cr2Mo	P20	—	—	—	—	—
48	4Cr3Mo3SiV	H10	—	—	—	—	—
49	4Cr13	—	40X13	SUS420J2	X40Cr13	En56D	Z40C14
50	1Cr17Ni2	431	14X17H2	SUS431	X22CrNi17	431S29	Z15CN16-2
51	65Mn	1566	65Г	—	—	080A67	—
52	50CrVA	6150	50XΦA	SUP10	50CrV4	735A50	5CV4
53	60Si2Mn	9260	60C2	SUP7	60SiMn5	250A58	60S7
54	50CrMn	—	50XГ	SUP9	55Cr3	—	—
55	60Si2Cr4A	9254	60C2X4	—	60SiCr7	—	60C7

学习活动（6）

实操：

填写模具材料表单。

1. 将模具零件进行编号。

2. 根据制品的生产批量、制品成本要求、制品表面质量要求等，填写模具零件材料选用表。

6.0.3　总结与提高

一、总结与评价

请对照本模块学习目标及工作任务的要求，小组成员间互相检查零件编号规则、模具零件材料选用表。用文字简要进行自我评价，并对小组中其他成员的任务完成情况加以评价。你和小组其他成员，哪些方面完成得较好，还存在哪些问题？

二、知识与能力的拓展——挤出模具材料选择

选择挤出模具组成零件材料，首先应熟悉挤出制品及物料特性，并应了解制品的生产批量。同一挤出模具的不同零件对材料的要求也不相同。挤出模具中与熔融塑料直接接触的零件要求材料具备以下性质：①耐热性；②耐磨性；③耐腐蚀性；④好的抛光性；⑤热处理变形小。挤出模具中联结零件及辅助零件对材料的基本要求为：①加工性能好；②耐热性好。

挤出管材、泡管膜模具的口模及芯模，建议选用 45、40Cr、38CrMoAlA、T8、5CrMnMo。

思　考　题

1. 塑料模具对材料的使用性能要求包括哪些方面？
2. 塑料模具对材料的加工性能要求包括哪些方面？
3. 如何按塑料制品批量选材？
4. 如何按加工方式选择塑料材料？
5. 如何按塑料模交货期限选材？
6. 如何按模具零件的使用要求选材？

参考文献

[1] 中国模协技术委员会专家组. 第七届国际模展模具水平综述. 模具工业，1998，(11)：3.
[2] 中国模协技术委员会模具评定评述专家组. 第八届国际模展模具水平评述. 模具工业，2002，(9)：3.
[3] 中国模协技术委员会模具评定评述专家组. 第九届中国国际模具技术和设备展览会模具技术评述. 模具工业，2002，(9)：3.
[4] 王都. 模具工业发展中的几个问题. 模具工业，2000，(2)：3.
[5] 李海梅，申长雨. 注射成型机模具设计. 北京：化学工业出版社，2002.
[6] 黄锐主编. 塑料工程手册. 北京：机械工业出版社，2000.
[7]《塑料模具技术手册》编委会. 塑料模具技术手册. 北京：机械工业出版社，2001.
[8] 王树森. 注射模具设计与制造实用技术. 广州：华南理工大学出版社，1993.
[9]《中国模具设计大典》编委会. 中国模具设计大典：第2卷. 南昌：江西科学技术出版社，2003.
[10] 宋玉恒. 塑料注射模具设计实用手册. 北京：航空工业出版社，1994.
[11] 朱光力，万金宝. 塑料模具设计. 北京：清华大学出版社，2003.
[12] 卜建新. 塑料模具设计. 北京：中国轻工业出版社，1999.
[13]《塑料模设计手册》编写组编. 塑料模设计手册. 北京：机械工业出版社，1994.
[14] GB 8846—1998 塑料成型模具术语.
[15] GB/T 12554—1990 塑料注射模技术条件.
[16] GB 4169.1～4169.11—1984 塑料注射模具零件.
[17] GB 4170—1984 塑料注射模具技术条件.
[18] H. 瑞斯著. 模具工程. 朱元吉等译. 北京：化学工业出版社，1999.
[19] 屈华昌. 塑料成型工艺与模具设计. 北京：高等教育出版社. 2001.
[20] 李学锋. 塑料模具设计及制造. 北京：机械工业出版社，2001.
[21] 中国模具工业协会. 模具行业“十一五”：规划. 模具工业，2005.(7)：3.
[22] 单岩，王蓓，王刚. Moldflow模具分析技术基础. 北京：清华大学出版社，2004.
[23] 唐志玉，徐配弦主编. 塑料制品设计师指南. 北京：国防工业出版社，1993.
[24] 唐志玉. 塑料模具设计师指南. 北京：国防工业出版社，1999.
[25] 冉新成. 塑料成型模具. 北京：化学工业出版社，2004.
[26] 冉新成. 塑料成型模具. 北京：化学工业出版社，2007.
[27] 冉新成. 塑料成型工艺与模具设计. 重庆：重庆大学出版社，2011.
[28] 冉新成. 塑料模具结构. 武汉：华中科技大学出版社，2008.
[29] 冉新成. 塑料成型模具. 北京：中国轻工业出版社，2009.
[30] 冉新成. 塑料模具. 北京：印刷工业出版社，2010.
[31] 冉新成. 塑料制品及模具设计学习领域课程整体设计研究. 职业教育研究，2012，(11) 1.
[32] 刘晓欢. 高等职业教育工学结合课程开发—学习领域课程方案选编. 天津：天津大学出版社，2011.

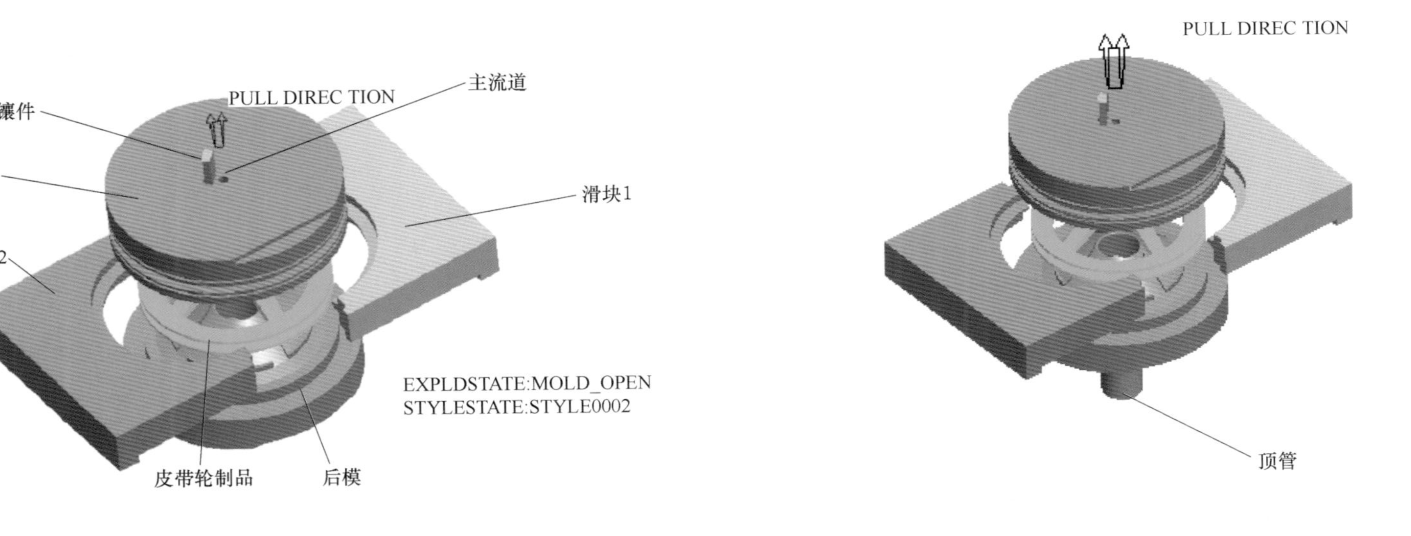

图 3-8-16　成型零件组合状态图

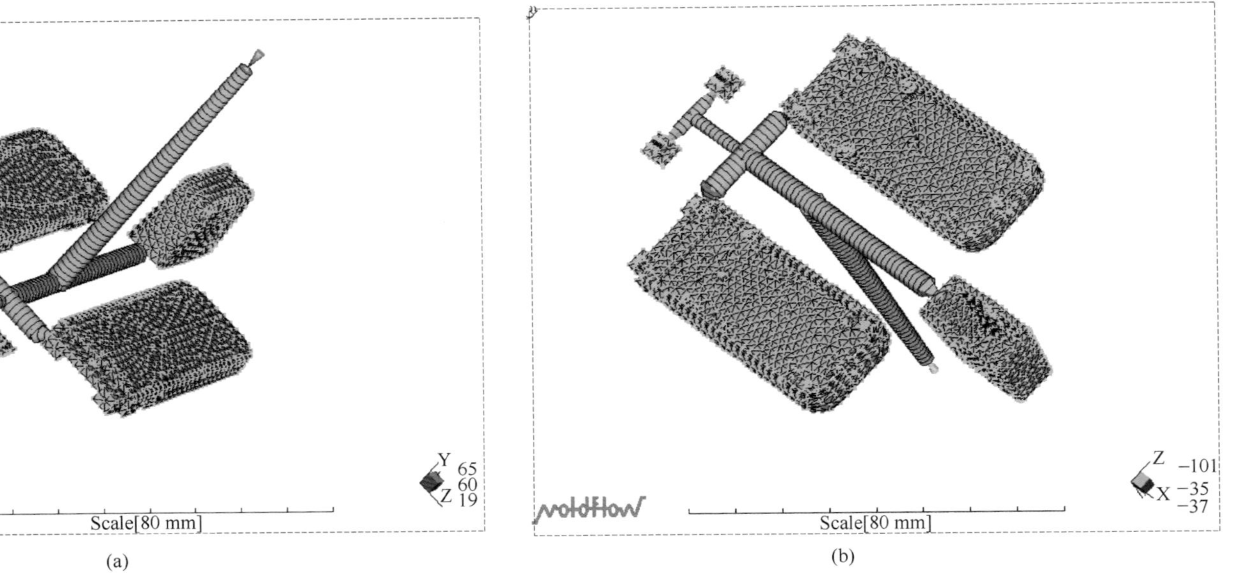

图 3-8-29　网格划分

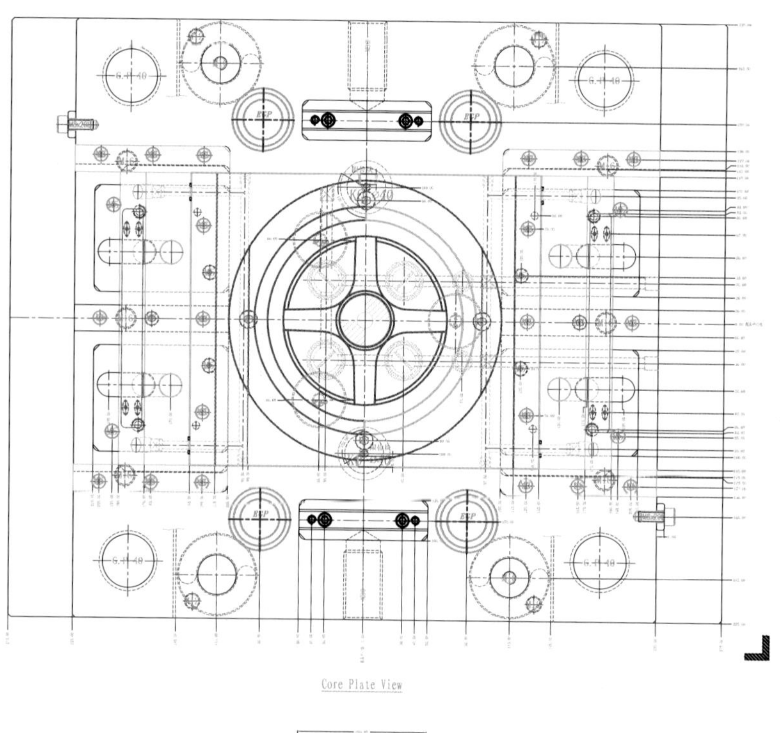

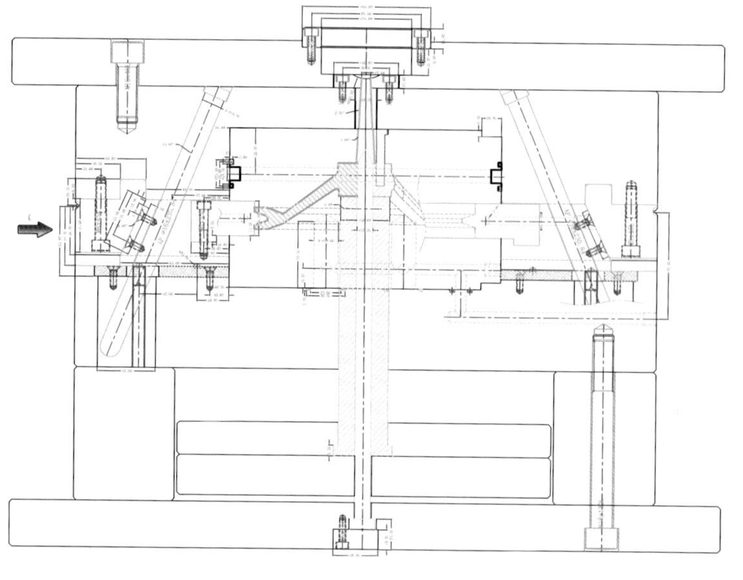

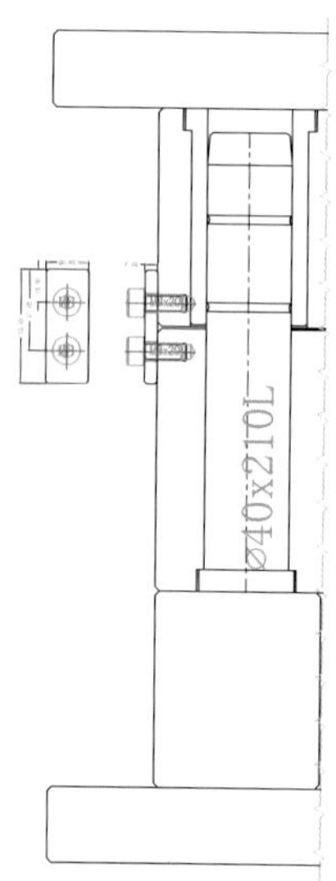

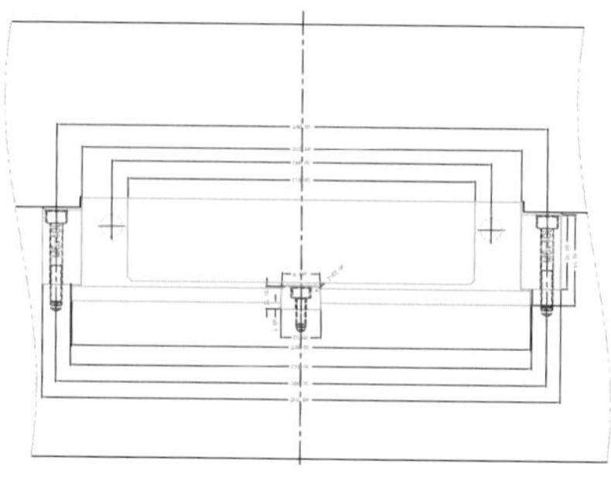

图 3-8-9

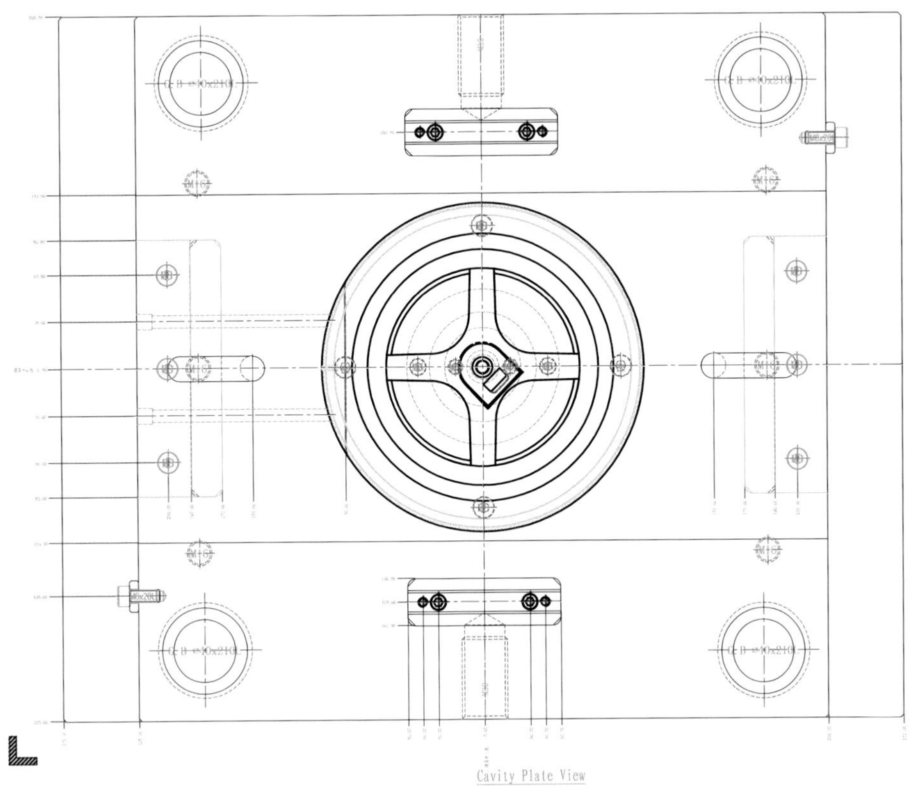

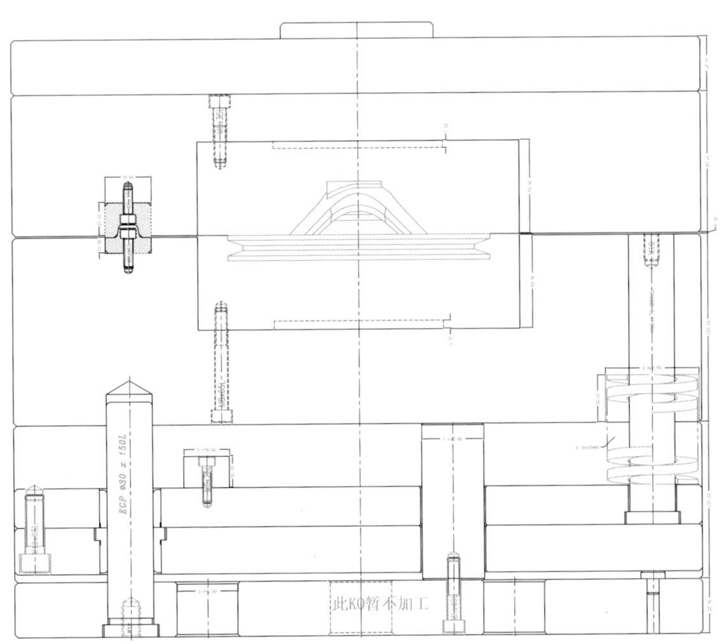

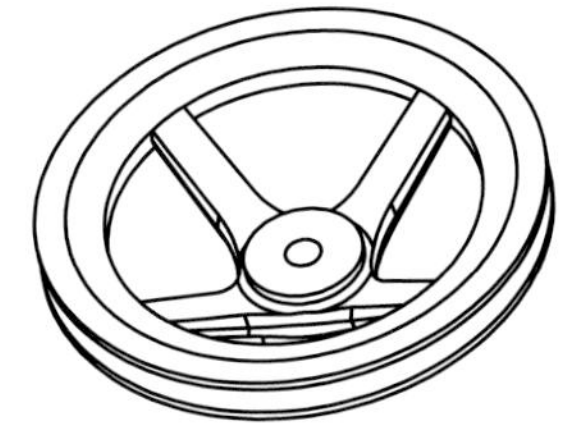

模具组立图

The simply production of the mold

Entity mold

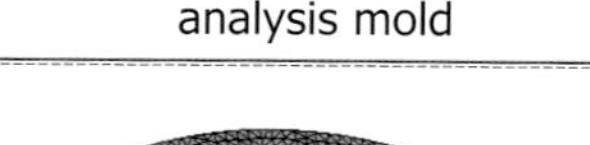

analysis mold

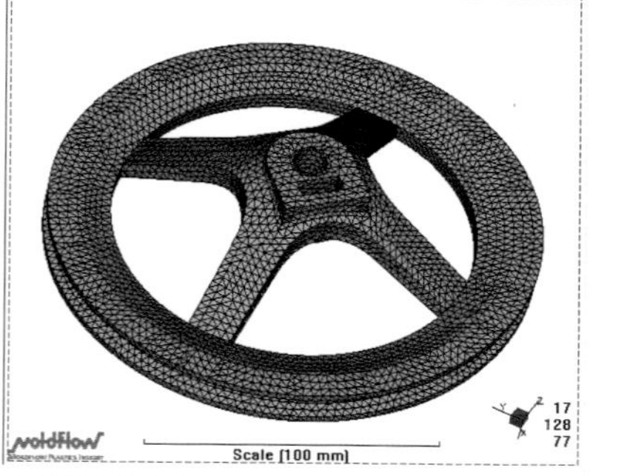

(a)

The thermoplastics production

ABS : GE Plastics (USA)

1. Melt density 0.97491 g/cu.cm
2. Solid density 1.1161 g/cu.cm
3. Ejection temperature 112 deg.C
4. Mold surface temperature 72 deg.C
5. Meld temperature 277 deg.C
6. Absolute maximum melt temperature 341 deg.C
7. Minimum meld temperature 274 deg.C
8. Maximum meld temperature 301 deg.C
9. Minimum mold temperature 60 deg.C
10. Maximum mold temperature 87 deg.C
11. Maximum shear rate 40000 1/s
12. Maximum shear stress 0.4 MPa

Plod viscosity

Viscosity [Pa-s]; Shear Rate [1/s]; T=274[C], T=283[C], T=292[C], T=301[C]

Plod PVT date

Specific Volume vs Temperature; Specific Volume [cm^3/g]; Temperature [C]; P=0[MPa], P=50[MPa], P=100[MPa], P=150[MPa], P=200[MPa]

(b)

Gate showing

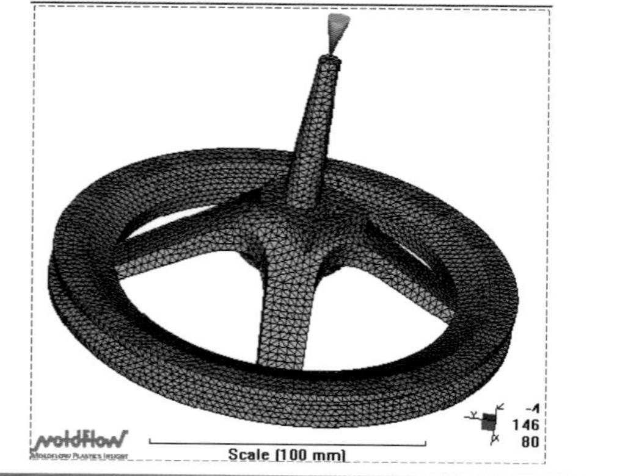

(c)

Cooling channel showing

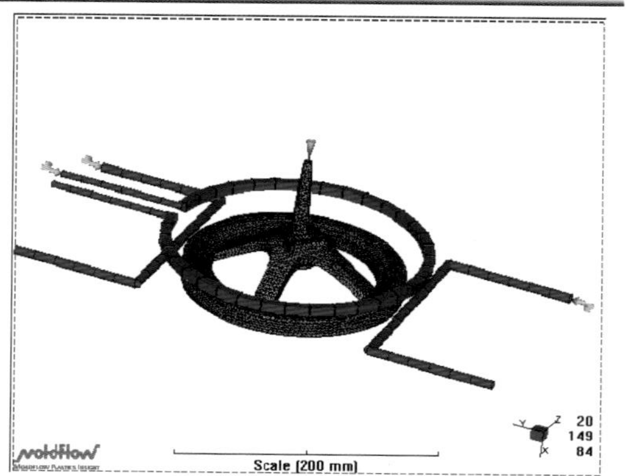

(d)

Basic molding condition

Fill condition :cool +flow

Mold temperature : **60** deg.C

Meld temperature : **250** deg.C

Mold open time : 2S

Injection +packing +cooling time : 20S

Filling control :automatic

Velocity /pressure switch-over :99%

Total volume 145.777cm^3

Total projected area 174.173 cm^2

(e)

Fill time

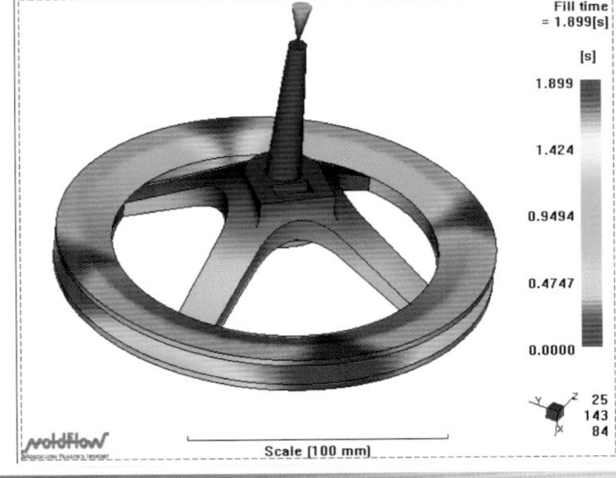

(f)

Flowing process

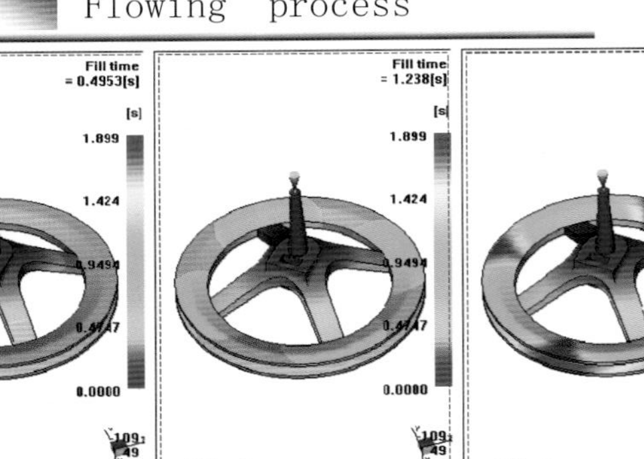

(g)

Temperature distributing at flow front

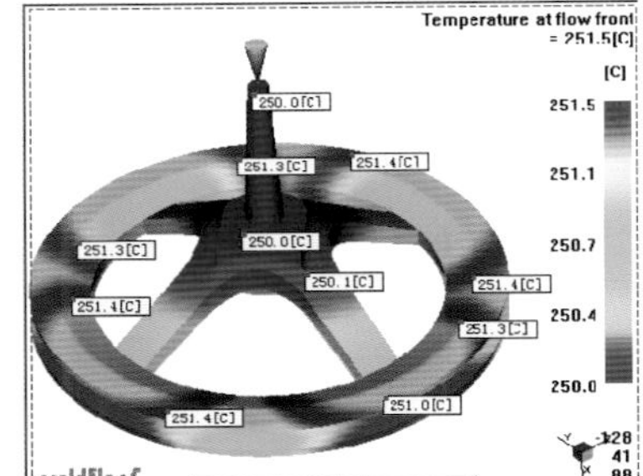

The temperature distributing at flow front is generally on uniformity. And the difference in the temperature is not so high that it can be beneficial to the quality of the production.

(h)

Air trip

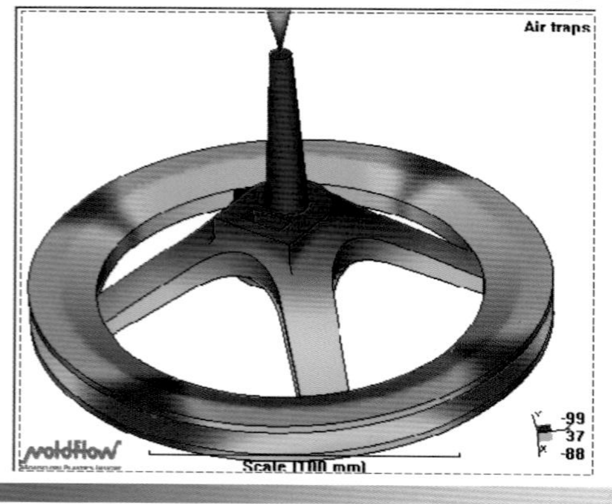

(i)

Weld line

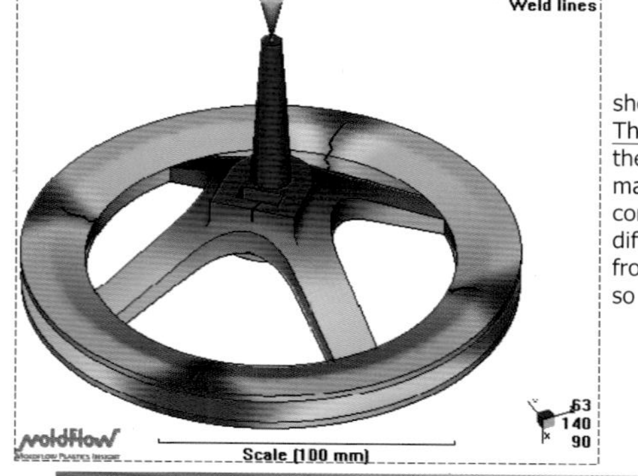

On the production the dark curve show us the place of the weld line. The weld line on the beam can affect the strength of the part. But we can make better by changing the filling condition. what more the difference in the temperature at flow front is so low, and the thickness is so thick .

(j)

Frozen layer fraction

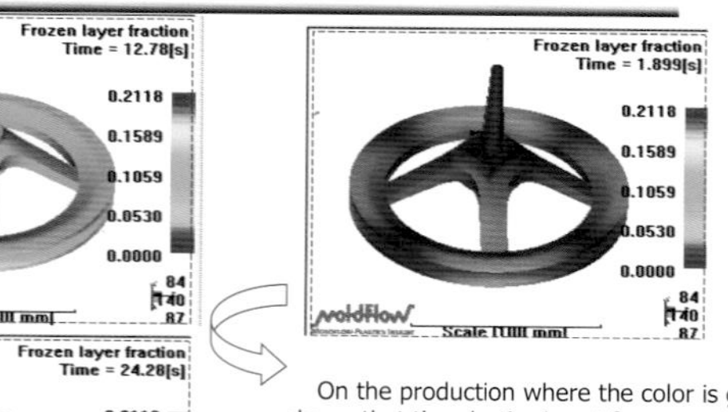

On the production where the color is green or blue shows that the plastics is not frozen ,and the color is red shows that the plastics is frozen 。From the left picture we can see most of the production is not frozen. But we can make better by optimizing the cooling condition ,the packing condition and the molding condition .

(k)

Pressure at injection and clamp force

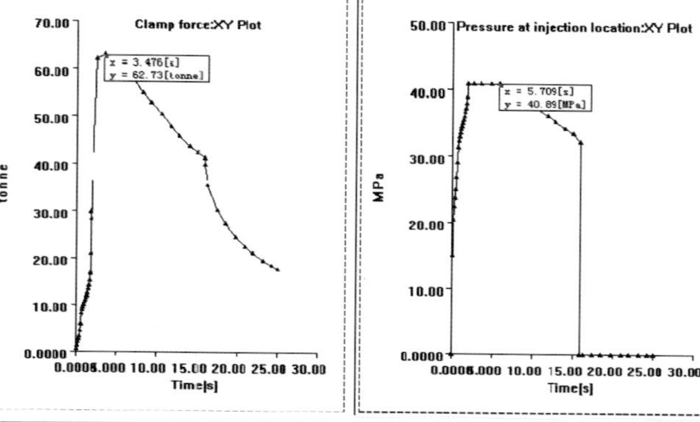

(l)

图 3-8-22　模流分析图

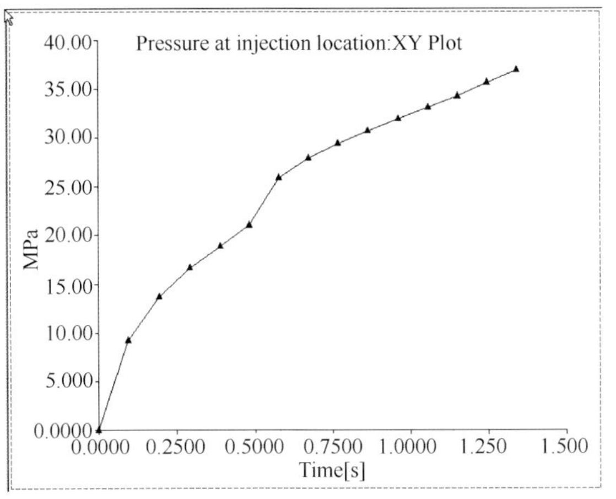

图 3-8-30 压力分布（时间）

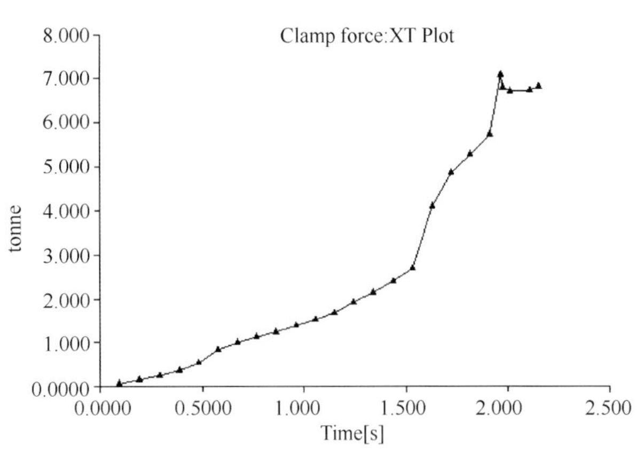

图 3-8-31 锁模力

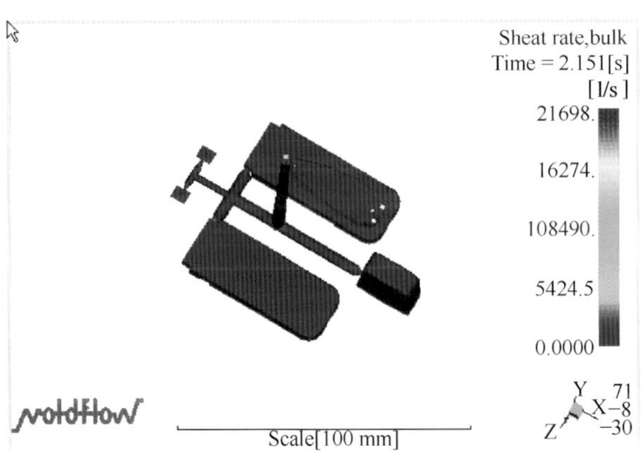

图 3-8-32 剪切速率

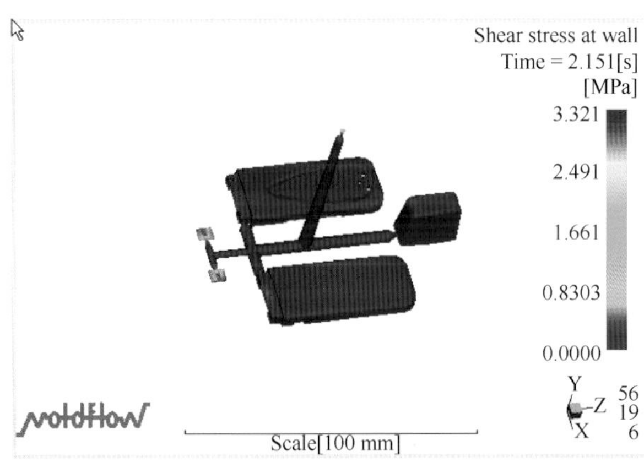

图 3-8-33 剪切应力

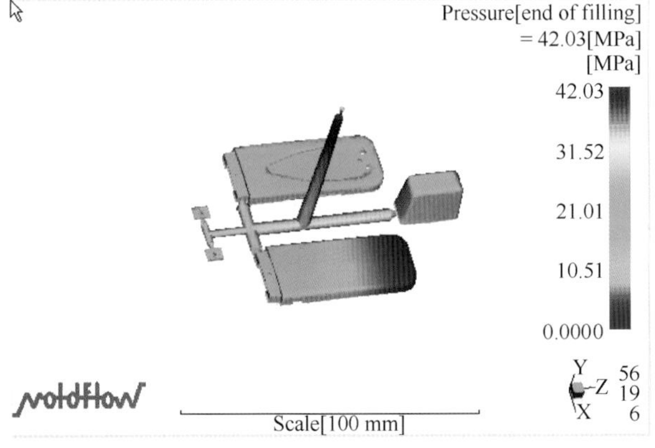

图 3-8-34 压力分布位置

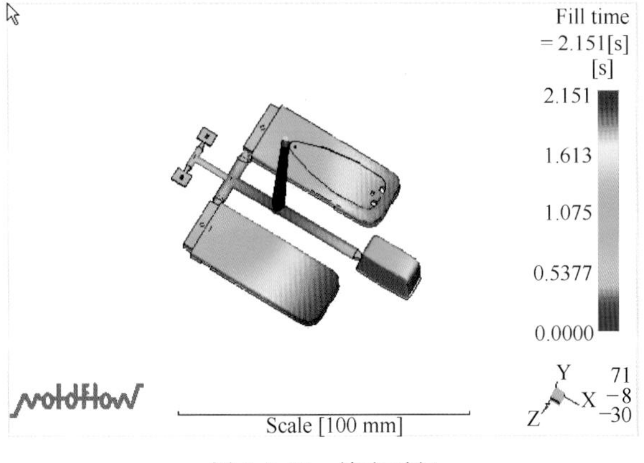

图 3-8-35 填充时间

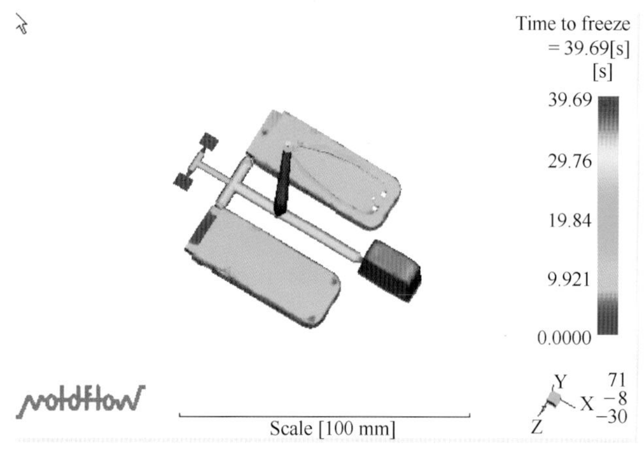

图 3-8-36　冻结时间

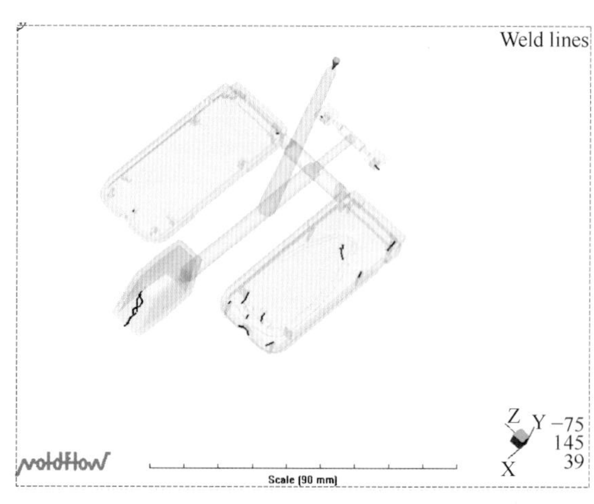

图 3-8-37　熔接痕

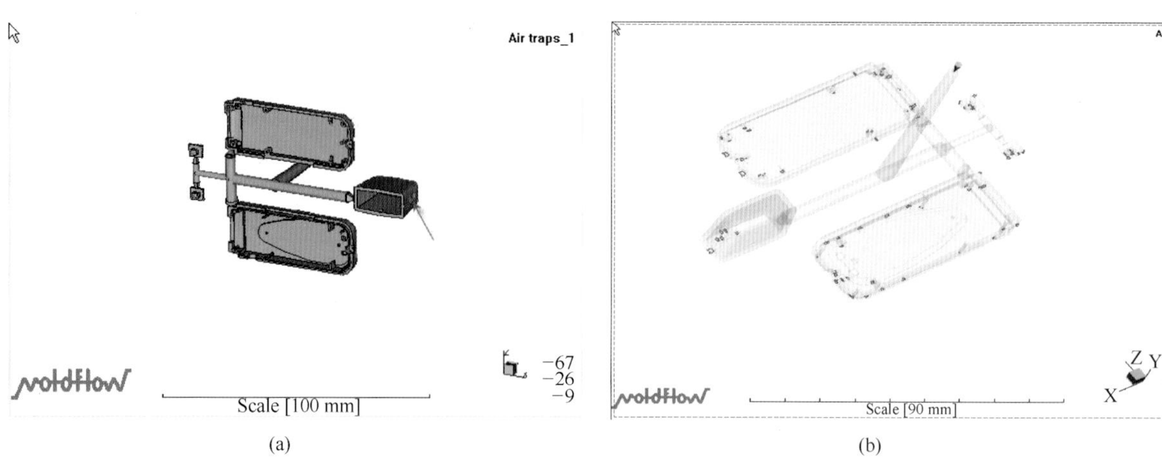

(a)　　(b)

图 3-8-38　气泡

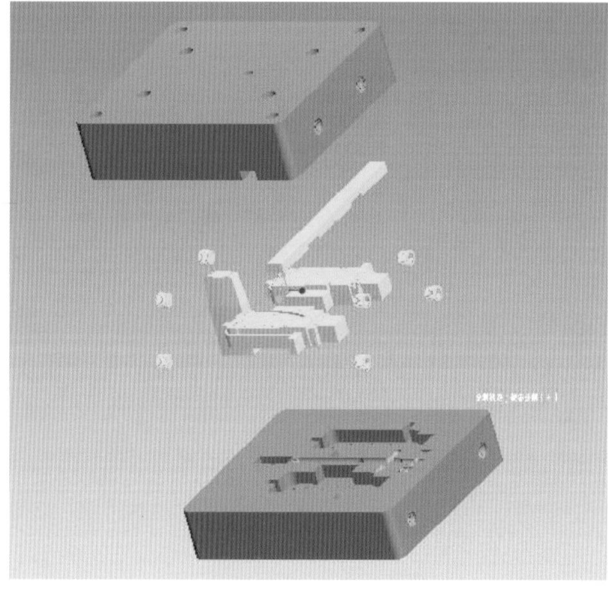

图 3-8-41　模仁爆炸图